AF453782

Gaston Coupan

LES MOTEURS AGRICOLES

ENCYCLOPÉDIE AGRICOLE

Publiée par une réunion d'Ingénieurs agronomes
SOUS LA DIRECTION DE G. WERY

LES

MOTEURS AGRICOLES

PAR

Gaston COUPAN

INGÉNIEUR AGRONOME

RÉPÉTITEUR-PRÉPARATEUR A L'INSTITUT NATIONAL AGRONOMIQUE

*Introduction par le D*r *P. REGNARD*

DIRECTEUR DE L'INSTITUT NATIONAL AGRONOMIQUE

Avec 269 figures intercalées dans le texte

PARIS

LIBRAIRIE J.-B. BAILLIÈRE ET FILS

19, rue Hautefeuille, près du boulevard Saint-Germain

1904

INTRODUCTION

Si les choses se passaient en toute justice, ce n'est pas moi qui devrais signer cette préface.

L'honneur en reviendrait bien plus naturellement à l'un de mes deux éminents prédécesseurs :

A Eugène Tisserand, que nous devons considérer comme le véritable créateur en France de l'enseignement supérieur de l'agriculture : n'est-ce pas lui qui, pendant de longues années, a pesé de toute sa valeur scientifique sur nos gouvernements, et obtenu qu'il fût créé à Paris un Institut agronomique comparable à ceux dont nos voisins se montraient fiers depuis déjà longtemps ?

Eugène Risler, lui aussi, aurait dû plutôt que moi présenter au public agricole ses anciens élèves devenus des maîtres. Près de douze cents Ingénieurs agronomes, répandus sur le territoire français, ont été façonnés par lui : il est aujourd'hui notre vénéré doyen, et je me souviens toujours avec une douce reconnaissance du jour où j'ai débuté sous ses ordres et de celui,

a.

proche encore, où il m'a désigné pour être son successeur.

Mais, puisque les éditeurs de cette collection ont voulu que ce fût le directeur en exercice de l'Institut agronomique qui présentât aux lecteurs la nouvelle *Encyclopédie*, je vais tâcher de dire brièvement dans quel esprit elle a été conçue.

Des Ingénieurs agronomes, presque tous professeurs d'agriculture, tous anciens élèves de l'Institut national agronomique, se sont donné la mission de résumer, dans une série de volumes, les connaissances pratiques absolument nécessaires aujourd'hui pour la culture rationnelle du sol. Ils ont choisi pour distribuer, régler et diriger la besogne de chacun, Georges WÉRY, que j'ai le plaisir et la chance d'avoir pour collaborateur et pour ami.

L'idée directrice de l'œuvre commune a été celle-ci : extraire de notre enseignement supérieur la partie immédiatement utilisable par l'exploitant du domaine rural et faire connaître du même coup à celui-ci les données scientifiques définitivement acquises sur lesquelles la pratique actuelle est basée.

Ce ne sont donc pas de simples Manuels, des Formulaires irraisonnés que nous offrons aux cultivateurs; ce sont de brefs Traités, dans lesquels les résultats incontestables sont mis en évidence, à côté des bases scientifiques qui ont permis de les assurer.

Je voudrais qu'on puisse dire qu'ils représentent le véritable esprit de notre Institut, avec cette restriction qu'ils ne doivent ni ne peuvent contenir les discussions, les erreurs de route, les rectifications qui ont fini par établir la vérité telle qu'elle est, toutes choses que l'on développe longuement (dans notre enseignement, puisque nous ne devons pas seulement faire des praticiens, mais former aussi des intelligences élevées, capables de faire avancer la science au laboratoire et sur le domaine.

Je conseille donc la lecture de ces petits volumes à nos anciens élèves, qui y retrouveront la trace de leur première éducation agricole.

Je la conseille aussi à leurs jeunes camarades actuels, qui trouveront là, condensées en un court espace, bien des notions qui pourront leur servir dans leurs études.

J'imagine que les élèves de nos Écoles nationales d'agriculture pourront y trouver quelque profit, et que ceux des Écoles pratiques devront aussi les consulter utilement.

Enfin, c'est au grand public agricole, aux cultivateurs que je les offre avec confiance. Ils nous diront, après les avoir parcourus, si, comme on l'a quelquefois prétendu, l'enseignement supérieur agronomique est exclusif de tout esprit pratique. Cette critique, usée, disparaîtra définitivement, je l'espère Elle n'a d'ailleurs jamais été accueillie par nos rivaux d'Allemagne et d'Angleterre, qui ont si magnifiquement développé chez eux l'enseignement supérieur de l'agriculture.

Successivement, nous mettons sous les yeux du lecteur des volumes qui traitent du sol et des façons qu'il doit subir, de sa nature chimique, de la manière de la corriger ou de la compléter, des plantes comestibles ou industrielles qu'on peut lui faire produire, des animaux qu'il peut nourrir, de ceux qui lui nuisent.

Nous étudions les manipulations et les transformations que subissent, par notre industrie, les produits de la terre : la vinification, la distillerie, la panification, la fabrication des sucres, des beurres, des fromages.

Nous terminons en nous occupant des lois sociales qui régissent la possession et l'exploitation de la propriété rurale.

Nous avons le ferme espoir que les agriculteurs feront un bon accueil à l'œuvre que nous leur offrons.

Dr PAUL REGNARD,

Membre de la Société nationale
d'Agriculture de France,
Directeur de l'Institut national
agronomique.

AVANT-PROPOS

On dit assez communément qu'on ne prête qu'aux riches : il serait à la fois plus exact et plus logique de dire que c'est surtout à eux qu'il faut emprunter. Aussi avons-nous cru devoir faire application de ce dernier précepte, en mettant largement à contribution le fonds inépuisable de documents précieux et de résultats d'expériences que constituent les nombreux traités, mémoires et articles publiés par M. Maximilien Ringelmann, membre de la Société nationale d'Agriculture, Directeur de la Station d'Essais de Machines et Professeur du Cours de Machines agricoles et Constructions rurales à l'Institut national agronomique.

L'enseignement magistral professé par lui, d'abord à l'École nationale d'Agriculture de Grignon, puis à l'Institut agronomique, a exercé la plus heureuse influence sur le perfectionnement de notre outillage agricole; les innombrables essais et expériences exécutés sous sa direction, ou dus à son initiative, ont puissamment contribué à développer chez les agriculteurs ce sens critique toujours si utile à un chef d'industrie et qui devient de plus en plus indispensable, à mesure que les méthodes scientifiques se substituent plus activement aux anciens procédés de la routine traditionnelle.

Ayant eu nous-même l'avantage de suivre pendant plusieurs années le Cours de M. Ringelmann, tant comme Élève que comme Répétiteur-Préparateur à l'Institut agronomique, ayant été en même temps son Préparateur à la Station d'Essais de Machines, nous avons trouvé en lui un Maître toujours disposé à nous prodiguer ses conseils éclairés et à nous faire bénéficier de sa grande expérience. En rédigeant ce volume de l'*Encyclopédie agricole*, nous étions donc imbu des idées et profondément pénétré des doctrines de notre éminent professeur, mais nous n'avons pas la vanité de croire que le lecteur puisse avoir des motifs de regretter que nos opinions personnelles sur les diverses questions exposées ci-après soient toujours en concordance absolue avec celles d'un homme d'une compétence aussi étendue, et dont les jugements font autorité en la matière.

Nous saisissons avec empressement l'occasion qui se présente à nous d'offrir à M. Ringelmann un témoignage public de notre vive reconnaissance et de notre sincère attachement.

Nous n'avons d'ailleurs pas eu l'intention d'écrire un Traité complet des *Moteurs Agricoles*. Notre but était beaucoup plus modeste : nous avons simplement cherché à exposer aussi clairement que possible les principes essentiels du fonctionnement de ces moteurs. Il ne pouvait donc être question de décrire, même succinctement, les divers spécimens de machines d'un certain type, avec les variantes qu'y apportent les constructeurs ; une description sommaire ne présente d'ailleurs jamais beaucoup d'intérêt. Nous avons donc pensé qu'il était préférable de nous borner à des considérations générales pouvant s'appliquer à toutes les machines d'un même groupe, sauf à signaler, au besoin, quelque dispositif particulièrement recommandable et à indiquer chaque fois le motif qui nous a conduit à nous départir de la règle que nous nous étions imposée.

Nous avons cru nécessaire de faire précéder l'étude des Moteurs d'une revue des *Principes généraux de la Mécanique*. Nous estimons, en effet, qu'on ne peut obtenir d'une machine le rendement maximum si l'on n'a pas quelques connaissances essentielles de Mécanique ; or, en Agriculture comme en Industrie, il faut tirer le meilleur parti possible des capitaux consacrés à l'acquisition du matériel. Nous ne craignons pas qu'on puisse nous reprocher d'avoir abusé des formules mathématiques : celles que nous avons dû donner peuvent être interprétées dès qu'on connaît simplement la notation algébrique.

Les principaux périodiques agricoles réservent désormais une place de plus en plus grande aux questions qui sont du ressort de la Mécanique générale ou appliquée ; il suffit de parcourir la correspondance annexée à chacun de leurs numéros pour être frappé du nombre des demandes de renseignements concernant l'art de l'Ingénieur et du Mécanicien. Notre petit préambule permet de répondre à beaucoup d'entre elles.

Quant au traité proprement dit, il forme la matière de six chapitres principaux, dont le premier est consacré aux *Mécanismes*, c'est-à-dire aux dispositifs simples qu'on peut rencontrer dans toutes les machines. Les cinq chapitres suivants étudient successivement : les *Moteurs animés*, qui sont d'un emploi si général en Agriculture, ainsi que les différents appareils de transport, les *Moteurs à vapeur*, les *Moteurs à explosions*, les *Moteurs hydrauliques* et les *Moteurs éoliens*. L'application de ces différents moteurs à la culture mécanique du sol est examinée dans les chapitres correspondant à chacun d'eux. Nous avons donné, en terminant, quelques notions sur les applications agricoles de l'*Électricité*.

Un grand nombre de croquis schématiques, de figures d'ensemble et de photogravures sont intercalés dans le texte et en facilitent la compréhension.

Dans les diverses parties de cet ouvrage, nous nous sommes attaché à définir les termes techniques les plus usuels et à

multiplier, autant que possible, les exemples et les renseignements pratiques. Nous n'avons certes pas la prétention d'avoir
épuisé le sujet ; mais notre but sera atteint si l'exposé sommaire que nous avons dû nous borner à en donner peut rendre
quelque service à ceux qui nous feront l'honneur de nous
lire.

G. GOUPAN.

Paris, 3 mars 1904.

LES MOTEURS AGRICOLES

RAPPEL DE QUELQUES PRINCIPES GÉNÉRAUX DE MÉCANIQUE

MOUVEMENT.

Définition du mouvement. — L'expérience courante prouve que les divers objets qui nous entourent n'occupent pas toujours la même place dans l'espace, qu'ils passent eux-mêmes, ou peuvent être transportés, d'un point à un autre. Lors même qu'ils sont de dimensions considérables, on conçoit aisément que, sous l'influence d'efforts appropriés, ils puissent être divisés en fragments suffisamment réduits pour être déplaçables. La propriété que possèdent les corps, animés ou inanimés, de pouvoir occuper successivement plusieurs positions dans l'espace, est donc générale : on l'appelle *mobilité*. Lorsqu'un corps se déplace, on dit qu'il est *en mouvement*.

Pour reconnaître si un corps est en mouvement, le plus simple est de comparer, à deux instants déterminés, ses distances à un certain nombre de points de repère : lorsque l'une, au moins, de ces distances a varié entre les deux observations, on en conclut que le corps est en mouvement ; si toutes les distances sont restées les mêmes, on dit que le corps est *en repos*.

Mais, pour que ces conclusions soient légitimes, il faut que les points de repère choisis n'aient pas eux-mêmes changé de position, sans quoi les distances pourraient varier ou, au contraire, rester invariables, sans qu'on ait le droit de dire que le corps est en mouvement ou en repos. En réalité, dans la partie de l'univers qui est accessible à nos investigations, il n'y a aucun point fixe, c'est-à-dire en *repos absolu* ; la terre, sur laquelle nous vivons, est entraînée non seulement dans un mouvement de rotation sur elle-même, mais dans un mouvement de révolution autour du soleil ; ce dernier, ainsi que toutes les planètes qui gravitent autour de lui, est également animé d'un mouvement dans l'espace. Nous ne pouvons donc constater que des *mouvements relatifs*, nos repères n'étant eux-mêmes qu'en *repos relatif*. Peu importe, d'ailleurs, pour les applications courantes de la Mécanique ; tous les corps qui nous entourent étant entraînés dans le même mouvement absolu que nous-mêmes, l'état relatif seul peut nous intéresser. Aussi prenons-nous toujours comme repères des points invariablement reliés au sol.

Pour simplifier l'étude des propriétés mécaniques des corps, on les considère comme formés d'une réunion d'éléments possédant les mêmes propriétés physiques que les corps eux-mêmes et qu'on nomme *points matériels*, ou simplement *points*. Dans l'étude des mouvements, les corps prennent toujours le nom de *mobiles*, aussi bien lorsqu'ils sont supposés formés d'un seul point matériel que quand ils sont constitués par un ensemble de points.

Nous pouvons maintenant préciser, au point de vue de la Mécanique appliquée, la définition du repos et du mouvement : *un point matériel* P *est en repos lorsque, étant donné un repère* A, *la droite* AP *ne varie ni en grandeur ni en direction ; dans tous les autres cas, le point* P *est en mouvement.*

Trajectoire. — L'ensemble des positions occupées successivement et progressivement par un corps en mouvement constitue sa *trajectoire* ; si le mobile se réduit à un point, la trajectoire est une ligne, plane ou gauche, droite ou courbe ; s'il est composé de plusieurs points matériels, sa trajectoire est formée par l'ensemble des trajectoires des différents points et peut être alors une surface ou un volume.

Le mouvement d'un point est *rectiligne* quand la trajectoire est une droite. Il est, au contraire, *curviligne* lorsque la trajectoire est une courbe ; en particulier, il est *circulaire*, ou *de rotation autour d'un axe*, lorsque la trajectoire est une circonférence de cercle. Le mouvement d'un piston dans un cylindre fixe est rectiligne; celui d'un volant est circulaire

La *direction* d'un mouvement est facile à concevoir lorsque la trajectoire est rectiligne : c'est la trajectoire elle-même. Si cette trajectoire est une courbe, on la considère comme formée d'une succession d'éléments rectilignes infiniment petits, et la direction du mouvement, à un instant déterminé, est celle du petit élément de droite que suit le mobile au même instant; elle n'est autre que celle de la tangente à la trajectoire courbe au point où se trouve le mobile.

Il est utile de préciser le sens dans lequel le mobile parcourt sa trajectoire. On procède par comparaison, en choisissant arbitrairement des mouvements connus qu'on considère comme étant de *sens positif*; ce seront, par exemple, pour une trajectoire rectiligne, le sens de droite à gauche, et, pour une trajectoire circulaire, le sens du mouvement des aiguilles d'une montre. Les mouvements inverses de ceux adoptés comme positifs sont alors dits de *sens négatif*.

Lorsqu'un mobile parcourt sa trajectoire sans arrêt et toujours dans le même sens, on dit qu'il est animé d'un *mouvement continu*; s'il la parcourt tantôt dans un sens, tantôt en sens inverse, son mouvement est dit *alternatif*. Le ventilateur d'un tarare est animé d'un mouvement continu; les grilles de ce tarare, le balancier d'une horloge, la scie d'une faucheuse, ont des mouvements alternatifs.

Vitesse. — Plusieurs mobiles qui se déplacent dans le même sens sur une trajectoire déterminée n'emploient pas tous le même temps pour effectuer un parcours donné : les mouvements dont ils sont animés diffèrent les uns des autres par une propriété spéciale, qu'il est impossible de définir exactement, mais dont tout le monde a la notion précise. Cette propriété, caractéristique de chaque mouvement, est la *vitesse* ; la vitesse est d'autant plus grande que le temps employé par le mobile pour effectuer le parcours considéré est plus réduit. Si deux mobiles effectuent le même parcours dans le même temps, leurs vitesses sont égales, que leur mouvement ait lieu sur la même trajectoire ou sur deux trajectoires distinctes.

La vitesse est indépendante de la direction et du sens du

mouvement ; elle dépend exclusivement de l'espace parcouru et du temps employé à le parcourir. On prend pour *mesure* de la vitesse l'espace que parcourt le mobile pendant l'unité de temps. L'unité de temps adoptée en Physique et en Mécanique rationnelle est la *seconde* ; en Mécanique appliquée, on emploie le plus souvent la *seconde*, mais, également, la *minute* et même l'*heure*.

Mouvement uniforme. — Un mouvement est *uniforme* lorsque, pendant toute la durée de ce mouvement, à des temps égaux correspondent des espaces parcourus égaux ; la vitesse reste donc invariable. Si l'on désigne par t le temps pendant lequel on considère le mouvement, et par v la vitesse, l'espace e est donné par l'expression :

$$e = vt. \qquad (1)$$

Si, inversement, on connaît l'espace e et le temps t employé à le parcourir, la vitesse v se calcule par :

$$v = \frac{e}{t}. \qquad (2)$$

L'expression (1) permettrait également de calculer le temps, connaissant l'espace et la vitesse :

$$t = \frac{e}{v}. \qquad (3)$$

Mouvement varié. — Le mouvement est dit *varié* lorsqu'il n'est pas uniforme, c'est-à-dire lorsqu'à des temps égaux correspondent des chemins parcourus inégaux.

Les mouvements variés présentent souvent une extrême complexité. Les plus simples d'entre eux sont les mouvements *uniformément variés*, dans lesquels la vitesse augmente ou diminue, pendant chaque unité de temps, d'une quantité constante appelée *accélération*. Si la vitesse augmente, le mouvement est dit *uniformément accéléré*. Ce genre de mouvement se rencontre lorsqu'on étudie le phénomène de la chute des corps.

Lorsque la vitesse diminue, le mouvement est dit *uniformément retardé* ; c'est le cas du mouvement d'un corps lancé verticalement de bas en haut.

D'une façon générale, si l'on désigne par j l'accélération, la vitesse v au bout du temps t est :

$$v = jt, \qquad (4)$$

expression dont on peut déduire j, connaissant v et t :

$$j = \frac{v}{t}. \qquad (5)$$

Dans le mouvement uniformément varié, l'espace parcouru est égal à la moitié du produit de l'accélération par le carré du temps :

$$e = \frac{1}{2} jt^2. \qquad (6)$$

Les expressions (4), (5) et (6) ne sont vraies que si le mobile est parti du repos. Dans le cas où il est animé déjà d'un mouvement uniforme de vitesse v_0 lorsqu'on lui imprime le mouvement uniformément varié, c'est-à-dire quand le mobile possède une *vitesse initiale* v_0, les expressions (4) et (6) deviennent, si le mouvement est *accéléré* :

$$v = v_0 + jt, \qquad (7)$$
$$e = v_0 t + \frac{1}{2} jt^2 \qquad (8)$$

et, si le mouvement est *retardé* :

$$v = v_0 - jt, \qquad (7 \ bis)$$
$$e = v_0 t - \frac{1}{2} jt^2. \qquad (8 \ bis)$$

Lorsque la direction du mouvement est la verticale, comme dans le cas de la chute des corps, l'accélération a une valeur particulière, variable d'un point du globe à un autre, mais constante en chaque point ; on la désigne par g. A Paris, $g = 9^m,81^c$ environ.

La vitesse que possède un mobile, après qu'il est tombé verticalement d'une hauteur h, sans vitesse initiale, est :

$$v = \sqrt{2gh}. \qquad (9)$$

La vitesse v, ainsi calculée, est précisément celle qu'il faudrait imprimer à un mobile lancé verticalement de bas en haut pour qu'il parvienne à la hauteur h.

Vitesse moyenne dans le cas des mouvements variés. — Lorsque les mouvements varient sans suivre aucune loi, la connaissance de la vitesse à un instant déterminé ne présente généralement pas un grand intérêt pratique. Ainsi, un train rapide part d'une station à midi et arrive à deux heures de l'après-midi à une autre station située à 150 kilomètres de la première ; en raison des déclivités de la ligne, des ralentissements, de la mise en route, de l'arrêt, etc., ce train a une vitesse presque constamment variable ; il marche, par exemple, à 40 kilomètres sur certaines rampes, et à 120 kilomètres sur certaines pentes. Cela importe peu aux voyageurs, qui constatent que ce train leur a fait franchir 150 kilomètres en deux heures et qui en déduisent que le train a une vitesse de 75 kilomètres à l'heure. Les voyageurs ont attribué comme vitesse au train celle d'un autre train, à mise en route et arrêt immédiats, qui aurait parcouru les 150 kilomètres en deux heures, d'un mouvement rigoureusement uniforme quel que soit le profil de la ligne.

On procède d'une façon analogue en Mécanique. Lorsqu'un mobile est animé d'un mouvement varié, on détermine sa vitesse entre deux points A et B de sa trajectoire au moyen d'un second mobile partant de A et arrivant en B en même temps que le premier mobile, mais parcourant l'intervalle A B d'un mouvement uniforme. La vitesse du deuxième mobile définit la *vitesse moyenne* du premier.

Une des formes les plus importantes du mouvement varié est le *mouvement périodique* ; c'est un mouvement alternativement accéléré, puis retardé, se reproduisant avec les mêmes caractères à des intervalles réguliers de temps. Tel est celui d'un piston de machine à vapeur en régime normal ; la vitesse de ce mouvement, d'abord nulle, augmente jusque vers le milieu de la course, diminue, devient nulle, augmente aussitôt (en sens inverse), puis redevient nulle, et ainsi de suite. La vitesse moyenne de ce mouvement s'obtiendrait en divisant le chemin parcouru pendant une période par le temps correspondant.

Il y a lieu de remarquer que le mouvement n'est réellement périodique que si les périodes se succèdent sans interruption ; si elles étaient séparées par des temps d'arrêt, on aurait un mouvement périodique intermittent.

Vitesse dans le cas des mouvements circulaires. — Vitesse angulaire. — Lorsqu'un corps tourne autour d'un axe, tous ses points décrivent des circonférences entières, ou des arcs de cercle d'un même nombre de degrés, dont les plans sont perpendiculaires à l'axe et dont les centres se trouvent sur cet axe. Il est facile de voir que si deux points A et B d'un même corps se trouvent à des distances différentes de l'axe O (fig. 1), les arcs AA′ et BB′, parcourus pendant le même temps, ont, bien que les nombres de degrés mesurant ces deux arcs soient les mêmes, des longueurs proportionnelles aux rayons OA et OB. Il s'ensuit que les vitesses des points A et B sont différentes. Il convient donc de fixer une fois pour toutes la circonférence sur laquelle on mesure la vitesse :

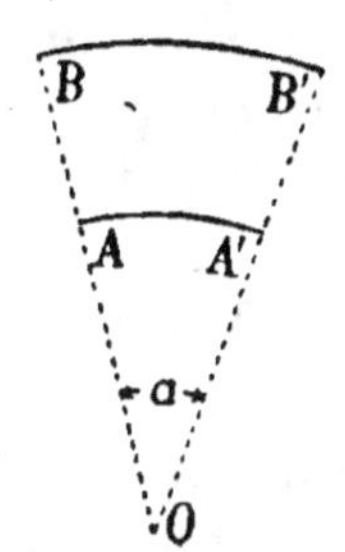

Fig. 1. — Vitesse dans le cas de mouvements circulaires.

on choisit une circonférence tracée à l'unité de distance de l'axe, soit, par exemple, à un mètre. La vitesse d'un point de cette circonférence prend alors le nom de *vitesse angulaire*. Il existe une relation très simple entre la vitesse angulaire a, et la vitesse d'un point B situé à une distance connue, R, de l'axe. Soit, en effet, AA′ l'arc sur lequel est mesurée la vitesse angulaire. On a évidemment, OA étant égal à 1 :

$$\frac{AA'}{1} = \frac{BB'}{R}$$

ou, si nous admettons que le mouvement est uniforme et ue les arcs AA′ et BB′ ont été parcourus pendant l'unité de emps :

$$\frac{a}{1} = \frac{v}{R} \qquad \text{ou} \qquad v = aR. \qquad (10)$$

Inversement, connaissant v et R, on calculerait a par :

$$a = \frac{v}{R}. \qquad (11)$$

Les mouvements circulaires sont uniformes, uniformément variés, ou variés. Les expressions (1) à (8 *bis*) sont applicables aux mouvements circulaires uniformes ou uniformément variés ; si l'on ne connaît que la vitesse angulaire a et la distance R à l'axe de rotation, on remplace v par sa valeur tirée de (10).

Pour les mouvements circulaires variés quelconques, on détermine la vitesse moyenne comme précédemment, c'est-à-dire en prenant le quotient de l'espace par le temps.

En Mécanique appliquée, on exprime fréquemment la vitesse des organes animés d'un mouvement de rotation au moyen du *nombre de tours* qu'ils effectuent *en une minute* autour de l'axe. On dit, par exemple, qu'un moteur à pétrole *marche* (ou *tourne*) *à 225 tours*, ce qui signifie que le volant, la manivelle, l'arbre moteur, etc., accomplissent 225 révolutions complètes par minute. Il est d'ailleurs facile de déduire de la connaissance du nombre n de tours celle de la vitesse d'un point situé à une distance R de l'axe. En effet, le chemin correspondant à un tour est égal à $2\,\pi\,R$; donc pour n tours, c'est-à-dire pendant une minute, le point a parcouru $2\pi R n$. Le chemin parcouru en une seconde est $\dfrac{2\pi R n}{60}$ ou $\dfrac{\pi R n}{30}$. Donc $v = \dfrac{\pi R n}{30}$.

Composition des mouvements. — Un mobile peut être animé simultanément de plusieurs mouvements. Ainsi, un nageur qui traverse une rivière est animé de deux mouvements : l'un qu'il s'imprime à lui-même en remuant convenablement les bras et les jambes, l'autre qui lui est communiqué par la rivière. Si ce nageur se dirige perpendiculairement au courant, il aborde, non pas au point situé exactement en face de celui qu'il a quitté sur l'autre rive, mais plus bas, et d'autant plus bas même, que la rivière a un cours plus rapide. Pour les gens qui, de l'une ou de l'autre rive, observaient le nageur, ce dernier n'a pourtant paru animé que d'un seul mouvement ; il leur a semblé qu'il traversait la rivière obliquement. Mais tout s'est passé, cependant, comme si le nageur avait traversé tout d'abord la rivière dans la direction qu'il s'était fixée (ce qui se serait produit si la rivière n'avait pas eu de courant), puis s'était contenté de se maintenir à la surface de l'eau sans progresser, en se laissant entraîner par le courant.

Ce qui a lieu dans le cas simple que nous avons pris comme exemple se produit également dans les cas les plus compliqués. Le mobile n'est jamais animé, en définitive, que d'un seul mouvement ; mais aucun de ceux qu'on lui a imprimés n'est détruit quels que soient leur nombre et leur nature ; on pourrait toujours amener le mobile à la position finale qu'il occupe en les lui communiquant successivement.

Composer des mouvements, c'est trouver le mouvement unique, ou *résultant*, que prend un mobile animé de plusieurs mouvements simultanés, dits *composants*. Cette opération peut être extrêmement compliquée lorsque les mouvements composants sont variés ; elle n'offre, au contraire, aucune difficulté lorsqu'ils sont uniformes et rectilignes. C'est ce dernier cas, seul, que nous envisagerons.

On peut résoudre le problème de la composition des mouvements à l'aide de calculs généralement simples ; il est cependant plus commode de recourir à la méthode graphique. Il est aisé, en effet, de représenter graphiquement un mouvement rectiligne uniforme ; il suffit de tracer une droite XY figurant la trajectoire du mobile et de porter sur cette droite, à partir d'un point O qu'on prend comme position initiale du mobile, une longueur OA représentant, à l'échelle choisie, le déplacement de ce mobile pendant le temps considéré (fig. 2). Si le mobile est animé de plusieurs mouvements simultanés, on mène par le point O autant de droites qu'il y a de mouvements, en ayant soin de conserver les angles que forment entre elles, dans le plan ou dans l'espace, les différentes trajectoires, et de tenir compte des sens des mouvements. On ne porte, bien entendu, sur ces droites que des déplace-

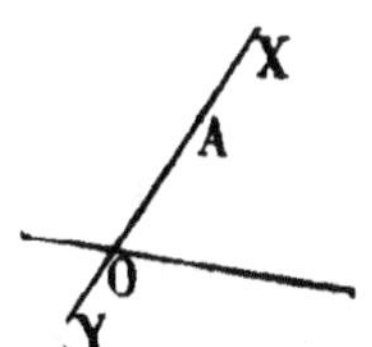

Fig. 2. — Représentation graphique des mouvements.

ments correspondant à des temps égaux. Ceci fait, on s'appuie sur la remarque que nous avons indiquée précédemment, à savoir que tout se passe comme si les mouvements se produisaient successivement. On part donc de la position initiale du mobile, et l'on cherche quels sont les déplacements successifs qu'il subit sous l'influence des divers mouvements considérés isolément. Examinons les différents cas qui peuvent se produire.

1° *Les mouvements composants ont la même direction.* — Ils peuvent être *de même sens* ou *de sens contraire.* Dans le premier cas, on porte sur la trajectoire unique commune à tous ces mouvements une longueur OA (fig. 3, en haut) représentant le déplacement correspondant au premier mouvement, puis, à partir de A, une longueur AB proportionnelle au déplacement dû au deuxième mouvement, à partir de B, une longueur

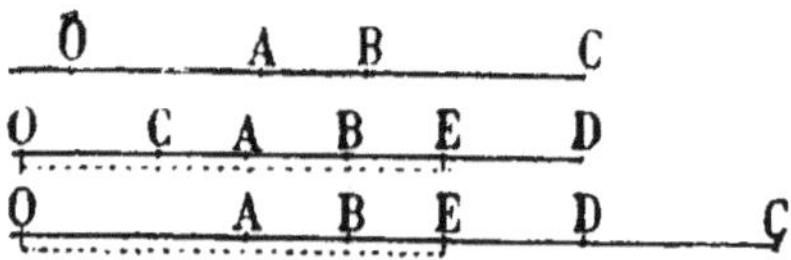

Fig. 3. — Composition de mouvements de même direction.

BC représentant le troisième déplacement, et ainsi de suite. Le déplacement résultant s'obtient donc en additionnant purement et simplement les déplacements composants.

Lorsque tous les déplacements ne s'effectuent pas dans le même sens, on convient de porter dans un sens, par exemple de gauche à droite, les déplacements de sens positif, et de droite à gauche ceux de sens négatif. Supposons qu'on ait à composer cinq mouvements : le premier et le deuxième de sens positif, le troisième de sens négatif, le quatrième de sens positif et le cinquième de sens négatif. On portera OA, puis AB de gauche à droite, puis BC de droite à gauche à partir de B, puis CD de gauche à droite à part ir de C, et enfin DE de droite à gauche à partir de D ; OE est le déplacement résultant (fig. 3, au milieu). On arriverait d'ailleurs au même résultat en portant sur la droite dans le sens positif OA, AB et BC, représentant les trois déplacements positifs, puis, de droite à gauche, CD et DE représentant les deux déplacements négatifs (fig. 3, en bas) ; c'est la méthode la plus généralement suivie : on ajoute, d'une part, tous les déplacements de sens positif, d'autre part, tous les déplacements de sens négatif, et on retranche l'une de l'autre les deux longueurs ainsi obtenues.

2° *Les mouvements composants ont des directions différentes, mais ces directions sont toutes situées dans un même plan.* — On opère de la même manière que dans le premier cas, c'est-à-dire en considérant les mouvements les uns après les autres, et on porte les longueurs représentant, à l'échelle adoptée, les différents déplacements dans la direction et dans le sens où ils se produisent effectivement.

Soit, par exemple, un mobile animé de deux mouvements de directions OX et OY (fig. 4). S'il n'était soumis tout d'abord qu'au mouvement suivant OX, le mobile arriverait en a au bout du temps t; là, le mouvement de direction OY, agissant seul, à son tour, l'amènerait, dans le même temps t, de a en A. Si l'on avait supposé que le mouvement suivant OY se fût produit le premier, le mobile se serait déplacé de O en a', puis de a' en A; il est de

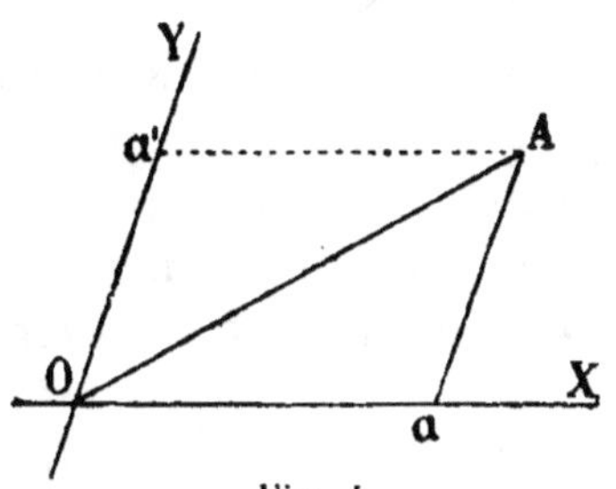

Fig. 4.
Règle du parallélogramme.

toute évidence que $O\,a' = a\,A$ et que $a'\,A = Oa$. La figure $O\,a'\,A\,a$ est un parallélogramme. Le déplacement unique subi par le mobile est OA; on voit que cette ligne n'est autre que la diagonale du parallélogramme; d'où la règle pratique suivante :

Règle du parallélogramme. — *Pour composer les déplacements que subit un mobile animé de deux mouvements de direction OX et OY, on porte sur ces deux directions, dans le sens convenable, des longueurs O a' et O a représentant, à l'échelle adoptée, les déplacements qui se seraient produits si chacun des deux mouvements avait seul eu lieu ; on forme ensuite le parallélogramme O a' A a, en menant par a' une parallèle à OX et par a une parallèle à OY. Le déplacement résultant est donné, en grandeur, en direction et en sens, par la diagonale OA du pa rallélogramme.*

Les droites Oa' et Oa sont souvent appelées *composantes*, et OA *résultante* du mouvement.

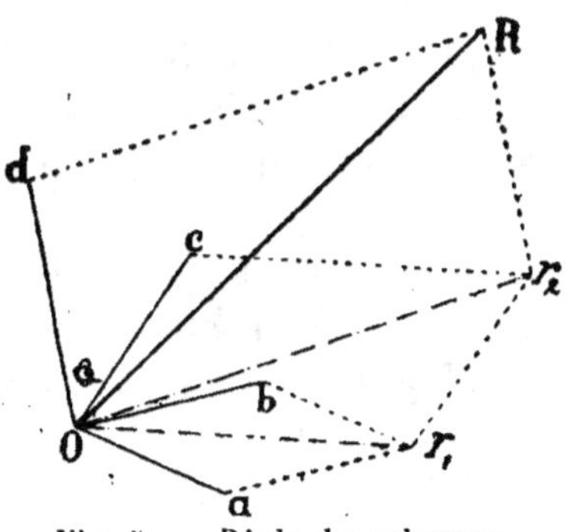

Fig. 5. — Règle du polygone.

S'il y a plus de deux mouvements animant simultanément le mobile, on compose les déplacements de proche en proche, c'est-à-dire que l'on construit d'abord (fig. 5) la résultante,

Or_1, de Oa et Ob, puis la résultante Or_2 de Or_1 et Oc : la diagonale OR du parallélogramme $Od\,Rr_2$ est la résultante cherchée ; Or_1, et Or_2 sont des *résultantes partielles*.

Pour obtenir le point R, on aurait pu tracer le contour polygonal $O\,a\,r_1\,r_2\,R$, en menant les unes à la suite des autres des droites égales et parallèles aux composantes. La résultante OR est la droite qui ferme ce contour polygonal. Ce procédé, qui a l'avantage de supprimer quelques lignes, ne diffère pas, au fond, de celui que nous avons indiqué.

3° *Les mouvements composants ont des directions non situées toutes dans un même plan.* — Ce cas ne peut se présenter que si le mobile est animé de trois mouvements, au moins. Envisageons le cas de trois mouvements simultanés donnant lieu, si on les considère isolément pendant le même temps, aux déplacements Oa, Ob, Oc, sur les directions OX, OY, OZ (fig. 6). OX et OY forment un plan, ce qui permet de composer Oa et Ob par la méthode du parallélogramme et d'obtenir la résultante partielle Or_1 ; de même Or_1 et OZ forment un autre plan, dans lequel nous pouvons tracer OR résultante de Or_1 et de Oc ; OR est la résultante cherchée. On voit que cette résultante est donnée, en grandeur, direction et sens, par la diagonale du parallélipipède construit sur les trois déplacements composants.

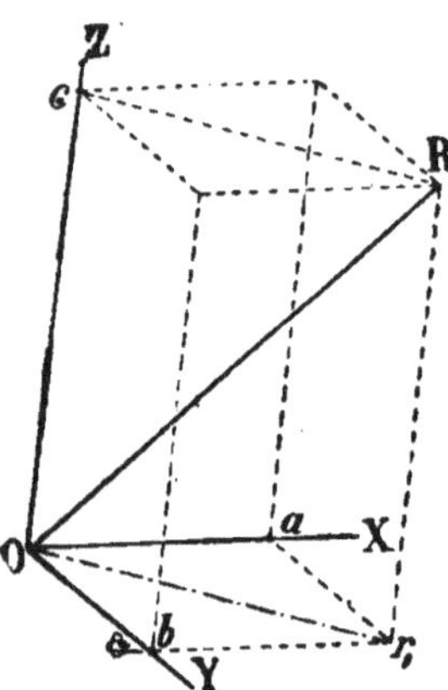
Fig. 6. — Règle du parallélipipède.

Enfin, lorsque les mouvements composants sont en nombre supérieur à trois, on les compose de proche en proche en appliquant toujours la méthode du parallélogramme ; s'il arrivait cependant que plusieurs des déplacements composants fussent contenus dans le même plan, on simplifierait la construction en remplaçant ces déplacements par leur résultante obtenue à l'aide de la méthode du polygone.

Décomposition des mouvements. — Plusieurs mouvements, qui animent simultanément le même mobile, ayant pour résultante un mouvement unique, on peut, inversement, considérer un mouvement donné comme la résultante de plusieurs mouvements simultanés. La recherche de ces mouvements composants porte le nom de *décomposition des mouvements*.

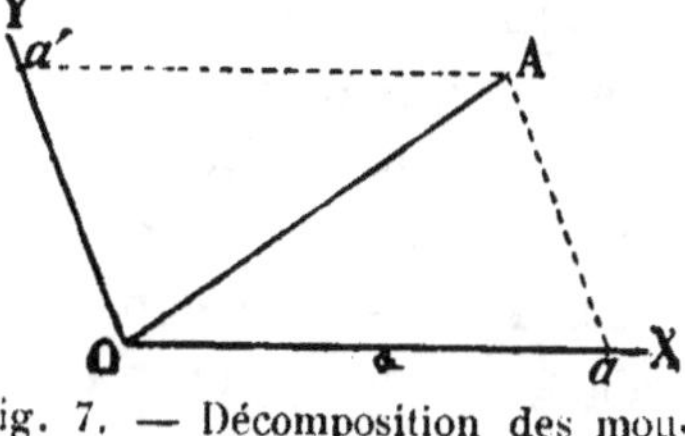

Fig. 7. — Décomposition des mouvements.

Soit OA un déplacement donné. On peut le décomposer en deux autres dont les directions OX et OY sont arbitrairement choisies, à la seule condition que le plan XOY contienne OA (fig. 7). On mène par A des parallèles à OX et OY, et on obtient O*a* et O*a'*, qui sont les composantes cherchées.

Si on voulait décomposer OA suivant trois directions non contenues dans un même plan, on mènerait par A trois plans parallèles aux plans formés par les trois directions prises deux à deux. On constituerait ainsi un parallélipipède dont les trois arêtes donneraient les déplacements composants.

Composition et décomposition des vitesses. — La vitesse, ayant pour expression l'espace parcouru pendant l'unité de temps, peut se représenter graphiquement de la même façon que le déplacement, c'est-à-dire par une longueur; les vitesses se composent et se décomposent donc comme les déplacements.

Composition et décomposition des accélérations. — L'accélération est l'accroissement (ou la diminution) *invariable* de la vitesse pendant l'unité de temps. Ils s'ensuit que les accélérations peuvent être représentées par des longueurs, et qu'elles se composent et se décomposent comme les vitesses, c'est-à-dire comme les déplacements.

FORCE.

Nous avons envisagé jusqu'à présent les mouvements sans nous préoccuper des causes qui les produisent; nous avons fait, en somme, une étude purement géométrique du mouvement, en la dégageant de toute hypothèse physique. Nous allons maintenant examiner dans quelles conditions et par quelles influences les mouvements peuvent être produits.

Nous trouverons dans les lignes qui vont suivre plusieurs principes d'une importance fondamentale ; ces principes ne sont pas d'une évidence absolue, loin de là ; on a pu les dégager des phénomènes innombrables et complexes qui se passent autour de nous, mais il est impossible d'en donner une démonstration. L'exactitude de ces principes est néanmoins indiscutable ; les conséquences qu'on en a déduites sont, en effet, constamment vérifiées.

Inertie. — Lorsqu'un corps est en repos, il ne peut, *de lui-même*, se mettre en mouvement ; s'il est en mouvement, il ne peut, *de lui-même*, changer la nature, la direction, la vitesse ni le sens de ce mouvement. Aussi un corps absolument libre et non en repos serait-il animé d'un mouvement rectiligne uniforme dont la durée serait indéfinie. Cette propriété spéciale de la matière, qui fait, en somme, qu'elle est *inerte*, a reçu le nom d'*inertie*, et Newton a formulé, à son sujet, le principe suivant :

Un corps ne peut spontanément modifier l'état de repos ou de mouvement rectiligne uniforme dans lequel il se trouve ; tout changement à cet état est dû à l'intervention d'une cause extérieure.

Définition de la force. — Cette cause extérieure, capable de modifier l'état de mouvement ou de repos d'un corps, a reçu le nom de *force*. Il eût été, d'ailleurs, plus exact et plus clair de l'appeler *effort* ; tout le monde, en effet, a la notion de l'effort qu'il faut exercer pour mettre un corps en mouvement ou pour l'arrêter, en un mot pour vaincre l'inertie de la matière. On a eu de même la notion d'efforts plus ou moins grands avant d'avoir jamais recouru à des procédés précis de comparaison. Le principe de l'inertie établit d'une façon incontestable l'existence de la force, mais il ne permet pas d'en déterminer la nature. Nous pouvons distinguer plusieurs genres de forces, leur donner des noms, établir même des relations numériques entre ces forces ; mais il nous faut renoncer à pénétrer leur essence, qui restera toujours aussi mystérieuse que celle de la matière elle-même.

Les forces sont caractérisées par leur *point d'application*, leur *direction*, leur *sens* et leur *intensité*, termes dont il n'est pas besoin de donner la signification. Les trois premiers caractères se reconnaissent sans difficulté ; l'intensité doit être mesurée. On y parvient, comme à l'ordinaire, en comparant toutes les forces à une même force dont l'intensité est prise pour unité ; comme la pesanteur, qui fait tomber les corps, est la force dont nous voyons le plus fréquemment les manifestations et qu'il nous est le plus facile d'évaluer, c'est elle qu'on a prise comme force de comparaison. Un exemple simple fera ressortir clairement la légitimité de cette détermination. Pour fermer une porte, il faut exercer, dans une direction horizontale, un certain effort ; pourtant cet effort devient inutile si la porte est munie d'un contrepoids supporté par une corde qui passe sur une poulie de renvoi. La force verticale (poids) a donc un effet identique à celui de la force horizontale ; bien plus, la poulie de renvoi a suffi pour transformer la force verticale en force horizontale, sans que son intensité soit modifiée au point de vue qui nous intéresse. Quelle que soit la direction d'une force, on peut toujours produire le même effet que cette force au moyen d'un contrepoids, d'une corde et d'un nombre suffisant de poulies de renvoi. Rien ne paraît donc plus légitime que de prendre pour mesure de l'intensité d'une force quelconque celle du poids qui pourrait la remplacer ; l'unité de force est par suite la même que l'unité de poids, c'est-à-dire le *kilogramme*.

Lorsqu'on fait agir une force sur un corps, l'effet de cette force ne se manifeste pas instantanément d'une façon complète ; il faut un certain temps pour que l'inertie soit vaincue, et les phénomènes de départ et d'arrêt les plus brusques que nous connaissions ne s'accomplissent jamais d'une manière immédiate. S'ils sont très brusques, comme lorsqu'il y a choc, les particules constitutives du corps peuvent se séparer, et il en résulte des déformations et même des ruptures partielles ou totales.

Lorsqu'on met le feu à une pièce d'artillerie, l'obus semble en sortir instantanément, et pourtant on peut mesurer le temps que le projectile emploie pour parcourir le canon ; sa vitesse, d'abord nulle, a augmenté très rapidement, mais progressivement néanmoins. Une écrémeuse centrifuge ne parvient que peu à peu à prendre la vitesse de rotation très considérable qui est nécessaire pour séparer la crème du lait, et il faut, de même, un temps assez long pour l'arrêter une fois qu'elle l'a acquise. Mais il est évident que, sans être jamais instantanés, le départ et l'arrêt sont d'autant plus rapides que la force a une plus grande intensité.

L'état dans lequel se trouve le corps, au moment où une force agit sur lui, n'a aucune influence sur l'effet que produit cette force; ainsi un corps tombant d'une hauteur de $4^m,81$ touchera le sol au bout d'une seconde, qu'il ait été simplement abandonné sans vitesse ou qu'on lui ait préalablement imprimé un mouvement horizontal d'une vitesse quelconque. De même, un objet abandonné à l'action de la pesanteur du haut du mât d'un navire tombe au pied du mât, et toujours dans le même temps, que le navire soit en marche ou qu'il soit à l'ancre. Ce principe a été découvert par Galilée, et peut se formuler ainsi :

Les effets des forces sont indépendants des mouvements antérieurement acquis par les corps sur lesquels elles agissent.

Faisons agir une force, de direction et d'intensité invariables, sur un mobile que nous supposerons en repos; elle va le mettre en mouvement et lui imprimer, au bout d'une seconde, une vitesse v. Si à ce moment nous supprimons la force, le mobile va conserver un mouvement rectiligne et uniforme de vitesse v; mais si nous continuons à faire agir la force sur le mobile déjà en mouvement, son effet sera le même que s'il était en repos; elle lui communiquera, en une seconde, un accroissement de vitesse égal à v, de sorte qu'au bout de la deuxième seconde la vitesse du mobile sera $2v$; au bout de t secondes, le mobile aura une vitesse V telle que $V = vt$; cette expression, de même forme que l'expression (4), prouve que le mouvement est uniformément accéléré ou retardé; v, accroissement constant de la vitesse pendant l'unité de temps, est *l'accélération :*

Une force constante en intensité et en direction produit un mouvement uniformément varié.

Si on faisait agir sur le même corps deux forces constantes, de même intensité et de même direction, capables d'imprimer

chacune au corps une accélération j, elles lui communique-
raient, par leur action simultanée, une accélération $2j$, puisque
chacune interviendrait indépendamment de l'effet de l'autre ;
une force unique capable d'imprimer à ce même corps une
accélération $2j$ aurait une intensité double de celle de chacune
des deux forces précédemment considérées. D'une façon générale, *si plusieurs forces constantes agissent sur le même mobile,
elles lui communiquent des accélérations proportionnelles à leurs
intensités.* Si donc on appelle F, F′, F″... etc., les forces constantes et j, j', j''... etc., les accélérations, on peut écrire :

$$\frac{F}{F'} = \frac{j}{j'} \qquad \frac{F'}{F''} = \frac{j'}{j''} \qquad \frac{F}{F''} = \frac{j}{j''} \text{ etc.}$$

Expressions qui peuvent se mettre sous la forme :

$$\frac{F}{j} = \frac{F'}{j'} = \frac{F''}{j''} = \dots \text{ etc.} \dots \dots = constante.$$

Ainsi, quels que soient le nombre, la nature, l'intensité et la
direction des forces qui agissent sur un corps, le rapport de
l'intensité de chacune de ces forces à l'accélération qu'elle
produit a une valeur fixe, indépendante des forces. Cette
constance du rapport $\dfrac{F}{j}$ révèle l'existence d'une propriété tout
à fait spéciale par laquelle les corps se distinguent les uns des
autres, et dont la notion s'impose, bien qu'il soit impossible
d'en donner la définition précise : on l'appelle la *masse*.

La masse m d'un corps a pour mesure la valeur du rapport
constant $\dfrac{F}{j}$ relatif à ce corps :

$$\frac{F}{j} = m \qquad \text{d'où l'on tire} \qquad F = mj.$$

Dans le cas où la force est la pesanteur, l'accélération a la
valeur particulière g, et l'on a de même :

$$\frac{P}{g} = m \qquad \text{d'où} \qquad P = mg.$$

On dit que deux corps ont des *masses égales* lorsque, la même
force agissant sur eux, ils reçoivent la même accélération ; si

on réunit ces deux corps de même masse, on obtient une *masse double* et la force ne leur communique plus qu'une accélération moitié moindre. Aussi la masse a-t-elle été considérée par certains mécaniciens comme le coefficient de résistance aux changements de mouvement.

La notion de masse est beaucoup plus générale que celle de poids. Nous pouvons concevoir dans l'espace une région suffisamment éloignée de la terre pour que l'influence de la pesanteur ne s'y fasse plus sentir; les corps n'y auraient plus de poids, mais conserveraient leur masse, et il faudrait leur appliquer les mêmes forces qu'à la surface de la terre pour leur communiquer les mêmes accélérations. Au contraire de la masse, qui est absolument invariable, le poids n'a pas la même valeur en tous les points du globe ; il dépend de l'altitude et de la latitude, mais les variations ne dépassant pas la cent-quatre-vingt-seizième partie de l'intensité moyenne de la pesanteur, on peut, dans la majorité des cas, négliger complètement ces variations et considérer le poids comme fixe.

Nous avons déjà dit que l'unité de poids avait été prise pour unité de force. Notre unité de poids, ou *kilogramme*, est la masse du prototype international en platine iridié, qui a été sanctionné par la conférence générale des poids et mesures tenue à Paris en 1889 et qui est déposé au pavillon de Breteuil, à Sèvres. La copie n° 35 de ce prototype international, déposé aux Archives nationales, est l'étalon légal pour la France. La masse du kilogramme est très approximativement celle de 1 décimètre cube d'eau à son maximum de densité, qui a été prise comme point de départ pour l'établir. Pour rendre la fraction $\frac{P}{q}$ égale à 1, il faut, en raison de l'unité adoptée pour le poids, que P soit égal à $9^{kg},8088$, à Paris; donc l'unité de masse est celle dont le poids, à Paris, est $9^{kg},8088$.

Ces deux unités ne sont pas les meilleures qu'on aurait pu adopter; il eût été rationnel de faire dériver l'unité de poids de l'unité de masse, puisque la masse est invariable et que le poids n'est qu'une force particulière. C'est ce qu'on a fait lors de l'établissement du système C. G. S, qui est employé par les électriciens. L'unité de masse est celle du centimètre-cube d'eau distillée à 4° centigrades ; l'unité de force est celle qui, appliquée à l'unité de masse, lui imprime une accélération de 1 centimètre par seconde. Pour les applications courantes de la Mécanique, on a, néanmoins, conservé l'ancien système, dans lequel l'unité de masse dérive de l'unité de poids. Nous verrons plus loin les procédés employés pour mesurer les forces.

Lorsque deux corps A et A′ exercent l'un sur l'autre une même action attractive ou répulsive, cette action est dirigée suivant la droite qui les joint ; l'action exercée par A sur A′ est égale et directement opposée à celle de A′ sur A. Ainsi, lorsqu'on pose sur une table un corps pesant 3 kilogrammes, il exerce un effort vertical, dirigé de haut en bas, égal à 3 kilogrammes ; la table exerce à son tour sur le corps une *réaction* de 3 kilogrammes, verticale et dirigée de bas en haut. C'est Newton qui a découvert ce *principe de l'égalité de l'action et de la réaction.*

Si l'on fait agir plusieurs forces simultanément sur le même corps, chacune d'elles se comporte comme si elle était seule. Ce dernier principe peut se formuler ainsi : *L'effet d'une force sur un corps est indépendant des effets des autres forces qui peuvent agir simultanément sur ce corps.* Chaque force communiquera au corps une accélération ; en composant toutes ces accélérations, on aura une accélération résultante, ce qui ne peut avoir lieu que s'il y a également une *force résultante.* Cette considération nous amène immédiatement à la composition et à la décomposition des forces.

Composition et décomposition des forces. — Les forces étant proportionnelles aux accélérations qu'elles impriment au même mobile, on les compose et décompose comme les accélérations, en se reportant à ce que nous avons exposé dans le chapitre relatif aux mouvements ; cela signifie qu'on peut leur appliquer les mêmes procédés de composition et de décomposition que pour les vitesses et les déplacements. On représente graphiquement une force par une droite (fig. 8), dont la direction est la même que celle de la

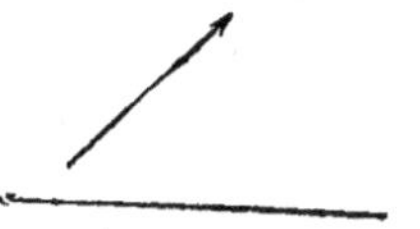

Fig. 8. — Représentation graphique des forces.

droite, et dont le sens est indiqué par une petite pointe de flèche placée à l'extrémité la plus éloignée du point d'application ; la longueur de cette droite est proportionnelle à l'intensité de la force. Grâce à ce mode de représentation, on peut employer, pour composer ou décomposer des forces, les méthodes graphiques que nous avons indiquées (règles du parallélogramme, du polygone, du parallélipipède).

On dit que *deux forces sont égales* lorsqu'en les faisant agir simultanément sur le même corps, dans la même direction, mais en sens inverse, elles ne lui impriment aucune accélération. Cela ne veut pas dire que le corps reste en repos ; s'il était en mouvement, l'action simultanée de ces deux forces égales et opposées ne changerait ni la direction, ni la nature de ce mouvement.

D'une façon générale, on dit que *des forces se font équilibre* lorsqu'étant appliquées simultanément au même corps elles ne lui communiquent aucune accélération, que le corps soit en mouvement ou en repos. Il y a lieu de remarquer que, sans avoir d'effet visible sur le corps, les forces ne se *détruisent* pas ; elles contrebalancent simplement leurs actions respectives. Si l'une quelconque de ces forces vient à être supprimée, l'équilibre est rompu, et le corps est soumis à une action dirigée suivant la résultante des autres forces. Quand il y a équilibre, chacune des forces est nécessairement égale et directement opposée à la résultante de toutes les autres. Aussi, lorsque le corps n'est soumis qu'à trois forces, il ne peut y avoir équilibre que si ces trois forces sont situées dans un même plan.

Dans tout ce qui va suivre, nous supposerons que les forces sont appliquées à des solides invariables, c'est-à-dire formés de points matériels dont les positions relatives restent toujours les mêmes. Trois cas peuvent se présenter : 1° les directions des forces se rencontrent en un même point ; 2° ces directions sont parallèles ; 3° les directions ne se rencontrent pas et ne sont pas parallèles. On dit, dans le premier cas, que les forces sont *concourantes* et, dans le deuxième cas, qu'elles sont *parallèles*. Dans ces deux premiers cas, on peut composer les forces et les remplacer par une force unique ; dans le troisième cas, on ne peut que réduire le nombre des forces appliquées au solide, sans jamais pouvoir leur substituer une force unique.

On peut transporter le point d'application d'une force en un point quelconque de la direction de cette force, à la condition que ce nouveau point d'application soit invariablement lié au premier. Il en résulte que si les forces sont concourantes, on peut transporter ces forces au point où leurs directions se rencontrent, et les méthodes de composition indiquées précédemment sont alors applicables ; on transporte ensuite, si c'est nécessaire, la résultante en un autre point de sa direction.

Le problème de la composition des forces concourantes ne présente donc rien de bien particulier. Il est cependant utile de connaître les relations métriques qui existent entre la résultante et les composantes, lorsque les directions de ces dernières sont perpendiculaires entre elles.

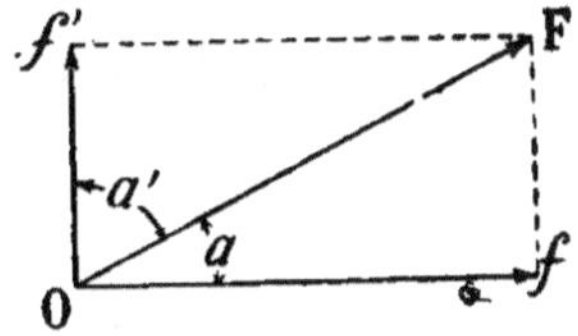

Fig. 9. — Composition des forces.

Soient, par exemple, f et f' deux forces perpendiculaires appliquées en O, F leur résultante, a et a' les angles formés par les directions de f et de f' avec celle de F (fig. 9) :

$$F = \frac{f}{\cos a} \qquad F = \frac{f'}{\cos a'} = \frac{f'}{\sin a}$$

$$f = F \cos a \qquad f' = F \cos a' = F \sin a.$$

Lorsque deux forces ont la même direction, leur résultante est égale à leur somme ou à leur différence, suivant qu'elles sont de même sens ou de sens contraire. S'il y a plus de deux forces, la résultante est égale à la somme des forces dirigées dans un sens, diminuée de la somme des forces dirigées en sens contraire.

Composition des forces parallèles. — La résultante est encore égale à la somme ou à la différence des forces, s'il n y en a que deux, ou égale à la somme des forces dirigées dans un sens, diminuée de la somme des forces dirigées en sens contraire, s'il y a plus de deux forces. La résultante est, de plus, parallèle aux composantes ; nous pouvons déterminer son point d'application.

Considérons deux forces *parallèles et de même sens, f* et *f'*. La résultante F est égale à $f + f'$; on démontre que son point d'application est situé sur la droite AB qui joint les points d'application de *f* et de *f'*, et qu'il divise AB en parties inversement proportionnelles aux intensités de *f* et de *f'*; soit *p* ce point (fig. 10) :

$$\frac{p\text{A}}{p\text{B}} = \frac{f'}{f}.$$

Par conséquent la résultante est plus rapprochée de la plus grande des forces que de l'autre. Si les deux forces sont égales, *p* est au milieu de AB.

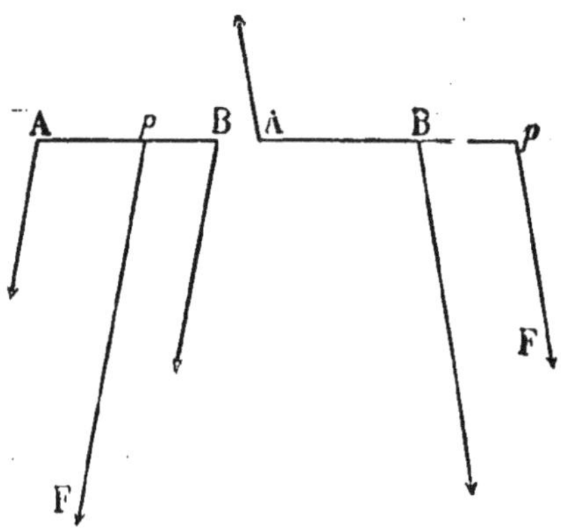

Fig. 10. — Composition des forces parallèles.

Si *f* et *f'*, tout en étant parallèles, sont *de sens contraire* et *inégales*, leur résultante F est égale à leur différence et située sur le prolongement de AB, du côté de la plus grande, en un point *p* tel que ses distances à A et B soient inversement proportionnelles à *f* et *f*.

$$\frac{p\text{A}}{p\text{B}} = \frac{f'}{f}.$$

De plus, F est dirigée dans le sens de la plus grande des forces *f* et *f'*.

Pour composer un nombre quelconque de forces parallèles et de même sens, on compose d'abord deux des forces, puis leur résultante avec la troisième force, et ainsi de suite, en appliquant chaque fois la méthode indiquée pour deux forces seulement. Si l'on a affaire à des forces parallèles dirigées dans les deux sens, on compose séparément toutes les forces de même sens et on compose enfin en une seule les deux résultantes partielles ainsi obtenues.

Inversement, on peut décomposer une force unique donnée,

F, en deux forces parallèles f et f', appliquées en des points A et B choisis arbitrairement, à la seule condition que F, A et B soient contenus dans le même plan. Pour cela, on transporte, si c'est nécessaire, le point d'application de F au point f où la direction de cette force coupe la droite AB ou son prolongement ; si p est entre A et B, les deux composantes sont de même sens ; si p est sur le prolongement de AB, les deux composantes sont de sens contraire.

Une construction géométrique très simple donne, dans les deux cas, les longueurs représentatives de f et f'. Supposons tout d'abord que p soit entre A et B ; les forces f et f' sont de même sens et $f+f'$ $=$ F. Par A menons, dans une direction quelconque, une droite AC égale à F (fig. 11). Joignons CB et traçons pD parallèle à AC ; menons enfin DE parallèle à AB : AE$=f$, EC$=f'$.

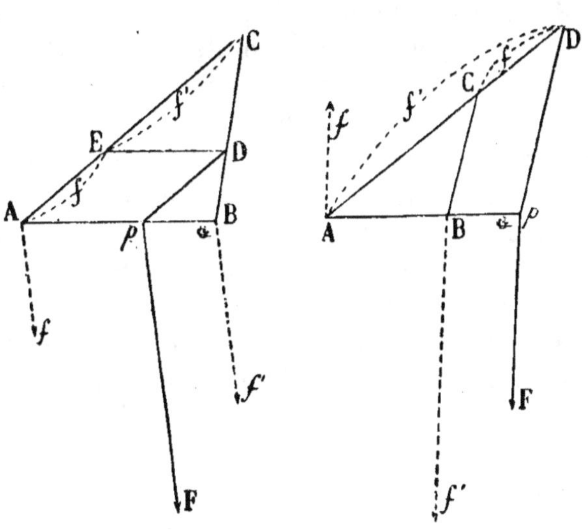

Fig. 11. — Décomposition d'une force en deux forces parallèles.

Si p est sur le prolongement de AB, $f'-f=$ F et les forces sont de sens contraire. Traçons encore AC $=$ F, dans une direction quelconque ; joignons CB et menons pD parallèle à BC jusqu'à sa rencontre, en D, avec le prolongement de AC : AD $= f'$ et CD $=f$.

La plus grande des deux forces f et f' trouvées par l'une ou l'autre de ces constructions est appliquée au point le plus voisin de p.

Remarque. — La résultante de deux forces est toujours plus petite que la somme des deux forces, sauf quand ces deux forces sont de même direction, ou de directions parallèles, et de même sens, auquel cas la résultante est égale à leur somme. Lorsqu'on décompose une force en deux autres, la somme des composantes est supérieure à la résultante, sauf si on décompose suivant deux directions parallèles et de même sens. Ce dernier mode de décomposition est donc particulièrement avantageux.

Centre des forces parallèles. Centre de gravité. — D'après les constructions précédentes, on voit que le point d'application de la résultante de deux ou de plusieurs forces parallèles ne dépend nullement de la direction, mais seulement des intensités, des points d'application et du sens des composantes. Si donc on applique à tous les points constituant un solide invariable des forces parallèles, on peut modifier à volonté la direction de ces forces sans déplacer le point d'application de la résultante ; ce point d'application invariable a reçu le nom de *centre des forces parallèles*.

Considérons maintenant un corps matériel, composé, par conséquent, de particules pesantes ; le poids de chacune de ces particules est une force verticale dirigée de haut en bas ; tous ces poids forment donc un ensemble de forces parallèles et de même sens, dont la résultante est le poids du corps, égal à la somme des poids de toutes les particules. Le point d'application de cette résultante ne change pas si on fait tourner, d'une façon quelconque, toutes ces forces en les maintenant parallèles, ou, ce qui revient au même, si on fait tourner le corps d'une manière quelconque autour d'un de ses points. Le poids du corps est donc appliqué en un point invariable : c'est le *centre de gravité*.

Équilibre des corps soumis à la pesanteur. — Un corps est *en équilibre* sous l'action de plusieurs forces quand toutes ces forces ont une résultante nulle, c'est-à-dire quand elles se font elles-mêmes équilibre. Sous l'influence de la pesanteur, un corps fixé par un point, par un axe ou par trois points, est en équilibre quand son poids est directement opposé à la résultante des réactions des points fixes.

L'équilibre est *stable* si, lorsqu'on dérange le corps de sa position d'équilibre, il y revient sous l'influence de la pesanteur. Pour un corps suspendu par un point ou par un axe (deux points), l'équilibre est stable si le centre de gravité est en dessous du point ou de l'axe, et si la verticale passant par ce centre rencontre le point ou l'axe de suspension. Un corps appuyé par plusieurs points sur un plan est en équilibre stable si la verticale passant par le centre de gravité rencontre le plan à l'intérieur de la figure formée par les points d'appui et qu'on nomme *base de sustentation* ; ainsi une fourragère chargée ne risque pas de verser sur une route bombée tant que la verticale du centre de gravité rencontre le sol entre les roues.

L'équilibre est *instable* quand le corps, légèrement écarté de sa position d'équilibre, s'en éloigne de plus en plus sous l'action de la pesanteur.

Un corps qui, dérangé de sa position d'équilibre, se trouve encore en équilibre, dans la nouvelle position, est dit en *équilibre indifférent* : exemple une sphère sur un plan rigoureusement horizontal (bille de billard sur le tapis).

Couples. — On appelle couple (fig. 12) le système mécanique formé par deux forces parallèles égales, dirigées en sens contraire et appliquées aux deux extrémités d'une droite. On désigne ordinairement les couples par la notation $(f, -f)$, qui exprime que les forces sont égales et de sens contraire.

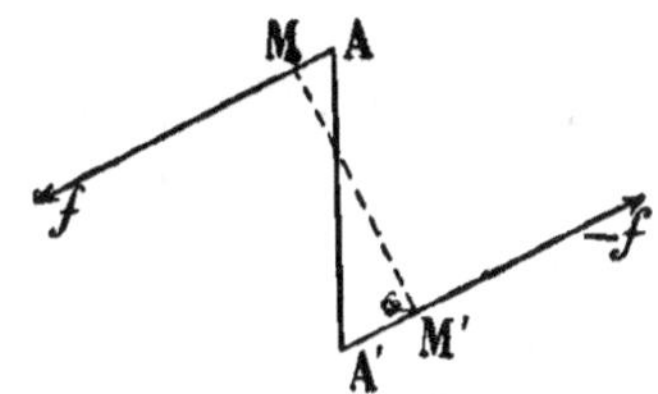

Fig. 12. — Couple.

Si nous appliquons aux couples la méthode de composition des forces parallèles et de sens contraire, nous voyons tout d'abord que la résultante a une intensité nulle, puisque $f - f = 0$; d'autre part le point d'application p de cette résultante, qui est nécessairement sur le prolongement de AA', doit être tel que $pA = pA'$, condition qui ne peut être remplie que si p est rejeté à une distance infiniment grande de A et de A'. Autrement dit, *un couple n'a pas de résultante*.

Cela ne signifie pourtant pas qu'un couple soit sans action sur le corps auquel on l'applique. Les couples produisent, en effet, des mouvements de rotation, dans leur plan, autour de l'un des points de la droite qui réunit les points d'application des deux forces. On appelle *axe* d'un couple la perpendiculaire au plan du couple passant par le point fixe de AA' (fig. 12) autour duquel se produit la rotation. Il faut remarquer que l'axe peut rencontrer AA' en un point quelconque de sa longueur, y compris les deux extrémités A et A' ; c'est cette considération qui permet de retrouver les deux forces constituant le couple, forces qui, dans certains mouvements de rotation, n'apparaissent pas toujours bien clairement. Ainsi, lorsqu'un homme tourne une manivelle, on n'aperçoit tout d'abord qu'une force, f, qui est appliquée à l'extrémité de la manivelle ; la seconde force, égale à f mais de sens contraire $(-f)$, est la réaction développée par l'axe de la manivelle, qui est, en même temps, l'axe du couple.

Le *bras de levier* d'un couple est la perpendiculaire commune, MM', aux directions des deux forces. Le produit de l'intensité f des forces par le bras de levier mesure l'intensité du couple ; on l'appelle *moment du couple* :

$$m = f \times \text{MM}'.$$

Il en résulte que deux couples dont les forces et les bras de levier sont très différents, pourront avoir la même intensité, produire, autrement dit, le même effet; il suffira que leurs moments soient égaux. On peut, par suite, remplacer un couple par un couple de même moment, faculté qui permet de composer et de décomposer les couples.

Réduction des forces appliquées à un solide. — On démontre en Mécanique que si les forces appliquées à un solide ne sont ni concourantes, ni parallèles, on peut réduire toutes ces forces à deux forces seulement, ou encore à une force et un couple.

Forces centrales. — Lorsqu'un corps décrit une trajectoire courbe, comme, par exemple, lorsqu'il tourne autour d'un axe, il est nécessaire qu'il soit maintenu sur cette trajectoire par une force qui l'empêche de s'en écarter, puisqu'en vertu de l'inertie, il tendrait à décrire une trajectoire rectiligne. Cette force, normale à la courbe, est dirigée vers le

centre de cette courbe et porte le nom de *force centripète* ;
elle a pour valeur :

$$F = \frac{mv^2}{R},$$

m étant la masse du corps, *v* la vitesse du mouvement et
R le rayon de la circonférence.

Le corps développe à son tour une réaction égale et directement opposée à la force centripète, et qui tend à l'éloigner
du centre : c'est la *force centrifuge*. La force centripète et la
force centrifuge sont des forces centrales.

Il importe de remarquer que la force centrifuge n'est
qu'une réaction due à la force centripète, et qu'elle cesse
d'exister aussitôt que cette dernière disparaît ; par suite, si la
force centripète qui assujettit le mobile sur sa trajectoire
cesse brusquement d'exercer son action, comme cela se produit dans la rupture d'une pièce tournant autour d'un axe, le
corps n'est pas entraîné dans la direction de la force centrifuge ; aucune force ne l'obligeant plus à suivre telle ou telle
direction, sa trajectoire curviligne se transforme purement et
simplement en une trajectoire rectiligne, qui n'est autre que
le prolongement de la trajectoire infiniment petite à laquelle
on peut assimiler l'élément de trajectoire curviligne que suivait le mobile au moment précis où les forces centrales ont
disparu : c'est la tangente à la courbe, qui représente d'ailleurs, comme nous l'avons vu, la direction du mouvement
curviligne au point considéré. C'est pour cette raison qu'on
dit que *le corps s'échappe suivant la tangente*. Ce fait se constate maintes fois dans la vie courante. Ainsi, lorsqu'une voiture circule sur une route détrempée par la pluie, on voit
les gouttes de boue, maintenues par l'adhérence (force centripète) sur la jante des roues, s'échapper suivant la tangente,
si l'allure de la voiture est assez rapide pour que la force
centrifuge résultant du mouvement des roues devienne égale
à l'adhérence.

La force centripète et, par suite, la force centrifuge augmentent très rapidement d'intensité quand la vitesse du mouvement curviligne croît ; la vitesse de ce mouvement entre, en
effet, au carré dans l'expression de ces forces. Aussi, faut-il

donner une très grande résistance aux pièces soumises à un mouvement rapide de rotation, sous peine de les voir se briser et se transformer en projectiles très dangereux ; les volants de moteurs à grande vitesse, les batteurs de machines à battre, doivent être solidement construits, car leur rupture pourrait occasionner des accidents très graves.

TRAVAIL. — PUISSANCE.

Travail. — La connaissance des caractéristiques des forces est souvent insuffisante pour fournir la solution de tous les problèmes qui se présentent en Mécanique ; elle ne nous renseigne pas d'une manière complète sur le parti que nous pouvons tirer de l'emploi des forces. Une notion nouvelle, celle du *travail mécanique*, qui fait intervenir à la fois la force et le déplacement qu'elle produit, vient combler en partie cette lacune. Une comparaison familière rendra plus claire cette notion un peu complexe de travail mécanique.

Supposons qu'un propriétaire veuille faire monter un sac de blé dans un grenier ; il confie à un ouvrier le soin d'accomplir ce *travail*, et il en fixe, d'accord avec lui, la rémunération. L'ouvrier développe, pour charger le sac sur son dos, un effort vertical, c'est-à-dire une force verticale égale au poids du sac. Mais s'il reste au bas de l'échelle, ou s'il se promène sur le sol horizontal avec son fardeau sur le dos, l'ouvrier ne peut prétendre être payé, car il n'effectue pas le travail convenu. Pour recevoir son salaire, il doit monter le sac au grenier, c'est-à-dire lui faire parcourir la distance verticale séparant le rez-de-chaussée du grenier ; peu importe, d'ailleurs, qu'il incline plus ou moins l'échelle, qu'il s'arrête ou non au milieu du trajet, qu'il mette quelques minutes ou plusieurs heures à s'acquitter de sa tâche, car il n'accomplit jamais que le travail déterminé à l'avance. On voit donc que, *pour qu'il y ait travail mécanique, il faut qu'il y ait à la fois effort et chemin parcouru dans la direction de l'effort ; mais toute considération de temps doit être laissée de côté.*

Au point de vue mécanique, le travail $\mathcal{C}$ est égal au produit de l'intensité de la force F par le déplacement E dans la direction de la force :

$$\mathfrak{T} = F \times E.$$

Si la direction de la force ne coïncide pas avec celle du déplacement, on décompose la force suivant deux directions perpendiculaires entre elles, et dont l'une se confond avec le déplacement ; le travail a alors pour valeur le produit de la composante suivant le déplacement par le chemin parcouru. Si l'on se reporte à ce que nous avons dit au sujet des relations existant entre la résultante et les composantes lorsque ces dernières sont rectangulaires, on voit que l'expression du travail devient :

$$\mathfrak{T} = F \cos a \times E.$$

Mais cette égalité peut s'écrire, sans changer de valeur :

$$\mathfrak{T} = F \times E \cos a,$$

ce qui prouve qu'on peut indifféremment, pour calculer le travail, *projeter* la force sur la direction du déplacement, ou le déplacement sur la direction de la force.

Si la force et le déplacement sont perpendiculaires l'un à l'autre ($a = 90°$), la projection de F sur E, ou de E sur F, est nulle, et le travail est nul.

Lorsque la trajectoire est curviligne, et que la force reste constamment tangente à la courbe, le travail est égal au produit de la force par la longueur de l'arc de courbe parcouru. En particulier, pour une trajectoire circulaire de rayon R, le travail correspondant à un tour complet est :

$$\mathfrak{T} = F \times 2\pi R.$$

Unité de travail. — En raison de la définition même du travail mécanique, l'unité de travail est réalisée quand l'unité de force produit, dans sa direction, un déplacement égal à l'unité de longueur, autrement dit, quand le point d'application d'une force de 1 kilogramme parcourt 1 mètre ; cette unité de travail s'appelle *kilogrammètre* et se représente par *kgm*.

Diagramme du travail. — Il est souvent plus commode,

pour l'étude d'un phénomène quelconque, de représenter ce phénomène, quand c'est possible, par une figure géométrique tracée sur le papier, que de considérer simplement le nombre brut qui en est la mesure. Prenons par exemple deux axes rectangulaires, OX et OY ; convenons de porter sur OX, à partir de O et à une échelle déterminée, des longueurs représentant les espaces parcourus, et, sur des parallèles à OY, des longueurs représentant, à une échelle choisie, l'intensité de la force aux instants où l'on note les espaces parcourus.

Supposons tout d'abord que la force soit constante et qu'elle reste toujours tangente à la trajectoire (fig. 13) ; les parallèles aa', bb', xm, à OY auront toutes la même longueur et leurs extrémités se trouveront toutes sur la parallèle ym à OX. Or Ox représente le déplacement E ; Oy réprésente F ; l'expression $\mathfrak{C} = F \times E$ est donc représentée par le produit de la base Ox par la hauteur Oy du rectangle $Oymx$, c'est-à-dire par l'*aire* de ce rectangle. La figure $Oymx$ est la représentation graphique, ou *diagramme*, du travail.

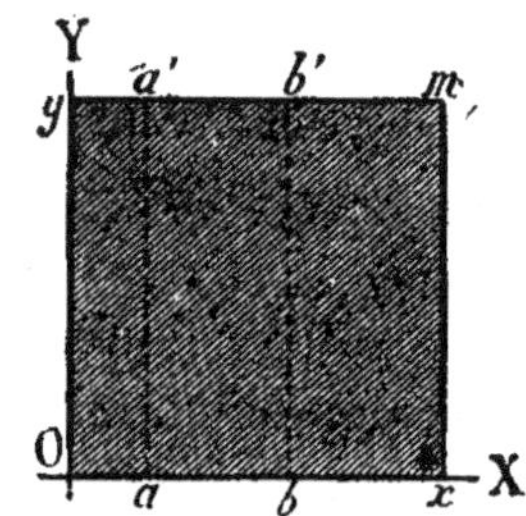

Fig. 13. — Diagramme du travail dans le cas d'une force constante.

Si la force est variable, ou encore si la projection de cette force sur la direction du mouvement n'est pas constante, les extrémités des parallèles à OY représentant les différentes valeurs de F seront sur une certaine courbe $ym'm$ (fig. 14). Le travail sera encore représenté par l'aire comprise entre la courbe, les deux axes et mx, que nous appellerons aire du diagramme, pour simplifier l'exposé suivant. Divisons, en effet, Ox en dix parties égales et menons par les points de division des parallèles à OY ; ces droites rencontrent la courbe en des points tels que m, par lesquels nous menons des parallèles $m'm_1$ à OX ; nous formons ainsi, avec les parallèles à OY, une série de rectangles, tels que $am'm_1'a'$, dont la surface représente le travail d'une force d'intensité am' sur un parcours aa' ; leurs surfaces additionnées donnent une aire plus petite que celle du diaphragme. Menons de même les parallèles telles que $m''m''_1$; nous constituons une série de rectangles tels que $am_1 m''a'$, dont la surface représente le travail d'une force am'' sur le trajet a' ; la somme des aires des rectangles extérieurs est plus grande que celle du diagramme, qui se trouve ainsi comprise entre la somme des rectangles intérieurs et la somme des aires des rectangles extérieurs. Divisons chacun des intervalles tels que bb', en deux parties égales ; l'aire totale de tous les rectangles intérieurs augmente de la somme des petits rectangles $pn''n''_1r$; celle des rectangles extérieurs diminue de la somme des petits rectangles $n''n''_1q s$. Les deux aires totales diffèrent donc moins que précédemment ; elles différeront

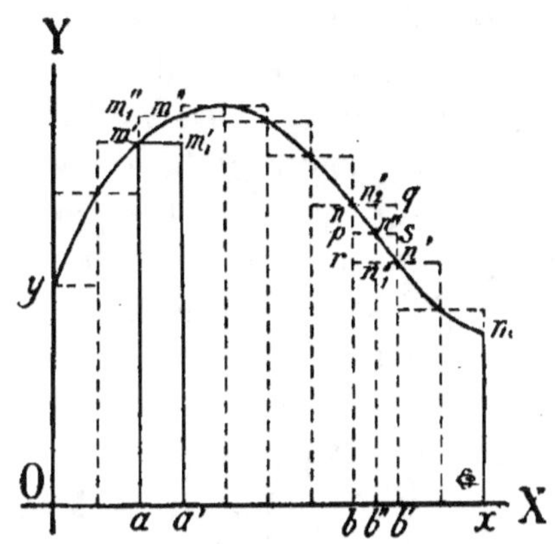

Fig. 14. — Diagramme du travail dans le cas d'une force d'intensité variable.

même d'autant moins qu'on aura subdivisé un plus grand nombre de fois les intervalles aa', bb', etc. ; mais l'aire du diagramme ne cesse pas d'être comprise entre les deux aires totales. On conçoit qu'on puisse diviser Ox en un nombre de parties assez grand pour que la différence entre la somme des aires des rectangles extérieurs et celle des rectangles intérieurs soit aussi petite qu'on le désire et puisse être considérée comme négligeable. Chacun des rectangles, à base infiniment petite, ainsi obtenus donne le travail de la force (dont l'intensité est représentée par sa hauteur) correspondant au déplacement infiniment petit (base du rectangle) pendant lequel on peut la considérer comme constante. La somme des aires de tous ces rectangles donne le travail total ; or elle est égale à l'aire du diagramme ; donc cette dernière représente bien le travail.

On comprend aisément qu'on puisse remplacer tous ces rectangles de hauteurs différentes par un rectangle unique, de même superficie, ayant pour base Ox ; ce nouveau rectangle représenterait également le travail, mais sa hauteur ne donnerait qu'une valeur moyenne de la force, intermédiaire entre celle de la plus petite et de la plus grande des ordonnées du diagramme réel ; aussi cette hauteur est-elle appelée *ordonnée moyenne*. Nous verrons plus tard qu'il existe des méthodes simples et même des appareils permettant de déterminer l'ordonnée moyenne.

Puissance. — Il n'est encore pas suffisant de savoir qu'un moteur est capable d'effectuer un travail déterminé pour apprécier les services qu'il peut nous rendre. Un exemple analogue à celui que nous avons pris pour éclaircir la notion de travail mécanique fera mieux saisir celle de la puissance. Supposons qu'un propriétaire veuille faire monter au grenier 100 sacs de blé ; il embauche deux ouvriers et confie à chacun le soin de monter 50 sacs. L'un d'eux peut monter 20 sacs par heure, l'autre n'en peut montrer que 10 dans le même temps ; leur besogne terminée, ils ont accompli tous deux le même travail, mais le premier s'en est acquitté en deux heures et demie, tandis que le second n'a pu le faire qu'en cinq heures. Il est de toute évidence que le second ne peut pas rendre, par jour, autant de services que le premier : ils n'ont pas la même *puissance*. On dirait couramment qu'ils n'ont pas la même force ; cette expression est défectueuse, car si le premier ouvrier était deux fois plus fort que le second, il monterait, par exemple, deux sacs à la fois, quand le second n'en monterait qu'un ; si, en revanche, le second était deux fois plus actif et plus agile que le premier, il ferait deux fois plus de voyages que ce dernier, de sorte que, dans le même temps, les deux ouvriers accompliraient le même travail : ils auraient la même puissance sans avoir la même force. La notion de puissance établit donc une corrélation entre le *travail* effectué et le *temps* employé pour l'accomplir.

Unité de puissance. — L'unité théorique correspond à *un kilogrammètre en une seconde*. Cette unité n'a pas reçu de nom spécial ; elle est trop faible pour les applications courantes. Aussi a-t-on adopté une *unité pratique*, qui est appelée *cheval-vapeur*, et qui correspond à 75 kilogrammètres en une seconde. Ainsi, une machine a une puissance de 1 cheval-vapeur, lorsqu'elle est capable d'élever, en une seconde, un poids de 1 kilogramme à 75 mètres, ou encore un poids de 10 kilogrammes à $7^m,50$.

Le cheval-vapeur se représente fréquemment par le symbole *HP*, qui provient du nom anglais de cette unité (*horse power*).

Beaucoup de mécaniciens emploient maintenant une autre unité pratique, plus commode et plus en rapport avec notre système de mesures : c'est le *Poncelet*, qui vaut 100 kilogramm-mètres par seconde. Néanmoins, les machines motrices sont encore vendues d'après le nombre de chevaux-vapeur, et non de poncelets, qu'elles peuvent développer. Une machine de 10 chevaux peut produire un travail de 750 *kgm* par seconde ; on dit généralement, à tort, qu'elle a une *force* de 10 *HP* ; c'est une *puissance* de 10 *HP* qu'il faut dire.

On fait également usage, dans certains cas, par exemple quand on veut mesurer la dépense spécifique d'une machine motrice, d'unités de travail dérivées des unités de puissance. Tel est le *cheval-heure*, ou nombre de kilogrammètres développé en une heure par une machine dont la puissance est un cheval-vapeur ; le symbole adopté pour le cheval-heure est *HPH*. D'après sa définition même, on voit que

$$1\ HPH = 270\,000\ kgm.$$

Force vive. — On appelle ainsi le produit de la masse d'un corps par le carré de la vitesse dont il est animé :

$$Force\ vive = mv^2.$$

Cette appellation est absolument impropre et même vicieuse, car le produit d'une masse par une vitesse ne peut pas être une force : c'est une grandeur particulière, qui est, comme nous le verrons plus loin, une des formes de l'*énergie*. Il faut donc une unité spéciale pour la mesurer : l'unité de force vive est celle que possède une masse égale à l'unité, animée d'une vitesse égale à l'unité.

Une relation extrêmement importante existe entre le travail mécanique et la force vive : *la variation* (augmentation ou diminution) *de force vive d'un système matériel est équivalente au double du travail des forces qui agissent sur lui pendant le temps considéré.*

Si m est la masse d'un corps, et si v_0 et v sont les vitesses initiale et finale dont il est animé, ce théorème s'exprime par l'équation :

$$mv^2 - mv_0^2 = 2\mathcal{C}.$$

Si v est plus grand que v_0, c'est-à-dire si le corps a augmenté de vitesse, le travail est positif : il a fallu dépenser du travail en appliquant une force de même sens que le mouvement pour produire cette augmentation de vitesse. Si v est plus petit que v_0, le corps diminue de vitesse et le travail est négatif, c'est-à-dire qu'on a dû faire agir sur le corps une force de sens contraire à celui du mouvement.

Si la vitesse initiale est nulle ($v_0 = 0$), l'expression se réduit à :

$$mv^2 = 2\mathcal{C} \qquad \text{ou} \qquad \mathcal{C} = \frac{mv^2}{2}.$$

c'est-à-dire que, pour imprimer à un corps en repos une vitesse v, il faut dépenser un travail équivalent à la moitié de la force vive correspondant à cette vitesse.

Cette équivalence constante entre la variation de force vive et le travail fait que, pratiquement, on exprime la force vive avec la même unité que le travail, soit avec le kilogrammètre.

Considérons un obus de masse m, animé d'une vitesse v ; sa force vive est mv^2. Pour l'arrêter, il faudra annuler sa vitesse, donc annuler en même temps sa force vive ; par conséquent il faudra faire agir des forces de sens contraire à celui de son mouvement. C'est ce qui se produit quand l'obus heurte un blindage ; la résistance du blindage est la force dirigée en sens contraire du mouvement de l'obus. Son travail doit être négatif, c'est-à-dire que son point d'application, qui n'est autre que l'obus, doit se déplacer dans le même sens que l'obus. Si ce dernier s'arrêtait court en touchant le blindage, le travail de cette force serait nul ; l'obus pénètre donc dans le blindage, en le disloquant, jusqu'à ce que le travail de la force résistante ait pris la même valeur que la demi-force vive initiale. Cette force vive étant alors complètement détruite, l'obus s'arrête. L'effet destructeur du projectile, mesuré par le travail nécessaire pour l'arrêter, est donc proportionnel à sa force vive, c'est-à-dire proportionnel : 1° à sa masse; 2° au carré de sa vitesse; si cette vitesse double, l'effet destructeur devient quatre fois plus grand.

La force vive ne saurait être remplacée par une force. En effet, si nous chargeons d'un poids la tête d'un pieu, ce dernier s'enfonce dans le sol jusqu'à ce que la résistance devienne égale au poids de la charge, augmenté de celui du pieu; à partir de ce moment le pieu reste immobile; on peut enlever et remettre (sans choc) la charge sans le faire s'enfoncer davantage. Au contraire, laissons tomber sur lui le mouton d'une sonnette à battre les pieux : il s'enfoncera à nouveau et il en sera de même à chaque coup. Son enfoncement sera, naturellement, d'autant plus faible que la résistance du terrain est plus grande; c'est pourquoi on détermine, en travaux publics, le *refus du battage* par l'enfoncement sous une *volée*.

Si le mouton pèse 30 kilogrammes et tombe d'une hauteur de 10 mètres, il produit un travail de 300 *kgm*. Sa force vive est donc de 600 *kgm*.

La pression momentanée A qui résulte du choc d'un corps pesant P kilogrammes, tombant d'une hauteur H et ayant, par conséquent, au moment du choc, une vitesse v, exprimée en mètres par seconde, égale à $\sqrt{2gH}$, est donnée par l'expression (1) :

$$A = 13,55\ P\ v.$$

Résistances passives. — Nous avons posé en principe que s'il est soustrait à toute espèce d'influence extérieure, un corps non en repos est animé d'un mouvement rectiligne et uniforme qu'il conserve indéfiniment. Toutes les constatations que l'on peut faire dans la vie courante semblent contredire cette assertion : ainsi une pierre lancée horizontalement décrit une trajectoire nettement courbe, et ne parcourt pas cette trajectoire d'un mouvement uniforme; si l'on supprime

(1) M. Ringelmann, *Comptes rendus de l'Académie des sciences*, CXXXVII, p. 644.

l'arrivée de vapeur dans le cylindre d'une locomobile, alors même qu'elle n'actionne aucune machine, on ne tarde pas à voir le volant tourner de moins en moins vite et s'arrêter. Cela tient à ce qu'aucun corps, à la surface de la terre, ne peut être soustrait à l'influence des forces extérieures. Les plus importantes de ces forces sont : la pesanteur, la résistance des milieux et le frottement; la transformation des forces, les modifications de vitesse, la raideur des courroies et organes analogues de transmission, etc., sont encore des influences qui s'opposent à la conservation des mouvements. On les désigne sous le nom général de *résistances passives*, par opposition à la *résistance*, qu'on pourrait appeler aussi *résistance active*, qui est l'effort nécessaire pour accomplir l'ouvrage.

L'action de la *pesanteur* est facile à apprécier : le poids donne l'intensité de la force dont la direction est verticale; nous avons appris à déterminer tous les éléments nécessaires pour calculer le travail de la pesanteur.

La résistance opposée par le *milieu* dans lequel se meut le corps en mouvement varie avec l'état de la surface du corps, avec l'étendue de la surface S. opposée au mouvement (aire de la projection du corps sur un plan perpendiculaire à la direction du mouvement), et surtout avec la vitesse; on adopte généralement la formule :

$$r = k \, S \, v^2,$$

dans laquelle k est un coefficient d'autant plus grand que le milieu est plus dense.

Le *frottement* est une des résistances passives dont l'effet est le plus considérable et qu'on s'efforce généralement, en construction, de diminuer autant que possible. Si bien polis et si durs que soient les corps, leur surface est toujours garnie d'innombrables aspérités et cavités; lorsque deux corps sont maintenus en contact, les aspérités de l'une des surfaces s'engagent dans les cavités de l'autre, et cela d'autant plus profondément que la pression est plus énergique. Aussi ne peut-on les faire glisser l'un sur l'autre sans déformer et, parfois même, sans arracher ces aspérités. Pour mettre l'un d'eux en mouvement, il faut, par suite, exercer un effort de nature à désengrener les surfaces; cet effort est égal à la *force de frottement* et lui est directement opposé.

Si, au lieu de faire glisser les deux corps, on les fait rouler l'un sur l'autre, les aspérités ne sont déformées ou brisées qu'exceptionnellement, puisque le mouvement de roulement tend naturellement à les désengrener; aussi le *frottement de roulement* est-il beaucoup moins élevé, à conditions égales, que le frottement précédemment envisagé, ou *frottement de glissement*.

Le frottement est, le plus souvent, nuisible; il y a pourtant un grand nombre de cas où il agit de la façon la plus utile. Sans frottement, la marche de l'homme et des animaux serait impossible : il suffit, pour s'en convaincre, de se rappeler avec quelle difficulté on progresse sur du verglas ou sur un parquet trop ciré; dans ces deux exemples, en effet, le frottement est faible. Sans frottement, il serait impossible de tenir dans la main des objets de forme cylindrique, comme les manches de bêches, de balais, d'outils quelconques. Le frottement permet d'arrêter rapidement les trains ou les voitures en marche, les ascenseurs dont les mécanismes de commande se brisent. C'est encore grâce à lui que nous pouvons évaluer facilement la puissance des machines motrices.

Coulomb, et, plus tard, le général Morin, ont déterminé expérimentalement les lois du frottement.

Frottement de glissement. — Il y a lieu de distinguer le *frottement au départ* du *frottement pendant le mouvement.*

Le *frottement au départ* est la force qui s'oppose à la mise en mouvement d'un corps au repos s'appuyant sur une surface quelconque. Soit, par exemple, un corps A, placé sur la surface plane horizontale S (fig. 15); appliquons-lui une force F, horizontale et très faible; nous constatons que le corps reste en repos. Si nous faisons croître progressivement l'in-

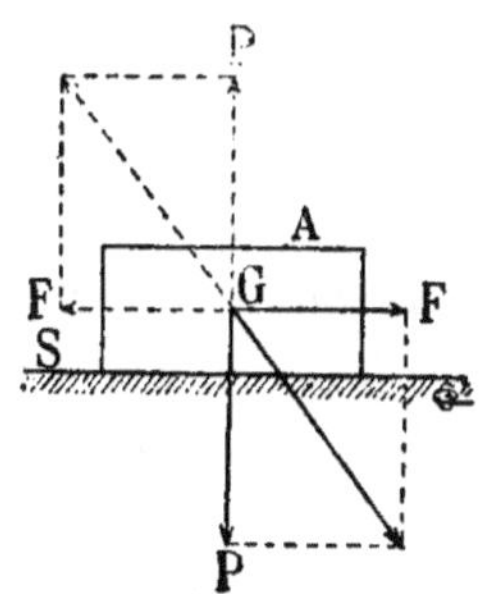

Fig. 15. — Force de frottement au départ.

tensité de F, il arrive un moment où le corps A se met en mouvement. Il est alors soumis à deux forces : son poids P, appliqué au centre de gravité G, et la force F que nous pouvons supposer appliquée également en G ; P et F ont une résultante à laquelle la réaction de la surface S est égale et opposée. On peut la décomposer en deux forces, — P et — F, égales et opposées à P et F. La valeur de — F, au moment où le corps se met en mouvement, est ce qu'on appelle la force de frottement au départ.

Le frottement au départ est proportionnel à la pression normale qui s'exerce entre les deux corps ; il dépend de la nature et surtout de l'état des surfaces en contact ; il est plus élevé pour des corps de même nature ; il est indépendant de l'étendue des surfaces en contact.

En appelant P la pression et f le frottement :

$$f = kP.$$

k est le *coefficient de frottement au départ* ; on en trouve la valeur, pour les cas les plus usuels, dans les aide-mémoire.

Frottement pendant le mouvement. — Lorsque la réaction de la surface est vaincue, le corps se met en mouvement ; mais si on l'abandonne à lui-même, il ne tarde pas à s'arrêter, et, pour le maintenir en mouvement, il faut lui appliquer une force F' capable d'équilibrer la réaction du plan ; la composante (— F') de cette réaction, égale et opposée à F', est la force de frottement pendant le mouvement. Ce frottement suit les mêmes lois que le frottement au départ ; on peut donc l'exprimer par une formule analogue :

$$f' = k'P,$$

dans laquelle *k' est le coefficient de frottement pendant le mouvement* ; k' est, dans tous les cas, inférieur à k, c'est-à-dire que *le frottement pendant le mouvement est plus faible que le frottement au départ.*

En réalité, le frottement n'est indépendant de l'étendue des surfaces que jusqu'à une certaine limite. Si la pression est très élevée et si, en même temps, les surfaces en contact n'ont qu'une faible étendue, elles s'échauffent, s'entament et *grippent* ; le graissage combat efficacement le grippement, mais si la pression est trop forte, le lubrifiant est chassé ; le graissage ne pouvant se faire normalement, le frottement ne reste plus proportionnel à la pression et augmente beaucoup plus rapidement.

D'après les expériences de Coulomb et de Morin, le frottement serait indépendant de la vitesse relative des corps en contact ; des mesures plus récentes prouvent que cette indépendance n'a lieu que pour des vitesses supérieures à 25 mètres par seconde ; de 0 à 25 mètres, le frottement croît avec la vitesse (Poirée et Bochet).

Frottement de roulement. — *Le frottement de roulement est proportionnel à la pression normale (charge) ; il varie avec l'état et la nature des surfaces, et il est inversement proportionnel au diamètre.*

En appelant r ce frottement, P la charge et D le diamètre de la partie roulante, on a l'expression :

$$r = k'' \frac{P}{D},$$

où k'' est le *coefficient de roulement*, qu'on trouve également dans les aide-mémoire.

On voit que, pour diminuer le frottement de roulement, y a intérêt à augmenter le diamètre ; aussi les véhicules à roues de grandes dimensions offrent-ils moins de résistance à la traction que ceux à petites roues. On ne peut, néanmoins, augmenter beaucoup le diamètre des roues sans diminuer, en même temps, la stabilité du véhicule.

Les coefficients de roulement sont beaucoup plus faibles que ceux de glissement. Aussi substitue-t-on le roulement au glissement quand on veut diminuer le plus possible les résistances passives ; c'est dans ce but qu'on se sert de rouleaux pour déplacer les blocs de pierre ou les lourdes machines, au lieu de les faire glisser sur le sol. Dans les véhicules ordinaires, la résistance est causée non seulement par le frottement de roulement des roues sur le sol, mais aussi par le glissement des moyeux sur les fusées ; c'est pour cela qu'on lubrifie les axes au moyen de graisse, d'huile, etc. Si l'on veut que les pièces tournent très librement autour de leurs axes, on interpose, entre le moyeu et la fusée, des billes ou des rouleaux qui suppriment le glissement et le remplacent par le roulement.

Le frottement de roulement augmente un peu avec la vitesse ; il suit une loi qu'on n'a pas encore pu déterminer d'une façon précise.

Mouvements variés. — Ils sont toujours moins avantageux que les mouvements uniformes ; les mouvements alternatifs, périodiques ou intermittents, sont aussi moins avantageux que les mouvements continus. Pour modifier la vitesse, il faut, en effet, dépenser du travail (théorème des forces vives).

Vibrations. — Les chocs répétés par lesquels elles se manifestent sont accompagnés d'une dépense de travail en pure perte.

Raideur des organes de transmission (câbles, cordes, courroies). — C'est encore une cause de perte de travail. Si l'on considère une poulie sur laquelle passe une corde dont les deux brins sont verticaux, on constate que le brin M (fig. 16),

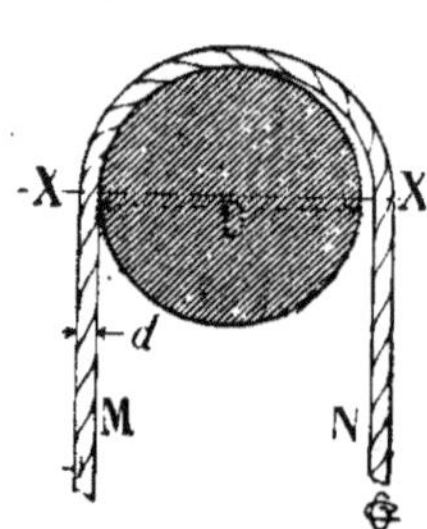

Fig. 16. — Raideur d'une corde.

sur lequel s'exerce l'effort, s'applique sur la poulie jusqu'au niveau de l'horizontale XX passant par son axe, mais qu'il n'en est pas de même du brin N supportant la résistance ; ce brin ne s'applique sur la poulie que sensiblement au-dessus de XX. Cette raideur tient à la résistance qu'oppose à la flexion l'organe de transmission ; elle se compose de deux parties, l'une, A, ou *raideur naturelle*, indépendante de l'effort à transmettre, l'autre, B, dite *raideur proportionnelle*, parce qu'elle est, en effet, proportionnelle à la charge Q, et inversement proportionnelle au diamètre D de la poulie, augmenté de celui *d* de l'organe de transmission. La raideur R est donnée par la formule empirique :

$$R = \frac{A + BQ}{D + d}.$$

A et B se trouvent dans les aide-mémoire.

La nature de l'organe de transmission et son usure influent beaucoup sur sa raideur ; à diamètre égal, une corde de chanvre est moins raide qu'une corde de tilleul. La formule précédente prouve qu'on a avantage à employer des transmissions larges et minces, plutôt que des transmissions cylindriques de même section. C'est pour cela que les câbles des mines, qui doivent être à la fois résistants et souples, sont de forme plate et non cylindrique.

Travail dans les machines. — On donne, en Mécanique appliquée, le nom de machine à tout système invariable, simple ou composé, assujetti à ne prendre que des mouvements déterminés, et capable de transmettre les actions des forces. Les forces qui agissent dans les machines sont de deux sortes : 1° les forces produisant le mouvement, dont l'ensemble forme la *puissance*; 2° les forces qui s'opposent au mouvement, et dont l'ensemble constitue la *résistance*. La machine est, en définitive, un intermédiaire entre la puissance et la résistance.

Nous avons vu qu'une force constante en grandeur et en direction produit un mouvement uniformément accéléré ; or, un pareil mouvement est très difficile à utiliser, sauf dans quelques cas où l'on met à profit la force vive acquise par les corps pendant leur chute sous l'influence de la pesanteur ; il ne permettrait d'ailleurs pas de compter sur un bon fonctionnement, ni sur une durée suffisante des organes de machines. On cherche, au contraire, à obtenir dans une machine, quelle qu'elle soit, un mouvement aussi uniforme que possible ; pour cela, il est nécessaire que la puissance soit exactement équilibrée par la résistance, car si elle est supérieure à cette dernière, le mouvement devient obligatoirement accéléré. Si la résistance est variable, il faut, pour la même raison, proportionner, à chaque instant, la puissance à la résistance, ce qui, dans certaines machines, se fait automatiquement, grâce à l'emploi de régulateurs.

Dans une machine en mouvement uniforme, la puissance est égale à la résistance ; donc le travail de la puissance, ou *travail moteur*, est égal au travail de la résistance, ou *travail résistant* :

$$\mathfrak{C}_m = \mathfrak{C}_r.$$

Travail utile. — Il y a lieu de faire deux parts dans le travail résistant. En effet, la résistance est composée : 1° des résistances passives provenant du fonctionnement de la machine, qui absorbent en pure perte une partie de la puissance ; 2° de la résistance proprement dite, ou résistance utile, qu'il faut vaincre pour produire l'ouvrage. Le travail moteur est donc obligatoirement supérieur au travail de la résistance utile, ou *travail utile*, car les résistances passives ne peuvent jamais être nulles ; autrement dit, le travail *transmis* est toujours plus faible que le travail total développé par la machine, et il est d'autant plus petit que les résistances passives sont plus considérables.

Si l'on désigne le travail utile par $\mathfrak{C}_u$, le travail absorbé (résistances passives) par $\mathfrak{C}_a$, l'équation générale de la transmission du travail dans les machines est :

$$\mathfrak{C}_m = \mathfrak{C}_u + \mathfrak{C}_a.$$

D'autre part, appelons Q la force (résistance utile) correspondant au travail utile $\mathfrak{C}_u$, et s le chemin parcouru sous l'action de cette force ; on a évidemment :

$$\mathfrak{C}_u = Q \times s.$$

Cette expression montre que, pour une valeur constante de $\mathfrak{C}_u$, si s diminue, Q augmente, et que, réciproquement, si s augmente, Q diminue ; donc, pour un même travail accompli, les efforts sont proportionnels aux chemins parcourus. On exprime souvent ce fait de la façon suivante : *ce que l'on gagne en force, on le perd en vitesse, et réciproquement.* Nous verrons plus tard que ce principe n'est pas pratiquement applicable aux moteurs animés, hommes ou animaux, qui ne peuvent travailler avec un peu de continuité qu'à une allure bien déterminée.

Rendement. — On appelle ainsi le rapport du travail utile au travail moteur :

$$R = \frac{\mathfrak{C}_u}{\mathfrak{C}_m}.$$

Le travail moteur étant toujours plus grand que le travail utile, la fraction $\dfrac{\mathfrak{C}_u}{\mathfrak{C}_m}$ est plus petite que l'unité ; mais plus $\mathfrak{C}_u$ se rapproche de $\mathfrak{C}_m$, c'est-à-dire plus les résistances passives sont faibles, plus le rendement est voisin de 1 ; plus le rendement est élevé, plus la machine est parfaite.

Mouvement perpétuel. — On a longtemps cherché à construire des machines qui, une fois lancées, fonctionneraient indéfiniment sans emprunter de travail à aucune source extérieure et qui seraient capables, au besoin, de fournir elles-mêmes un certain travail. Le travail utile serait, dans ces conditions, supérieur ou au moins égal au travail moteur ; cette considération suffit pour démontrer que de pareilles machines sont, *a priori*, irréalisables, puisque l'on ne peut jamais supprimer les résistances passives et que, si petites qu'elles soient, elles rendent le travail utile inférieur au travail moteur.

ÉNERGIE

Nous avons pu définir les forces et prouver leur existence, mais nous avons dû reconnaître que leur essence même échappe complètement aux investigations de l'homme. Quels que soient l'ordre et la nature des phénomènes auxquels elles se rattachent, les forces, telles au moins que nous les connaissons, ne peuvent être que le résultat d'une cause particulière, indéfinissable, grâce à laquelle il y a vie et mouvement dans l'univers. Cette cause est l'*énergie*. Aussi est-on conduit à la conception suivante : « le monde où nous vivons est, en réalité, un monde double, ou plutôt, il est composé de deux mondes distincts : l'un qui est le monde de la *matière*, l'autre qui est le monde de l'*énergie* (1) ».

Tous les objets qui nous entourent : les pierres, les métaux, l'air, l'eau, etc., appartiennent au monde de la matière. Cette dernière est susceptible de revêtir les formes les plus diverses. Tous les corps, d'apparence et de propriétés si dissemblables, dont nos sens nous révèlent l'existence et que nos procédés d'investigation nous amènent à considérer comme simples ou comme composés, sont-ils, en vérité, comme l'admettent certains physiciens, formés d'un seul et unique élément, dont les particules auraient la faculté de se

(1) P. Janet, *Premiers principes d'électricité industrielle.*

grouper d'un très grand nombre de façons pour constituer les corps que nous connaissons? C'est un problème insoluble dans l'état actuel de nos connaissances; aussi bien sa solution ne présente-t-elle qu'un faible intérêt pour l'étude de la Mécanique appliquée. Mais, qu'elle soit unique ou multiple, la matière obéit à une loi qui a été établie d'une façon indiscutable par le célèbre chimiste français Lavoisier : on ne peut ni créer ni détruire la matière, on ne peut que la transformer. Ce *principe de la conservation de la matière* est souvent énoncé sous la forme suivante : *rien ne se perd, rien ne se crée.*

Le monde de l'énergie est, lui aussi, dominé par une loi entièrement semblable, et le *principe de la conservation de l'énergie*, dû au physicien allemand Helmholtz, se formule d'une façon identique : on ne peut ni créer, ni détruire l'énergie, on ne peut que la transformer. Ici encore, rien ne se perd, rien ne se crée. De même que le granit, l'or, le fer, l'eau, etc., sont des formes diverses de la matière, la chaleur, l'électricité, le travail mécanique, etc., sont des formes différentes de l'énergie.

Mais quelque diverses et nombreuses que soient les formes revêtues par la matière et par l'énergie, jamais la matière ne peut se transformer en énergie, pas plus que l'énergie en matière. Néanmoins, les deux mondes de l'énergie et de la matière sont intimement liés ensemble, et l'on ne peut concevoir l'un indépendamment de l'autre.

Principales formes de l'énergie. — Les formes de l'énergie que l'on a le plus souvent à considérer en Mécanique appliquée sont : l'énergie chimique, l'énergie thermique (chaleur), l'énergie mécanique (travail) et l'énergie électrique; toutes se transforment avec la plus grande facilité l'une dans l'autre.

Considérons, par exemple, une machine à vapeur actionnant une machine dynamo-électrique, et analysons les phénomènes qui se passent pendant le fonctionnement.

1° Dans le foyer de la machine à vapeur brûle du charbon; ce charbon se combine à l'oxygène contenu dans l'air pour former de l'acide carbonique, et cette combinaison *chimique* est accompagnée d'un dégagement de *chaleur* considérable : *l'énergie chimique s'est transformée en énergie thermique.*

2º La chaleur ainsi dégagée élève la température de l'eau contenue dans la chaudière ; il se produit de la vapeur, et cette vapeur se rend dans les cylindres, où elle met en mouvement les pistons, lesquels commandent le volant, la poulie, et même la dynamo ; la machine à vapeur, grâce à cette *chaleur*, produit du *travail* : *l'énergie thermique s'est transformée en énergie mécanique.*

3º La machine à vapeur en mouvement actionne la dynamo ; grâce au travail produit par la première machine, la seconde donne naissance à ce que l'on appelle un *courant électrique* : *l'énergie mécanique s'est transformée en énergie électrique.*

A son tour, l'énergie électrique se transformera en énergie thermique si l'on envoie le courant dans des lampes, en énergie chimique si on l'emploie pour nickeler ou cuivrer des objets, en énergie mécanique si on l'utilise pour faire tourner une autre dynamo.

Les transformations sont souvent moins nombreuses que celles qui se produisent dans cet exemple ; elles ne suivent pas obligatoirement, non plus, le même ordre. Ainsi l'énergie chimique se transforme en énergie électrique, dans les piles, sans passer par l'état d'énergie mécanique. L'énergie mécanique se transforme facilement en énergie thermique, comme le prouve l'échauffement des corps sous l'influence du frottement ou sous l'action des outils. Par contre, l'énergie thermique ne se transforme pas aussi facilement en énergie mécanique : ainsi, le moyeu d'une roue s'échauffe s'il est mal graissé, mais en chauffant ce moyeu, on ne peut pas faire tourner la roue ; il faut un intermédiaire qui, dans l'exemple précédent, était la vapeur d'eau. L'énergie électrique n'est jamais utilisée telle quelle ; elle provient toujours de l'une des trois autres formes que nous avons indiquées, et on la transforme ensuite en énergie mécanique, thermique ou chimique ; aussi n'est-ce pas sans raison que beaucoup de physiciens considèrent l'électricité non pas comme une forme, mais comme un mode de transport de l'énergie. Nous pouvons néanmoins conserver le terme d'énergie électrique, à cause de sa commodité, en nous souvenant simplement qu'il ne faut pas lui attribuer une signification absolue.

3.

Énergie potentielle. — Énergie actuelle. — Considérons un réservoir rempli d'eau, placé à 10 mètres au-dessus du sol, et d'une contenance égale à 10 mètres cubes. Cette eau, en tombant, produirait un travail qu'il est facile d'évaluer : les 10 mètres cubes pèsent, en effet, 10 000 kilogrammes ; la hauteur de chute étant 10 mètres :

$$\mathfrak{T} = 10\,000 \times 10 = 100\,000 \; kgm.$$

On pourra, au lieu de laisser simplement tomber l'eau sur le sol, la canaliser et l'amener dans une machine spéciale, roue hydraulique ou turbine, qui permettra d'utiliser plus commodément ces 100 000 kilogrammètres. Si l'on maintient ermé le robinet de décharge, l'eau, ne s'écoulant pas, ne produit aucun travail ; il n'en est pas moins vrai que si, à un moment quelconque, on ouvre ce robinet, l'eau s'écoulera et fournira du travail. Il y a donc, dans l'eau que contient le réservoir, par ce seul fait qu'elle pourra s'écouler à un moment donné, une certaine quantité d'énergie en réserve ; c'est ce qu'on appelle de l'*énergie potentielle*. Dans l'exemple que nous avons choisi, l'eau possède de l'énergie potentielle *mécanique* ; mais si nous revenons à l'exemple de la machine à vapeur, nous voyons que le charbon, lui aussi, possédait, avant sa combustion, une certaine quantité d'énergie potentielle *chimique*. D'une façon générale, l'énergie potentielle d'un corps est la quantité *maxima* d'énergie qu'il peut rendre disponible à un moment donné ; dans le cas de l'énergie mécanique, c'est la quantité maxima de travail qu'il peut fournir (1).

Quand l'eau provenant du réservoir circule dans la conduite, elle possède une certaine quantité de force vive ; si, à l'aide d'un dispositif approprié (roue, turbine) on annule ou, tout au moins, on diminue sa vitesse, on obtient du travail. L'énergie que possède l'eau en mouvement diffère donc de celle qu'elle possédait dans le réservoir ; on pourrait dire que l'eau du réservoir *fournira plus tard* du travail, tandis que celle de la conduite en *fournit actuellement*. Aussi a-t-on donné le nom

---

(1) En toute rigueur, il faudrait tenir compte non seulement du travail des forces *extérieures*, mais également de celui des forces *intérieures*, ou actions réciproques des molécules, qui donnent aux corps leurs propriétés physiques et mécaniques.

d'*énergie actuelle* à la nature particulière d'énergie possédée par l'eau en mouvement, ou, plus généralement, à l'énergie qui, de potentielle, devient immédiatement disponible et se manifeste sous forme de réaction chimique, de chaleur, de travail mécanique ou de phénomène électrique.

Dans le cas de l'énergie mécanique, l'énergie actuelle est la demi-force vive $\frac{mv^2}{2}$ que possède le corps; on appelle également cette quantité $\frac{mv^2}{2}$ la *puissance vive*.

Considérons maintenant un bloc de fonte, pesant 5 kilogrammes et maintenu par une corde à 3 mètres au-dessus du sol; son énergie potentielle est de 15 *kilogrammètres*, puisqu'en tombant, il fournirait un travail de 15 *kgm* (1). Si, au lieu de le laisser tomber, on file la corde sur 1 mètre de longueur, le corps accomplit, à l'état d'énergie actuelle, un travail de 5 *kgm.*; si on l'arrête à ce moment, son énergie potentielle n'est plus que 10 *kgm*. Filons encore la corde de 1 mètre: le corps accomplit de nouveau un travail de 5 *kgm.*, ce qui fait que, pendant ces deux trajets successifs, son travail a été 10 *kgm.*, mais son énergie potentielle est réduite à 5 *kgm*. Enfin, si on le laisse descendre encore de 1 mètre, il accomplit derechef un travail de 5 *kgm*, soit 15 *kgm*. en tout, et comme il repose désormais sur le sol, son énergie potentielle est nulle. On voit donc que toute augmentation d'énergie actuelle est accompagnée d'une diminution correspondante d'énergie potentielle et qu'à tout moment, la somme de l'énergie potentielle et de l'énergie actuelle est constante. Cette somme des deux énergies est ce qu'on appelle l'*énergie totale*.

Énergie interne. — Les propriétés physiques et mécaniques des corps nous conduisent à admettre que ces corps sont composés de particules indivisibles, dites molécules, agissant les unes sur les autres avec une intensité qui dépend de la nature du corps et des conditions dans lesquelles il se trouve. Les corps possèdent donc une certaine quantité

(1) Plus exactement, ces 15 *kgm* représentent l'énergie potentielle qui, en pratique, est seule utilisable, en supposant que le corps termine définitivement sa chute au niveau du sol.

d'énergie, impossible à évaluer, mais qui se manifeste, dans
certains cas, par des phénomènes calorifiques, électriques, etc.
Cette énergie particulière a reçu le nom d'*énergie interne*, elle
peut être actuelle ou potentielle ; la somme de ces deux
énergies internes s'appelle énergie interne totale.

L'énergie totale d'un corps étant constante ; il ne peut y
avoir ni augmentation, ni perte d'énergie, quelles que soient
les transformations qu'on fait subir au corps. Il arrive pourtant très souvent qu'une partie de l'énergie visible et mesu-
rable, qu'on pourrait avantageusement appeler énergie externe,
se transforme en énergie interne. C'est ce qui a lieu constamment dans les machines ; l'observation montre qu'une partie
du travail fourni à une machine semble disparaître, absorbée,
selon l'expression des anciens mécaniciens, par les frottements, les vibrations, etc. ; mais il apparaît, en même temps,
une certaine quantité de chaleur. Les frottements, les chocs,
ont provoqué des déformations, dont le résultat a été de faire
varier l'énergie potentielle interne du corps ; l'énergie interne
actuelle a varié en même temps, et cette dernière variation
s'est manifestée par une élévation de température.

C'est d'ailleurs un fait remarquable que, dans nos machines,
l'énergie qu'il nous est impossible d'utiliser apparaisse toujours sous forme de chaleur, et cela, quelle que soit l'énergie
qu'on ait employée. C'est donc en énergie thermique que les
autres formes d'énergie tendent à se transformer. Nous avons
constamment à lutter, comme l'on sait, contre l'échauffement
des organes en mouvement ; nous parvenons à réduire beaucoup cet échauffement, et, par suite, cette transformation per-
nicieuse de l'énergie, par une bonne construction et un
graissage soigné. Nous prenons ces précautions, qui, en somme,
augmentent le prix d'achat et les frais d'entretien de la machine, parce que, de toutes les formes de l'énergie, c'est la
chaleur qui est la moins avantageuse pour nous ; les Anglais
la considèrent même comme une forme *dégradée* de l'énergie.
Ainsi une machine à vapeur fournit le travail à un prix bien
plus élevé qu'une machine hydraulique, une turbine, par
exemple ; dans le premier cas, nous utilisons de l'énergie
thermique (ou du moins de l'énergie chimique qui se trans-

forme en une quantité équivalente d'énergie thermique);
dans le second cas, c'est de l'énergie mécanique que nous em-
ployons.

Origine de l'énergie du Globe. — L'énergie que possèdent
notre globe et tous les êtres animés ou inanimés qui en
dépendent provient uniquement de la *chaleur solaire*. C'est cette
chaleur solaire qui a permis aux végétaux des époques géolo-
giques anciennes de décomposer l'acide carbonique de l'air et
de fixer le *carbone* que nous trouvons actuellement dans la
houille ; c'est encore elle qui provoque l'évaporation de l'eau
des mers, eau dont nous utilisons plus tard l'énergie mécanique (1) (chutes d'eau). La chaleur est donc la forme primor-
diale de l'énergie ; c'est l'énergie thermique qui, à la surface
du globe, se transforme en énergies mécanique, chimique
ou électrique, lesquelles tendent à se transformer à nouveau,
comme nous l'avons vu, en énergie thermique.

Équivalence mécanique de la Calorie. — Il était naturel
de chercher à établir des relations entre les différentes sortes
d'énergie dont nous avons parlé ; pour cela, il fallait évaluer
la quantité d'énergie, considérée sous une certaine forme,
qui correspondait à une quantité donnée d'énergie, prise sous
une forme déterminée. L'énergie mécanique étant la forme
la plus habituelle de l'énergie, et l'énergie thermique en étant
elle-même l'origine, on a cherché à combien de kilogrammètres correspondait une calorie (2) ; des mesures directes,
dues à divers physiciens, et notamment à Joule, ont prouvé que :

$$1 \text{ calorie} = 425 \text{ kilogrammètres.}$$

Ainsi, il faut dépenser 425 *kgm* de travail (par frottement par exemple) pour dégager une calorie de chaleur ;
inversement, une calorie, intégralement transformée en tra-

(1) Si on faisait le rapport de la quantité d'énergie thermique, nécessaire pour cette
évaporation, à la quantité d'énergie mécanique que l'eau permet d'utiliser, on verrait
que les meilleures machines hydrauliques n'ont pas un rendement plus élevé que les
machines à vapeur. Mais cette énergie thermique ne nous coûte rien, ce qui rend la
machine hydraulique très avantageuse.

(2) La calorie (ou mieux grande calorie) est la quantité de chaleur nécessaire pour
porter la température d'un kilogramme d'eau de 0 à 1 degré centigrade. La petite
calorie est la millième partie de la grande ; elle correspond par conséquent à
1 gramme d'eau.

vail, produirait 425 kilogrammètres. Un kilogramme de charbon, qui, en brûlant, dégage environ 7 500 calories, donne donc une quantité de chaleur équivalente à 3 187 500 *kgm*.

Les phénomènes électriques et chimiques se mesurent aisément par les quantités de chaleur ou de travail qu'ils fournissent ou qu'ils absorbent ; on connaît donc les relations qui existent entre les différentes formes de l'énergie.

Définition des machines. — Machines thermiques. — Principe de Carnot. — Nous pouvons maintenant donner une définition des machines plus exacte et plus scientifique que celle que nous avons précédemment formulée :

Une machine est un système invariable, assujetti à certaines liaisons, qui a pour but de transformer une forme déterminée de l'énergie en une autre, plus facilement utilisable dans le cas particulier où on y a recours. D'après ce que nous avons dit antérieurement, on aura avantage à ce que cette transformation se fasse d'une manière continue et régulière.

Nous avons établi, dans le chapitre relatif au travail, que le travail moteur était, à chaque instant, égal au travail résistant ; nous pouvons généraliser cette proposition et dire que, pendant un intervalle de temps déterminé :

L'énergie totale fournie = l'énergie totale recueillie.

Mais l'énergie totale recueillie se compose de deux parties : de l'énergie utilisable et des déchets inutilisables d'énergie ; donc :

L'énergie totale fournie = l'énergie utilisable + les déchets.

Par suite, le rendement d'une machine sera :

$$\text{Rendement} = \frac{\text{Énergie utilisable}}{\text{Énergie totale fournie}}.$$

Les déchets d'énergie recueillie apparaissent, comme nous l'avons dit, sous forme de chaleur, ce qui justifie bien l'opinion que la chaleur est une forme inférieure de l'énergie. « En *quantité*, c'est une forme équivalente aux autres ; mais « en *qualité*, en *hiérarchie*, pour ainsi dire, c'est une forme « moins élevée (1). »

(1) P. Janet, *Électrotechnique générale.*

Les machines thermiques sont celles qui servent à transformer l'énergie thermique en énergie mécanique ; on réserve ce nom aux moteurs à explosions et aux machines à vapeur. C'est à leur sujet que Sadi Carnot a formulé, en 1824, le principe qui porte son nom et qui est d'une importance capitale en Mécanique.

On ne peut produire du travail qu'à la condition de transporter de la chaleur d'un corps chaud sur un corps froid. Peu importe la nature des agents mis en œuvre pour effectuer ce transport ; le rapport de la chaleur transformée en travail à la chaleur fournie, ou coefficient économique du moteur, ne dépend que de la chute de chaleur, c'est-à-dire de la différence des températures des corps entre lesquels se fait le transport du calorique.

Ainsi, dans une machine à vapeur, nous trouvons un réservoir de chaleur à une température T élevée (chaudière) et un autre réservoir à basse température t (condenseur, par exemple). Un intermédiaire (l'eau) emprunte une certaine quantité Q de chaleur à la chaudière, et restitue une quantité Q', plus faible que Q, au condenseur ; la différence $Q - Q'$ a été transformée en travail ; le coefficient économique est, d'après sa définition même, égal à $\dfrac{Q - Q'}{Q}$. Les quantités de chaleur étant proportionnelles aux températures (1),

$$\frac{Q-Q'}{Q} = \frac{T-t}{T} = 1 - \frac{t}{T}.$$

Si l'on multiplie les deux membres de cette égalité par 425, équivalent mécanique de la calorie, on voit qu'on peut écrire l'expression sous la forme :

$$425 \times (Q - Q') = 425 \times Q\left(1 - \frac{t}{T}\right),$$

ou

$$\mathfrak{C} = 425 \times Q\left(1 - \frac{t}{T}\right),$$

(1) Il s'agit ici de températures *absolues*, c'est-à-dire comptées à partir du zéro absolu (— 273°). On les obtient en ajoutant aux températures vulgaires 273 degrés. Le zéro absolu est la température à laquelle, d'après les lois de Mariotte et de Gay-Lussac, les gaz n'ont plus de volume. Les physiciens anglais ont obtenu dernièrement des températures très voisines de ce zéro absolu dans leurs recherches sur la liquéfaction des gaz.

puisque $425 \times (Q - Q')$ est précisément le nombre de kilo-grammètres recueillis sous forme de travail, ou d'énergie mécanique utilisable. Si l'on veut rendre aussi grande que possible cette quantité d'énergie utilisable, il faut diminuer le terme soustractif $\frac{t}{T}$ et, pour cela, réduire t ou augmenter T.

Il serait plus avantageux de réduire t ; malheureusement cette température nous est imposée, en général : c'est celle de l'eau de refroidissement ou de l'air ambiant, suivant le système du condenseur, et il serait coûteux de l'abaisser artificielle-ment. Nous sommes donc obligés d'augmenter T ; mais là encore nous sommes bientôt arrêtés par l'augmentation de pression de la vapeur, incomparablement plus rapide que celle de la température. Pratiquement, nous ne pouvons guère dépasser, pour T, 207° C., température qui correspond à une pression de 17 atmosphères ; t ne peut pas descendre non plus beaucoup au-dessous de 27°, ce qui nous donne une chute de température d'environ 180°. Le coefficient économique d'une machine à vapeur fonctionnant dans ces conditions serait :

$$1 - \frac{27 + 273}{207 + 273} = 0,375 \quad \text{ou} \quad 37,5 \ 0/0.$$

En surchauffant la vapeur à 350°, ce coefficient économique serait porté à 52 p. 100.

D'après les expériences de M. Dwelshauwers-Déry, à Liège, on n'utilise dans les machines à vapeur que de 6,6 à 11,3 p. 100 de la puissance calorifique du charbon, et encore ces nombres ne tiennent-ils pas compte des résistances passives.

Les machines à vapeur n'ont donc qu'un faible coefficient économique ; avec les moteurs à explosions ou à air chaud, on pourrait obtenir, théoriquement, une chute de température d'au moins 1000°, qui correspondrait à un coefficient économique très élevé ; mais avec de telles températures, les matériaux constitutifs du moteur n'auraient qu'une durée très faible, et le graissage des cylindres serait impossible. Aussi refroidit-on les cylindres par une circulation d'eau ; mais ce refroidisse-ment absorbe en pure perte une grande quantité de chaleur.

C'est à tort qu'on réserve le nom de machines thermiques

aux moteurs à vapeur ou à explosion. Les moteurs animés
sont aussi des machines thermiques; pour travailler, ils
brûlent une partie de leur corps et doivent absorber des ali-
ments qui donnent lieu à des combustions. Les moteurs à
vent sont des machines thermiques chauffées par le soleil lui-
même, puisque le vent a pour cause les différences de température de l'air en des points du globe plus ou moins éloignés.
Enfin les moteurs hydrauliques sont aussi des machines thermiques, puisque c'est à la chaleur solaire qu'est dû le transport de l'eau depuis les mers jusqu'en des points du globe
d'altitude plus élevée. Toutes les machines dont nous nous
servons sont donc, au fond, des machines thermiques.

MÉCANISMES

Les machines motrices ou non motrices, employées par l'agriculture ou par l'industrie, sont toujours composées, quelle que soit leur complexité, d'un nombre plus ou moins considérable d'organes simples, assimilables à des leviers, des treuils ou des plans inclinés. Nous étudierons donc, tout d'abord, ces trois types de *machines simples*, ainsi que leurs applications les plus immédiates. Nous verrons ensuite comment on les combine pour constituer les *organes de machines*; comment, par la *lubrification des mécanismes*, on réalise les meilleures conditions pour que ces organes fonctionnent bien ; comment enfin, par les *mesures dynamométriques*, on parvient à se rendre compte des qualités d'une machine.

LES MACHINES SIMPLES ET LEURS APPLICATIONS

Pour qu'un système quelconque puisse jouer convenablement le rôle de machine, il ne faut pas, en général, qu'il obéisse à toutes les forces qui pourraient actuellement agir sur lui ; il vaut beaucoup mieux qu'il ne se mette en mouvement que sous l'action d'un nombre restreint de forces, mais qu'il transmette bien leurs effets. Ainsi, les machines seront, en général, des systèmes invariables *gênés*, c'est-à-dire soumis à certaines liaisons qui les obligent à ne prendre que des mouvements bien déterminés.

Les *machines simples* sont des types auxquels les différents organes des machines, même les plus compliquées, peuvent toujours se ramener. On les classe d'après la nature des liaisons.

1º *La liaison est un point fixe autour duquel le système peut tourner :* la machine est un *levier*.

2° *La liaison se compose de deux points fixes ou d'un axe fixe :* la machine s'appelle un *treuil.*

3° *La liaison est formée par trois points fixes ou par un plan fixe :* la machine est un *plan incliné.*

Dans l'étude des machines, et, notamment, dans celle des machines simples, on cherche à déterminer les *conditions d'équilibre* de la machine, c'est-à-dire la valeur qu'il convient de donner à la puissance pour équilibrer exactement la résistance; il est clair que si ces conditions sont réalisées, il n'y a pas de travail produit, puisqu'il n'y a pas déplacement des points d'application des forces; mais ce déplacement a lieu dès qu'on donne à la puissance une valeur supérieure, même de très peu, à celle qui correspond à la condition d'équilibre.

Levier.

Le levier est une barre rigide, qui repose sur un point fixe, appelé *point d'appui,* et qui reçoit l'action de la puissance et de la résistance.

Pour qu'un levier soit en équilibre, il faut et il suffit que les deux forces agissant sur lui aient une résultante et que la direction de cette résultante passe par le point d'appui. Cela exige que la puissance, la résistance et le point d'appui soient dans un même plan. Or, la puissance P et la résistance Q forment, avec les réactions $(- P)$ et $(- Q)$ du point d'appui, deux couples : $(P, - P)$ et $(Q, - Q)$; ces couples doivent donc tendre à faire tourner le levier chacun en sens inverse de l'autre, sans quoi il n'y aurait jamais équilibre; ils doivent aussi avoir des *moments* égaux. En appelant L et L' les bras de levier de ces couples :

$$P \times L = Q \times L' \quad \text{ou} \quad \frac{P}{Q} = \frac{L'}{L},$$

c'est-à-dire que la puissance et la résistance doivent être en raison inverse des bras de levier. Cette expression peut s'écrire également :

$$P = Q \times \frac{L'}{L},$$

d'où l'on déduit que, *pour faire équilibre à une résistance* Q, *la puissance* P *doit être égale à cette résistance multipliée par le quotient du bras de levier de la résistance par le bras de levier de la puissance.*

Il y a lieu de remarquer que, contrairement à ce que prétendent certains ouvrages de Mécanique, la résultante de P et Q n'est pas nulle, ni détruite ; son *effet*, seul, est annulé par la résistance du point d'appui, qu'on suppose capable d'exercer une réaction égale à cette résultante. On constate fréquemment, en pratique, que l'obstacle choisi comme point d'appui est insuffisamment résistant : l'obstacle se rompt, fait qui, à lui seul, suffit pour prouver que la résultante n'est pas détruite.

Différents genres de leviers. — On divise les leviers en trois genres, d'après les positions respectives du point d'appui et des points d'application de la puissance et de la résistance.

1° *Levier du premier genre, ou levier inter-appui.* — Le point d'appui se trouve entre la puissance et la résistance (fig. 17, I).

Les leviers du premier genre sont très employés ; nous citerons comme exemples la *pince des carriers*, les *cisailles*, les *ciseaux*, les *tenailles*, etc.

La pince des carriers est une solide barre en fer, légèrement coudée et biseautée près d'une de ses extrémités ; pour se servir d'une pareille pince, on engage la partie biseautée sous le fardeau à soulever et on appuie le coude sur une cale ; on agit

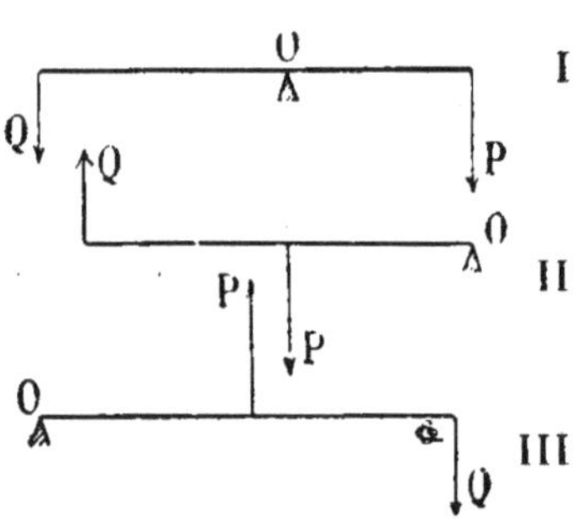

Fig. 17. — Les leviers.

ensuite sur l'autre extrémité de la pince, et l'effort qu'on a à exercer est d'autant plus faible que le bras à l'extrémité duquel agit la puissance est plus grand par rapport à celui qui supporte la résistance. On a donc intérêt à employer des pinces très longues, car on peut soulever ainsi des objets d'un poids considérable ; par contre, le déplacement qu'on leur imprime est très faible, et l'on doit, si l'on veut soulever ces objets d'une quantité notable, faire l'opération en plusieurs fois et avoir soin de placer, chaque fois, des cales les empêchant de retomber.

L'*anspect* est une variété de pince ; on l'emploie soit pour soulever des fardeaux, soit pour démarrer les véhicules d'un poids élevé. L'anspect est de grande dimension ; aussi le cons-

truit-on en bois et se contente-t-on de protéger par un fer plat
le biseau et la partie avoisinant le coude, qui sont les plus
exposés aux détériorations. On emploie parfois les anspects
pour arracher les souches dans les travaux de défrichement.

Le fléau d'une balance est encore un levier du premier
genre ; dans les balances ordinaires, les bras de levier sont
égaux ; dans la romaine, ils sont inégaux.

2° *Levier du deuxième genre, ou levier inter-résistant.* — La
résistance est placée entre la puissance et le point d'appui
(fig. 17, II). La *brouette* est le meilleur exemple de levier du
deuxième genre qu'on puisse citer ; le point d'appui est
constitué par la roue du véhicule, la résistance par la charge,
et la puissance par l'effort de soulèvement qu'exerce l'ouvrier
sur les manches.

3° *Levier du troisième genre, ou levier inter-puissant.*
— La puissance est exercée entre le point d'appui et la résistance
(fig. 17, III). Les *pincettes*, les *pédales* dont on munit les meules
sont les leviers du troisième genre.

Lorsque le levier est du premier genre, le bras à l'extrémité duquel est appliquée la puissance peut être, à volonté,
supérieur, égal ou inférieur à celui de la résistance ; la puissance est, suivant les cas, inférieure, égale ou supérieure à
la résistance, mais le fonctionnement de la machine reste le
même. Dans les leviers des deuxième et troisième genres,
au contraire, les bras de levier sont toujours inégaux ; la puissance est plus petite que la résistance dans le levier du
deuxième genre, et plus grande dans celui du troisième.

On peut remarquer aussi que, pour imprimer un mouvement
à un corps à l'aide d'un levier, il faut, avec les leviers des
deuxième et troisième genres, agir dans le sens de ce mouvement, et en sens inverse avec les leviers du premier genre.
Les leviers du deuxième genre permettent d'obtenir des effets
puissants, mais lents, avec un faible effort. Ceux du troisième
genre, au contraire, donnent des effets peu puissants, mais
rapides, avec un effort élevé ; les muscles des membres de
l'homme et des animaux s'insèrent entre l'articulation et
l'extrémité libre (ou l'articulation inférieure) des os ; ils
sont donc bien disposés pour produire des mouvements

rapides, mais non pour transmettre des efforts considérables.

Il n'est pas nécessaire, pour faire usage du levier, d'appliquer les efforts perpendiculairement aux branches du levier; mais alors les bras de levier des couples ne sont plus égaux aux branches du levier.

Nous n'avons jusqu'à présent figuré que des leviers rectilignes, ou légèrement coudés, comme les pinces et les anspects. On emploie également des leviers franchement coudés. Considérons, par exemple (fig. 18), un levier du deuxième genre dans lequel la barre rigide serait coudée suivant pqO, la résistance Q étant appliquée en q, et la puissance P en p. Les couples sont $(P, — P)$ et $(Q, — Q)$; leurs moments sont $P \times Op'$ et $Q \times Qq'$. De pareils leviers peuvent parfaitement être en équilibre; en fait, on les emploie très fréquemment dans la construction des machines, parce qu'ils permettent bien souvent de rendre la poignée p plus aisément accessible à l'ouvrier, ou encore de faire déplacer la grande branche du levier dans une région qui n'est

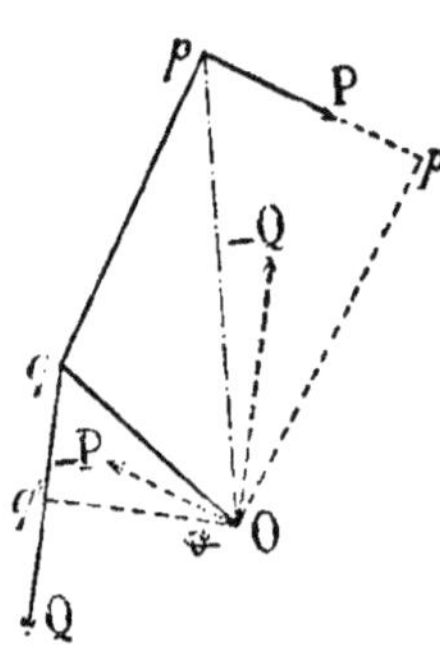

Fig. 18. — Levier coudé.

encombrée par aucun organe de la machine. Nous trouverons de nombreuses applications des leviers coudés dans les machines agricoles; l'exemple que nous avons choisi se rapporte précisément au mode de relevage le plus fréquemment employé dans les scarificateurs, les charrues à plusieurs raies, etc.

Leviers composés. — Ils sont formés de plusieurs leviers simples reliés entre eux par des articulations; ils jouent le même rôle que les leviers simples, mais sont parfois d'un emploi plus commode. Comme exemple de leviers composés, nous pouvons citer l'appareil de déterrage des pièces travaillantes dans le scarificateur Coleman.

Frottement dans le fonctionnement du levier. — Le levier simple n'est pas une machine destinée à fonctionner d'une façon continue; aussi se dispense-t-on, toutes les fois que cela est possible, de le monter sur tourillons; le levier repose sur un couteau (balance) ou sur l'arête vive d'un corps dur auquel on fait jouer le rôle de cale (pince, anspect). Dans ces deux cas le frottement a une valeur tellement faible qu'on n'en tient pas compte.

Exemples de calculs numériques relatifs aux leviers. — *Levier du premier genre.* — Quel est le poids qu'un homme peut soulever à l'aide d'une pince dont le grand bras a 1^m,50 de long, le petit bras 0^m,20, en supposant qu'il exerce à l'extrémité du grand bras un effort de 30 kilogrammes ?

Solution : P = 30 ; Q est inconnu ; L = 1,50 ; L′ = 0.20.

$$Q = \frac{P \times L}{L'} = \frac{30 \times 1,50}{0,20} = 225.$$

L'homme peut soulever ainsi un poids de 225 kilog.

Levier du deuxième genre. — Quelle charge peut-on mettre dans une brouette pour qu'un homme soit capable de la soulever avec un effort maximum de 25 kilog. ? La distance de l'axe de la roue aux poignées est 1^m,60, et celle du même axe au point d'application de la résistance (verticale passant par le centre de gravité de la charge) est 0^m,50.

Solution : P = 20 ; Q est inconnu ; L = 1,50 ; L′ = 0,50.

$$Q = \frac{P \times L}{L'} = \frac{25 \times 1,60}{0,50} = 80.$$

L'homme peut soulever ainsi une charge de 80 kilog.

Levier du troisième genre. — Sous quel effort se soulèvera la soupape de sûreté d'une machine à vapeur, dont le levier a 0^m,60 de longueur et supporte un poids de 70 kilog., cette soupape agissant sur le levier à 0^m,10 de l'articulation ?

Solution : P est inconnu ; Q = 70, L = 0,10, L′ = 0,60.

$$P = \frac{Q \times L'}{L} = \frac{70 \times 0,60}{0,10} = 420.$$

La soupape se soulèvera sous un effort de 420 kilog.

Treuil.

Treuil simple. — Le treuil est une machine simple formée d'un cylindre de diamètre assez faible, qu'on appelle *tambour* ou *poupée*, et d'un cylindre de diamètre beaucoup plus grand, appelé *roue*. Les deux cylindres ont le même axe et sont invariablement liés l'un à l'autre ; aux deux extrémités, et disposés suivant l'axe commun, se trouvent des tourillons montés dans des coussinets portés par un bâti. Le treuil peut ainsi tourner autour de son axe, mais tous les autres mouvements lui sont interdits.

Dans cette machine, la résistance est appliquée tangentiellement au tambour, la puissance tangentiellement à la roue ; le plus souvent, la résistance s'exerce à l'extrémité d'une corde qui s'enroule sur le tambour, et la roue est remplacée soit par une manivelle montée à l'extrémité d'un des tourillons, soit par des rais ou par des flèches.

Lorsque l'axe est vertical, la machine prend le nom de *cabestan* ; elle exerce alors des efforts parallèlement au sol.

La condition d'équilibre de cette machine se détermine avec la plus grande facilité. Supposons-la projetée sur un plan perpendiculaire à son axe (fig. 19) ; l'axe se projette suivant le point O, et les deux cylindres de même axe suivant deux cercles concentriques. Soient r le rayon du tambour, R celui de la roue, P la puissance et Q la résistance, — P et — Q les réactions de l'axe fixe sous l'influence de P et de Q. Pour qu'il y ait équilibre, il faut et il suffit que les couples (P, — P) et (Q, — Q) tendent à faire tourner le treuil chacun en sens inverse de l'autre et qu'ils aient même moment. Comme leurs bras de levier sont r et R, il faut que :

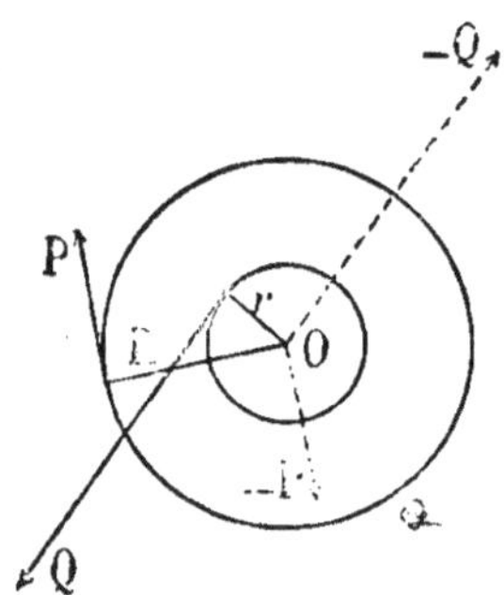

Fig. 19. — Principe du treuil.

$$P \times R = Q \times r \quad \text{ou} \quad \frac{P}{Q} = \frac{r}{R},$$

c'est-à-dire que la résistance et la puissance doivent être inversement proportionnelles aux rayons du tambour et de la roue.

Treuil composé. — Pour qu'on puisse manutentionner, avec un treuil, des objets d'un poids considérable, il faut que R soit très grand par rapport à r. Or, on ne peut pas réduire r indéfiniment, sous peine de diminuer d'une façon dangereuse la résistance du tambour et même d'amener sa rupture sous l'influence de la charge. Il faut donc augmenter le rayon de la roue ; cela est facile quand le treuil est à axe vertical (cabestan), mais s'il est à axe horizontal cette augmentation du rayon de la roue rend la machine très encombrante ; d'autre part, si le treuil est actionné à bras, il ne faut pas, pour que la machine soit commode à manœuvrer, donner à la manivelle un rayon supérieur à 0^m,60.

Fig. 20. — Treuil à engrenages, pourvu de deux vitesses et d'un frein (A. Piat).

On peut obvier à l'inconvénient de l'augmentation du rayon de la roue en associant plusieurs treuils de dimensions ordinaires ; on peut, par exemple, placer ces treuils de façon que leurs axes soient parallèles, et les réunir deux à deux par des cordes ou des courroies sans fin passant sur le tambour de l'un et la roue du suivant. Dans ces conditions, la puissance et la résistance sont inversement proportionnelles aux produits des grands et des petits rayons.

$$\frac{P}{Q} \quad \frac{r \times r' \times r'' \times \ldots}{R \times R' \times R'' \times \ldots}$$

G. COUPAN. — *Les Moteurs agricoles.* 4

Le *treuil à engrenages* est une modification avantageuse de ce dispositif ; la puissance s'applique à une manivelle calée sur le même axe qu'une roue dentée de petit diamètre ; cette roue engrène directement avec une roue de grand diamètre solidaire du tambour du treuil (fig. 20). Ces appareils sont maintenant d'un usage courant ; on les munit souvent de deux manivelles, pour pouvoir employer deux hommes à la manœuvre ; ils permettent ainsi d'élever des charges très lourdes et remplacent avantageusement les anciens *treuils de carriers*, trop encombrants et trop coûteux de construction.

Applications du treuil. — *Poulie fixe*. — La poulie fixe est une variété de treuil dans laquelle la roue est supprimée, la résistance et la puissance étant toutes deux appliquées tangentiellement au tambour. Une poulie fixe se compose d'un disque, en bois ou en fonte, dont la périphérie porte généralement une rainure à section demi-circulaire qu'on appelle *gorge* (fig. 21). Au centre du disque, et perpendiculairement à son plan, est fixée une tige de fer dont les extrémités, formant tourillons, s'engagent dans la monture ou *chape* qui sert à suspendre la poulie ; on fait passer, sur la poulie, une corde qui s'engage dans la gorge et qui reçoit, d'un côté, la puissance, de l'autre, la résistance.

Fig. 21. — Poulie à gorge (A. Piat).

En comparant la disposition de cette machine à celle du treuil, on voit que l'équilibre a lieu lorsque la puissance est égale à la résistance. La poulie n'augmente donc ni la force, ni la vitesse ; elle permet simplement de changer la direction de l'effort, ce qui peut être utile dans bien des cas. On emploie souvent un certain nombre de poulies fixes pour obliger les cordes, les câbles, ou autres organes souples de transmission, à suivre un trajet polygonal ; on leur donne alors plus spécialement le nom de *poulies de renvoi*.

***Cric*.** — Le cric est un appareil ayant pour but de soulever d'une petite quantité des objets très lourds. Il se compose (fig. 22) d'une petite roue dentée r, sur laquelle on agit par l'intermédiaire de la manivelle *m*, et engrenant directement avec la crémaillère C qu'elle force à s'élever ou à s'abaisser.

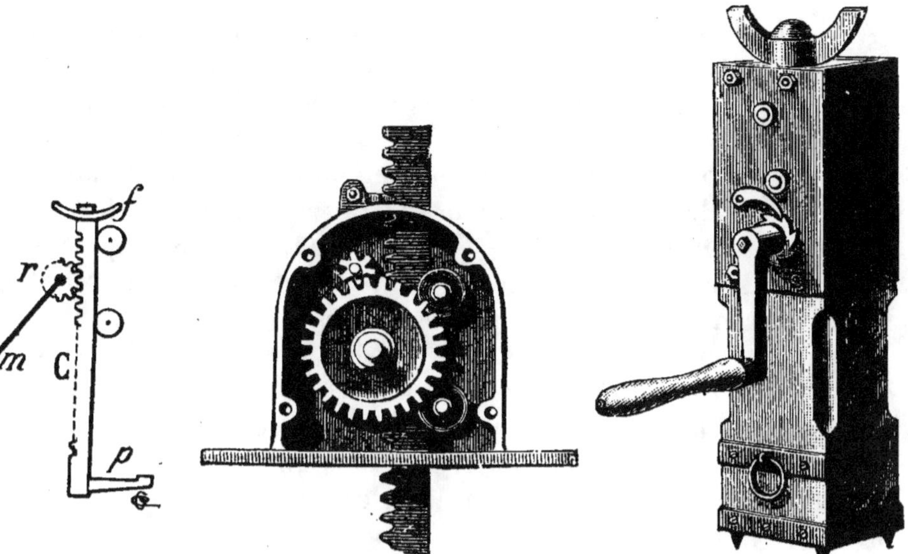

Fig. 22. — Mouvement de cric simple. — Mouvement de vanne (cric composé). — Cric (A. Piat).

L'extrémité supérieure de la crémaillère porte une fourche *f* sur laquelle on appuie l'objet à soulever, à moins qu'il soit très près du sol, auquel cas la pédale *p*, fixée latéralement sur la partie inférieure de la crémaillère, remplit le même office.

On voit que le cric n'est qu'une modification du treuil à engrenages ; la grande roue dentée est remplacée par la crémaillère. Pour augmenter la charge que peut soulever le cric avec un effort déterminé, on interpose entre la roue *r* et la crémaillère un treuil formé de deux roues dentées ayant le même axe ; l'une, d'assez grand diamètre, engrène avec la roue *r* ; l'autre, de petit diamètre, agit sur la crémaillère. On obtient ainsi un *cric composé*. Généralement, les axes des deux roues sont prolongés en dehors de l'enveloppe du cric par des *carrés* recevant la manivelle ; on peut ainsi à volonté faire fonctionner l'appareil comme cric simple ou comme cric composé. On dit alors qu'il est à deux vitesses.

Les treuils et les crics sont munis de cliquets qui peuvent

s'engager dans les dents d'une roue à rochets, pour éviter que la charge entraîne la machine en sens inverse si on cesse de faire agir la puissance.

Résistances passives dans le fonctionnement du treuil et des appareils dérivés. — Les tourillons supportent non seulement le poids de la machine, mais encore la puissance et la résistance, c'est-à-dire une charge qui peut atteindre la somme de ces trois forces (lorsque la puissance et la résistance sont verticales). Contrairement à ce qui a lieu pour le levier, le frottement n'est pas négligeable dans le treuil et les appareils dérivés, surtout lorsqu'ils sont composés et qu'ils comportent des engrenages. La raideur des cordes oblige également à donner à la puissance une valeur supérieure à celle qu'indique la condition d'équilibre.

D'après Ph. Moulan (1), pour tenir compte de la raideur et des frottements, on doit majorer la puissance de :

20 p. 100 s'il s'agit d'une poulie fixe ;

25 p. 100   —   d'un treuil simple ;

40 p. 100   —   d'un treuil à engrenages ;

40 p. 100   —   d'un cric..

Exemples de calculs numériques relatifs aux treuils. — *Treuil simple.* — Quelle charge un homme capable d'un effort moyen de 10 kilogrammes peut-il soulever avec un treuil dont le tambour a $0^m,25$ de diamètre et dont la manivelle a $0^m,60$ de rayon ?

Solution : $P = 10$; Q est inconnu ; $R = 0,60$; $r = 0,125$.

$$Q = \frac{PR}{r} = \frac{10 \times 0,60}{0,125} = 48.$$

Il soulèverait 48 kilogrammes. — En réalité, pour tenir compte des résistances passives, il faudrait diminuer ce chiffre de 25 p. 100 ; la charge que l'homme peut soulever s'abaisserait ainsi à 36 kilogrammes.

Treuil à engrenages. — Quel est l'effort qu'un homme devra exercer pour soulever une charge de 100 kilogrammes avec un

___

(1) Ph. Moulan, *Cours de mécanique élémentaire* professé à l'École industrielle de Seraing.

treuil à engrenages dont la manivelle a $0^m,40$, la petite roue $0^m,10$, la grande roue $0^m,70$ et le tambour $0^m,20$?

Solution : P est inconnu ; $Q = 100$; $R = 0,40$; $R' = 0,70$; $r = 0,10$; $r' = 0,20$.

$$P = Q \times \frac{r \times r'}{R \times R'} = 100 \times \frac{0,10 \times 0,20}{0,40 \times 0,70} = 7,1.$$

L'homme doit donc développer un effort de $7^{kgr},1$; si on majore ce chiffre de 40 p. 100, afin de tenir compte des résistances passives, on arrive à 10 kilogrammes environ. Si l'on suppose que la manivelle fasse 40 tours par minute, ce qui est une vitesse normale, le travail à développer est, par seconde,

$$2\pi \times 0,40 \times \frac{40}{60} \times 10 = 16,7 \ kgm.$$

Pour un travail prolongé, il faudrait employer deux hommes, car un homme ne fournit guère, d'une façon durable, que 7 à 8 kilogrammètres par seconde, en agissant sur une manivelle.

Cric. — Les calculs seraient les mêmes que dans les deux exemples précédents.

Poulie mobile. — Elle diffère de la poulie fixe en ce que la chape n'est plus accrochée en un point invariable, mais supporte la charge à soulever, de sorte que la poulie mobile se déplace en même temps que cette charge. Elle repose sur la corde ; celle-ci est attachée, par une de ses extrémités, à un point fixe m ; elle passe ensuite sous la poulie mobile, puis sous une poulie de renvoi n, et reçoit enfin l'action de la puissance P à son autre extrémité (fig. 23).

La charge Q transmet, à chacun des deux brins A et B de la corde, un effort qui développe une réaction T

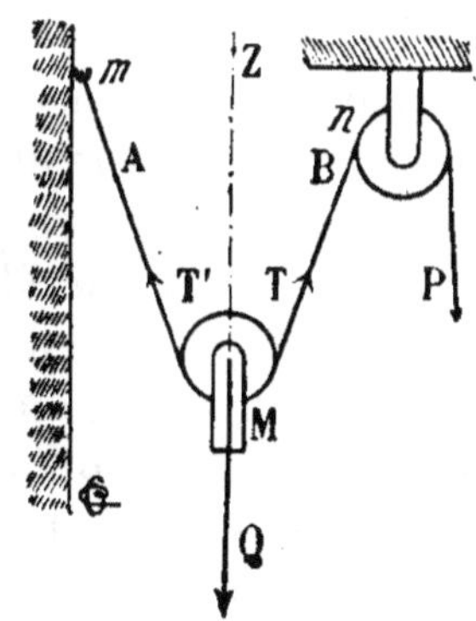

Fig. 23. — Poulie mobile.

de la part du brin B, et T' de la part du brin A. Lorsqu'il y a équilibre, ces réactions ne peuvent être qu'égales entre elles et leur intensité commune n'est d'ailleurs autre que celle de la puissance P, puisque la poulie de renvoi n est aussi en équilibre et transmet l'effort de P au brin B de la corde. Comme, d'un autre côté, la résultante des deux forces T et T' doit, dans cette même hypothèse, être égale et directement opposée à l'action de la charge Q, on voit que cette résultante est dirigée suivant la verticale Z qui passe par l'axe de la poulie mobile; de plus, les brins A et B de la corde ont alors nécessairement la même inclinaison sur cette verticale.

Or, nous avons vu, dans les préliminaires, que, quand on décompose une force en deux autres, les composantes ont une somme supérieure à la force donnée (puisque celle-ci est la diagonale du parallélogramme construit sur les deux autres), sauf dans le cas particulier où les forces ont la même direction, c'est-à-dire où elles sont soit parallèles, soit dirigées suivant une seule et même droite. Donc T et T', et par conséquent P, auront la plus petite valeur possible, pour une même valeur de la charge Q, quand les brins A et B seront parallèles l'un à l'autre.

Si cette condition est remplie, on a :

$$T + T' = 2T = Q$$

et comme P = T, on a $P = \dfrac{Q}{2}$

Si, au contraire, les deux brins ne sont pas parallèles, c'est-à-dire si le crochet m et la poulie de renvoi n sont fixés de façon que leur distance horizontale soit supérieure au diamètre de la poulie mobile, l'angle formé par chaque brin de la corde avec la verticale Z augmentera à mesure que la poulie mobile et la charge s'élèveront de bas en haut. L'effort P nécessaire pour les soulever devra donc être d'autant plus considérable que l'angle formé par les deux brins A et B se rapprochera davantage de 180°.

Il faut donc avoir grand soin de disposer le crochet m et la poulie n de façon à assurer autant que possible le parallélisme des brins A et B, puisque, à cette condition, l'effort à exercer sur la corde est réduit au minimum et n'est que la moitié de la charge Q. En réalité, cet effort est toujours un peu supérieur à $\frac{Q}{2}$, car il faut tenir compte de la raideur de la corde et des frottements des axes.

Poulies composées. — Moufles. — Considérons une poulie mobile a, avec brins parallèles, mais, au lieu d'exercer directement l'effort de la puissance sur le brin libre, fixons ce brin à la chape d'une seconde poulie mobile b (fig. 24). La puissance P à appliquer au brin libre de la poulie b, par l'intermédiaire de la poulie de renvoi n, est, comme nous venons de le voir, égale à la moitié de la charge que supporte cette poulie. Or, cette charge n'est elle-même que la moitié de la charge Q qu'il s'agit de soulever. Donc $P = \frac{Q}{4}$. Si nous combinions, de la même façon, un système de trois poulies mobiles, l'effort à exercer à l'extrémité libre de la corde ne serait plus que le huitième

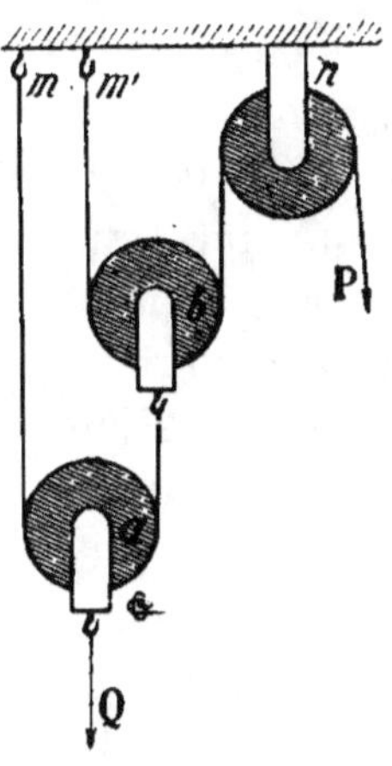

Fig. 24. — Poulies composées.

de la charge. En général, pour un nombre N de poulies mobiles, l'effort à produire $P = \frac{Q}{2N}$.

La disposition de la figure 24 est d'ailleurs purement théorique ; en pratique, elle aurait l'inconvénient d'être d'autant plus encombrante que le nombre des poulies mobiles serait plus élevé. D'un autre côté, le chemin que peut parcourir verticalement chaque poulie est forcément limité par la hauteur qu'a déjà atteinte la poulie voisine, à laquelle son brin libre est attaché. A moins de pouvoir installer à une très grande distance du sol les crochets tels que m, m', etc., et la suspension de la poulie de renvoi n, il y a donc diminution rapide de la longueur utilisable des cordes, leur longueur réelle étant de beaucoup supérieure à la hauteur d'ascension possible de la charge. Aussi fait-on usage plus volontiers des appareils suivants, qui sont d'un emploi plus commode, quoique moins avantageux au point de vue de la puissance nécessaire pour soulever une charge déterminée.

La *moufle* est un assemblage de poulies de même diamètre, montées sur le même axe dans une chape unique (fig. 25). On doit employer simultanément deux moufles, l'une fixe, l'autre mobile et supportant la charge. La corde F, attachée par une de ses extrémités à la chape de la moufle fixe, passe sous la première poulie de la moufle mobile, est ramenée sur la première poulie de la moufle fixe, puis sous la deuxième de la poulie mobile, etc. ; elle passe enfin sur la dernière poulie de la moufle fixe et reçoit, par son extrémité libre, l'effort du ou des ouvriers chargés de la manœuvre. Si on suppose que chaque moufle contienne 4 poulies, l'appareil comprend en tout 8 poulies reliées par 8 brins de corde, qui sont sensiblement parallèles entre eux. Des considérations analogues à celles développées plus haut à propos des équipages de poulies mobiles peuvent donc amener à conclure que, dans ces conditions, la puissance P, nécessaire pour soulever une charge Q, est égale au huitième seulement de cette charge ; d'une façon générale, la puissance à appliquer au brin libre de la corde est égale à la charge divisée par le nombre total des poulies que comporte le système.

On se sert également d'un dispositif un peu différent (fig. 25), dans lequel les poulies, toujours montées dans une chape unique, ont leurs axes placés parallèlement les uns au-dessous des autres. Pour éviter que les brins de la corde, enroulée sur des poulies qui sont dans le même plan, viennent frotter les uns sur les autres, on doit alors donner aux poulies des diamètres décroissants : l'une quelconque des poulies a pour diamètre celui de la poulie voisine, augmenté ou diminué d'une quantité un peu supérieure au double du diamètre de la corde. On réserve plus spécialement aux poulies ainsi montées le nom de *poulies mouflées*.

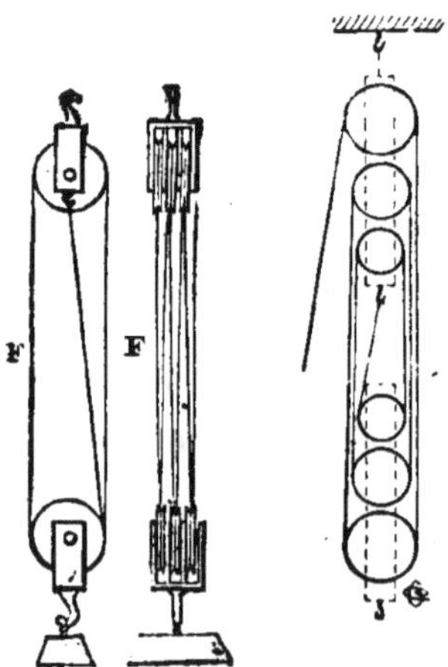

Fig. 25. — Poulies mouflées.

On réunit les poulies mouflées par paires, comme les moufles ordinaires. L'effet est le même avec l'un et l'autre système.

Qu'il s'agisse de moufles ou de poulies mouflées, il convient de ne pas dépasser quatre poulies par élément, c'est-à-dire huit poulies par équipage, car, sans cela, l'influence de la raideur de la corde compenserait, et au delà, le bénéfice obtenu par la réduction plus grande de l'effort nécessaire. Les modèles les plus courants sont à trois poulies par élément.

Résistances passives dans le fonctionnement des poulies mobiles simples ou composées. — Ces résistances sont dues, comme pour les appareils précédents, au frottement des tourillons et à la raideur des cordes. Il convient, pour en tenir compte, de majorer la puissance de :

30 p. 100 s'il s'agit d'une poulie mobile ;

45 p. 100 s'il s'agit de poulies mouflées (1).

Exemple de calcul numérique. — Quel effort faut-il développer pour soulever une charge de 150 kilogrammes avec un système de moufles à 6 poulies ?

Solution : P est inconnu ; $Q = 150$; $n = 6$.

$$P = \frac{Q}{n} = \frac{150}{6} = 25.$$

L'effort est de 25 kilogrammes ; mais, pour tenir compte des résistances passives, il faudra le porter à 36 kilogrammes environ.

Machines combinées. — Ces machines, de plus grande puissance que les précédentes, sont caractérisées par l'emploi simultané d'un treuil et d'une poulie mobile. Les plus importantes sont la *chèvre* et la *grue.*

La *chèvre* est un appareil de levage très employé dans les chantiers temporaires, notamment pour le montage des fermes. Elle est constituée par un cadre triangulaire allongé, formé de deux montants obliques ou *hanches*, réunis par des barreaux appelés *epars*, disposition qui donne à la chèvre une certaine ressemblance avec une échelle. Au bas du cadre, dans sa partie la plus large, et parallèlement aux épars, est

(1) Ph. MOULAN, *Loc. cit.*

monté un treuil, généralement simple, dont le tambour porte, a ses deux extrémités, des *têtes* carrées percées de mortaises dans lesquelles on enfonce de longues barres de bois pour la manœuvre du treuil. En haut du cadre est une poulie fixe ; la corde, fixée par une de ses extrémités au sommet de la chèvre, passe sur une poulie mobile supportant la charge, puis sur la poulie fixe et s'enroule sur le treuil. Pour se servir de la chèvre, on la dresse en lui laissant une légère inclinaison par rapport à la verticale, de manière que la pièce soulevée ne frotte pas sur les montants et que l'appareil ne risque pas de se renverser sur les hommes placés en arrière pour en opérer la manœuvre ; on la maintient en position à l'aide de *haubans* en cordages, qu'on attache à des pieux solidement fixés au sol, ou à tout autre objet résistant.

Si on appelle R le rayon de la roue du treuil (dont les rais sont formés, comme nous l'avons vu, par des barres mobiles), et r le rayon du tambour, on a, en tenant compte du treuil et de la poulie mobile :

$$P = \frac{Q}{2} \times \frac{r}{R}.$$

Quelquefois le treuil à barres mobiles est remplacé par un treuil à engrenages.

Les *grues* sont des appareils de levage plus robustes que les chèvres ; on y trouve réunis : d'une part, des treuils composés, dont les manivelles peuvent être adaptées à plusieurs axes, ce qui permet de modifier à volonté l'intensité de l'effort transmis suivant le poids de la charge ; d'autre part, des poulies mouflées, etc. Le plus souvent les grues sont montées sur un pivot vertical fixé dans le sol, de sorte qu'elles peuvent non seulement soulever, mais transporter les fardeaux en un point quelconque d'un cercle dont le pivot est le centre et dont le rayon dépend de la portée de la grue : ce sont des *grues pivotantes*. On trouve également, sur les quais des ports fluviaux ou maritimes et dans les gares de chemins de fer, des *grues roulantes*, montées sur un wagon à deux essieux, et actionnées à bras ou mécaniquement ; ces grues sont pivotantes comme les précédentes, mais leur champ d'action se trouve notablement augmenté, puisque le véhicule qui les porte peut être facilement déplacé sur sa voie; une fois une grue roulante amenée au point voulu, on n'a plus qu'à la fixer sur les rails, avec des crampons, pour pouvoir s'en servir. Les *ponts roulants*, employés dans les grandes gares et dans les ateliers importants, se déplacent sur un chemin de roulement formé de deux rails parallèles; ils sont pourvus d'un treuil mobile dans une direction perpendiculaire à celle du mouvement du pont.

La *grue d'applique* est une variété de grue pivotante qu'on rencontre fréquemment dans les entrepôts et les celliers, où elle rend de grands services. La charpente en est ordinairement en bois, et affecte la forme classique d'une potence; le montant vertical est muni, à ses deux extrémités, de pivots tournant, en bas, dans une crapaudine, en haut, dans un collier. On fixe cette grue contre un mur ou contre un poteau; on s'arrange généralement de façon à lui permettre de décrire un quart ou une moitié de circonférence.

Résistances passives dans le fonctionnement des chèvres et des grues. — Elles obligent, d'après Moulan, à augmenter la puissance théoriquement nécessaire de 40 à 50 p. 100 de sa valeur.

Treuil différentiel. — Cette machine (fig. 26), également appelée *treuil chinois*, se compose de deux tambours, de diamètres différents, ayant même axe et accolés par une base. La corde supporte une poulie mobile, au crochet de laquelle est attachée la charge; ses extrémités sont fixées chacune sur l'un des deux tambours, de façon que, pendant le mouvement de rotation du treuil, l'un des brins soit déroulé tandis que l'autre est enroulé. La longueur enroulée pendant un tour sur le gros tambour est plus grande que la longueur déroulée sur l'autre pendant ce même tour,

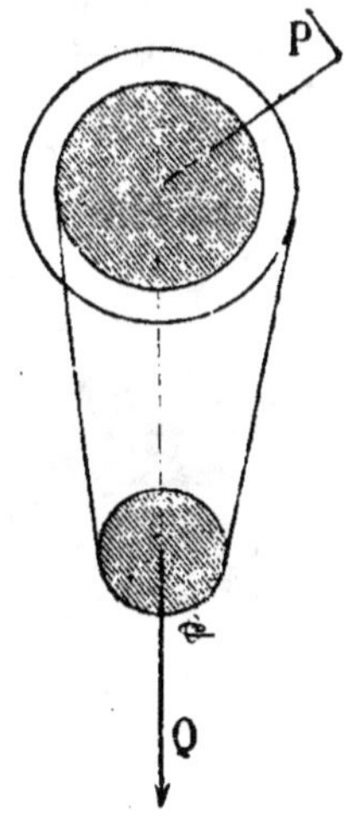

Fig. 26. — Treuil différentiel.

ou inversement. Il en résulte que la poulie mobile prend un mouvement vertical d'autant plus rapide que les deux tambours sont de diamètres plus différents. Si r et r' sont les rayons des deux tambours, R celui de la manivelle M du treuil, la puissance P et la résistance Q sont liées par l'expression .

$$P = \frac{Q\,(r - r')}{2R}.$$

On voit que l'effort à exercer est d'autant plus faible que les deux tambours ont des rayons moins différents, mais le chemin parcouru par la charge dans un temps donné est alors d'autant plus petit.

Le *palan*, appelé aussi *poulie differentielle* ou *poulie de Weston*, est une variété de treuil différentiel dans laquelle la manivelle est supprimée; les deux tambours sont constitués par deux poulies fixes A et B, de diamètres différents, mais de même axe et solidaires entre elles (fig. 27). Ces deux poulies sont à *empreintes* (fig. 28), c'est-à-dire que leur gorge est creusée d'une rainure alternativement large et étroite où viennent s'emboîter exactement les maillons d'une chaîne *calibrée* (1). La chaîne est sans fin, c'est-à-dire que les deux maillons extrêmes ont été réunis; si nous prenons un maillon du brin 3 comme point de départ, nous pouvons suivre

Fig. 27. — Poulie différentielle.

Fig. 28. — Poulie à empreintes (noix) et poulie mobile pour chaîne calibrée (A. Piat).

l'enroulement d'abord sur la poulie fixe B de petit diamètre, puis sur la poulie mobile M, ensuite sur la poulie fixe A

(1) Une chaîne calibrée ne diffère des chaînes ordinaires que par le soin avec lequel elle a été construite ; tous ses maillons ont exactement les mêmes dimensions.

de grand diamètre; les flèches indiquent les sens des mouvements imprimés aux brins pour soulever un fardeau. On voit clairement sur la figure que, si les poulies font un tour, la longueur de chaîne enroulée sur le brin 4 est plus grande que la longueur déroulée sur le brin 2; par conséquent, la poulie mobile tend à s'élever. On manœuvre le palan en tirant sur le brin 1, ou en le retenant, suivant qu'il faut monter ou descendre la charge.

La chaîne n'est pas enroulée plusieurs fois sur chacune des poulies; les empreintes dans lesquelles pénètrent les maillons empêchent tout glissement. Néanmoins, quand on veut employer des palans de ce genre, il ne faut pas hésiter à les prendre de très bonne qualité et bien appropriés aux charges qu'ils doivent supporter, car, si les maillons s'allongent, ou se déforment d'une manière quelconque, les empreintes ne peuvent plus les recevoir, et il se produit des glissements capables de provoquer la chute de la charge et d'occasionner de graves accidents.

La condition d'équilibre du palan est :

$$ P = \frac{Q}{2} \left[\frac{R - r}{R} \right], $$

R et r étant les rayons des deux poulies fixes A et B.

Plan incliné.

Le plan incliné est une machine simple constituée par une surface plane résistante faisant un certain angle avec le plan horizontal. Il permet de faire franchir aux objets, aux hommes ou aux animaux, des différences de niveau parfois considérables, tout en n'exigeant qu'un effort inférieur à celui qui serait nécessaire pour opérer le même changement de niveau en suivant la verticale. Les objets ou les êtres vivants sont placés sur le plan incliné et n'y sont maintenus appliqués que par leur propre poids; il n'y a donc pas à envisager le cas où l'angle de la surface plane avec l'horizon serait supérieur à 90°.

La condition d'équilibre du plan incliné s'établit sans

G. COUPAN. — *Les Moteurs agricoles.* 5

difficulté. Projetons la figure sur un plan vertical perpendiculaire à l'intersection de la surface inclinée avec le plan horizontal, de façon que toutes les surfaces se réduisent à des lignes sur notre dessin (fig. 29); soient AB le plan incliné, sur

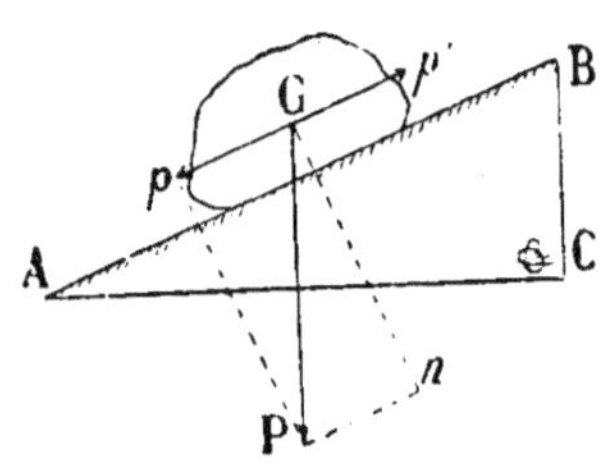

Fig. 29. — Plan incliné.

lequel repose un corps de poids P, AC le plan horizontal et BC la perpendiculaire abaissée d'un point quelconque B du plan incliné sur le plan horizontal. Négligeons momentanément le frottement. Le poids P, appliqué au centre de gravité G du corps, peut se décomposer en deux forces, n perpendiculaire au plan et p parallèle à ce même plan; n est équilibrée par la réaction du plan, et p tend à faire descendre le corps. Pour maintenir ce dernier en équilibre, il faut appliquer en G une force p' égale et opposée à p. Or les triangles semblables ABC et GPp nous donnent :

$$\frac{p\mathrm{G}}{\mathrm{BC}} = \frac{\mathrm{GP}}{\mathrm{AB}} \qquad \text{ou} \qquad \frac{p}{\mathrm{BC}} = \frac{\mathrm{P}}{\mathrm{AB}}$$

ou enfin $p' = p = \mathrm{P} \times \dfrac{\mathrm{BC}}{\mathrm{AB}}$.

L'effort à exercer est donc égal au poids du corps multiplié par le rapport de la différence de niveau au chemin effectif à parcourir. Pratiquement, on devra augmenter p' d'une quantité égale au frottement, qu'on calculera en remarquant que la pression normale est la composante n et non le poids P.

Coin. — C'est une pièce en fer, en acier ou en bois dur, taillée en forme de prisme triangulaire. L'une des faces du prisme est étroite, et porte le nom de *tête*; les deux autres faces, ou *flancs*, généralement égales, sont beaucoup plus larges, et forment entre elles un angle assez faible; l'arête correspondant aux deux flancs s'appelle le *tranchant* (fig. 30). Le coin sert à empêcher une fente de se refermer, à caler des

Fig. 30. — Coin.

objets, à éviter que des assemblages se disjoignent, etc. On
l'emploie également pour fendre des matériaux, notamment
le bois; on frappe alors, à l'aide d'un marteau ou d'une
masse, sur la tête du coin.

L'effort à exercer sur un coin pour le maintenir en équilibre dans la matière où on l'enfonce est d'autant plus grand
que la tête est plus grande par rapport aux flancs, ou, ce qui
revient au même, que l'angle du coin est plus grand. Aussi un
coin long et mince s'enfonce-t-il plus facilement qu'un coin
court et large.

Un grand nombre d'outils agissent à la façon de coins :
tels sont les ciseaux et les bisaiguës de charpentiers, les
haches, les couperets, les poinçons, les clous, etc. Les obus de
rupture, grâce à la forme ogivale de leur pointe, se comportent aussi comme des coins lorsqu'ils touchent les blindages.

Vis. — La vis est une des applications les plus importantes
du plan incliné.

Considérons une pièce cylindrique en bois ou en métal,
animée d'un mouvement de rotation uniforme autour de son
axe, et proposons-nous de tracer sur la surface de cette pièce
une rainure à l'aide d'un outil se déplaçant, d'un mouvement

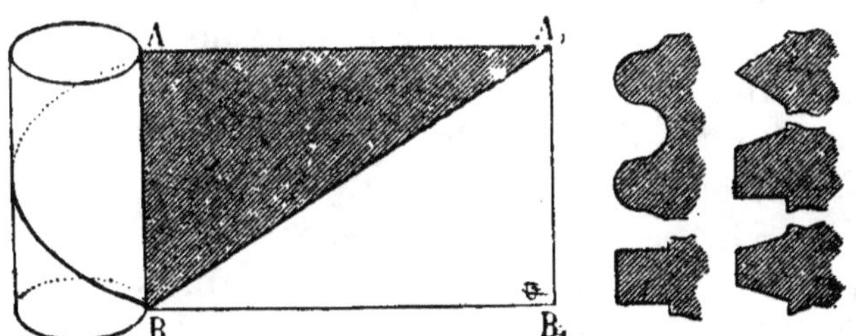

Fig. 31. — Génération de la vis. — Profils divers de filets.

uniforme, parallèlement à l'axe du cylindre. La ligne tracée
par l'outil sur le cylindre est une *hélice*; une même génératrice du cylindre est coupée plusieurs fois par l'hélice, en des
points qui sont tous également distants les uns des autres:
cette distance constante entre les *spires* de l'hélice s'appelle le
pas.

Si l'hélice a été tracée sur un cylindre creux (fig. 31), un tuyau en tôle mince, par exemple, rien n'est plus simple que de fendre ce cylindre suivant une de ses génératrices AB, et de le dérouler sur une surface plane; l'hélice se développe suivant la ligne droite BA_1, diagonale du rectangle qui, enroulé, donne le cylindre.

La vis est l'organe obtenu en creusant, au tour ou à l'aide d'un outil approprié, une rainure hélicoïdale dans un cylindre en bois ou en métal. C'est donc un plan incliné enroulé sur un cylindre. La rainure peut avoir une section carrée, rectangulaire, trapézique ou demi-circulaire; on dit alors qu'elle est à *filet* carré, rectangulaire, etc. Dans les vis en bois, le filet est ordinairement triangulaire (triangle isocèle) ou demi-circulaire: la forme triangulaire est encore employée pour les vis métalliques de petites dimensions; pour les vis qui doivent offrir une grande résistance, on préfère, en général, les profils en carré, trapèze isocèle ou trapèze rectangle (fig. 31).

Si le pas est assez grand, on en profite pour tracer deux ou plusieurs rainures également espacées entre elles; la vis est alors à deux ou plusieurs filets, mais le pas est toujours la distance qui sépare deux points de la même spire sur la même génératrice.

Le *noyau* de la vis est le cylindre fictif laissé intact par l'outil à fileter; on pourrait donc considérer la vis comme formée par un filet rapporté autour du noyau.

La vis pénètre toujours dans une pièce creuse ou *écrou*, travaillée suivant un profil identique à celui de la vis, les filets de la vis pénétrant dans les rainures de l'écrou, et inversement. L'opération consistant à profiler l'écrou de manière qu'il puisse recevoir la vis porte, en Mécanique, le nom de taraudage; ainsi, la vis est *filetée* tandis que l'écrou est *taraudé*.

Si l'on suppose que l'écrou soit fixe, en animant la vis d'un mouvement de rotation autour de l'axe du cylindre sur lequel elle est tracée, on la déplace, dans la direction de cet axe, d'une quantité égale au pas pour chaque tour complet qu'elle effectue. Si, au contraire, la vis est fixe, c'est l'écrou qui se déplace, par tour, de la longueur du pas.

Équilibre de la vis. — Si on appelle P l'effort appliqué à la vis, par l'intermédiaire d'un levier de longueur l, Q la résistance et h le pas de la vis, on a, en écrivant l'équation du travail correspondant à un tour :

$$P \times 2\pi l = Q \times h.$$

Autrement dit, pour équilibrer une résistance Q, il faut développer un effort P tel que

$$P = \frac{Q \times h}{2\pi l}.$$

Mais cette expression ne tenant pas compte des frottements, il y a lieu d'augmenter P de 50 p. 100 environ ; c'est ce qui explique le faible rendement mécanique des pressoirs et autres machines dont l'organe principal est une vis.

Applications de la vis. — Les applications de la vis sont innombrables ; nous en citerons quelques-unes.

Le *vérin* (fig. 32) est une vis mobile dans un écrou fixe ; l'écrou est supporté par un pied en fonte, très robuste ; la vis, terminée par une tête large, pourvue d'encoches, est actionnée au moyen d'un levier. Le vérin est un appareil de levage très puissant ; on l'emploie pour soulever des objets très lourds.

La *vis de pression* sert, non plus à soulever des pièces, mais à les immobiliser ; elle est encore formée d'une vis mobile dans un écrou fixe. Le pas d'une vis de pression doit être assez petit pour que la composante de la résistance, parallèle au filet, soit plus petite que la force de frottement ; si cette condition n'est pas remplie, la vis se desserre d'elle-même.

Fig. 32. — Vérin (Clavel).

La *vis sans fin* est une vis tracée sur un cylindre monté, comme un treuil, sur tourillons, de façon à ne pouvoir prendre qu'un mouvement de rotation autour de son axe ; le filet de la dent engrène avec les dents d'une roue d'engrenage ; si donc la vis est à un seul filet, la roue avance d'une dent lorsque la vis fait un tour. Le plus généralement, la puissance est appliquée sur la vis, qui est alors chargée de conduire la roue (fig. 33); on peut cependant conduire la vis au moyen de la roue, mais il faut alors que le pas de la vis soit assez grand, ce qui conduit à avoir des vis à plusieurs filets; ce dernier dispositif n'est employé qu'en mécanique de précision.

Nous trouverons beaucoup d'applications de la vis dans les machines agricoles.

Palan à vis. — Pour éviter d'agir directement sur le brin 1 de la chaîne des palans ordinaires (fig. 27), on commande souvent l'ensemble des deux poulies par une vis sans fin, actionnée par une chaîne spéciale et engrenant avec une roue à denture intérieure ou extérieure, calée sur le même arbre que les poulies (fig. 34). Ce dispositif permet d'augmenter beaucoup l'intensité de l'effort transmis.

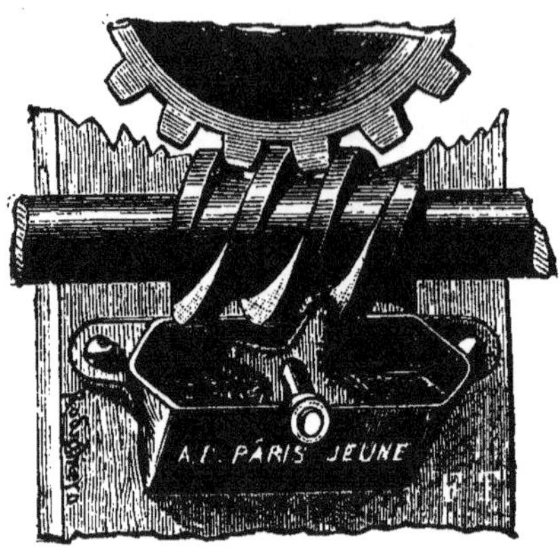

Fig. 33. — Vis sans fin conduisant une roue, avec organe graisseur (Fontaine).

Très souvent les palans à vis ne comportent pas de poulies différentielles; la vis sans fin agit sur une roue dentée, qui joue le rôle de roue dans un treuil dont une poulie à empreintes constitue le tambour. La chaîne, qui passe sur cette poulie et qui supporte la poulie mobile, est attachée par une de ses extrémités au corps du palan.

Généralement ces palans sont munis d'un frein qui produit automatiquement une résistance quand la charge tend à descendre sous l'influence de son poids; aussi cette charge reste-t-elle suspendue en toute sécurité, tant que l'ouvrier ne manœuvre pas la vis en sens convenable.

Fig. 34. — Palan à vis (Schaeffer et Budenberg).

ORGANES DE MACHINES

Guides directeurs des mouvements.

Dans la plupart des cas, les organes de transformation des mouvements agissent, au moins momentanément, dans des directions obliques, ou sont même soumis à des efforts extérieurs tendant à les faire dévier. Il faut donc, pour assurer la direction d'un mouvement, employer des guides fixes qui obligent certaines pièces à suivre cette direction.

Guides directeurs de mouvements rectilignes. — On emploie fréquemment le dispositif connu sous le nom de *rainure et languette*. La languette est une partie saillante, à section rectangulaire ou en queue d'aronde, que présente une pièce fixe reliée au châssis de la machine, et qui pénètre dans une rainure, de forme appropriée, tracée sur la pièce à guider.

Pour guider les organes de roulement, on se sert de *rails*, autrefois en bois, aujourd'hui en fer ou en acier, disposés en deux files rigoureusement parallèles et maintenus par des *traverses*. Les bandages des roues sont pourvus d'un rebord arrondi, appelé *boudin*, qui oblige le véhicule à suivre la direction des rails. Les boudins sont à l'intérieur de la voie lorsque le châssis du véhicule est large, comme dans le matériel de chemins de fer. Pour les véhicules étroits, comme les wagonnets des transporteurs de fourrage, les roues sont disposées de façon que les boudins soient à l'extérieur de la voie, qui est alors composée simplement d'une solive ou de deux fers profilés assemblés côte à côte.

Pour certaines machines très lourdes, qui ne nécessitent que de faibles déplacements à chaque opération (treuils de défoncement), on emploie des roues ordinaires, mais on les fait rouler dans la concavité de fers en U ou à double T qui supportent et guident ces machines.

Les pièces animées de mouvements rectilignes alternatifs

doivent aussi être guidées. Pour des machines assez rustiques, comme les pompes, on y parvient à l'aide d'une traverse fixe percée d'un trou cylindrique dont l'axe est dans la direction même du mouvement.

Mais lorsque le mouvement alternatif doit avoir une longue durée, et que la machine exige un guidage précis, comme pour les tiges de pistons des machines à vapeur, on a recours à des *patins* s'appuyant sur des *glissières* fixées sur le fond du cylindre. La tige du piston se termine par une pièce en fer ou en acier coulé, de forme souvent assez compliquée, sur laquelle s'articule également la bielle motrice : cette pièce est la *tête* ou *crosse de piston* ; elle porte les patins et est munie de *coulisseaux* qui la maintiennent contre les glissières. Ces dernières sont en nombre variable ; on en emploie une, deux ou quatre, suivant le travail que doit fournir la machine et la forme adoptée par les constructeurs. Si la machine ne doit tourner que dans un seul sens, il suffit d'une seule glissière, ou d'une seule paire de glissières placées d'un même côté de la tige à guider. Si elle doit tourner dans les deux sens, il faut deux glissières, ou deux

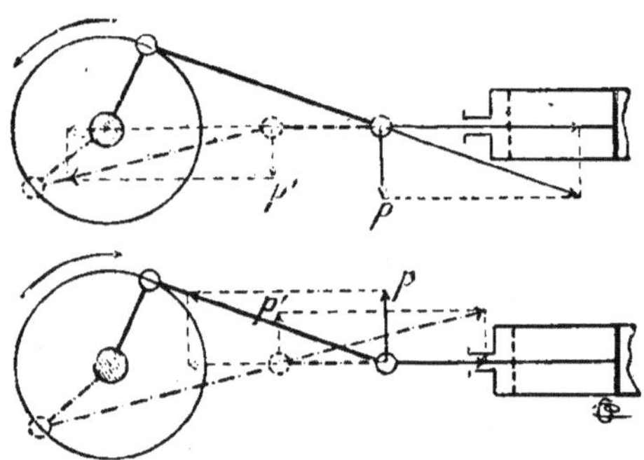

Fig. 35. — Glissières.

paires de glissières. La figure 35 fait comprendre, en effet, que la poussée ne s'exerce que d'un seul côté de la tige pendant la marche dans un sens déterminé ; mais si on renverse ce sens de marche, c'est du côté opposé que s'exerce la poussée ; cette poussée est la composante p, perpendiculaire aux glissières, de la réaction qu'oppose la bielle motrice à l'action de la tige du piston.

On conçoit, d'autre part, que la poussée sur les glissières soit d'autant plus énergique que la bielle est plus courte, puisque l'angle qu'elle fait avec la tige est alors plus grand. Aussi, pour diminuer autant que possible cette poussée sans exagérer le poids de la bielle, on donne à cette dernière pièce une longueur comprise entre 5 et 6 fois le rayon de la manivelle.

On peut d'ailleurs se contenter d'une seule glissière, pourvu qu'elle soit suffisamment robuste, à condition qu'elle soit complètement enserrée entre la tête de piston et un chapeau boulonné sur cette tête. Certains constructeurs préfèrent employer des glissières en forme de cylindre creux, coulées d'une seule pièce.

Dans beaucoup de locomobiles, et même de machines industrielles, on n'emploie qu'une seule glissière, qui est alors de forme cylindrique; cette glissière est exécutée au tour, ce qui en rend l'ajustage très facile; la crosse de piston est pourvue de patins également cylindriques et façonnés au

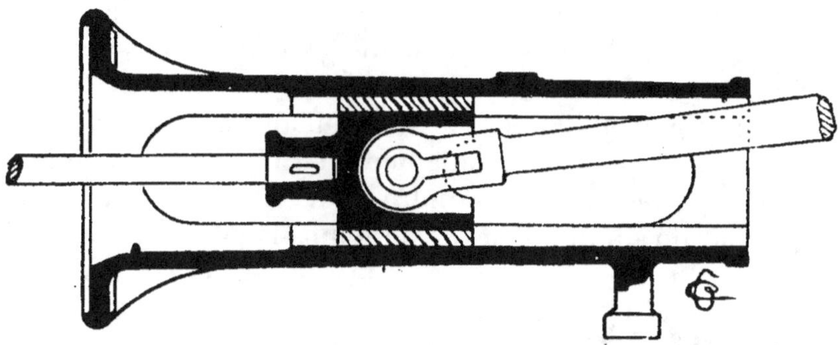

Fig. 36. — Glissière cylindrique (Lefebvre-Albaret et Laussedat).

tour, et la simple interposition de cales entre la tête et les patins permet de racheter le jeu provoqué par l'usure (fig. 36).

Dans les moteurs à explosions, la tige de piston est supprimée, la bielle s'articule directement sur une traverse reliée au piston; le guidage est assuré par un long fourreau cylindrique, solidaire du piston et qui glisse avec ce dernier dans le cylindre.

Guides directeurs des mouvements circulaires. — Le plus souvent, les pièces animées d'un mouvement circulaire sont traversées par un axe qui fait corps avec elles, ou sur lequel elles sont solidement calées.

Quand cet arbre est horizontal, il est terminé par deux portions cylindriques soigneusement tournées, d'un diamètre égal ou un peu inférieur au sien : ces portions s'appellent *portées* ou *tourillons*. Les tourillons reposent sur des supports ou *paliers* dans lesquels sont assemblés des *coussinets* en forme de demi-cylindres, tournés et alésés à un diamètre très légèrement supérieur à celui du tourillon. Les coussinets sont généralement en bronze, quelquefois en métal *antifriction* (composition analogue à celle des caractères d'imprimerie) et plus rarement en fonte, au moins dans la construction soignée. On en emploie ordinairement deux par palier : l'un, placé en-dessous de l'arbre, est le coussinet proprement dit ; l'autre, que l'on met par-dessus l'arbre et qu'on maintient par un *chapeau* boulonné sur le palier, est le *contre-coussinet*. Parfois, cependant, le coussinet est en trois parties.

Comme le frottement est indépendant de l'étendue des surfaces en contact, mais augmente en même temps que la pression, on ne doit pas craindre d'exagérer les surfaces frottantes, car on diminue en même temps la pression par unité de surface. L'usure, qui croît en même temps que la pression et que la vitesse, sera également diminuée si on réduit le diamètre des tourillons, car la vitesse des différents points de la circonférence du tourillon est d'autant plus faible, à nombre de tours égal, que ce diamètre est plus petit. On a donc intérêt à employer des tourillons et des coussinets minces et longs.

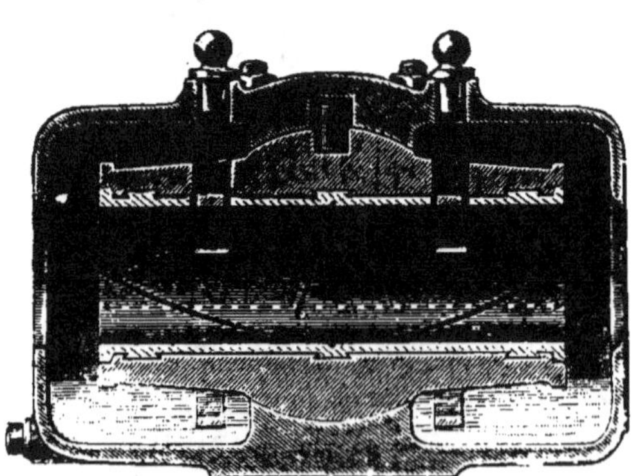

Fig. 37. — Palier à rotule (A. Piat).

Pour que les arbres tournent librement, il faut que les

paliers qui les supportent soient rigoureusement dans le
même plan horizontal, surtout si les arbres sont animés
d'une grande vitesse. Les bons constructeurs apportent tous
leurs soins à ce point particulier du montage. Les Américains, pour plus de simplicité, emploient souvent des *paliers
à rotule*, dans lesquels les coussinets ont un jeu suffisant
pour obvier aux inconvénients d'un nivellement défectueux (fig. 37).

Pour empêcher les déplacements longitudinaux des arbres,
pendant le mouvement de rotation, on munit ces arbres
d'*épaulements* ou *joues*, de quelques millimètres de saillie, qui
viennent s'appuyer contre les faces extérieures des coussinets.
Deux épaulements suffisent généralement pour guider un
arbre ; on les place soit aux deux extrémités, à un écartement
qui est légèrement supérieur à celui des faces extérieures des
coussinets, soit d'un côté et de l'autre du même tourillon,
embrassant, par conséquent, le coussinet correspondant. Dans

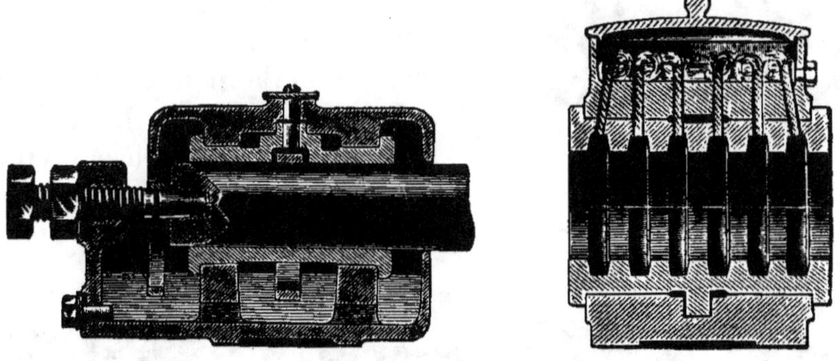

Fig. 38. — Paliers pour extrémité d'arbre (A. Piat).

ce dernier cas, l'autre tourillon est complètement libre ; si on
lui donnait, en effet, un ou deux épaulements, il pourrait
se produire des frottements considérables, par suite d'un
déplacement des supports. Lorsque le palier est placé à
l'extrémité de l'arbre, on le constitue comme l'indique la
figure 38.

Enfin, si l'on veut réduire au minimum les résistances
passives, on fait supporter les arbres non plus par des

coussinets fixes sur lesquels ils glissent, mais par des *billes* ou des *rouleaux* sur lesquels ils roulent : les paliers de cette nature, couramment employés maintenant, même pour certaines machines agricoles, ne permettent pas de substituer entièrement le roulement au glissement ; mais ils réduisent le frottement de glissement d'une façon notable, surtout lorsque les arbres exercent sur leurs supports une pression élevée ; avec des pressions faibles, ils ne semblent pas avoir une bien grande supériorité sur les paliers ordinaires.

Les arbres verticaux sont supportés et guidés, à leur partie inférieure, par une *crapaudine*, montée elle-même dans un palier spécial (fig. 39). La crapaudine est une pièce cylindrique creuse, à fond légèrement convexe, dans laquelle s'engage le tourillon, qu'on

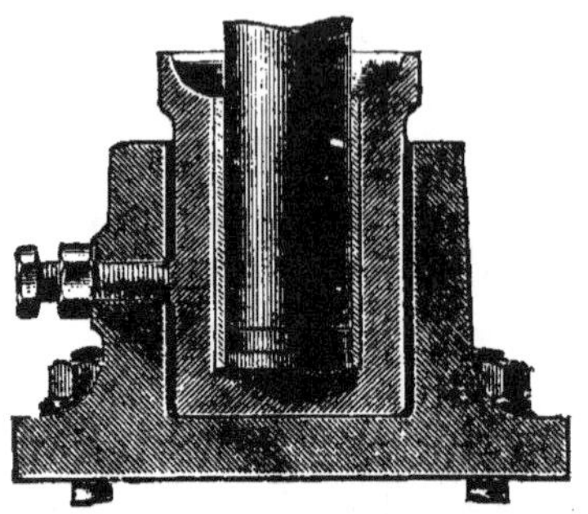

Fig. 39. — Crapaudine avec vis de réglage (A. Piat).

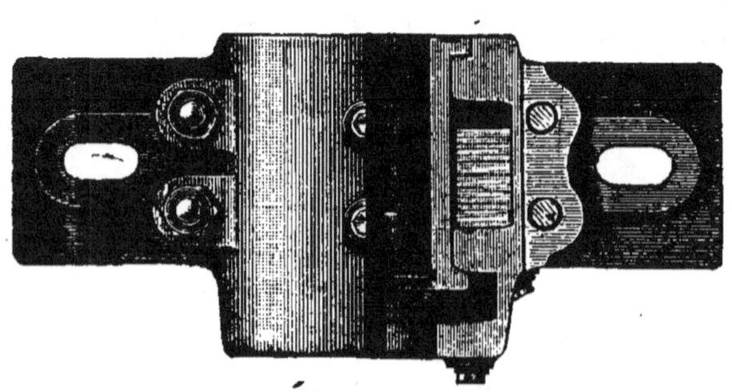

Fig. 40. — Palier pour arbre vertical (A. Piat).

appelle aussi pivot. Il est souvent utile d'employer des paliers de crapaudines pourvus de vis de réglage, au moyen desquelles on détermine exactement la coïncidence des axes et le jeu vertical nécessaire ; ces paliers rendent, en outre, les démontages plus faciles. En dehors de l'extrémité inférieure, les arbres verticaux sont guidés par des paliers dont la figure 40 représente un type.

Transformations des mouvements.

Les organes de machines peuvent être animés de mouvements de natures très différentes, que l'on peut classer, d'une manière générale, en trois catégories : mouvements rectilignes, mouvements circulaires et mouvements curvilignes. Tous ces mouvements peuvent, en outre, être continus ou alternatifs.

On a très fréquemment besoin, en Mécanique appliquée, de transformer un mouvement en un autre ; un moteur, ne peut, en général, être animé que d'un seul mouvement, et il doit, cependant, imprimer à l'outil un mouvement bien déterminé, parfois très différent du sien. Ces transformations de mouvements peuvent s'effectuer de bien des façons différentes. Il existe néanmoins un certain nombre de types de transformations, qu'on utilise dans une foule de machines agricoles et industrielles. Nous les passerons rapidement en revue, ce qui nous permettra de simplifier beaucoup, ultérieurement, les descriptions de machines. Ces différents types simples de transformations peuvent d'ailleurs se combiner entre eux de façons très diverses.

Transformation d'un mouvement rectiligne continu en un autre mouvement rectiligne continu. — On se propose de modifier la *direction*, le *sens* ou la *vitesse* du mouvement.

Le changement de direction s'opère au moyen d'une *poulie de renvoi* et d'une corde ou d'un câble. Si la corde embrasse, sur la poulie, un angle de 180°, on ne change pas la direction, mais le *sens* du mouvement (en réalité, on donne au mouvement une direction parallèle à l'ancienne).

Enfin, on peut modifier la *vitesse*, soit indépendamment de la direction et du sens, soit en même temps, en faisant usage de coins, de poulies mobiles, de moufles, palans, etc. Tous ces mécanismes ont été étudiés dans le chapitre précédent.

Transformation d'un mouvement rectiligne continu en un mouvement circulaire continu, et inversement. — Cette transformation est très fréquemment nécessaire dans les machines agricoles, par exemple, dans les faneuses, les faucheuses et autres machines de récolte, où le mouvement rectiligne de l'attelage est transformé, par le mécanisme de transmission, en mouvement circulaire. On a recours pour cela à un organe de roulement. Considérons, par exemple, la roue d'une moissonneuse-javeleuse : elle est, à la fois, porteuse et motrice. Si l'adhérence avec le sol est suffisante (on l'augmente, au besoin, par des saillies qui pénètrent dans la terre), cette roue roule alors sans glisser et décrit un arc dont la longueur, mesurée sur la jante, est égale au déplacement de l'attelage dans le même temps ; en calant une roue de plus petit diamètre sur les rayons ou sur l'axe de la roue, elle se trouve entraînée par la rotation de cette dernière et prend un mouvement relatif circulaire, qu'on peut ensuite transmettre avec ou sans transformation à d'autres organes de la machine.

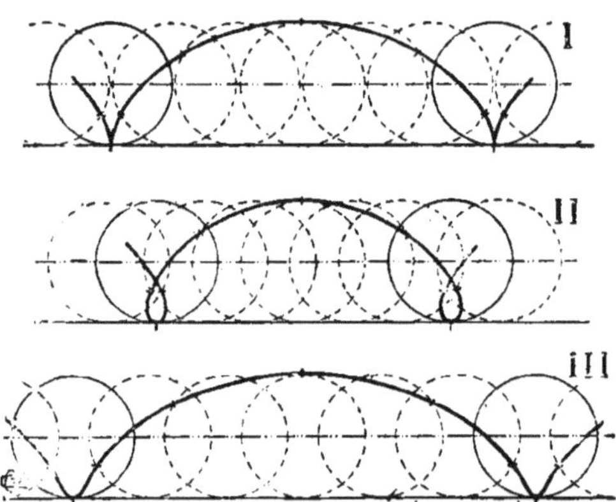

Fig. 41. — Cycloïdes de droite : I, normale ; II, raccourcie ; III, allongée.

Il ne s'agit d'ailleurs bien que d'un mouvement *relatif*, car le mouvement réel de la petite roue est plus compliqué : si l'on considère un point d'une roue se déplaçant sans glissement sur un plan, la trajectoire qu'il décrit est une *cycloïde* (fig. 41) ; s'il y a glissement, c'est-à-dire si l'arc de circonférence décrit est plus grand ou plus petit que la longueur rectiligne parcourue par l'axe de la roue dans le même temps, la cycloïde est *raccourcie* ou *allongée*. Dans une moissonneuse-lieuse, les trajectoires des palettes de rabatteurs sont des cycloïdes raccourcies.

Le cric et le treuil donnent l'exemple inverse de la transformation d'un mouvement circulaire en mouvement rectiligne : dans les deux appareils, il y a roulement sans glissement. Si, d'autre part, on examine ces machines quand elles fonctionnent non plus sous l'action d'un moteur, pour monter une charge, mais en la laissant descendre sous l'influence de son propre poids, on voit que c'est le mouvement rectiligne de la charge qui se transforme en mouvement circulaire du tambour du treuil ou de la petite roue du cric.

Dans les machines locomotives, le mouvement circulaire (ou, plus exactement, cycloïdal) des roues se transforme en mouvement rectiligne.

La vis offre encore un moyen de transformer un mouvement circulaire continu en un mouvement rectiligne continu. Si la pièce tournante comporte à ses deux extrémités deux vis filetées en sens contraire, les deux écrous se déplacent sur la même direction, mais se rapprochent ou s'éloignent, suivant le sens de la rotation. Ce dispositif est employé dans les *tendeurs*.

Câbles de traction. — Les câbles de traction, qui réunissent les treuils aux machines qu'il s'agit d'actionner, sont formés par la réunion d'un certain nombre de fils de fer ou d'acier. En général, pour fabriquer un câble, on enroule en hélice, autour d'une *âme* centrale en chanvre goudronné, plusieurs *torons* constitués eux-mêmes par plusieurs fils enroulés en hélice sur une âme en chanvre ou en métal. On obtient ainsi un câble qu'on qualifie de *rond* par opposition aux câbles *plats* employés dans les mines.

On caractérise les câbles par le nombre des torons, le nombre des fils des torons et le numéro des fils (à la jauge). Les usines indiquent ordinairement aussi le diamètre du câble.

Les sens d'enroulement des torons dans le câble et des fils dans les torons sont inverses ; le plus souvent, les torons sont enroulés *sinistrorsum* (en sens inverse du mouvement des aiguilles d'une montre) et les fils *dextrorsum*; le pas des hélices est égal à dix fois le diamètre du cylindre (1). On utilise surtout, pour les travaux de culture, des câbles ayant pour charge de rupture 140 kilogrammes par millimètre carré de section ; on les fait travailler souvent au tiers de cette charge, mais il est plus prudent, pour un service de longue durée, de ne pas en dépasser le sixième, soit, environ, 23 kilogrammes par millimètre carré.

Toutes les fois qu'on doit faire changer de direction à un câble, il faut, pour éviter de le courber brusquement, le faire passer sur des poulies d'un diamètre trente fois, au moins, supérieur au sien.

Pour assembler deux segments de câble, soit à la suite de la rupture d'un câble en usage, ou en vue d'allonger ce câble, on procède par *épissure*, ou encore par *amarrage à pattes*. L'épissure est d'une exécution assez difficile: elle doit être très longue, de manière que le câble ne change pas brusquement de diamètre lorsqu'on enroule deux à deux les torons. Les pattes ou boucles d'amarrage permettent d'effectuer plus facilement la liaison des deux brins ; on replie les deux extrémités en ayant soin d'emprisonner dans la boucle, une garniture à gorge, appelée *cosse*, en fer forgé : on engage les deux boucles l'une dans l'autre ; chacune d'elles est maintenue par une ligature en fil de fer, ou par des étriers à vis. On trouve d'ailleurs, dans le commerce, un grand nombre de systèmes pour l'amarrage des câbles.

Il ne faut pas employer des câbles galvanisés ; la galvanisation fait en effet perdre aux fils le dixième, environ, de leur résistance, et dès que la couche protectrice est éraillée, ce qui se produit presque immédiatement, l'oxydation est plus rapide que pour le métal non galvanisé.

Il est malheureusement impossible de graisser périodiquement les câbles en cours de travail ; on ne peut procéder au graissage qu'à la fin des travaux. M. Ringelmann conseille d'employer, dans ce but, des enduits ayant la consistance du

(1) M. Ringelmann. *Loc. cit.*

saindoux, et composés de goudron végétal, de suif et d'huile.

Lorsque le câble traîne sur le sol, le frottement qu'il exerce augmente les résistances passives. Il résulte d'essais exécutés au Plessis (1), que la résistance *r* opposée par un câble traînant à terre sur une longueur L (en mètres), *p* étant le poids (en kg) par mètre courant de câble, est (2) :

$$r = 0,47\,p\mathrm{L}.$$

Lorsque le câble est soutenu par des poulies-supports de 18 à 26 centimètres de diamètre, cette résistance devient :

$$r' = 0,23\,p\mathrm{L}.$$

Transformation d'un mouvement rectiligne alternatif en mouvement circulaire continu, et inversement. — Cette transformation s'opère, le plus ordinairement, en munissant d'une *manivelle* l'organe à animer d'un mouvement de rotation continu et en le reliant, au moyen d'une *bielle*, à l'organe doué du mouvement rectiligne alternatif.

Bielle et manivelle. — C'est ce dispositif qu'on emploie pour transformer le mouvement rectiligne alternatif du piston en mouvement circulaire continu, dans les moteurs à vapeur, à air ou à explosions (fig. 42). AB est la bielle articulée, en A, à la tige *t* du piston P, et en B à la manivelle OB calée sur l'arbre O du volant V. L'axe de la tige *t* et l'axe de l'arbre O sont dans un même plan. La tige *t* est généralement guidée pour éviter qu'elle s'écarte de l'axe du cylindre. Si le piston P et sa tige *t* sont animés d'un mouvement alternatif, la manivelle et, par suite, le volant et l'arbre prennent un mouvement circulaire continu.

Réciproquement, si on imprime au volant un mouvement circulaire continu, le piston prend un mouvement rectiligne alternatif. C'est au moyen d'une bielle et d'une manivelle qu'on donne à la scie des faucheuses et moissonneuses un mouvement rectiligne alternatif, tout en la faisant commander par des organes en mouvement circulaire continu.

Dans le cas où c'est l'organe animé du mouvement recti-

---

(1) Près Châteauroux, Indre.
(2) M. Ringelmann, *Rapport sur les essais du Plessis* (1901).

ligne-alternatif qui commande l'autre, l'effort moteur se trouve équilibré par la résistance des axes lorsque les points A, B et O sont en ligne droite. Il y a deux positions de la manivelle OB pour lesquelles cela a lieu ; ce sont celles où cette manivelle vient se placer dans le plan, perpendiculaire au plan de la figure, qui passe par l'axe de la tige *t*. Ces deux positions, qui correspondent aux deux points M et M', diamétralement opposés, de la trajectoire du point B, définissent ce qu'on appelle les *points morts*. Quand la machine est au point mort, elle ne peut se mettre en marche ; il faut, par un moyen quelconque, déplacer légèrement la manivelle pour que la machine reprenne son mouvement. Le volant dont on munit les moteurs a pour effet non seulement de régulariser la marche, mais aussi d'obliger, par entraînement dû à l'inertie, la manivelle à ne pas s'arrêter aux points morts, ce qui empêcherait la machine de repartir.

L'utilisation de l'effort moteur, nulle aux points morts, est maxima quand la bielle est perpendiculaire à la manivelle ; cela se produit dans deux positions (B et B') symétriques par rapport au plan contenant le point d'articulation A et l'axe O ; mais ces points ne sont plus diamétralement opposés ; leurs positions sont d'autant plus éloignées du diamètre DD' que l'angle *a* est plus grand, c'est-à-dire que la bielle est plus courte (fig. 42).

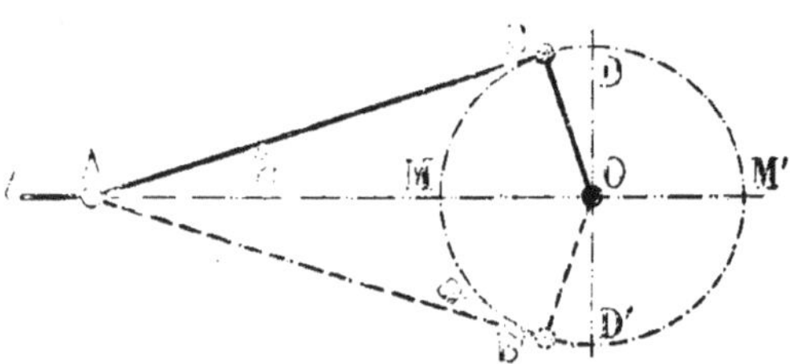

Fig. 42. — Transmission par bielle et manivelle.

Lorsque les moteurs comportent deux cylindres, on dispose ordinairement les manivelles de façon qu'elles fassent entre elles un angle de 90 degrés ; si l'une d'elles est au point mort, l'autre se trouve alors à peu près au point du maximum d'effet. On régularise ainsi la marche de la machine, tout en lui permettant de démarrer sans difficulté. C'est ainsi que, dans les locomotives, on a toujours soin de disposer les manivelles de l'arbre actionné par les deux pistons, sous un angle déterminé en vue d'obtenir une grande régularité de marche et de faciliter le démarrage.

Lorsque c'est la manivelle qui communique le mouvement au reste du mécanisme, comme dans le cas de l'organe de coupe des faucheuses et des moissonneuses, l'influence des points morts est annulée : l'effort est, en effet, constamment tangent à la trajectoire circulaire de la manivelle. Mais les deux points où l'utilisation de l'effort est maxima subsistent toujours.

On appelle *course*, la distance qui sépare les deux positions extrèmes d'un des points de l'organe animé du mouvement rectiligne alternatif ; cette course est évidemment égale au double du rayon de la manivelle. L'extrémité A de la bielle parcourt donc, aller et retour, un chemin égal à 4 OB lorsque la manivelle fait un tour complet, c'est-à-dire lorsque l'extrémité B de la bielle décrit une circonférence de longueur 2πOB. La vitesse du point B est donc 1,5 fois, environ, plus grande que la vitesse moyenne de A (rapport de 2π à 4).

En général, on s'efforce de rendre le mouvement de rotation aussi uniforme que possible ; si nous supposons que la vitesse de ce mouvement soit rigoureusement invariable, il nous est facile de représenter graphiquement la variation de vitesse du piston et de ses organes accessoires. Tout d'abord, nous pouvons remarquer que, si le sens du mouvement est changé, les vitesses sont les mèmes pour des positions de la manivelle symétriques par rapport à la ligne des points morts MM'. Il nous suffit donc d'étudier la variation de vitesse pendant un demi-tour du volant, la manivelle partant d'un point mort pour arriver au point mort opposé. Nous partagerons la demi-circonférence décrite par la manivelle en un certain nombre de parties égales, et nous chercherons les positions de la bielle correspondant à chacun des points de division. Les distances des points successivement occupés sur AM par l'extrémité A de la bielle nous donneront les espaces parcourus pendant des temps égaux, c'est-à-dire des quantités proportionnelles aux vitesses moyennes du piston pendant les intervalles correspondant à ces temps. Ensuite nous porterons sur une droite une longueur égale à la demi-circonférence :

nous partagerons cette longueur en autant de parties que la demi-circonférence elle-même; puis nous élèverons des perpendiculaires proportionnelles aux chemins parcourus, et, en joignant leurs extrémités par un trait continu, nous aurons une courbe figurant la variation du mouvement (fig. 43). On voit

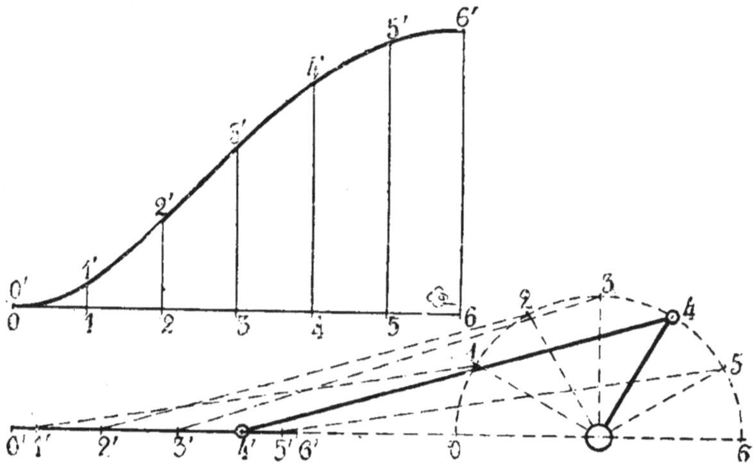

Fig. 43. — Variation de la vitesse du mouvement rectiligne dans la transformation par bielle et manivelle.

que le mouvement du piston est un mouvement périodique ; sa vitesse, d'abord nulle, croît, atteint un maximum correspondant à la position où la bielle est perpendiculaire à la manivelle, décroît et s'annule pour repasser aussitôt par la même série de phases.

Fig. 44. — Excentriques à collier (Audemar).

Excentriques. — Les excentriques servent aussi à transformer un mouvement circulaire continu en mouvement rectiligne alternatif. Le type le plus employé est l'*excentrique à collier* ou excentrique circulaire. Il se compose (fig. 44) d'un disque circulaire plein ou *bossage*, percé, en dehors de son centre, d'un trou cylindrique qui sert à le caler sur un arbre animé d'un mouvement de rotation ; ce bossage peut tourner, à frottement doux, dans un collier formé de deux parties, réunies par des boulons, et à l'une desquelles s'attache une tige dont l'autre extrémité sera animée d'un mouvement rectiligne alternatif ; l'axe de la tige de l'excentrique passe par le centre du bossage.

L'excentrique se comporte absolument comme une bielle conduite par une manivelle dont le rayon serait égal à la distance des centres de l'arbre et du bossage ; mais on ne peut songer à l'employer pour obtenir la transformation inverse, c'est-à-dire celle d'un mouvement rectiligne alternatif en un circulaire continu : les frottements seraient beaucoup trop considérables. On utilise surtout les excentriques dans les machines à vapeur ; ils servent à commander les tiroirs de distribution et les pompes d'alimentation.

Cames. — On emploie souvent, au lieu d'excentriques circulaires, des *cames* constituées par une pièce calée sur l'arbre de rotation, et dont la forme (fig. 45) dépend du mouvement rectiligne qu'on veut obtenir. La pièce à mouvement rectiligne alternatif s'appuie sur la came par l'intermédiaire d'un petit *galet* de roulement ; le contact du galet et de la came est assuré soit par le poids de la pièce à mouvement alternatif, soit par un ressort. Avec les cames, on peut obtenir des mouvements alternatifs périodiques ou intermittents.

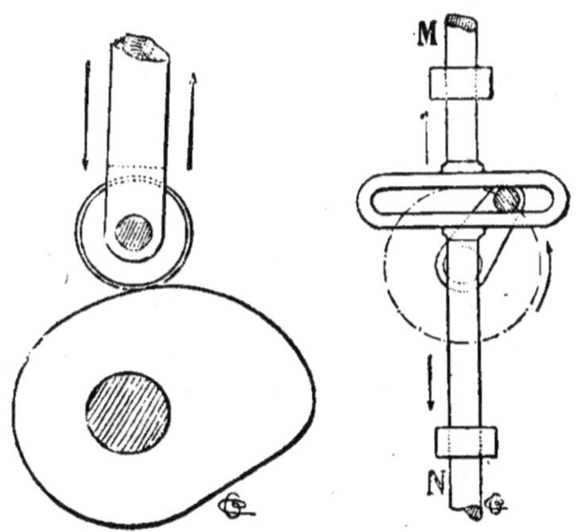

Fig. 45. — Came. Fig. 46. — Manivelle et coulisse.

Bouton de manivelle guidé dans une coulisse. — On transforme encore un mouvement circulaire continu en un mouvement rectiligne alternatif au moyen d'un simple bouton de manivelle (pièce cylindrique ou sphérique de petit diamètre) monté sur un plateau ou à l'extrémité d'une manivelle, et engagé dans un cadre qui présente une rainure rectiligne formant coulisse où ce bouton peut glisser (fig. 46). Si la tige MN est convenablement guidée, elle ne peut prendre, sous l'influence de la rotation de la manivelle, qu'un mouvement rectiligne alternatif suivant MN.

Mouche de Lahire. — Le géomètre français Lahire a proposé, au xviie siècle, un dispositif fort ingénieux, et encore employé aujourd'hui dans certains cas, pour opérer la même transformation. Il est basé sur la considération géométrique suivante : lorsqu'une circonférence roule sans glissement à l'intérieur d'une circonférence de rayon double, un point de la première circonférence décrit un diamètre de la seconde (fig. 47). On assure d'ailleurs le roulement sans glissement des deux circonférences l'une sur l'autre en faisant usage de dents d'engrenage, dont il sera parlé plus loin.

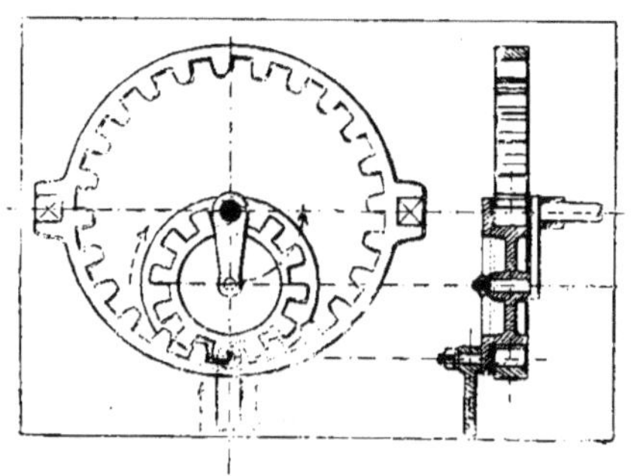

Fig. 47. — Mouche de Lahire.

Les deux modes de transmission qui précèdent présentent un certain nombre d'inconvénients. Pour le premier, on voit que le bouton de manivelle agit, pendant la plus grande partie de sa course, en *porte-à-faux*, ce qui occasionne des flexions dans la coulisse et dans la tige. Avec la mouche de Lahire, il faut, pour livrer passage à l'engrenage de petit diamètre, couder un peu l'arbre principal, et placer en porte-à-faux la tige à mouvoir.

Cas où le mouvement rectiligne alternatif doit avoir une vitesse à peu près uniforme. — Nous avons vu que les espaces que parcourt, dans des temps égaux, une tige conduite par une manivelle animée d'un mouvement de rotation uniforme sont très variables ; il en est de même lorsque la commande a lieu par excentrique circulaire, came circulaire, mouche de Lahire, etc. Si l'on veut que, pour des angles égaux décrits par l'arbre tournant, la tige avance ou recule de quantités égales, on emploie divers dispositifs, dont le plus connu est la *came en cœur* (fig. 48).

Cette came est tracée de façon que les distances des différents points de sa périphérie à l'axe de l'arbre croissent proportionnellement aux arcs décrits; comme elle doit pousser et ramener alternativement la tige à conduire, elle est exactement symétrique par rapport à un diamètre, ce qui lui donne l'aspect classique d'un cœur.

En réalité, les raccords des deux courbes doivent être arrondis pour éviter les chocs et les ressauts; aussi la vitesse

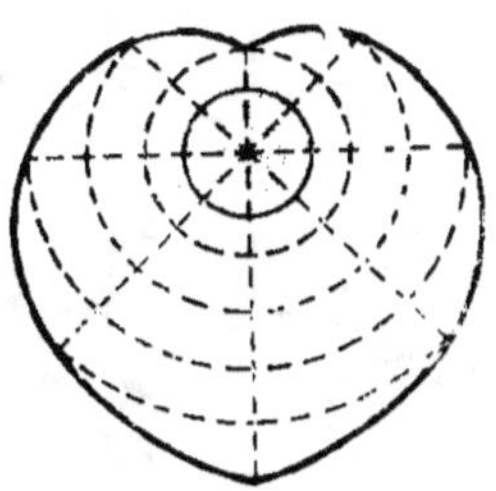

Fig. 48. — Came en cœur.

ne passe-t-elle pas instantanément d'une certaine valeur dans un sens à la même valeur en sens inverse, changement que l'inertie rendrait d'ailleurs impossible. La vitesse, d'abord nulle, augmente très rapidement, devient constante, diminue très rapidement, s'annule et repasse aussitôt par la même série de valeurs, lorsque le mouvement a lieu en sens inverse.

On arrive au même résultat en employant pour commander la bielle une roue elliptique conduite par une autre roue circulaire excentrée d'une quantité égale à la différence des deux axes de l'ellipse; la longueur, à la périphérie, de la roue elliptique est double de celle de la roue circulaire; des dents d'engrenage assurent l'entraînement (fig. 49).

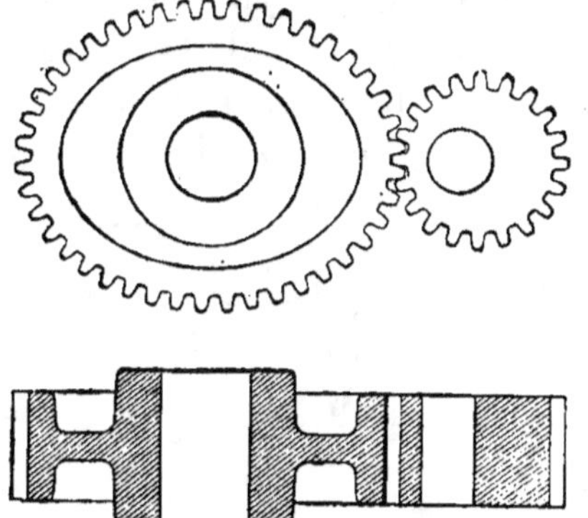

Fig. 49. — Engrenages elliptiques.

Nous retrouverons ces dispositifs dans des mécanismes de pompes et d'agitateurs de distributeurs d'engrais.

Cas où la direction du mouvement rectiligne alternatif est parallèle à l'axe autour duquel se produit le mouvement de rotation. — Cette transformation peut encore être obtenue au moyen de cames ; mais au lieu d'être placées sur une surface cylindrique de même axe que la pièce tournante, les saillies sont placées sur un plateau circulaire dont le plan est perpendiculaire à l'axe de rotation (fig. 50).

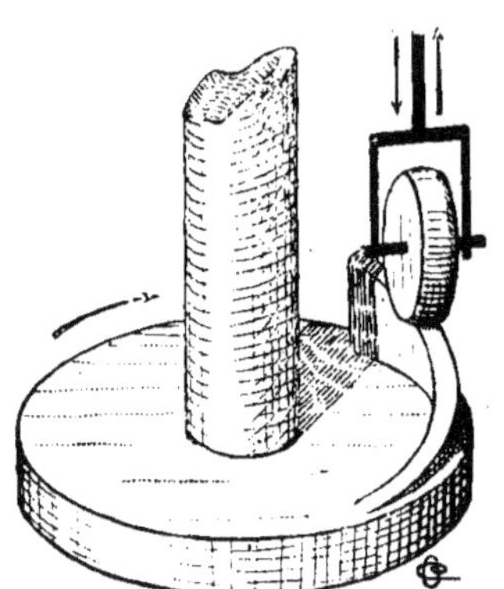

Fig. 50. — Came sur plateau.

On peut aussi employer un cylindre calé sur l'arbre et pourvu de rainures, d'un tracé convenable, dans lesquelles pénètre et est maintenue une pièce fixée perpendiculairement à celle qu'il s'agit de conduire. Dans les deux cas on obtient, suivant la forme des rainures ou des cames, des mouvements rectilignes périodiques ou des mouvements intermittents.

Si l'on veut que le mouvement rectiligne soit aussi uniforme que possible, la rainure est tracée en hélice sur le cylindre, et si le mouvement doit être, en outre, alternatif, il faut tracer sur le cylindre une seconde rainure hélicoïdale de même pas, mais enroulée en sens inverse (fig. 51). Les deux hélices sont

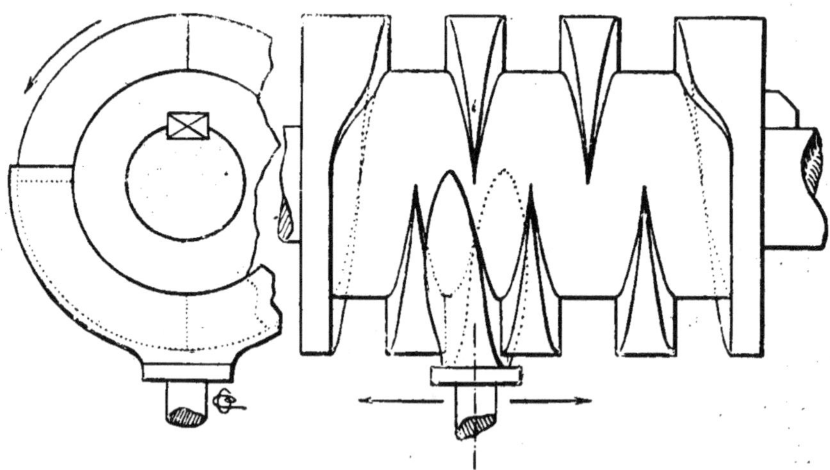

Fig. 51. — Enrouleur de câbles, type Debains.

alors raccordées, aux deux extrémités du cylindre, par une courbe dont l'inclinaison sur l'axe augmente de plus en plus et qui lui devient perpendiculaire au point de raccordement.

Ce mode de transformation est utilisé dans les *enrouleurs*, qui obligent les câbles à s'enrouler régulièrement, par couches successives, sur les tambours des treuils.

Transformation d'un mouvement circulaire continu en mouvement circulaire continu.

C'est une transformation très fréquemment employée en Mécanique appliquée. Il peut se présenter quatre cas différents, suivant les positions relatives des axes autour desquels se produisent les mouvements de rotation.

1° *Les axes sont placés dans le prolongement l'un de l'autre.* — Dans ce cas les deux arbres tournent avec la même vitesse.

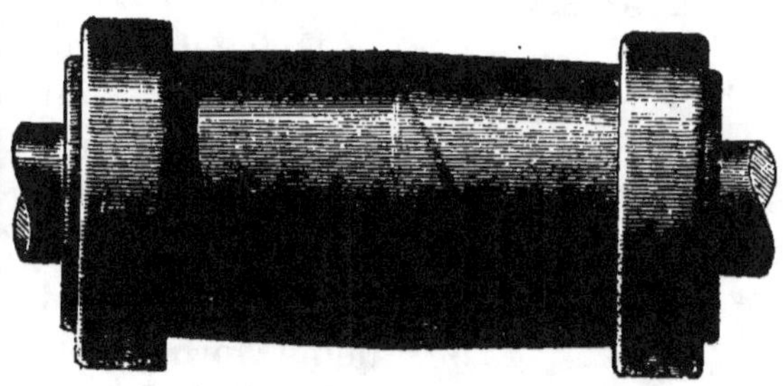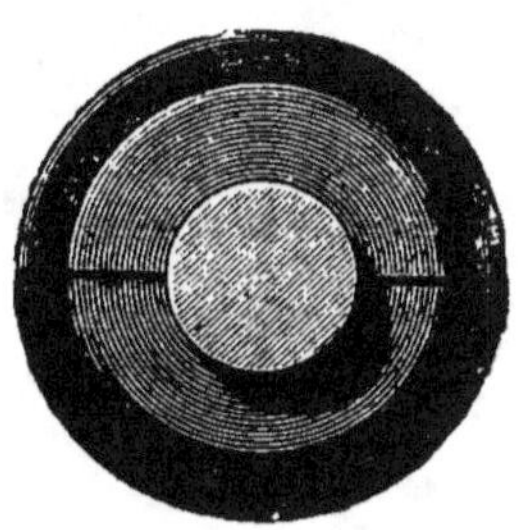

Fig. 52. — Manchon d'assemblage à frettes (A. Piat).

Si leur solidarisation doit être permanente, on la réalise au moyen d'un *manchon d'assemblage.* Les deux arbres sont

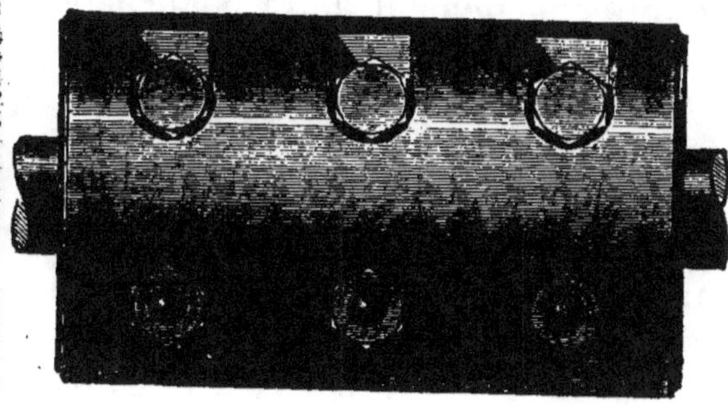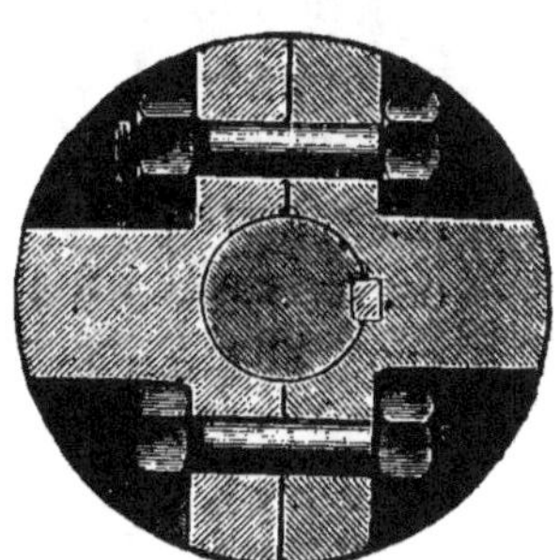

Fig. 53. — Manchon d'assemblage à boulons (A Piat).

tournés au même diamètre ; leurs extrémités sont engagées dans une pièce ayant la forme d'un manchon et *alésée* intérieurement de façon que les arbres s'y ajustent exactement. Les arbres et le manchon présentent chacun une rainure dans laquelle on introduit une clavette qui réunit les trois pièces. Le manchon est fretté ou boulonné (fig. 52 et 53).

Quand la solidarisation ne doit être que temporaire, on se sert d'*embrayages*.

Embrayages mobiles. — Le manchon est en deux pièces (fig. 54) : l'une, fixe, est calée sur l'un des arbres, l'autre peut glisser à volonté le long du second arbre, mais une rainure longitudinale, dans laquelle pénètre une languette fixée sur l'arbre, empêche cette pièce de prendre un mouvement de rotation sans entraîner l'arbre. Les faces des deux demi-manchons qui sont en regard l'une de l'autre (out of gear, sur la fig. 54) sont pourvues de saillies et de creux de même forme, de sorte que la solidarisation des deux demi-manchons, et, par suite, des arbres sur lesquels

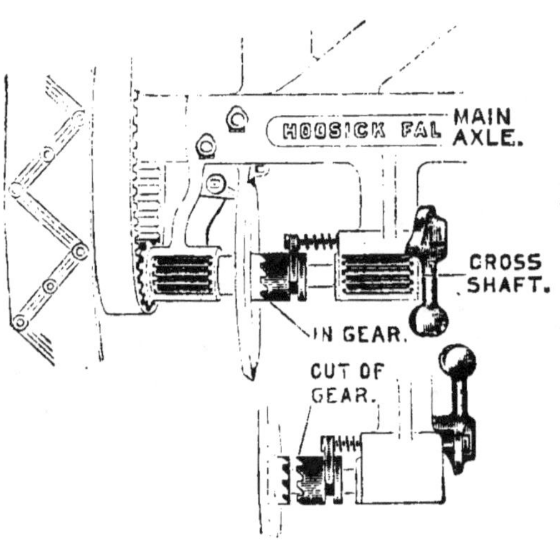

Fig. 54. — Embrayage mobile (Pilter-Wood).

ils sont montés, est réalisée très facilement en chassant latéralement le demi-manchon mobile, jusqu'à ce que ses saillies pénètrent dans les creux de l'autre (in gear, sur la fig. 54), et inversement. Ce déplacement latéral s'obtient, par exemple, en agissant sur une came à manette, telle que celle désignée cross shaft sur la figure, pour la placer dans une position où le demi-manchon mobile puisse obéir à la poussée d'un ressort à boudin, ou encore à l'aide d'une fourche qui s'engage dans une gorge du demi-manchon mobile, et qui est fixée à l'extrémité d'un levier articulé.

Embrayages à friction. — Les embrayages mobiles du type indiqué ci-dessus ont le défaut de solidariser trop brusquement deux arbres dont l'un est en mouvement alors que l'autre est en repos ; par suite, il se produit des chocs souvent violents, accompagnés d'efforts de torsion qui peuvent occasionner des ruptures ; en outre, si les machines à conduire absorbent une grande quantité d'énergie, le *désembrayage*, c'est-à-dire la séparation des deux demi-manchons, est parfois très difficile.

Les embrayages à friction remédient à ces inconvénients. Ils sont constitués également par deux manchons ; l'un d'eux, N, qui est fixe, a la forme d'un tronc de cône creux, dans lequel peut s'engager un tronc de cône plein B porté par le manchon mobile M (fig. 55) ; les deux troncs de cônes doivent avoir exactement le même angle au sommet. Sous l'influence de la pression progressive, déterminée par le levier à fourche L, actionné lui-même par le volant V, dont le moyeu se déplace sur la vis $t\,t$, le frottement du cône plein sur le cône creux augmente de plus en plus et finit par s'opposer au glissement des deux pièces ; la transmission du mouvement se fait ainsi plus graduellement, et avec un choc moins brusque que dans le système précédent. L'embrayage à cônes de friction est très employé actuellement dans les voitures automobiles : on garnit généralement de cuir la surface du cône creux, afin de donner plus de douceur à l'entraînement tout en augmentant l'adhérence, et surtout pour diminuer l'usure par frottement des parties [métalliques, qui nécessite

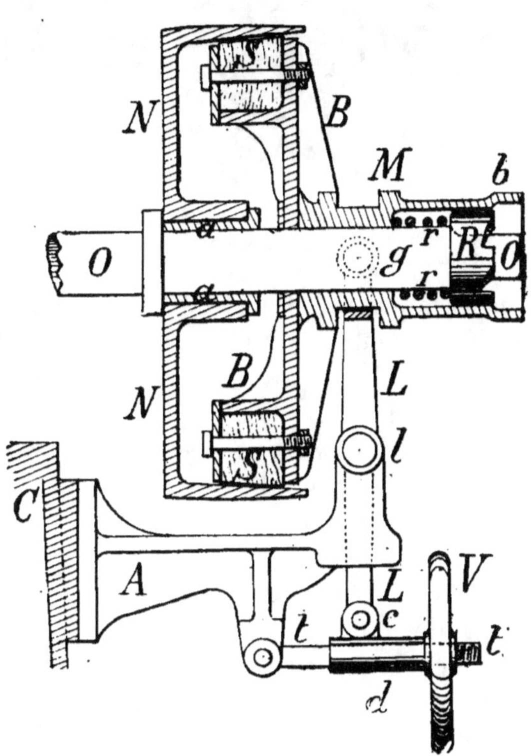

Fig. 55. — Embrayage à friction (Merlin).

des réparations coûteuses; la garniture de cuir se remplace au contraire sans grande dépense.

On fait également des embrayages à friction de forme cylindrique; le manchon mobile, en se déplaçant, vient appliquer,

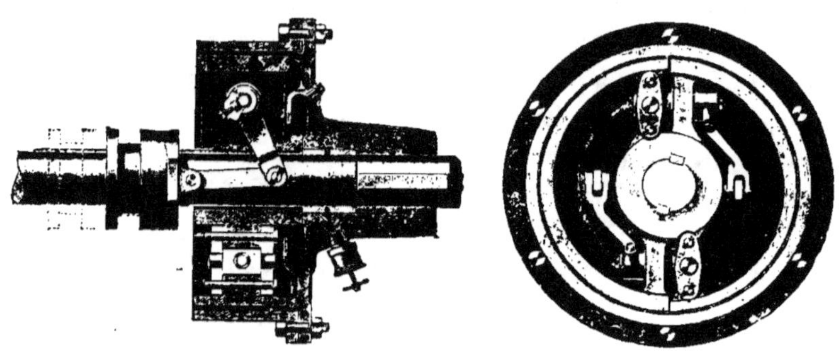

Fig. 56. — Embrayage par poulie à friction (A. Piat).

contre la paroi cylindrique intérieure du manchon fixe, deux pièces un peu plus petites que des demi-cylindres, et qui lui sont reliées par un système de leviers articulés assurant le serrage (fig. 56).

2° *Les axes parallèles sont situés à une faible distance l'un de l'autre.* — Soient O et O' les axes des deux arbres parallèles, O étant celui de l'arbre moteur (fig. 57). Si l'on monte sur ces arbres deux roues cylindriques en bois, parfaitement tournées, et telles que la somme de leurs rayons soit égale à la distance OO' des deux axes, ces roues se toucheront en M; si elles sont, en outre, suffisam-

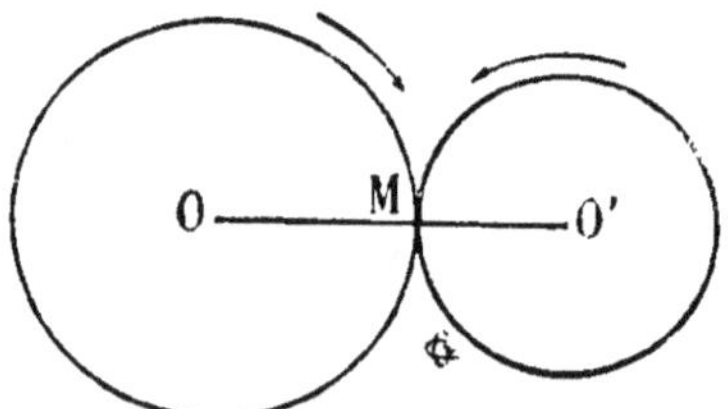

Fig. 57. — Principe des engrenages.

ment pressées pour qu'il n'y ait pas glissement, la roue O entraînera, en tournant, la roue O', et les arcs décrits dans le même temps par un point de la circonférence de chacune des roues seront égaux. On voit aisément, d'ailleurs, que les deux roues tournent en sens contraire. Le nombre de tours qu'elles accomplissent est en raison inverse de leurs rayons; ainsi, si la roue conductrice O a un rayon de 20 centimètres, celui de

la roue conduite O' étant de 10 centimètres, la petite roue
fera deux tours complets pendant que la première en fait un.

Ce mode de transmission peut être employé, par exemple,
quand les machines ne travaillent que par intermittences, et
quand les axes tournent avec une très grande vitesse.

Mais il ne suffit pas, en général, d'appuyer ainsi deux rouleaux l'un sur l'autre pour assurer la transmission du mouvement entre deux arbres parallèles, car on a toujours à craindre
des glissements qui pourraient donner lieu à des accidents
graves. On rend la transmission obligatoire en garnissant les
circonférences de parties saillantes, appelées *dents d'engrenage* ; les *creux* qui séparent les dents d'engrenage de l'une
des roues sont destinés à recevoir les dents de l'autre roue.

Lorsque, comme dans le cas qui nous occupe, la transmission
doit avoir lieu entre deux axes parallèles, on fait ordinairement usage d'engrenages *cylindriques*.

De deux roues dentées qui engrènent ensemble, la plus
grande est désignée sous le nom de *roue*, ou *rouet*, la plus
petite est appelée *pignon*. En général, le pignon ne doit pas
avoir un rayon inférieur au cinquième de celui de la roue.

On nomme *cercles primitifs* les circonférences fictives qui
rouleraient l'une sur l'autre si la transmission avait lieu au
moyen de roues lisses, comme dans le cas de la figure 57. C'est
sur les cercles primitifs qu'on compte l'épaisseur à donner
aux dents, ainsi que leur creux. Ce sont donc ces cercles primitifs que le constructeur divise en un nombre de parties,
égales entre elles, déterminé en tenant
compte à la fois du rapport de leurs
rayons et de l'épaisseur que les dents
doivent avoir pour transmettre, sans être
exposées à se rompre, l'effort qu'exige la
machine. Le *pas* de l'engrenage est la distance p qui sépare les milieux de deux
dents consécutives (fig. 58) ; il est compté

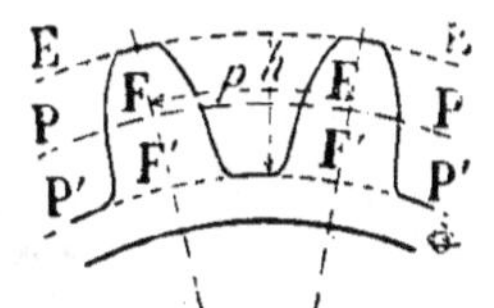

Fig. 58. — Dénomination des
parties d'engrenages.

sur le cercle primitif et est égal à l'épaisseur de la dent, augmentée du creux.

Le cercle EE qui limite extérieurement les dents s'appelle
cercle de tête ou d'*échanfrinement* ; celui qui limite les creux et

sur lequel se trouvent les racines des dents est le *cercle de pied* ou d'*évidement* P'P'. La partie de la dent comprise entre le cercle primitif et le cercle de tête est la *face* F; le *flanc* est la partie F' placée entre le cercle primitif et le cercle de pied. La *hauteur* de la dent est la distance h entre le cercle de pied et le cercle de tête, comptée suivant le rayon.

La condition fondamentale à laquelle le tracé de l'engrenage doit satisfaire est que le mouvement soit transmis comme si les cercles primitifs roulaient l'un sur l'autre. Nous n'indiquerons pas les méthodes employées pour déterminer la forme à donner aux dents ; c'est là une question qui intéresse plus spécialement les constructeurs. Les formes les plus employées dérivent de la cycloïde, de l'épicycloïde, de l'hypocycloïde et de la développante de cercle. Les dents, quelle que soit leur forme, sont fixées sur la *jante* ou *couronne* ; le *moyeu* est la partie alésée qui sert à fixer l'engrenage sur l'arbre de rotation ; la liaison entre la couronne et le moyeu s'effectue au moyen de *bras*, au moins dans les engrenages de grandes dimensions.

Les engrenages sont, le plus souvent, en fonte ; dents, couronne, bras et moyeu sont alors fondus d'un seul jet ; parfois, cependant, on rapporte les dents, au moyen de tenons, sur la jante. La largeur de la jante, dans le sens parallèle à l'arbre de rotation, est toujours égale à celle des dents.

Lorsque l'effort à transmettre est très considérable, on emploie, pour ne pas exagérer les dimensions des engrenages ordinaires, les *engrenages à chevrons* (fig. 59), qui sont formés par la réunion, sur le même cylindre, de deux tronçons de vis à plusieurs filets ; l'un des tronçons est fileté à droite,

Fig. 59. — Engrenages à chevrons (A. Piat).

l'autre à gauche ; comme les filets se correspondent, les dents affectent la forme d'un V, dont l'angle au sommet est de

130 degrés. Ces engrenages fonctionnent sans bruit et avec plus de régularité que les engrenages ordinaires.

Lorsque les engrenages marchent à grande vitesse, c'est-à-dire à plus de 3 mètres par seconde au cercle primitif, on obtient un mouvement plus doux et on évite le bruit que cause le fonctionnement des pièces entièrement métalliques, en constituant les dents de la plus grande des roues par des pièces détachées ou *alluchons*, en bois dur (gaïac, charme, hêtre), ou en cuir vert; ces alluchons sont enfoncés dans des mortaises percées sur la jante et sont maintenus par des épaulements et des chevilles ou des coins. On les taille toujours en développante de cercle. Avec les alluchons de bois, la dépense d'entretien est plus réduite, et le rendement mécanique est plus élevé qu'avec les engrenages métalliques.

Quand les creux des dents risquent d'être peu à peu remplis par les matériaux manipulés, ce qui peut avoir pour effet de provoquer la rupture des dents ou de fausser les axes, on emploie les *engrenages à lanterne*, composés de fuseaux cylindriques montés entre deux tourteaux; l'une des roues, seule, est à lanterne, l'autre étant construite de la façon ordinaire. Ces engrenages absorbent plus de travail, par suite des frottements, que les engrenages ordinaires; ils offrent aussi plus de dangers d'arc-boutement.

Pour obtenir une grande différence de vitesse entre deux arbres, il suffirait d'employer une roue très grande et un pignon très petit. Ce dispositif, qui serait délicat et coûteux, n'est pas adopté en pratique, et on lui substitue plusieurs roues, formant un *train d'engrenages*. La vitesse de la dernière roue conduite est à celle de la première roue conductrice comme le produit des nombres de dents des roues conductrices est au produit des nombres de dents des roues conduites.

3° *Les axes parallèles sont situés à une grande distance.* — Il ne peut plus être question d'assurer la transformation au moyen d'engrenages; on emploie alors des *transmissions souples*.

Transmissions par courroies. — Les courroies sont formées de longues bandes plates, en matière résistante et souple, dont les deux extrémités sont réunies de façon à constituer des transmissions *sans fin*. Ces courroies agissent sur des *poulies* fixées sur les arbres dont il s'agit de solidariser les mouvements.

Les poulies sont généralement en fonte, quelquefois en bois ; leur jante, qui est presque toujours travaillée au tour, présente un léger bombement, égal au quinzième, environ, de leur largeur (fig. 60). Ce bombement a pour but de maintenir les courroies sur les poulies, la force centrifuge ayant pour effet de chasser les courroies du côté du cercle médian, où la vitesse est plus grande.

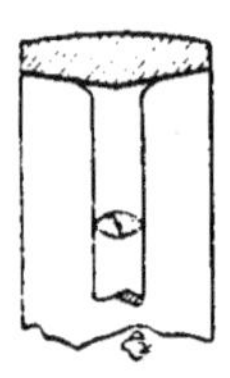

Fig. 60. — Coupe d'une poulie de transmission.

Très fréquemment, l'arbre conduit porte deux poulies, dont l'une clavetée, et l'autre libre ; cette dernière est appelée *poulie folle*. Lorsque l'arbre ne doit pas être actionné, on fait passer la courroie sur la poulie folle ; dans le cas contraire, on la fait passer sur la poulie clavetée. Cette manœuvre s'opère sans difficulté à l'aide d'une griffe en forme de fourche, qu'on actionne à la main ; on doit toujours faire passer la courroie sur la poulie folle pour arrêter les machines, sans quoi on s'expose à des accidents ; en outre, la manœuvre de la fourche ne doit se faire que quand la courroie est en mouvement.

On peut supprimer la poulie folle et, par conséquent, n'avoir plus qu'une poulie, sans renoncer à l'avantage des systèmes à deux poulies, en employant une poulie pourvue d'un embrayage à friction.

Les vitesses relatives des deux arbres reliés par courroie sont en raison inverse des rayons des poulies. Si l'on veut que les mouvements de rotation autour des deux axes aient le même sens, on emploie les *courroies ouvertes*, c'est-à-dire dont les brins sont placés suivant les tangentes extérieures aux poulies (fig. 61-I). Si ces mouvements

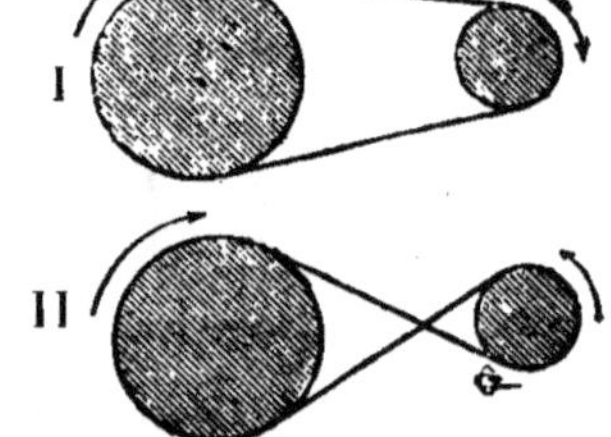

Fig. 61. — I, courroies ouvertes ; II, courroies croisées.

doivent être de sens contraire, on dispose les courroies suivant les tangentes intérieures ; on a alors des *courroies croisées* (fig. 61-II).

Les courroies sont ordinairement en cuir tanné à l'écorce

de chêne et formées de bandes de même largeur, réunies par des lacets ou des rivets de manière à former la longueur voulue ; pour que l'épaisseur n'augmente pas sensiblement au niveau des liaisons, on taille en biseau les extrémités à assembler. Dans les courroies de cuir, une face est lisse et brillante, l'autre rugueuse et terne ; c'est par cette dernière face qu'on applique les courroies sur les poulies.

On fait aussi fréquemment usage, surtout dans les milieux humides, de courroies en coton, tressées par couches successives, et imprégnées d'un enduit spécial ; en raison de leur mode de fabrication, elles peuvent avoir une longueur et une largeur quelconques, tandis que la largeur des courroies de cuir est limitée par les dimensions des cuirs commerciaux.

On emploie enfin, dans certains cas, des courroies rondes, en chanvre, en coton ou en fil de fer, et même, pour les petits diamètres, en boyaux de chat.

L'épissure, ou assemblage des extrémités de la courroie, se fait au moyen de crochets en forme de double T, en laiton, qu'on introduit dans les boutonnières ouvertes au travers de la courroie, parallèlement à sa longueur ; ces boutonnières sont percées à l'aide d'une pince spéciale dont un des manches sert à agrandir l'ouverture pour faciliter l'introduction du crochet. — Ce système d'épissure n'est pas le meilleur de tous, mais il est simple et facile à employer. Il permet de redonner rapidement à la courroie la tension nécessaire lorsqu'elle s'est distendue par l'usage : il suffit de dégager les crochets, de rogner l'un des brins de la longueur nécessaire, de faire de nouvelles boutonnières et de replacer les crochets.

La tension à donner aux courroies doit être suffisante pour qu'elles ne glissent pas sur les poulies sans les entraîner ; mais elle ne doit pas être trop considérable, sans quoi les arbres et les paliers supporteraient des pressions exagérées, ce qui occasionnerait l'usure rapide des tourillons et colliers et même la torsion des arbres ; en outre, les courroies trop serrées s'allongent vite, au détriment de leur solidité. Si la tension d'une courroie est insuffisante, on lui donne la valeur nécessaire au moyen d'un *rouleau de tension* ; mais il ne faut pas non plus, pour les mêmes raisons que ci-dessus, exagérer cette tension.

La largeur d'une courroie dépend de l'effort à transmettre ; on fait ordinairement travailler les courroies de cuir à raison de 150 à 300 grammes par millimètre carré de section, et on peut déterminer pratiquement la largeur à lui donner par la formule suivante :

$$L = \frac{144 N}{d \times n \times e}$$

dans laquelle L est la largeur en centimètres, N le nombre de chevaux-vapeur transmis, d le diamètre de la poulie, n le nombre de tours par minute, et e l'épaisseur de la courroie (Ph. Moulan).

L'écartement de deux arbres reliés par une courroie doit être d'au moins trois fois le diamètre de la plus grande poulie.

Les courroies trop courtes ne donnent pas de bons résultats ; aussi on augmente leur longueur de la quantité nécessaire pour qu'elles fonctionnent bien, et on les maintient tendues en les faisant passer sur des poulies supplémentaires appelées *galets*. La figure 62 donne un exemple de ce montage : A est la poulie motrice, B la poulie conduite, et G le galet.

Pour ne pas employer de poulies d'un trop grand diamètre, et pour obtenir néanmoins des différences de vitesse considérables, on installe, entre la poulie conductrice et la poulie con-

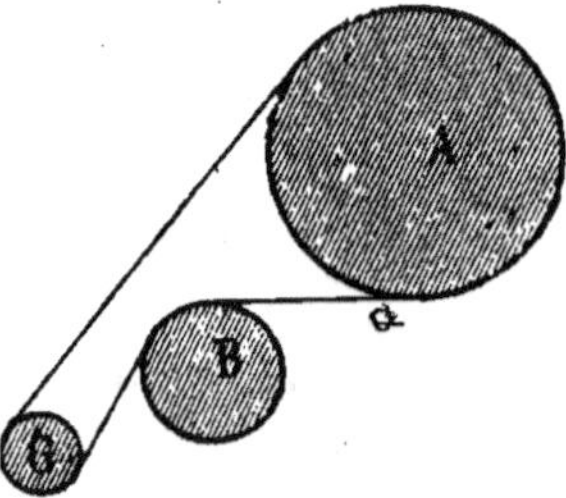
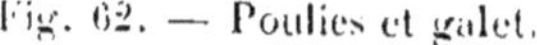
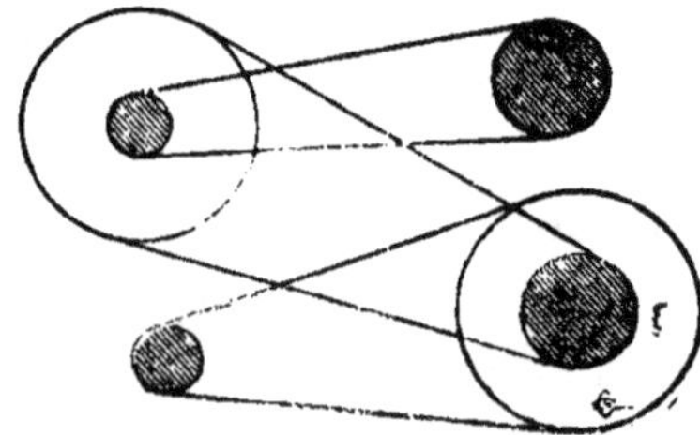

Fig. 62. — Poulies et galet. Fig. 63 — Équipage de poulies.

duite, des arbres intermédiaires sur chacun desquels on cale deux poulies de rayons différents. Comme dans les trains d'engrenages, le rapport des vitesses des deux poulies extrêmes est égal au rapport du produit des rayons des poulies conductrices au produit des rayons des poulies conduites. Ces dispositifs portent le nom d'*équipages de poulies* (fig. 63).

Courroies armées. — Ces courroies, qui s'adaptent sur toutes les poulies, sont formées par des lanières de *cuir chromé* placées de champ, c'est-à-dire travaillant par la tranche ; plusieurs lanières placées côte à côte constituent une bande, et les courroies sont elles-mêmes formées de deux ou plusieurs bandes parallèles, réunies par des entretoises d'acier rivées sur les bords extérieurs ; l'écartement des bandes est maintenu par des douilles ou des spirales d'acier enfilées sur les entretoises. Jusqu'à 90 millimètres de largeur, ces courroies ne comportent que deux bandes (fig. 64) ; au delà, le nombre de bandes est augmenté, et les entretoises sont disposées en quinconce, pour que la flexibilité transversale soit plus grande. L'adhérence de ces courroies est considérable : la tranche, en effet, n'est pas lisse comme le plat des courroies ordinaires ; d'autre part, l'interposition de l'air qui, avec ces dernières, peut se produire entre la poulie et la courroie, est rendue impossible, à cause de l'intervalle qui subsiste entre les lanières des courroies armées. Enfin, la partie la plus bombée de a poulie pouvant, pour ainsi dire, s'encastrer dans cet intervalle, les bords des courroies armées s'appliquent plus énergiquement sur les jantes des poulies que ceux des courroies courantes. En fait, M. Ringelmann a constaté, dans des essais précis, que, si on représente par 100 l'adhérence des courroies ordinaires, celle des courroies armées est égale à 142. Enfin, l'extrême souplesse de ces dernières permet de leur donner une très grande épaisseur (jusqu'à 18 millimètres), même pour les plus petites poulies ordinairement employées. Les fabricants affirment qu'elles ne tombent jamais sous l'effet du vent, et que le cuir chromé résiste à la pluie et au soleil, sans s'altérer ; toutes ces qualités sont avantageuses pour les applications agricoles. Ajoutons que les épissures s'exécutent avec la plus grande facilité, en réunissant par des agrafes en acier les entretoises extrêmes des deux brins.

Fig. 64. — Courroies armées Magaldi (Getting et Jonas).

Transmissions par cordes et par câbles. — Quand, au lieu de courroies plates, on emploie des cordes ou câbles ronds en chanvre, les poulies doivent être munies de rainures en forme de V. Le diamètre de ces cordes varie entre 25 et 50 millimètres ; on les fait travailler à 10 kilogrammes par centimètre carré de section ; si le travail à transmettre est considérable, on fait usage de poulies à plusieurs gorges dans chacune desquelles passe une corde. Les poulies reliées par cordes doivent être distantes d'au moins six mètres.

Les transmissions par câbles métalliques, également appelées *transmissions télédynamiques*, ont été imaginées par Hirn ; elles sont très employées dans l'industrie et ont été plusieurs fois proposées pour certains travaux agricoles. Les poulies présentent une gorge profonde et large dans laquelle repose le câble ; celui-ci est formé de fils de fer ou d'acier de 1/2 à 2 millimètres de diamètre ; les fils sont réunis en *torons* et les torons sont enroulés autour d'une *âme* en chanvre pour constituer le câble, exactement comme pour les câbles de traction. Afin que le câble ne soit pas soumis à une fatigue exagérée, on lui donne un diamètre égal au $\dfrac{1}{300^e}$ du diamètre extérieur de la poulie de commande ; mais, même dans ces conditions, il ne faut pas le faire travailler à plus de 150 kilogrammes par centimètre carré de section.

Lorsque la distance des arbres ne dépasse pas 15 ou 20 mètres, il faut que l'arbre de commande soit mobile, pour qu'on puisse tendre le câble ; au delà de 30 mètres, le poids seul du câble assure la tension nécessaire. Dans le cas où les distances sont très grandes, il faut maintenir les deux brins du câble, afin d'en éviter la rupture, au moyen de poulies espacées d'environ 40 mètres.

Les câbles télédynamiques ne peuvent transmettre qu'un effort très faible ; mais comme on peut les animer d'une très grande vitesse, ils sont par cela même susceptibles d'actionner des machines absorbant beaucoup de travail.

Transmissions par chaînes. — Les chaînes ordinaires sont peu employées dans les transmissions de mouvement. Quand les mouvements ne sont pas trop rapides, on peut faire usage de poulies dentées, auxquelles on donne les noms de *roue* et de *pignon*, comme s'il s'agissait d'engrenages, et qui sont reliées par des chaînes spéciales dont les maillons sont tous dans le même plan lorsqu'elles se trouvent tendues.

Pour les faibles efforts, on se sert de chaînes dites *de Vaucanson* (fig. 65), dont les maillons sont formés, comme l'indique la figure, par des morceaux de fil métallique repliés dans deux sens perpendiculaires. Lorsque l'effort à transmettre est considérable, on utilise avantageusement les *chaînes*

Fig. 65. — Chaîne Vaucanson (Fontaine).

de Galle (fig. 66), dont les maillons sont constitués par des plaques métalliques réunies par des traverses cylindriques qui s'appliquent seules sur les dents des poulies. A ce type se rattachent les *chaînes à rouleaux*, si employées en vélocipédie et en automobilisme.

Dans les machines agricoles, et, principalement, dans les machines de récolte, on trouve des chaînes très simples et très

Fig. 66. — Chaîne Galle (Fontaine).

ingénieuses, connues sous le nom de *chaînes américaines* (Standard, Simplex). Leurs maillons sont en fonte malléables ou (Mac-Cormick) en tôle d'acier emboutie; ils affectent la forme d'un cadre rectangulaire, dont l'un des petits côtés présente une glissière trois-quarts cylindrique où vient s'engager l'autre petit côté du maillon suivant. Pour éviter que ces maillons se détachent pendant la marche, on ne peut les emboîter ou les déboîter qu'à condition de les présenter perpendiculairement l'un à l'autre, et latéralement (fig. 67).

Les chaînes à maillons détachables sont très employées, également, dans les élévateurs : leurs maillons sont **alors**

pourvus d'appendices auxquels on peut fixer les godets d'élévateurs.

4° *Les axes se rencontrent.* — Pratiquement, on s'arrange,

Fig. 67. — Chaîne à maillons détachables (A. Piat).

autant que possible, de façon à rendre perpendiculaires
entre elles les directions des deux axes.

La tranformation du mouvement s'opère, non plus à l'aide
de cylindres, mais au moyen de cônes, ou mieux de troncs
de [cône, que l'on rend
tangents le long d'une
génératrice. Dans la
grande majorité des cas,
ces troncs de cône sont
pourvus de dents d'en-
grenage. Les *engrenages
coniques* ne diffèrent des
engrenages cylindriques
que par la forme des
dents, dont l'épaisseur
augmente de la petite
base à la grande base du
tronc de cône (fig. 68).

Fig. 68. — Engrenages coniques (Transmission de lieuse) (Plano-Gaboriau et Cie).

Avec des machines lé-
gères, ou animées d'une vitesse de rotation considérable, on
emploie avantageusement des cônes lisses, qui représentent
les *cônes primitifs* des engrenages coniques. Tel est le mode de
transmission utilisé pour les turbines de sucrerie, les esso-

reuses, etc. Les deux cônes peuvent être métalliques, mais on obtient de meilleurs résultats en formant l'un des cônes de rondelles de *cuir vert* superposées et énergiquement serrées par un boulon.

Dans les appareils de précision, on a souvent recours à la transmission par *roulette et plateau* ou par *roulette et cône* (fig. 69). On conçoit que si la roulette *r* est convenablement appuyée sur le plateau P, ou sur le cône C, et que ceux-ci tournent, ils entraîneront la roulette dans leur mouvement. Grâce à ces dispositifs, on peut communiquer à la roulette *r* des vitesses de rotation très différentes, sans changer la vitesse du plateau ou du cône; il suffit de déplacer la roulette le long de son axe. Si l'on se reporte à ce que nous avons dit, dans les préliminaires consacrés aux notions indispensables de Mécanique, à propos de la vitesse angulaire, on comprendra aisément que si la vitesse angulaire du plateau

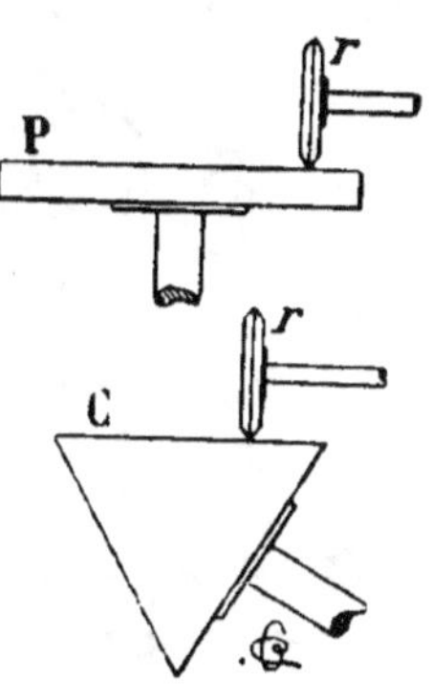

Fig. 69. — Roulette et plateau. — Roulette et cône.

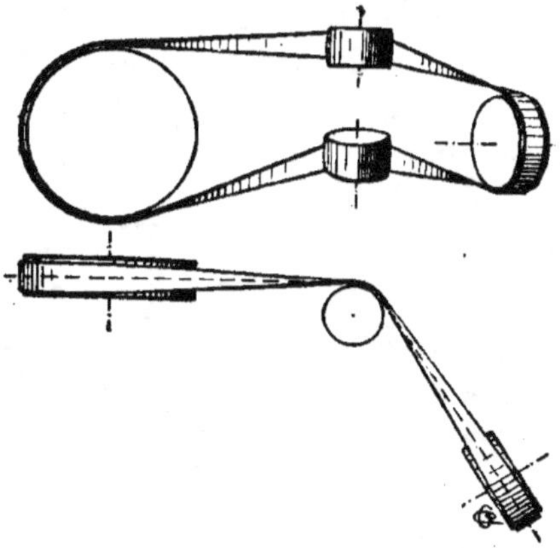

ou du cône reste constante, celle de la roulette dépendra du chemin que lui fera décrire l'organe conducteur, c'est-à-dire de sa distance au centre du plateau ou au sommet du cône. En ces derniers points, la roulette est immobile. Si la roulette est conduite par un plateau, les mouvements de rotation sont de sens différents suivant qu'on la place d'un côté ou de l'autre du centre du plateau.

Fig. 70. — Transmission par courroie dans le cas d'arbres dont les axes se rencontrent.

Pour éviter l'emploi d'engrenages coniques de grandes dimensions, on adopte des poulies reliées par des courroies ou

des cordes; on change convenablement la direction des brins
à l'aide de poulies de renvoi (fig. 70). La flexibilité des courroies leur permet de se tordre et de se prêter à ce changement
de direction. Il importe principalement de bien diriger le brin
conduit vers la poulie sur laquelle il doit s'enrouler, parce que
c'est toujours au moment de l'enroulement que les courroies
tendent à s'échapper, tandis qu'au déroulement elles prennent
facilement toutes les directions possibles. C'est à cet effet qu'on
munit la jante de certaines poulies d'un
rebord très saillant, notamment quand
les arbres sur lesquels elles sont appliquées sont verticaux.

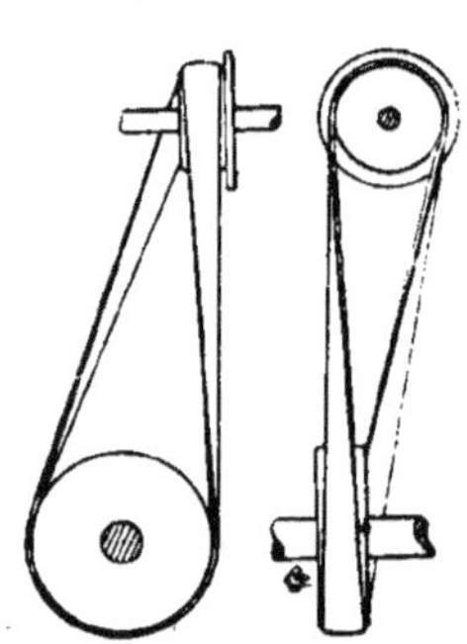

Fig. 71. — Transmission par courroies pour poulies à axes non parallèles et ne se rencontrant pas.

5° *Les axes ne se rencontrent pas et
ne sont pas parallèles.* — La transformation s'effectue soit par roue d'engrenage
et vis sans fin, soit par engrenages hélicoïdes, soit par engrenages hyperboloïdes,
soit enfin par courroies (fig. 71). Les trois
derniers dispositifs s'appliquent à des
axes faisant dans l'espace des angles
quelconques, le premier uniquement aux
axes perpendiculaires dans l'espace.

Les engrenages hélicoïdes, dont les dents sont tracées suivant des hélices, travaillent par glissement des dents les
unes sur les autres; ils donnent donc lieu à des frottements
considérables et ne sont employés que
dans la mécanique de précision.

6° *Les axes se rencontrent ou ils ne se
rencontrent pas, mais font entre eux un
angle de faible ouverture.* — On emploie
alors le *joint universel* ou *joint de Cardan.* Il consiste (fig. 72) en un croisillon à
quatre branches perpendiculaires, situées
dans un même plan et terminées par des

Fig. 72. — Joint de Cardan.

tourillons. Les arbres à solidariser sont terminés par des
fourches qui viennent s'articuler chacune sur les deux tourillons de même direction. On voit que l'un des arbres peut
prendre, par rapport à l'autre, toutes les directions possibles,

en tournant autour des deux axes formés par le croisillon. Le joint de Cardan peut, par suite, transmettre le mouvement de l'un des arbres à l'autre (1). L'ouverture maxima est de 45°.

Transformation d'un mouvement circulaire alternatif en mouvement circulaire continu, et inversement. — La pédale du rémouleur, les balanciers des anciennes machines à vapeur sont des exemples simples de cette transformation ; les deux organes entre lesquels doit se faire la transmission et la transformation du mouvement sont reliés par une bielle.

Transmission par flexibles. — On emploie, depuis quelques années, pour transmettre des mouvements de rotation, continus ou alternatifs, entre deux axes situés dans des positions quelconques, des organes appelés *flexibles* ; ils sont généralement formés d'un fil métallique enroulé en hélice, et on les entoure d'une enveloppe protectrice. La longueur du flexible doit être suffisante pour qu'il ne prenne en aucun point une courbure trop brusque ; sous cette réserve, on peut lui faire suivre un chemin quelconque. On le fixe, au moyen de colliers de serrage, aux extrémités des arbres qu'il s'agit de relier.

Transformation d'un mouvement circulaire alternatif en mouvement rectiligne alternatif, et inversement. — Cette transformation se fait ordinairement par levier et bielle. On rencontre un semblable dispositif dans les pompes à levier : le piston, qui doit être animé d'un mouvement rectiligne alternatif, est relié par une bielle au levier qui, étant articulé en son point d'appui, prend, sous l'effort qu'exerce sur lui l'ouvrier, un mouvement circulaire alternatif.

L'*archet* permet, au contraire, de transformer un mouvement rectiligne alternatif en circulaire alternatif. Cet instru-

---

(1) Le mouvement transmis par un joint de Cardan n'est pas identique au mouvement conducteur. Si les deux arbres font entre eux un angle a, pour un angle b du conducteur, l'arbre conduit tourne d'un angle b' tel que $\dfrac{\operatorname{tg} b}{\operatorname{tg} b'} = \cos a$. Pour obtenir un mouvement identique, il faut employer deux joints accouplés faisant chacun l'angle a avec l'accouplement.

ment se compose d'une tige, en bois ou en fer, munie d'une poignée, entre les extrémités de laquelle on tend une corde de boyaux, qui s'enroule dans la gorge d'une poulie ou sur un petit tambour cylindrique solidaire de l'axe de rotation (fig. 73). L'archet est employé, en Mécanique, pour actionner de petits tours, des machines à percer, etc. ; on l'utilise, en Agriculture, pour faire mouvoir le distributeur de certains petits semoirs à la volée.

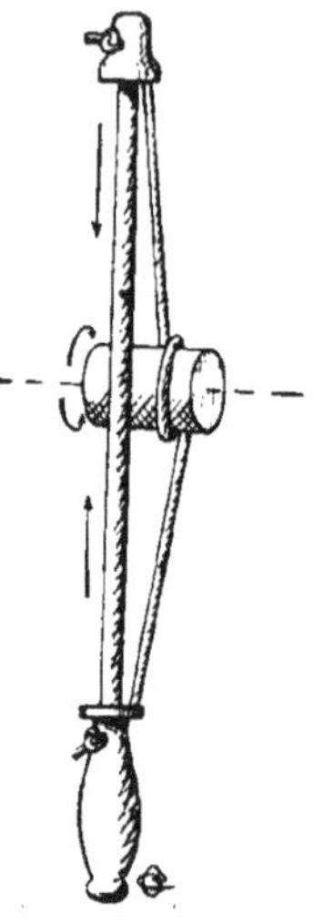

Fig. 73. — Archet.

Transformations mixtes. Systèmes articulés. — Les différents genres de leviers que nous avons étudiés comme machines simples permettent, si l'on remplace le point d'appui par un axe de rotation, de transformer des mouvements circulaires alternatifs en circulaires alternatifs. Si même l'amplitude de ces mouvements n'est pas trop considérable, on peut admettre, en pratique, que les leviers transforment des mouvements rectilignes alternatifs en rectilignes alternatifs. Le plus souvent, on emploie des *leviers coudés*, constitués par un fer affectant la forme d'un V plus ou moins ouvert, avec branches égales ou inégales; l'axe d'articulation est au sommet du V et perpendiculaire à son plan.

Les leviers coudés et articulés sont utilisés dans les *transmissions de sonnette* ; pour changer de direction, on place les axes tantôt horizontalement, tantôt verticalement. Les leviers sont reliés par des fils métalliques dont on assure la tension au moyen de contrepoids ou de ressorts; on peut également les relier par des tiges rigides, pleines ou creuses, et supprimer les ressorts ou contrepoids de tension.

Les transmissions par bielle et manivelle, que nous avons déjà étudiées, sont, à proprement parler, des systèmes articulés, d'ailleurs très simples. Si on relie la tige animée d'un mouvement rectiligne alternatif provenant de la transformation, par manivelle et bielle, d'un mouvement circulaire continu, à une série de leviers coudés et articulés réunis eux-mêmes par des tringles, on transmettra ce mouvement rectiligne alternatif dans une direction quelconque, en plaçant convenablement les axes ; c'est par des dispositifs de ce genre qu'on anime les grilles des tarares de mouvements alternatifs, qui ne sont que la transformation du mouvement continu de la manivelle.

On peut, dans la transformation du mouvement circulaire continu en rectiligne alternatif, modifier, par l'interposition de pièces articulées, la durée des périodes du mouvement alternatif. On obtient alors des mouvements rectilignes alternatifs dits *à retour rapide* ; l'idée première en paraît due à Whitworth.

Considérons deux manivelles égales OM et O'M' (fig. 74), dont les axes sont à une distance OO' égale à d, et réunissons les deux manivelles par une *bielle d'accouplement* de longueur d ; si nous imprimons à OM un mouvement de rotation uniforme, O'M' prendra également, par l'intermédiaire de la bielle, un mouvement de rotation uniforme, identique à celui de OM,

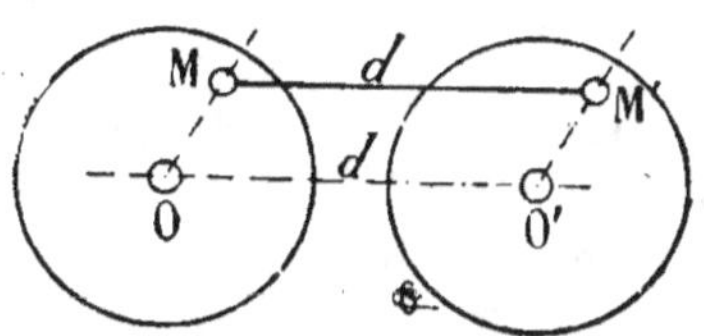

Fig. 74. — Bielle d'accouplement.

et cela quelle que soit la valeur de d par rapport au rayon de manivelle. C'est, en particulier, le système employé pour accoupler les roues de locomotives.

Si, au contraire, la distance d est plus petite que le rayon r des manivelles, et si la bielle a une longueur égale à r, le mouvement transmis à O'M' n'est plus identique à celui de OM, et l'on peut s'arranger de façon qu'il soit plus rapide pendant une partie de la révolution que pendant l'autre. La pièce animée d'un mouvement rectiligne alternatif, au moyen d'une seconde bielle qui la réunit à la manivelle O'M', prend évidemment un mouvement du même genre et n'a pas la même vitesse pendant les périodes correspondant au mouvement d'aller et au mouvement de retour. La figure 75 fait comprendre la nature du mouvement transmis, avec ce dispositif qui est dû à Whitworth.

Dans les presses à fourrages, on trouve un autre genre de

mécanisme à retour rapide (fig. 76). La bielle qui relie la tige du piston à la manivelle OM est en deux pièces, MP et PN,

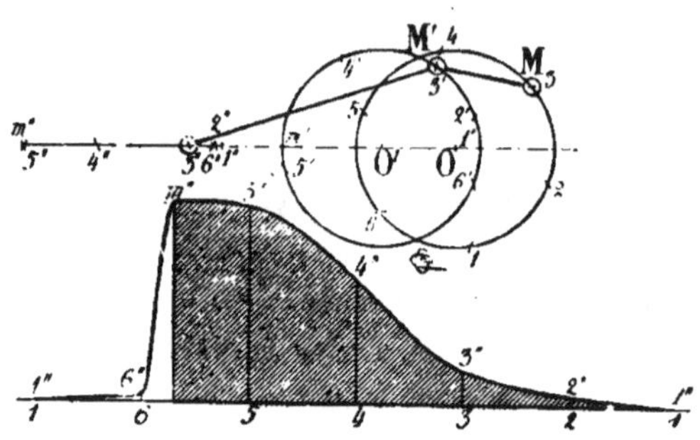

Fig. 75. — Dispositif à retour rapide de Whitworth.

articulées en P. Ce point P est lui-même relié à un deuxième centre de rotation O′ par la bielle O′P; il décrit, d'un mouvement alternatif, un arc de cercle dont le centre est O′. On voit clairement sur la figure que le mouvement aller du piston correspond à peu près aux deux tiers de la révolution complète de la manivelle et le mouvement de retour au troisième tiers.

L'emploi des systèmes articulés permet de résoudre, d'une façon relativement simple, des problèmes de Mécanique très complexes; aussi fait-on fréquemment usage en Mécanique appliquée. Nous citerons,

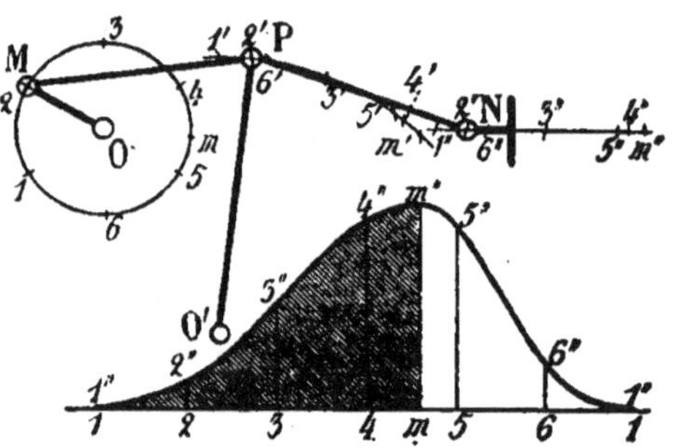

Fig. 76. — Dispositif à retour rapide d'une presse à fourrages (Exposition de l'Institut agronomique, 1900).

à ce sujet, quelques-uns des systèmes articulés de M. Tchébichef, pour montrer quelles variétés et quelles complications de mouvements on peut obtenir avec des organes d'une extrême simplicité (fig. 77).

1) Un mouvement circulaire continu imprimé à la manivelle A se transforme en un mouvement circulaire alternatif du levier B, avec passage rapide de l'une à l'autre des positions extrêmes.

2) Le mouvement circulaire de la manivelle A se transforme, comme dans le cas précédent, en un brusque mouvement du levier B.

3) Chaque révolution de la manivelle A produit deux oscillations complètes du levier B.

4) Le mouvement circulaire de la manivelle A produit un

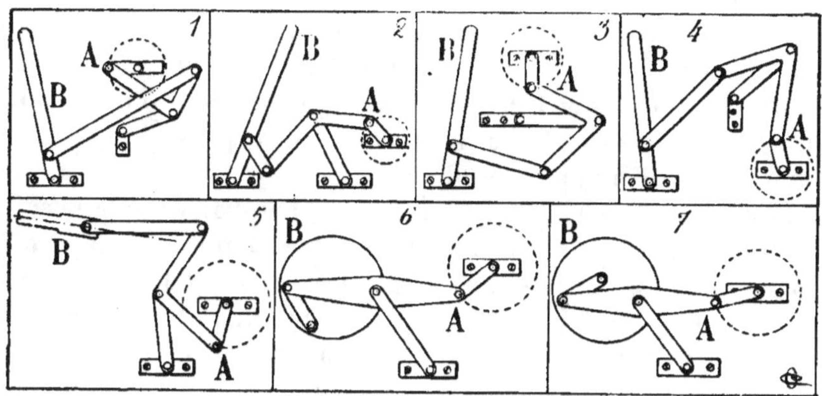

Fig. 77. — Systèmes articulés de Tchébichef.

mouvement de va-et-vient du levier B, avec temps d'arrêt au milieu de l'une de ses courses.

5) Le mouvement circulaire continu de la manivelle A produit en B un mouvement rectiligne alternatif à retour rapide.

6) Le mouvement circulaire de la manivelle A se transforme, pour la roue B, en un mouvement circulaire de sens inverse.

7) Une révolution de la manivelle A produit, pour la roue B, tantôt deux, tantôt quatre révolutions, suivant le sens de rotation de A.

Lubrification des mécanismes.

Lorsqu'on interpose entre deux pièces glissant l'une sur l'autre une couche mince d'une substance fluide, on diminue très notablement le frottement et l'usure : les résistances passives sont réduites et la durée des pièces est augmentée. Cette interposition de substance fluide porte le nom de *lubrification*, ou de *graissage*.

La nature du lubrifiant à employer varie dans chaque cas particulier, suivant la pression que les organes exercent les uns contre les autres et la vitesse avec laquelle ils se déplacent. Ainsi, l'eau douce, et même l'eau de mer, servent de

7.

lubrifiant pour les arbres des roues à palettes, quand les coussinets sont en bois de gaïac ; ce bois, très dur et très résineux, ne se gonfle pas par l'humidité. La mine de plomb rend très doux les frottements de bois sur bois ; le talc a la même propriété, mais est moins adhérent. Le savon (mou ou dur) graisse les bois sans les gonfler, et facilite le glissement sans changer sensiblement l'aspect des pièces ; aussi l'utilise-t-on fréquemment, dans la vie courante, pour rendre plus aisée la manœuvre des tiroirs de meubles.

Pour les pièces métalliques, l'eau combat avec efficacité l'échauffement, d'autant plus qu'on peut l'employer en grande quantité ; mais elle n'empêche pas les arbres et les coussinets de se rayer, et ne diminue pas notablement le frottement. En mélangeant à chaud 95 d'eau, 4 de savon noir et 1 d'huile, on obtient une bonne *eau de savon* pour les machines-outils et pour certains appareils dynamométriques (freins de Prony).

En vue d'obtenir le fonctionnement normal des organes de machines, on utilise, de préférence, des huiles ou des graisses, d'origine animale, végétale ou minérale. Le suif de mouton, la graisse de porc sont les graisses animales les plus employées. Les huiles végétales *non siccatives*, comme l'huile d'olive et de colza, peuvent servir pour le graissage des paliers ou des glissières ; mais elles se saponifient partiellement sous l'influence de la vapeur et les acides gras mis en liberté corrodent les parties métalliques ; aussi faut-il éviter de s'en servir pour le graissage des cylindres. Quant aux huiles *siccatives*, qui se résinifient à l'air (lin, œillette), il est impossible de les utiliser comme lubrifiants.

Les huiles minérales, provenant de la distillation des pétroles bruts, sont très en faveur actuellement ; elles conviennent seules pour le graissage des cylindres et des tiroirs de machines à vapeur. Elles sont plus ou moins fluides, selon leur origine et suivant la façon dont la distillation a été conduite. Les dernières parties, utilisées pour le graissage, renferment à la fois des carbures liquides et des carbures solides ; ce sont les *vaselines*, blanches quand elles sont très pures, jaunes ou rouges selon la proportion d'impuretés qu'elles contiennent. On les vend dans le commerce sous le nom de

pétroléine, suif minéral (russe ou américain), volgaline, etc. ;
elles font partie de la catégorie des *graisses minérales*, ont une
densité voisine de 0,860 et fondent vers 20° centigrades. Les
huiles lubrifiantes, liquides à la température ordinaire, ont
une densité variant de 0,865 à 0,920 ; tel est l'oléonaphte russe
n° 1, dont la densité est de 0,906 et qui se solidifie un peu au-
dessous de 12° C.

En règle générale, plus le mécanisme est délicat, plus le
lubrifiant à employer doit être fluide et exempt d'impuretés.
Les matières en suspension s'éliminent facilement par décantation, après qu'on a augmenté la fluidité en chauffant le
lubrifiant au bain-marie ou sur une pièce chaude, comme un
cylindre, un tuyau de vapeur, etc., mais jamais à feu nu.

On emploie enfin des lubrifiants mixtes, tels que le mélange
d'huile minérale et d'huile de colza, ou des préparations spéciales, comme le mélange de suif et de mine de plomb, etc.
La *graisse consistante* s'obtient par brassage à chaud d'oléonaphte et de chaux pulvérisée ; elle a l'aspect du savon mou.
En mélangeant à la graisse consistante 2 à 3 p. 100 de fleur de
soufre, on obtient un produit d'une grande efficacité contre
l'échauffement des arbres.

Le graissage a pour effet, quand il est bien opéré, de réduire
les résistances passives et de diminuer l'excès du travail
moteur sur le travail utile ; une machine bien graissée fati-
guera moins le moteur, si celui-ci est un homme ou un animal,
ou exigera une moindre dépense de combustible, si le moteur
est à vapeur, à pétrole, etc. Néanmoins, il convient de ne pas
exagérer la quantité de lubrifiant, sous peine d'augmenter la
dépense sans diminuer le frottement, une partie du lubrifiant
s'écoulant sans remplir sa fonction.

Une machine mal graissée *grippe* ; ce phénomène est accompagné d'un grincement qu'une oreille exercée reconnaît dès
qu'il commence à se produire ; mais l'absence de tout grincement ne prouve pas que la machine soit suffisamment graissée,
Le mieux à faire, pour s'assurer que la lubrification est satisfaisante, est de passer le doigt, quand c'est possible, sur les
parties frottantes ; si, quand on le retire, le doigt est gras,
le graissage est bien fait. Pour les organes non accessibles, il

faut vérifier le débit des appareils graisseurs. Enfin, pour les cylindres de machines à vapeur, faire souffler la vapeur d'échappement sur une feuille de papier; si ce dernier se tache, le graissage est convenable.

Les meilleurs effets sont obtenus par le graissage continu et méthodique; c'est aussi celui qui entraîne la moindre dépense de lubrifiant. Les graisses minérales, et surtout la graisse consistante, injectées au point où le frottement est le plus intense, sont considérées comme plus économiques que les huiles : elles adhèrent aux organes au lieu de couler. On admet généralement que la dépense avec la graisse consistante n'est que le quart de celle qui serait nécessitée par l'huile.

Appareils graisseurs. — Lorsque les articulations ne sont pas soumises à une grande fatigue, on se contente de percer sur les pièces extérieures un simple trou cylindrique, dans lequel on verse de temps en temps un peu d'huile. Mais s'il s'agit soit d'organes soumis à des efforts considérables, soit d'organes difficiles ou dangereux à atteindre, il faut employer des appareils qui débitent le lubrifiant d'une façon continue et qui en contiennent une provision suffisante pour que le graissage soit assuré pendant toute la durée du fonctionnement de la machine. Ces appareils sont appelés *graisseurs*.

Les plus simples sont les *godets graisseurs*, formés (fig. 78) d'un manchon cylindrique dont la partie centrale comporte un conduit où passe une mèche de coton ; l'huile contenue dans le godet imbibe la mèche et passe, par capillarité, dans le trou du graisseur, d'où elle gagne l'arbre à lubrifier. Pour les machines exposées à des secousses, comme les locomotives routières, on peut employer des *graisseurs à épinglette*, ou godets graisseurs dans lesquels la mèche est remplacée par une épinglette métallique contournée; ils sont commodes et ne dépensent pas d'huile pendant les repos.

Fig. 78. — Godet graisseur (Schaeffer et Budenberg).

Ces graisseurs conviennent pour les mouvements rectilignes et pour les mouvements circulaires. On les monte, notamment, sur le chapeau des paliers; le contre-coussinet est muni d'un trou par lequel pénètre le lubrifiant ; les surfaces cylindriques intérieures du coussinet et du contre-coussinet présentent en outre des rainures obliques aux génératrices, chargées de canaliser et de répartir l'huile ; ces rainures constituent la *patte d'araignée*.

La partie inférieure du palier sert souvent de réservoir à huile; l'huile remonte par capillarité jusqu'à l'arbre au moyen de petites tiges de rotin, de mèches en coton, de mèches métalliques, etc., noyées dans des pièces de bronze et plongeant dans l'huile (fig. 79).

Pour que le graissage soit très régulier, on charge parfois l'arbre à lubrifier d'actionner

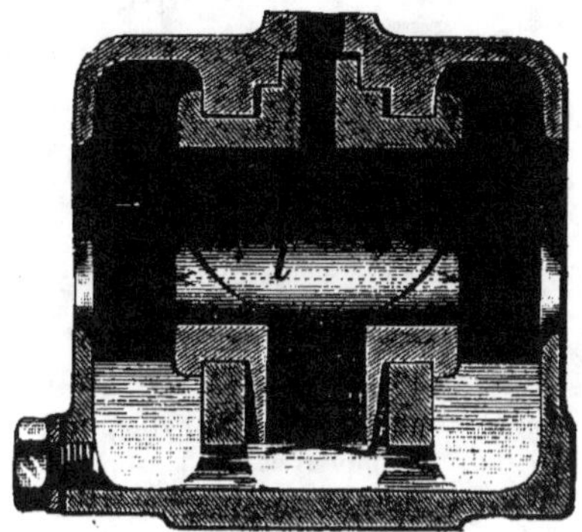

Fig. 79. — Palier ordinaire (coupe) (A. Piat).

lui-même l'organe graisseur. Ainsi, dans les *paliers à anneaux graisseurs* (fig. 80), l'huile contenue dans le fond du palier, qui

Fig. 80. — Palier à anneau graisseur (A. Piat).

forme réservoir, est remontée par un anneau métallique passé sur l'arbre et d'un diamètre plus grand que ce dernier; l'anneau tourne en même temps que l'arbre et l'huile est déversée au point de contact entre les deux pièces, c'est-à-dire au point le plus haut de l'arbre. Dans les *graisseurs à fioles*, le conduit d'adduction de l'huile est obturé par une tige métallique lisse ou filetée, qui repose sur l'arbre par son extrémité; cette tige vibre ou tourne, et son mouvement suffit pour faire couler l'huile.

Fig. 81. — Graisseur à deux robinets pour cylindre (Schaeffer et Budenberg).

Le graissage des cylindres et tiroirs de machines à vapeur est indispensable, bien que l'eau condensée ou entraînée avec la vapeur diminue le frottement. On opère ce graissage soit avec des *graisseurs à deux robinets* (fig. 81), montés directement sur le cylindre ou sur la boîte à vapeur, soit avec des *graisseurs à condensation*, formés d'un réservoir dans le fond duquel de l'eau, provenant de la condensation de la vapeur, pénètre et chasse l'huile surnageante, soit enfin avec des *graisseurs mécaniques* (fig. 82), véritables pompes dont le piston plongeur descend très lentement, sous l'influence du mécanisme général, et chasse l'huile d'une façon très régulière. Les deux derniers systèmes assurent le graissage continu; le premier n'agit que d'une façon discontinue, mais est très simple.

Pour les graisses minérales et la graisse consistante, on emploie des graisseurs automatiques formés d'un cylindre dans lequel peut se déplacer un piston commandé par un ressort (fig. 83). Dans des systèmes plus simples et non auto-

Fig. 82. — Graisseur mécanique (Schaeffer et Budenberg).

matiques, on chasse la graisse en tournant de temps en temps le couvercle à vis. Ces graisseurs sont extrèmement commodes, car ils se placent dans toutes les positions possibles, sont simples, économiques et d'un fonctionnement régulier. On en modifie, au besoin, le débit, à l'aide d'une vis qui obture plus ou moins le conduit d'écoulement de la graisse. Quand il n'est pas nécessaire de graisser automatiquement et d'une façon continue, on supprime le piston et le ressort (fig. 84); le cylindre, qui forme à la fois couvercle et réservoir, est taraudé sur presque toute sa longueur, et le mécanicien envoie périodiquement une certaine quantité de graisse au point à lubrifier, en vissant le couvercle sur son fond de la quantité qu'il juge nécessaire.

Fig. 83. — Graisseur Stauffer à ressort (Schaeffer et Budenberg).

Fig. 84. — Graisseur Stauffer sans ressort (Schaeffer et Budenberg).

Mesure des forces. — Dynamomètres.

Nous avons vu que les mécaniciens ont adopté, pour unité de force, l'unité de poids. Il en résulte que, pour mesurer une force, on peut employer les mêmes instruments que pour mesurer les poids, c'est-à-dire les balances, bascules, pesons, etc. En fait, les balances et les bascules ne peuvent commodément servir que pour mesurer des forces verticales et dirigées de haut en bas ; on accouple parfois dans ce but, comme nous le verrons plus loin, une bascule au frein de Prony. Mais comme il faudrait généralement, pour transformer des forces quelconques en forces verticales de sens convenable, des systèmes de cordes et poulies de renvoi, ou encore de leviers articulés, assez compliqués et absorbant obligatoirement une partie de l'effort à transmettre, on a recours à des instruments de la catégorie des pesons, qui peuvent fonctionner dans toutes les positions; on leur donne le nom de *dynamomètres*.

Les dynamomètres sont basés sur la propriété que possèdent

certains corps, notamment l'acier trempé, de se déformer sous l'influence d'actions extérieures et de reprendre leur forme première lorsque ces actions cessent; si l'on ne dépasse pas la *limite d'élasticité* de la pièce, les déformations sont proportionnelles aux efforts. Un dynamomètre est donc formé, en général, d'une tige d'acier, attachée ou encastrée par une de ses extrémités, et qui, à l'autre extrémité, reçoit l'effort à mesurer. Les formes données à la tige sont très variables; tantôt c'est une lame rectiligne, d'épaisseur uniforme ou profilée en solide d'égale résistance, tantôt une lame recourbée en anneau elliptique ou simplement en arc d'ellipse, tantôt encore la tige est enroulée en hélice et devient un ressort à boudin, travaillant par extension ou par compression.

En définitive, l'organe principal du dynamomètre est un ressort; dans les machines de précision, les ressorts sont fréquemment formés de deux lames flexibles réunies par leurs extrémités au moyen d'articulations ou de talons boulonnés.

Quelle que soit la disposition adoptée, il faut commencer par graduer le dynamomètre ; pour cela, on détermine les déformations qu'il subit sous l'influence de poids connus.

Lorsque, plus tard, on constate une certaine déformation sous l'effet d'une force quelconque, on sait à quel poids correspond cette déformation et, par suite, quelle est la mesure de la force.

Comme il serait peu commode de mesurer à chaque instant la déformation du ressort, on adjoint à cette pièce un mécanisme particulier qui a pour but d'éviter cette mesure. Lorsqu'on veut déterminer la valeur d'une force constante, ou d'une force qui ne subit pas de variations brusques d'intensité, on emploie les *dynamomètres indicateurs* ; s'il s'agit, au contraire, de déterminer à chaque instant la valeur d'une force très variable pendant toute la durée d'une expérience, il faut que l'appareil laisse une trace des indications qu'il fournit, et on a recours aux *dynamomètres enregistreurs*.

Dans les deux cas, d'ailleurs, les dynamomètres doivent satisfaire à un certain nombre de conditions. Voici, d'après M. Ringelmann, qui s'est livré à une étude approfondie des dynamomètres, les qualités essentielles qu'ils doivent présenter (1) :

« 1° Lorsque l'effort cesse d'agir, le dynamomètre doit revenir au zéro ;

« 2° Les déformations doivent être proportionnelles aux efforts ;

« 3° Le dynamomètre ne doit pas changer d'indications dans le temps ; il doit rester toujours comparable à lui-même ; c'est pour ce motif qu'il faut éviter l'emploi du caoutchouc ;

« 4° La transmission de la flexion à l'appareil indicateur ou enregistreur doit être simple et ne doit pas jouer un rôle d'amortisseur comme dans le cas des transmissions par l'air ou par des liquides (eau, glycérine, etc.).

« Aussi les meilleurs dynamomètres sont-ils constitués uniquement de pièces métalliques. »

Dynamomètres indicateurs. — Le plus simple est le *peson*, qui est constitué par un ressort à boudin, en acier ou en laiton, enfermé dans une enveloppe métallique ; la tige à laquelle on applique l'effort porte un piston qui comprime le ressort contre le fond de l'enveloppe. L'indicateur est formé d'un petit index fixé sur le piston, qui passe dans une fente ménagée dans l'enveloppe et se déplace le long d'une graduation.

Dans les *dynamomètres à cadran* (fig. 85), le ressort affecte la forme d'une lame cintrée, et son extrémité libre porte une crémaillère qui agit sur un petit pignon auquel est fixée une aiguille. Cette dernière amplifie les déplacements du ressort ; on peut ainsi apprécier de très faibles déformations, mais il faut

Fig. 85. — Dynamomètre à cadran (Schæffer et Budenberg).

éviter que le système indicateur ait trop de jeu, sans quoi le dynamomètre ne présenterait pas une précision suffisante.

Le dynamomètre représenté par la figure 86, et qui dérive des amortisseurs du même constructeur, comporte un cadre rectangulaire articulé, dont les grands côtés sont en deux pièces

(1) M. Ringelmann, *Traité de Mécanique expérimentale; Leçons rédigées*, par J. Danguy, in-18.

(fig. 86, I, III) ; si l'on exerce un effort de traction sur ces grands côtés, les petits se rapprochent en restant parallèles ; ils compriment ainsi un ressort, dans l'axe duquel est une tige qui commande l'aiguille d'un cadran fixé sur l'un des petits côtés (fig. 86, II). Cet appareil a l'inconvénient de ne pas donner le même degré de précision dans toute l'étendue de l'échelle pour laquelle il est construit ; les divisions du cadran sont, en effet, de plus en plus rapprochées à mesure que les efforts sont plus élevés ; mais il est très simple.

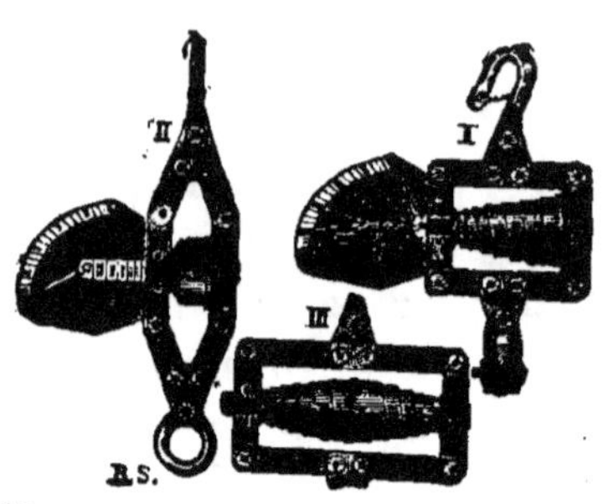

Fig. 86. — Dynamomètre (R. Sack-Faul).

Dynamomètres enregistreurs. — Lorsqu'on désire enregistrer simplement l'effort maximum développé au cours d'une expérience, on emploie des *dynamomètres à maxima* ; ce sont des dynamomètres à cadran pourvus d'une deuxième aiguille indépendante de la crémaillère, et qui est entraînée par l'aiguille indicatrice, mais seulement dans le sens des efforts croissants ; elle reste dans la position la plus éloignée du zéro où l'ait amenée l'aiguille indicatrice, et l'on doit, pour une nouvelle expérience, la ramener au zéro avec la main.

S'il s'agit d'enregistrer les efforts d'une façon continue et quelle que soit leur valeur, on les fait inscrire automatiquement, par l'appareil, sur une bande de papier qui se déplace perpendiculairement à la direction de l'effort. Cette bande reçoit le contact de deux crayons, dont l'un est fixé au bâti et trace une ligne droite ; l'autre crayon est solidaire du ressort, dont il suit toutes les déformations. Quand le dynamomètre n'est soumis à aucun effort, les deux crayons tracent la même ligne droite ; une vis de rappel permet, au besoin, d'assurer la superposition des deux tracés si, pour une cause quelconque, elle n'a pas lieu. Le crayon mobile s'écarte de cette ligne d'une quantité proportionnelle à l'effort ; si cet effort est constant, il trace une ligne parallèle à la première ; s'il est variable, le crayon trace une ligne irrégulière sur laquelle on peut retrouver, à tout instant, la valeur de l'effort.

Dans les premiers enregistreurs construits par le général Morin, le déplacement de la bande de papier était produit par un mouvement d'horlogerie entraînant une bobine sur laquelle s'enroulait la bande de papier. Ce dispositif, encore employé, présente deux inconvénients :

1° La vitesse de translation du papier n'est pas uniforme, puisque la bobine augmente progressivement de diamètre, par suite de l'enroulement du papier, et qu'à un tour de bobine correspond une longueur enroulée de plus en plus grande. L'emploi de fusées compensatrices ne corrige qu'imparfaitement ce défaut.

2° En admettant même que la vitesse de translation de la bande de papier soit uniforme, cette translation n'est proportionnelle au chemin parcouru par le point d'application de la force que si la machine soumise à cette force est animée elle-même d'un mouvement uniforme, cas qui ne se présente que très rarement ; on ne peut donc pas mesurer le travail absorbé par la machine, ce qui est souvent plus intéressant à connaître que l'effort lui-même.

Aussi, M. Ringelmann a-t-il supprimé, dans les dynamomètres enregistreurs imaginés par lui, les mécanismes d'horlogerie (qui sont, d'ailleurs, assez coûteux), les bobines d'enroulement et les fusées compensatrices. La translation de la bande est assurée par des rouleaux de friction que commande une roue portant sur le sol, ou qui sont entraînés par le déplacement même de l'appareil, suivant le genre de dynamomètre dont il s'agit. Le papier sur lequel s'est inscrit le diagramme est enroulé automatiquement par un tambour magasin placé en arrière des rouleaux de friction. Pour obtenir des tracés plus nets, M. Ringelmann emploie des papiers enduits de carbonate de zinc et des crayons en laiton, qui ne s'écrasent pas comme les crayons ordinaires.

Au point de vue du mode d'emploi, on peut diviser les dynamomètres en dynamomètres de traction, dynamomètres de rotation et dynamomètres d'absorption.

Dynamomètres de traction. — Pour les essais de machines agricoles tirées par des animaux, M. Ringelmann emploie un dynamomètre spécial, monté sur un chariot à deux ou trois roues (fig. 87). Le dynamomètre D, à deux lames métalliques, est monté sur un axe horizontal O, autour duquel il peut tourner, de façon qu'il se place toujours exactement dans la direction de l'effort F, et que ses lames ne soient jamais soumises à la torsion; un contrepoids réglable, P, maintient le dynamomètre en équilibre. L'axe peut être élevé ou abaissé à l'aide de vis, pour permettre d'essayer des machines de dimensions très

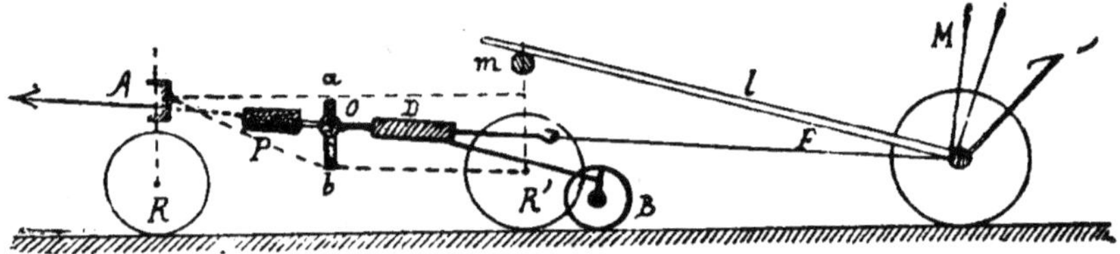

Fig. 87. — Principe du chariot dynamométrique Ringelmann (Essai d'une faucheuse).

différentes dans les mêmes conditions qu'en fonctionnement normal. Enfin, le chariot est pourvu d'un porte-brancards dont la hauteur peut être modifiée suivant les besoins; les flèches ou brancards reposent sur des rouleaux, m, afin que tout coincement soit impossible et que l'effort total exigé par la machine en expériences soit intégralement transmis au dynamomètre. L'enregistreur est commandé par une roue B, qui porte sur le sol et qui transmet son mouvement aux rouleaux de friction par l'intermédiaire d'une tige munie de deux joints de Cardan.

Dynamomètres de rotation. — On désigne plus spécialement sous ce nom les dynamomètres destinés aux machines actionnées par des moteurs mécaniques; quand l'effort qui provoque le mouvement de rotation est exercé par un homme, l'appareil est appelé *manivelle dynamométrique.* Une manivelle dynamométrique comporte, comme parties essentielles, une lame flexible, fixée à un manchon qu'on peut caler sur l'arbre de la machine au moyen de vis de pression, et une manivelle folle sur son axe, qui n'entraîne la machine à essayer que par l'intermédiaire de la lame flexible, à l'extrémité libre de laquelle elle agit. Le manchon porte, en outre, un cadre sur lequel est placé l'enregistreur. La manivelle dynamométrique a été imaginée par le général Morin; M. Ringelmann l'a perfectionnée, notamment au point de vue de l'enregistreur : le déplacement du papier se produit sous l'influence du déplament même de la mani- velle, grâce à un deuxième manchon, fou par rapport au premier, qu'on peut rendre immobile en le reliant au bâti de la machine ; ce deuxième manchon porte une vis sans fin sur laquelle vient se mettre en prise l'une des roues du train d'engrenages commandant les rouleaux de friction (fig. 88).

Le dynamomètre de rotation, pour machines actionnées par moteurs mécaniques, est encore dû au général Morin ; il a été modifié par Digeon et par M. Ringelmann.

Il se compose, en principe (fig. 89), de deux poulies montées sur le même arbre, et d'une troi-

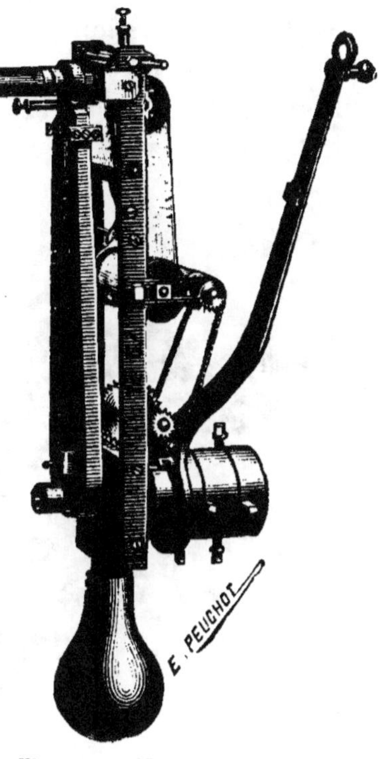

Fig. 88. — Manivelle dynamométrique, modifiée par M. Ringelmann.

sième poulie, qui est folle et qui ne sert qu'à débrayer l'appareil. Des deux poulies principales, l'une est clavetée sur l'arbre, l'autre est montée à la façon des poulies folles, mais est reliée à la première par des lames de ressorts fixées sur la jante de l'une et le moyeu de l'autre ; la courroie du moteur passe sur l'une des poulies, celle de la machine en expérience sur l'autre poulie ; la résistance offerte par cette dernière machine a pour effet de faire fléchir les lames de ressorts, et un mécanisme spécial transmet cette déformation à l'enregistreur.

Celui-ci est disposé sur une table latérale et est complètement en dehors du système des poulies, modification importante qui permet d'en contrôler le fonctionnement même pendant la marche ; il comprend un compteur de tours,.

un inscripteur à bande de papier, analogue aux précédents, et un totalisateur. La liaison entre l'inscripteur et le totalisateur, d'une part, et le système des poulies, d'autre part, est assurée par une transmission inextensible, formée d'un ruban d'acier avec vis de réglage. Le ruban s'attache à la jante de l'une des poulies, passe sur une première poulie de renvoi solidaire de

Fig. 89. — Dynamomètre de rotation (Morin-Digeon-Ringelmann).

l'autre poulie, puis pénètre dans l'intérieur de l'arbre du dynamomètre, trouve une deuxième poulie qui le dirige, suivant l'axe de l'arbre, vers l'enregistreur où il vient se fixer, par une articulation spéciale, à une pièce commandant à la fois l'inscripteur et le totalisateur ; un ressort antagoniste, placé à l'extrémité de la table, ramène les différentes pièces en arrière, quand les efforts diminuent, et maintient le ruban constamment tendu.

Le totalisateur est employé toutes les fois qu'on veut mesurer le travail nécessaire pour accomplir un ouvrage déterminé, par exemple pour concasser 100 kilogrammes de maïs avec une machine donnée, sans se préoccuper des variations que la résistance peut présenter au cours de cette opération. Il est composé (fig. 90) d'un plateau circulaire

horizontal animé, autour d'un axe vertical, d'un mouvement
de rotation de même vitesse angulaire que celui des poulies,
au moyen d'un train d'engrenages commandé par un pignon
conique calé sur l'arbre du dynamomètre ; ce plateau P s'applique, quand il en est besoin, contre une roulette *r* fixée sur
un axe horizontal, situé dans un plan vertical parallèle à
l'axe de l'arbre dynamométrique, et qui passe également par
le centre O du plateau. La roulette *r* se déplace perpendiculairement à son plan lors-
que les ressorts du dyna-
momètre fléchissent ; elle
se trouve au centre du plateau lorsqu'aucun effort ne
s'exerce. Si elle est entraînée en dehors du centre du
plateau P, le mouvement
de celui-ci l'oblige à tour-

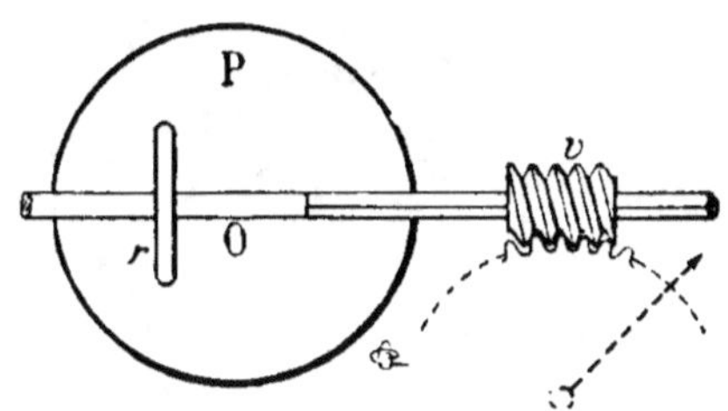

Fig. 90. — Totalisateur (Principe).

ner autour de son axe ; pour chaque tour du plateau, un point
de sa circonférence décrit un arc de longueur égale à celle de
la circonférence du plateau sur laquelle elle roule ; elle effectue donc, elle-même, un tour complet en même temps que
le plateau, quand elle roule sur une circonférence dont le
rayon est égal au sien. A chaque tour de *r*, la vis sans fin *v*, calée
sur l'axe de la roulette, fait avancer d'une unité l'aiguille
d'un compteur. Il suffit donc de déterminer, par un tarage
très simple, l'effort à exercer tangentiellement aux poulies
pour déplacer la roulette d'une quantité égale à son rayon ;
comme on connaît la longueur de la circonférence des poulies,
on n'a qu'à multiplier cet effort par cette longueur pour connaître le travail correspondant à un tour, c'est-à-dire le nombre
de kilogrammètres que représente une unité du totalisateur.

L'appareil est complété par un commutateur électrique qui
enclenche les divers enregistreurs fonctionnant en même temps
que le dynamomètre, au moment précis où le totalisateur
entre en action.

Dynamomètres d'absorption. — Ces appareils ont pour but
de déterminer le travail *utile* que peut fournir un moteur. Le
plus employé est le frein de Prony.

Le *frein de Prony* est composé d'un levier en bois, dont la longueur dépend de la puissance de la machine à expérimen-

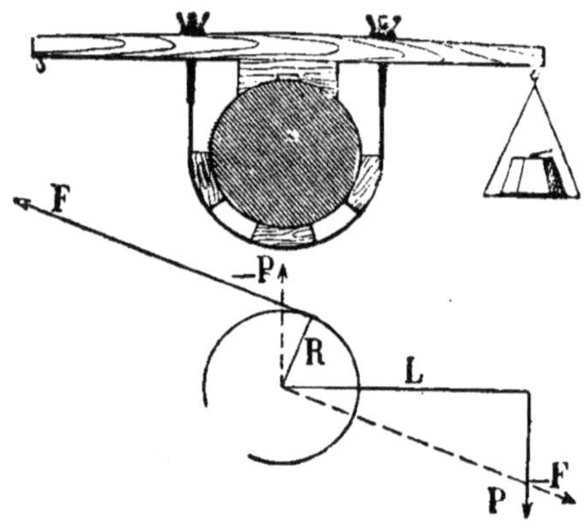

Fig. 91. — Principe du frein de Prony.

ter; l'une des extrémités du levier est munie d'un crochet auquel on suspend des poids; on serre ce levier contre la jante du volant de la machine, au moyen d'un collier en fer feuillard terminé par deux tiges filetées qui traversent le levier et sont maintenues par des écrous à oreilles (fig. 91); le collier est générale-ment garni de cales en bois pour éviter de rayer le volant. Pendant le fonctionnement, on combat l'échauffement à l'aide de graisse consistante, de suif, d'eau de savon, etc.

Pour mesurer le travail utile avec le frein de Prony, on place ce dernier sur le volant, de façon que les poids accrochés au levier tendent à le faire tourner en sens inverse du mouvement du volant, puis on met la machine en marche; on accroche les poids au levier et on serre en même temps les écrous du collier; on détermine les poids et le serrage de façon que le levier du frein soit horizontal et que la machine fonctionne à son allure normale, c'est-à-dire à la vitesse pour laquelle elle est réglée. Le travail résistant que la machine peut vaincre est exactement remplacé par le travail du frottement qu'occasionne le frein. Il s'agit donc d'évaluer ce travail de frottement.

Les frottements tendent à entraîner le frein dans le mouvement de rotation du volant, sous l'effet d'un couple dont la force a pour valeur la résultante F des actions de frottement, et dont le bras de levier est le rayon R du volant; les poids qui chargent le frein développent un autre couple, tendant à faire tourner le frein en sens inverse, et dont les caracté-ristiques, quand le frein est horizontal, sont P, somme des poids accrochés et du poids du levier (si celui-ci n'est pas équilibré), et L, bras de levier, dont la longueur est égale à la distance des deux verticales passant l'une par le crochet de suspension des poids, l'autre par le centre du volant. Ces deux couples ont même moment lorsque le frein est horizontal. La méthode de Prony a donc pour but de remplacer un couple dont le bras de levier, seul, est connu, par un couple de même moment dont on connaisse à la fois la force et le bras de levier. Cela permet de calculer la valeur de F ; en effet, de l'égalité des moments des couples :

$$F \times R = P \times L,$$

on tire :

$$F = \frac{P \times L}{R}.$$

Le travail du frottement, correspondant à un tour du volant, est égal au produit de F par la longueur $2 \pi R$ de la circonférence du volant ; et si le volant fait n tours par minute, le travail t sera :

$$t = F \times 2\pi R n = \frac{P \times L \times 2\pi R n}{R},$$

ou

$$t = 2\pi PLn,$$

t étant exprimé en kilogrammètres si les forces et les longueurs sont exprimées en kilogrammes et en mètres. Le travail T par seconde, sera, par suite :

$$T = \frac{2\pi}{60} \times PLn = 0,1047\ PLn.$$

Pour avoir la *puissance*, il suffit de diviser le travail développé en une seconde par le nombre de kilogrammètres que représente l'unité de puissance, c'est-à-dire par 75, si l'unité adoptée est le cheval-vapeur, ou par 100, si cette unité est le Poncelet. Donc :

$$Puissance = \frac{0,1047}{75}\ PLn = 0,001\,382\ PLn.\ en\ HP.$$

et

$$Puissance = \frac{0,1047}{100}\ PLn = 0,001\,047\ PLn,\ en\ Poncelets.$$

Le plus souvent, le levier du frein est symétrique par rapport à la verticale qui passe par le centre du volant ; il est alors équilibré, et la valeur de P est égale au poids suspendu au crochet. Le levier peut être placé indifféremment, soit au-dessus, soit au-dessous du volant. On se dispense quelquefois d'accrocher des poids au frein ; on fait alors reposer le levier sur une bascule qui donne la valeur de P ; mais cette disposition n'est pas aussi commode que celles dont nous venons de parler.

On peut même supprimer le levier et remplacer le collier par une corde (ou une courroie) dont les deux brins sont verticaux ; l'une des extrémités de la corde supporte le poids Q, l'autre est attachée à un dynamomètre à cadran. Quand ce frein, dit *frein à corde*, fonctionne comme dans le cas de la figure 92, le dynamomètre indique un certain tirage q. La valeur de P à introduire dans la formule du frein de Prony est égale à $Q - q$; on prend en outre, pour valeur de L, le rayon R du volant augmenté du demi-diamètre de la corde.

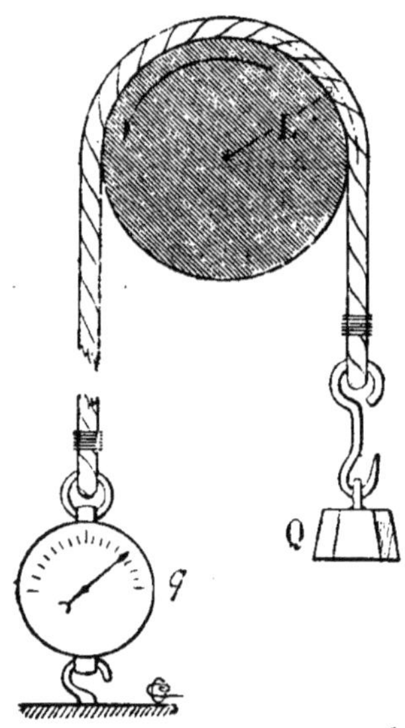

Fig. 92. — Frein à corde.

Ces différents genres de frein sont d'un emploi très commode pour les machines dans lesquelles le travail moteur est constant ou peu variable, comme les machines à vapeur ou les machines hydrauliques. Les freins à levier ne peuvent guère servir pour les moteurs à explosions du cycle à quatre temps, dans lesquels le travail moteur subit des variations très brusques, sauf toutefois pour les moteurs à marche lente, mais à volants très lourds, ou pour les moteurs à grande vitesse, à la condition que les moteurs soient **bien** réglés et que les opérateurs soient très exercés. **Les freins à corde peuvent rendre plus de services, bien que l'appréciation des variations de l'aiguille du dynamomètre à cadran soit très délicate.**

Il est préférable, cependant, d'avoir recours au dispositif imaginé par M. Ringelmann, lors du concours international de moteurs à pétrole institué par la Société d'agriculture de Meaux, en 1894. Le principe du *frein automatique Ringelmann* est le suivant : étant donné un certain serrage du collier, si le travail moteur augmente, le frein est entraîné dans le sens de la rotation du volant; si ce travail diminue, le frein tourne en sens inverse. Pour maintenir le frein en équilibre, il faut desserrer le collier dans le premier cas, le serrer dans le

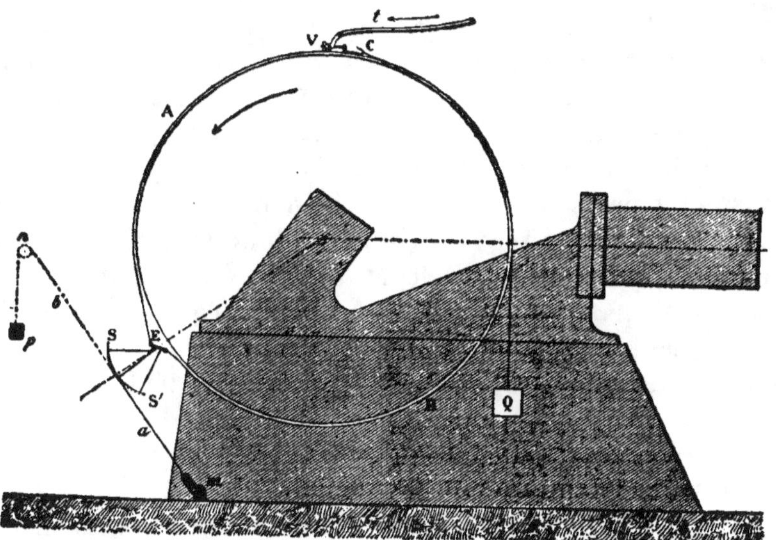

Fig. 93. — Montage d'un frein automatique Ringelmann sur un moteur à pétrole.

second. M. Ringelmann a utilisé ces déplacements pour serrer et desserrer automatiquement le frein. Son appareil (fig. 93) se compose d'un collier en deux pièces, A et B, réunies par une vis V, qui sert uniquement au réglage du frein lors du début de l'essai, et par une entretoise E solidaire d'un secteur SS'. La partie B est munie d'un crochet C, où est fixée la corde qui supporte le poids Q. Au point S du secteur s'attache une corde *a*, qui va rejoindre un petit tendeur *m* relié au sol d'une manière quelconque; une deuxième corde *b*, attachée en S', passe sur une poulie de renvoi *n*, et supporte un contrepoids *p*. On règle le secteur SS', à l'aide du tendeur *m*, de façon que, dans sa position moyenne, les cordes a et b soient en prolongement l'une de l'autre ; le poids p agit sur le tendeur et non pas sur le frein. Lorsque le frein se déplace, dans un sens ou dans l'autre, par suite des variations du travail moteur, le secteur roule sur la corde a, et l'entretoise E rapproche ou éloigne les extrémités du frein d'une quantité qui dépend du déplacement du secteur ; le frein se serre et se desserre automatiquement. Pour n'avoir pas à toucher à la vis V pendant toute la durée de l'expérience, on lubrifie le frein d'une façon uniforme à l'aide d'eau de savon, débitée, sous charge constante, par le tuyau t.

Dynamomètres divers. — Pour les recherches relatives à la compression, M. Ringelmann a établi des *dynamomètres de compression*. L'un d'eux se compose d'un cylindre contenant un liquide maintenu par un diaphragme ; un piston plat transmet la pression au liquide, et un manomètre enregistreur, en communication avec le cylindre, donne la valeur de cette pression. L'autre est formé de deux plaques d'acier maintenues à un certain écartement par des cales situées aux extrémités des plaques ; la pression fait fléchir ces plaques et la déformation est indiquée par une aiguille qui se déplace sur un cadran.

Les *explorateurs Ringelmann* servent à étudier la répartition des pressions dans une masse composée d'éléments solides (marcs, fourrages, etc.) et soumise à la compression. Ils sont formés d'une boîte en bronze A (fig. 94), à l'intérieur de laquelle se trouve une ampoule en caoutchouc B, reliée à un manomètre m,

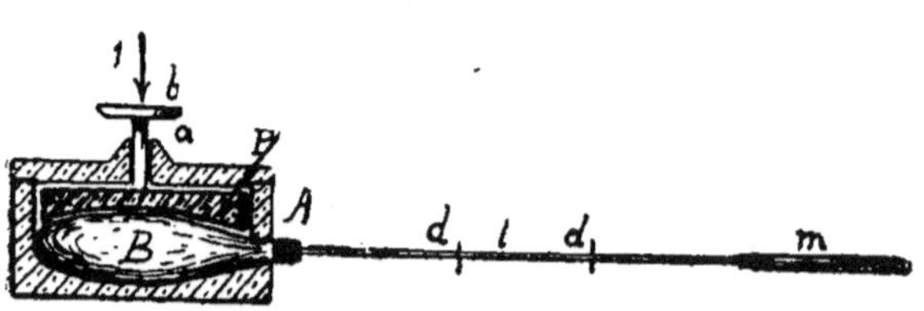

Fig. 94. — Explorateur Ringelmann.

à air comprimé, par un tube métallique très fin d qui traverse la masse. L'ampoule et le tube sont remplis d'eau, et le manomètre comporte un index de mercure. La pression est transmise à l'ampoule par un piston P, dont la tige a traverse la boîte et est terminée par un bouton b.

Nous nous bornons ici à indiquer le principe de ces divers appareils, qui sont étudiés avec détails dans les publications de M. Ringelmann (1).

Indicateur dynamométrique. — Cet appareil, imaginé par Watt, permet d'évaluer, à chaque instant de la course du piston, l'effort développé par la vapeur ou par les gaz à l'intérieur du cylindre d'une machine à vapeur, d'un moteur à explosions, etc. Il se compose en principe (fig. 95) d'un petit cylindre C, muni, à sa partie inférieure, d'un ajutage à robinet au moyen duquel on le visse sur un tuyau *t* adapté au cylindre du moteur. A l'intérieur de C se meut un piston P, de 1 centimètre carré de surface, pourvu d'une tige *p* qui inscrit les déplacements du piston P sur une feuille de papier A, laquelle se déplace elle-même comme le piston P'. Sur la face supérieure du piston agit un ressort R, soigneusement taré. En réalité, la tige *p* communique les mouvements du piston à un système de leviers articulés qui en augmente l'amplitude ; le papier A est enroulé sur un tambour mobile autour d'un axe vertical, et y est maintenu par des pinces (fig. 96). Le tambour tourne lorsqu'une corde, attachée à la tige du piston du moteur, l'entraîne sous l'influence de cette dernière ; la corde ne le relie pas directement à la tige du piston, dont la course est très grande par rapport au diamètre du cylindre, mais à un appareil réducteur de course, de sorte que la quantité dont le tambour tourne est proportionnelle, et non égale,

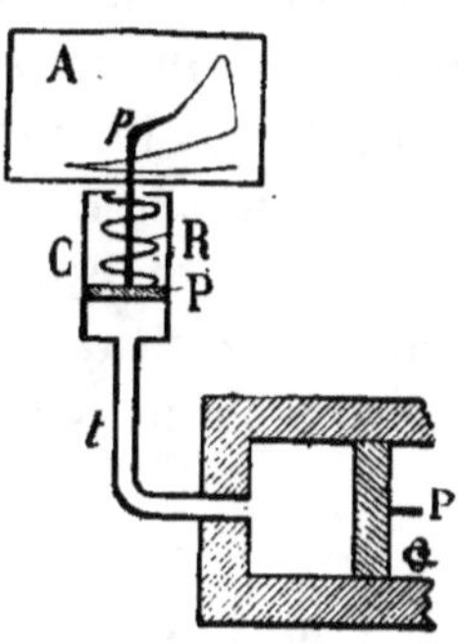

Fig. 95. — Principe de l'Indicateur de Watt.

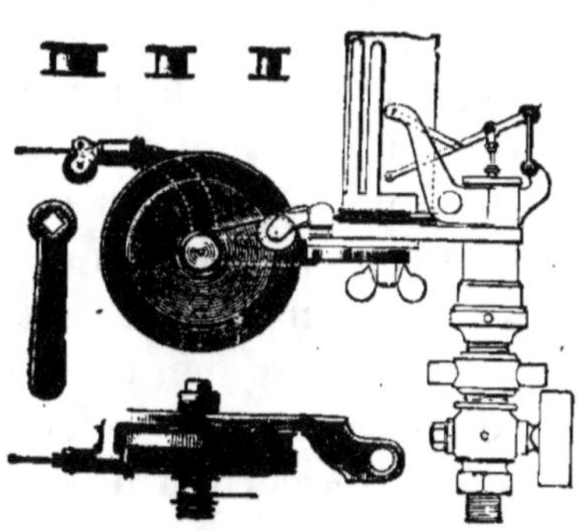

Fig. 96. — Indicateur de Watt avec réducteur de course (Schaeffer et Budenberg).

(1) Max. Ringelmann, *Les moteurs thermiques. — Traité de mécanique expérimentale.*

au chemin parcouru par le piston ; un ressort logé dans la partie inférieure du tambour ramène celui-ci à sa position première quand le piston du moteur revient en arrière. Le réducteur de course est visible sur la figure 96 (partie ombrée).

Le porte-crayon peut prendre un léger mouvement latéral, permettant d'appliquer le crayon sur le papier ou de l'éloigner du tambour. Une fois l'appareil monté, on le fait fonctionner à vide pendant quelques instants, le porte-crayon étant éloigné du tambour. On ferme alors le robinet de l'ajutage et on applique le crayon sur le papier ; il y trace une ligne horizontale qui est la *ligne atmosphérique* (la pression atmosphérique s'exerce sur les deux faces du piston P). On ouvre ensuite le robinet de l'ajutage ; la vapeur agit sur le piston P et le crayon est entraîné verticalement, à une hauteur dépendant de la pression dans le cylindre, tandis que la feuille de papier tourne d'une quantité proportionnelle au déplacement du piston. Le crayon trace ainsi une figure fermée, ou *diagramme*, dont l'aire donne le travail de la vapeur ou du gaz dans le cylindre. On emploie avantageusement des papiers au carbonate de zinc et des crayons de cuivre.

En mesurant l'aire du diagramme, on obtient le *travail indiqué*, qui est supérieur au travail que le moteur peut fournir, puisqu'il y a lieu d'en déduire les résistances propres du moteur. C'est cependant le seul renseignement qu'on puisse avoir sur les machines de grande puissance, dont l'essai au frein de Prony est impossible. En outre, l'examen du diagramme permet de se rendre un compte exact de la façon dont la vapeur ou les gaz d'explosion se comportent dans le cylindre.

Manographe. — Cet appareil, d'invention toute récente, a été imaginé dans le but de remédier aux inconvénients que présentent les appareils dérivés de l'indicateur de Watt, pour l'étude des moteurs à explosions à marche rapide : les organes en mouvement ont des masses assez considérables, et l'inertie de ces organes cause des *lancés* qui faussent les résultats.

Le manographe a la forme d'une chambre noire photographique (fig. 97) ; son organe principal est un petit miroir concave, M, extrêmement léger, qu'un ressort applique sur trois pointes p, p', p'', formant les trois sommets d'un triangle rectangle isocèle. L'une des pointes, p, qui correspond à l'angle droit du triangle, est fixe ; la deuxième, p', s'appuie par son extrémité sur la face mince d'un tambour enregistreur de pression, T, relié au cylindre du moteur par un tube métallique t. La troisième pointe, p'', est animée d'un mouvement rectiligne alternatif par un système de bielle et manivelle, b, e, r, de très petite dimension, commandé par une transmission flexible fixée à l'arbre même du moteur et aboutissant à la roue r', de sorte que la manivelle fait autant de tours que cet arbre et que la pointe a un mouvement exactement semblable à celui du piston.

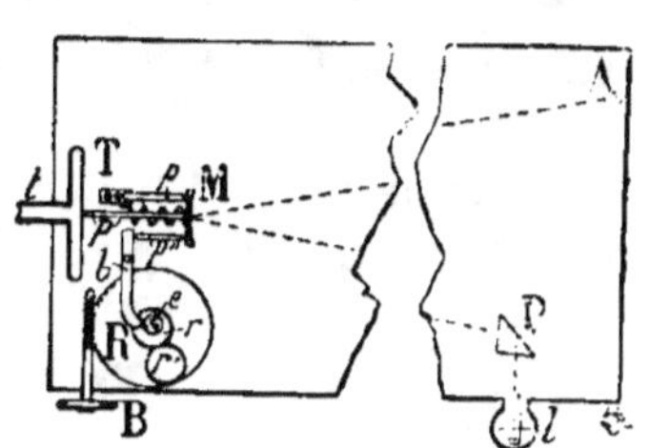

Fig. 97. — Principe du Manographe (Hospitalier-Carpentier).

Le réglage s'obtient au moyen de la vis B, qui agit sur la roue R, dont dépend l'axe de la roue r'. Sur le côté de la chambre noire est une petite lampe à acétylène, l ; un prisme à réflexion totale, P, lance le rayon lumineux sur le miroir M, lequel le renvoie en A sur une glace dépolie. Le point auquel tombe le rayon lumineux sur la glace dépend de la position des deux pointes mobiles, c'est-à-dire de la pression dans le cylindre et de la position du piston. Ce rayon trace donc un véritable diagramme, qu'on peut observer à l'œil ou photographier.

Cet appareil fonctionne bien ; malheureusement, les ordonnées du diagramme ne sont pas proportionnelles aux pressions, de sorte que, si l'on veut mesurer l'aire du diagramme, il faut commencer par corriger ce dernier, en le reproduisant avec des ordonnées proportionnelles aux pressions.

Mesure de l'aire des diagrammes. — Détermination de l'ordonnée moyenne. — On procède soit par une méthode géométrique, soit par mesure directe à l'aide d'appareils appelés *intégrateurs* ou *planimètres*.

La *méthode géométrique* est due à Simpson. On trace dans le diagramme une droite qui sert de base (on prend, autant que possible, la ligne des efforts nuls); on divise cette base en un *nombre pair de parties égales* (fig. 98) et on élève des ordonnées $y_0, y_1, y_2 \ldots y_{n-1}, y_n$, dont on mesure les longueurs entre la base et le contour

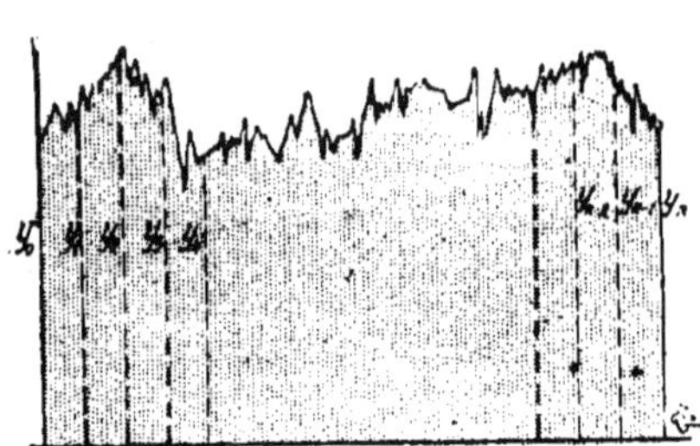

Fig. 98. — Méthode de Simpson.

du diagramme. Si l est la longueur de la base, la surface S du diagramme a pour expression :

$$S = \frac{l}{3}\left[y_0 + y_n + 4(y_1 + y_3 + y_5 + \ldots + y_{n-1}) + 2(y_2 + y_4 + \ldots + y_n) \right].$$

Si la ligne de base traverse la surface à mesurer, on évalue séparément les aires des deux parties situées de chaque côté de la base et on les additionne.

Le *planimètre* le plus employé est celui d'Amsler (fig. 99). Il se compose de deux branches articulées sur un axe, d, per-

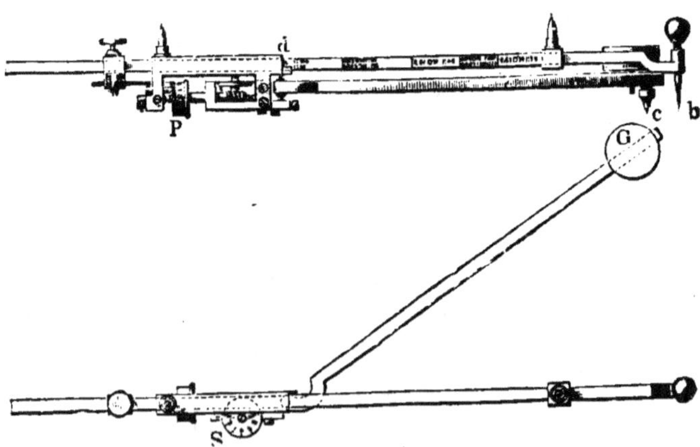

Fig. 99. — Planimètre d'Amsler (Schaeffer et Budenberg).

pendiculaire à leur plan. L'une des branches est mobile autour d'un axe, perpendiculaire au plan du diagramme, constitué par une pointe, c, qu'on enfonce dans la planchette sur laquelle on étend le papier de l'enregistreur. L'autre branche est munie, à une de ses extrémités, d'un style en acier, *b* (1), au moyen duquel on suit le contour du diagramme, et, à l'autre extrémité, d'une roulette, P, dont l'axe est parallèle à la tige, qui appuie sur la planchette et actionne un petit compteur S. Pour se servir du planimètre, on lit le chiffre marqué par le compteur, puis on fait parcourir au style le contour du diagramme, dans le sens des aiguilles d'une montre. La roulette ayant tourné d'une certaine quantité, on fait une nouvelle lecture au compteur ; la différence de ces deux lectures donne un certain nombre. Si l'on effectue la même opération sur une figure ayant la forme d'un carré de un centimètre de côté, on détermine à combien de centimètres carrés correspond une unité du compteur, chiffre qui est d'ailleurs gravé sur le planimètre. Une simple multiplication donne la surface du diagramme.

Pour déterminer l'*ordonnée moyenne*, il suffit, après avoir mesuré l'aire du diagramme, par la méthode de Simpson ou avec un planimètre, de diviser cette aire par la base ou distance des ordonnées extrêmes. On a ainsi la hauteur du rectangle de même surface que le diagramme, c'est-à-dire, comme nous l'avons vu, l'ordonnée moyenne.

(1) L'acier ne laisse pas de trace sur les papiers au carbonate de zinc ; le planimètre ne détériore donc pas les diagrammes.

LES MOTEURS

INTRODUCTION GÉNÉRALE

Les différentes opérations que l'agriculteur doit exécuter dans son exploitation nécessitent toujours la dépense d'une certaine quantité d'énergie, correspondant à la quantité de travail mécanique qu'elles représentent. Les *moteurs* lui servent à transformer les différentes formes d'énergie en énergie mécanique, directement utilisable par lui.

L'agriculteur emploie deux genres très différents de moteurs : des êtres vivants et des systèmes matériels combinés et construits à son usage ; on les distingue ordinairement sous les noms de *moteurs animés* et de *moteurs inanimés*. Les uns et les autres ne sont que des transformateurs d'énergie ; les êtres vivants, comme la machine à vapeur ou le moteur à explosions, transforment en énergie mécanique l'énergie thermique contenue, à l'état d'énergie potentielle, dans la ration alimentaire, la houille, le pétrole où le gaz ; c'est toujours un phénomène de combustion qui la fait passer à l'état d'énergie actuelle.

Parfois aussi l'agriculteur trouve l'énergie à l'état d'énergie mécanique qu'il peut utiliser directement, sans avoir à la transformer, en se bornant à recourir à des mécanismes appropriés ; c'est ainsi qu'au moyen de turbines ou de moulins à vent il peut convertir en travail mécanique la force vive de l'eau ou de l'air en mouvement. Il n'a pas, dans ces deux cas, à transformer de l'énergie thermique en énergie mécanique ; cette transformation s'est bien produite dans la nature, mais il n'a pas eu à l'effectuer lui-même, ni, par conséquent, à en supporter les frais.

MOTEURS ANIMÉS

Les moteurs animés sont, d'une façon générale, des machines très délicates, qui ne peuvent produire un travail continu et dont les périodes de fonctionnement doivent être nécessairement séparées par des périodes de repos d'assez longue durée.

Il est à peu près impossible de donner des renseignements précis sur la quantité de travail que peuvent fournir les moteurs animés et sur le prix auquel l'agriculteur paye ce travail ; il faut, en effet, tenir compte non seulement des conditions extérieures qui peuvent influer sur ces moteurs, des caractères particuliers aux diverses races, mais même de leurs aptitudes individuelles ; encore ces aptitudes individuelles sont-elles sujettes à variations. On doit donc, à cet égard, se contenter d'indications moyennes, qu'il importe de considérer seulement comme des renseignements généraux modifiables chaque fois qu'on veut les appliquer à des cas particuliers. Ces indications nous permettent, cependant, d'établir les prix de revient de certains travaux, avec une approximation suffisante pour qu'on puisse déterminer les genres de moteurs les plus propres à produire la transformation ou l'utilisation d'énergie qu'ils nécessitent.

Il faut se souvenir, avant tout, que les moteurs animés, hommes ou animaux, ne peuvent travailler, d'une façon durable, qu'à une certaine allure, variable, d'ailleurs, d'un individu à un autre, et qui est imposée par les conditions d'accomplissement régulier des différentes fonctions de l'organisme, notamment par le rythme des battements du cœur et des mouvements respiratoires ; une allure trop vive ou trop lente fatigue très rapidement un moteur animé, et la quantité totale de travail fournie dans ces conditions est plus faible que celle qu'il fournirait à une allure normale.

D'autre part, même à cette allure normale, le moteur animé doit, ainsi que nous l'avons dit, se reposer périodiquement ; il faut donc bien se garder de calculer, comme on le fait trop souvent, à tort, la quantité de travail mécanique que peut produire un homme ou un animal, en admettant que l'effort constaté ou supposé soit exercé pendant soixante minutes par heure ; un moteur animé ne travaille pas plus de cinquante minutes, ni même, généralement, plus de quarante-cinq minutes par heure.

Homme.

L'homme est le moins puissant de tous les moteurs employés en agriculture ; c'est, par contre, celui qui est le plus susceptible d'applications variées ; l'extrême diversité des mouvements qu'il peut exécuter lui permet d'accomplir, au moyen d'instruments très simples, des travaux que les autres moteurs animés, dont les articulations sont moins libres, ne peuvent souvent effectuer qu'en agissant sur une machine intermédiaire plus ou moins compliquée.

En général, les hommes des régions septentrionales sont plus robustes, mais moins actifs que ceux des pays méridionaux ; les premiers déploient à chaque mouvement un effort plus considérable que les derniers, mais comme ils font moins de mouvements dans un temps donné, la quantité de travail fournie par jour, évaluée en kilogrammètres, est à peu près la même dans les deux cas, tout au moins si on ne s'écarte pas des limites de la zone tempérée.

La puissance musculaire de l'homme peut être utilisée de bien des manières différentes : à transporter des fardeaux, à pousser ou à remorquer des charges ou des instruments, à imprimer à des machines des mouvements rectilignes ou curvilignes, périodiques, intermittents ou continus, uniformes ou variés. Le travail qu'il peut produire dans ces diverses circonstances est, nécessairement, très variable. Le nombre des mouvements exécutés dans un temps donné doit être, comme pour les autres moteurs animés, en concordance avec le rythme des fonctions organiques ; ainsi, le nombre de mouvements respiratoires étant de seize, en moyenne, par minute, un homme fera tourner une manivelle à raison de 16, 32, 40, 48 tours ou donnera 8, ou 16 coups de pioche, etc., pendant ce même temps ; dans certains métiers, les mouvements les plus violents que les ouvriers ont à exécuter sont accompagnés d'une inspiration ou d'une expiration prolongée. Si l'on ne tient pas compte de la nécessité de cette concordance de rythmes, l'homme s'épuise rapidement, et sa fatigue se manifeste par l'essoufflement.

Ajoutons que la quantité totale de travail produite dans un temps donné varie avec l'amplitude des mouvements imposés à l'homme ; ainsi, bien qu'il y ait généralement intérêt à augmenter le rayon des manivelles, pour accroître en même temps l'effort transmis, il ne faut cependant pas que ce rayon dépasse $0^m,60$ sous peine d'exagérer l'amplitude des mouvements et de fatiguer trop vite l'ouvrier ; on adopte ordinairement un rayon de $0^m,35$ à $0^m,40$.

Enfin, la quantité de travail produite par un homme n'est pas la même suivant le mode de rétribution appliqué : un homme agissant sur une manivelle produit 6 kilogrammètres par seconde lorsqu'il est payé à la journée et 10 à 11 kilogrammètres lorsqu'il l'est à la tâche. On obtient ainsi les chiffres suivants, en supposant 45 minutes de travail effectif par heure :

Prix de l'heure..............	$0^{fr},25$	$0^{fr},35$
Kilogrammètres par seconde...	6	10
— par heure.....	16 200	27 000
Prix des 100 000 kgm..........	$1^{fr},54$	$1^{fr},29$

Le prix de revient des 100 000 kilogrammètres oscille comme suit :

Travail à la journée.............	de $1^{fr},39$ à $1^{fr},85$
— à la tâche..............	de $1^{fr},29$ à $1^{fr},65$ (1).

Tous les chiffres cités précédemment sont relatifs à un travail continu ; s'il s'agit d'un travail momentané, l'homme peut développer des effort très élevés.

D'après Courtois, un homme de taille moyenne, pesant 70 kilogrammes, y compris ses vêtements, exerce, en tirant

(1) Cf. *Journal d'Agriculture pratique*, 1900, t. I, art. de M. RINGELMANN.

G. COUPAN. — *Les Moteurs agricoles.*   9

ou en poussant horizontalement, un effort maximum de 50 à 60 kilogrammes ; il peut développer, avec les bras, un effort de 80 kilogrammes environ. Le plus grand poids qu'il puisse porter est, ordinairement, de 150 kilogrammes ; celui qu'il peut soulever varie de 200 à 300 kilogrammes. La force moyenne d'une femme est égale à celle des jeunes garçons de quinze à seize ans et ne dépasse pas les deux tiers de celle de l'homme.

Coulomb estimait que le travail utile maximum d'un homme qui monte en portant une charge de 65 à 70 kilogrammes est seulement le quart du travail utile qu'il peut produire lorsqu'il monte libre et sans charge ; que, sur un sol horizontal, un homme transporte, dans sa journée de dix heures, en 500 brouettées de 60 kilogrammes, environ 20 mètres cubes de terre, à 30 mètres ; enfin, qu'un homme, qui porte des fardeaux à une assez grande distance et revient à vide, peut porter environ 60 kilogrammes en parcourant, dans sa journée, 11 kilomètres avec cette charge et autant, par conséquent, à vide.

Nous donnerons encore, d'après Claudel, quelques indications rectifiées sur les quantités de travail mécanique produites par un homme de 65 à 70 kilogrammes, dans diverses conditions ; ces quantités sont calculées en supposant que le travail effectif ne dure que 45 minutes par heure, soit 2 700 secondes au lieu de 3 600, ce qui nous a conduit à corriger les chiffres fournis par cet auteur.

Nous appellerons E l'effort moyen exercé, v la vitesse par seconde, t le travail par seconde, d la durée du travail journalier, en heures de 45 minutes environ, et Q la quantité de travail produite ainsi par jour.

Élévation verticale des fardeaux.

Manœuvre élevant les fardeaux avec une corde et une poulie, la corde redescendant à vide :

E = 18^k ; $v = 0^m,20$; $t = 3,6$ *kgm* ; $d = 6$ heures ; Q = 58 000 *kgm*.

Manœuvre soulevant les fardeaux avec la main.

E = 20^k ; $v = 0^m,17$; $t = 3,4$ *kgm* ; $d = 6$ heures : Q = 55 000 *kgm*.

Manœuvre élevant des poids sur son dos, les transportant en haut d'une rampe douce ou d'un escalier et revenant à vide.

$E = 65^k$; $v = 0^m,04$; $t = 2,6\ kgm$; $d = 6$ heures ; $Q = 42\,000\ kgm$.

Manœuvre élevant des matériaux avec une brouette, en montant une rampe de 8 p. 100.

$E = 60^k$; $v = 0^m,02$; $t = 1,2\ kgm$; $d = 10$ heures ; $Q = 32\,000\ kgm$.

Manœuvre élevant les terres à la pelle, à la hauteur moyenne de $1^m,60$.

$E = 2,7^k$; $v = 0^m,40$; $t = 1,08\ kgm$; $d = 10$ heures : $Q = 29\,000\ kgm$.

Manœuvre agissant sur une roue à chevilles ou à tambour :
a) au niveau de l'axe de la roue :

$E = 60^k$; $v = 0^m,15$: $t = 9\ kgm$; $d = 8$ heures ; $Q = 194\,000\ kgm$.

b) vers le bas de la roue, ou à 24° ;

$E = 12^k$; $v = 0^m,70$; $t = 8,4\ kgm$; $d = 8$ heures : $Q = 182\,000\ kgm$.

Manœuvre agissant sur une manivelle.

$E = 8^k$; $v = 0^m,75$: $t = 6\ kgm$; $d = 8$ heures ; $Q = 130\,000\ kgm$.

Manœuvre exercé poussant et tirant alternativement dans le sens vertical.

$E = 6^k$; $v = 0^m,75$; $t = 4,5\ kgm$: $d = 10$ heures : $Q = 122\,000\ kgm$.

Voici, d'autre part, d'après Barré, quels sont les efforts maxima qu'un homme de force ordinaire peut exercer, pendant un court intervalle de temps, en agissant sur différents outils :

Plane	45	kilogrammes.
Tarière (avec les 2 mains)	45	—
Clé d'écrou	38	—
Étau ordinaire, sur la clé	33	—
Ciseau ou foret dans le sens vertical	33	—
Manivelle	30	—
Tenaille ou pince, par compression	27	—
Rabot à main	23	—
Étau à main	20	—
Scie à main	16	—
Vilebrequin	7	—
Petit tournevis	6	—
En tournant avec les doigts	6	—

Nous ferons remarquer, une fois pour toutes, que ces chiffres n'ont aucune valeur absolue, et qu'ils n'offrent qu'un intérêt purement documentaire.

Animaux.

Les animaux fournissent la majeure partie de l'énergie dépensée pour les travaux agricoles ; l'homme n'en produisant qu'une quantité relativement faible à un prix élevé, il y a tout intérêt à lui substituer des animaux, en bornant son rôle à la conduite ou à la surveillance des attelages et des machines. C'est seulement si l'ouvrage à exécuter exige beaucoup de soins et d'intelligence, comme, par exemple, le démariage des betteraves, qu'il vaut mieux dépenser plus, en confiant le travail à des hommes, pour obtenir un meilleur résultat.

Dans la plupart des cas, l'homme qui conduit les animaux doit dépenser une assez grande quantité d'énergie, tant pour diriger la machine que pour se déplacer lui-même dans les champs ; il en résulte pour lui une certaine fatigue. Aux États-Unis, on s'efforce de la lui épargner le plus possible, au risque même d'augmenter celle des animaux, en adaptant des sièges à toutes les machines qui peuvent en recevoir ; porté par la machine, qui est douée d'ailleurs de stabilité, l'ouvrier, n'ayant plus à marcher dans le champ, se fatigue peu ; comme, d'autre part, il estime la fatigue que doivent éprouver les animaux d'après celle qu'il ressent lui-même, il ne croit pas nécessaire de les faire reposer aussi fréquemment, et on constate qu'avec des machines à siège, la quantité de travail effectuée en une journée est sensiblement plus élevée qu'avec les machines ordinaires sans siège. On n'emploie néanmoins, en Europe, qu'un petit nombre de machines pourvues de sièges. Les habitudes séculaires, des considérations de prix d'achat, d'époques de travaux, etc., s'y opposent parfois. Les Américains du Nord généralisent le plus possible l'emploi des sièges ; ils y sont poussés par la difficulté de recruter de véritables ouvriers professionnels, qui les oblige à employer aux travaux des champs tout homme sachant à peu près conduire des chevaux, et aussi par une compréhension plus moderne et plus exacte du rôle de l'homme dans l'exécution des travaux.

On évalue à 1 435 000 000 le nombre de journées d'animaux dont peut disposer l'agriculture française pour cultiver les 35 000 000 d'hectares qui composent notre territoire agricole ; ces journées se décomposent comme suit :

Journées de chevaux	587 000 000
— d'ânes et mulets	153 000 000
— de bœufs et vaches	695 000 000

Le nombre total de journées d'hommes est à peu près le même, soit 1 400 000 000 (1). Les bovidés tiennent la place la plus importante dans le bétail moteur ; viennent ensuite les chevaux, dont le rôle est à peine inférieur à celui des bœufs ; les ânes et les mulets sont peu employés, chez nous, aux travaux de culture, tandis que dans certains pays, à sol pauvre, montagneux et sec, ils constituent parfois la majeure partie du bétail moteur. Le buffle, le zébu, le chameau, le dromadaire, etc., sont employés dans les colonies. Il convient de signaler aussi, pour certains pays d'Europe, le chien, qui rend d'immenses services dans les petites exploitations, notamment celles qui se livrent à l'industrie laitière ; ainsi dans la Belgique occidentale, et dans quelques cantons de la Suisse, le transport des bidons de lait aux laiteries coopératives ou aux villes et le transport des légumes au marché se font dans de petites voitures basses, à deux ou quatre roues ; un chien de forte taille peut ainsi remorquer, sur route, une charge utile de 500 kilogrammes, et vaut de 70 à 80 francs. Certaines voitures sont attelées avec trois ou quatre chiens, qui traînent alors des charges considérables (fig. 100).

Harnais. — Les animaux agissent, sur les machines auxquelles on les attelle, par l'intermédiaire de harnais. Contrairement à l'opinion si répandue dans les campagnes, les harnais sont des pièces d'une grande importance, qui doivent être très bien confectionnées et bien adaptées aux animaux dont on veut obtenir un bon service. A fatigue égale, et pour la

---

(1) Ringelmann, *Matériel agricole à l'Exposition de 1900.*

même quantité de nourriture, un animal donné fournit plus
de travail avec de bons qu'avec de mauvais harnais. Dans les
pays d'élevage, il y a généralement lieu de respecter, au
moins dans leurs grandes lignes, les formes de harnais en

Fig. 100. — Chiens attelés au collier remorquant un chargement de légumes,
à Bruges (Belgique). Phot. V. Duclos.

usage, car on peut admettre que ces formes n'ont été adoptées
qu'après avoir été reconnues, par une longue pratique, favorables au développement et au dressage des jeunes animaux.
Mais dans les exploitations où l'on n'emploie que des animaux
de service, c'est-à-dire dans la majorité des cas, on doit cher-

cher à obtenir le meilleur rendement, c'est-à-dire l'utilisation de la plus grande quantité possible d'énergie pour un prix déterminé. Nous ne pouvons songer à faire une description complète des différents harnais, mais il nous paraît utile de rappeler brièvement les principales conditions auxquelles ils doivent satisfaire.

Les *Équidés*, chevaux, ânes et mulets, sont utilisés à la fois comme bêtes de somme et comme animaux de trait. Dans les deux cas, la principale qualité à exiger du harnais est qu'il soit bien ajusté; il ne gêne alors aucun mouvement, s'applique bien sur le corps et n'occasionne pas, par ses déplacements, des frottements souvent douloureux pour les animaux. Il faut veiller à ce que le harnais n'appuie pas sur les parties où la peau recouvre immédiatement des parties osseuses (garrot et épine dorsale), et à ce que le rembourrage soit assez bien fait pour que la pression du harnais se répartisse sur toute l'étendue du corps en contact avec lui et non pas en quelques points seulement. Il ne doit être ni trop petit, car la pression serait excessive, ni trop grand, pour ne pas gêner les régions qui participent aux mouvements dont résulte le déplacement de l'animal; il doit, enfin, être aussi léger que possible, car il constitue une surcharge pour l'animal, et l'on peut dire que tout ce qui contribue à augmenter le poids du harnais, au delà de celui qui correspond à la solidité nécessaire, est franchement nuisible.

Les parties qui servent à supporter des charges, comme la *selle*, la *sellette*, le *bât*, doivent être évidées, au niveau de l'épine dorsale et surtout du garrot, et légèrement prolongées vers l'épaule; si les sangles sont suffisamment serrées, le harnais ne se déplace pas en avant et on peut, sans inconvénient, supprimer la croupière. A. Sanson estime même que la croupière, accompagnant un harnais mal fait et des sangles insuffisamment serrées, est toujours une cause de gêne et souvent une cause de blessure.

Les pièces servant au tirage sont le *collier* et la *bricole*. Le collier ne doit porter ni sur le garrot, ni sur la trachée; il doit donc présenter des flancs ou *mamelles* assez bombés et s'appliquant bien sur l'encolure, surtout à la base. Là encore il convient que ce harnais soit aussi léger que possible ; les colliers volumineux, à larges attelles, surchargés de sonnettes ou de grelots, peuvent être curieux au point de vue esthétique, mais fatiguent inutilement les animaux, sans augmenter, comme on le croit trop souvent, l'effort qu'ils sont en mesure de produire. Les housses, les peaux de moutons dont on les garnit, provoquent la transpiration et favorisent la formation des plaies. Ajoutons enfin que plus le collier est volumineux, pesant et ornementé, plus il est coûteux d'achat et d'entretien.

« Le plus sage est de ne donner au collier que les proportions nécessaires pour assurer sa solidité, en n'y adaptant que des attelles suffisantes pour y attacher les chaînettes et les traits qui viennent y aboutir. Cela est en même temps plus utile, plus commode et moins cher. (1) »

Les attelles, qu'on appelle aussi *armatures*, servent non seulement à fixer les traits, mais aussi à éviter le choc des brancards ; les armatures en cuivre ne sont employées que dans la sellerie de luxe ; pour les chevaux de trait léger, les armatures en fer sont souvent noyées à l'intérieur du rembourrage. Les armatures de bois conviennent parfaitement pour les usages agricoles et pour les gros charrois, en général, à la seule condition qu'elles n'augmentent pas d'une façon exagérée le poids du collier.

On emploie depuis quelque temps en agriculture, à l'exemple des compagnies de transport, des colliers entièrement métalliques, sans rembourrage ; deux pièces, en acier embouti, forment à la fois mamelles et attelles ; elles sont réunies en haut par une articulation ou, mieux, par une pièce à ressort (fig. 101). Extrèmement légers et solides, ces colliers sont, en outre, très élastiques, et s'adaptent très bien aux animaux, qu'ils ne blessent pas plus que les colliers rembourrés ; c'est d'ailleurs une erreur de croire qu'il faille beaucoup rembourrer les colliers (2).

Les colliers métalliques ne conviendraient pas pour les limoniers de lourds charrois ; mais ils sont très avantageux

(1) A. SANSON, *Traité de Zootechnie.*
(2) LAVALARD, Cours d'hippologie de l'Institut agronomique.

toutes les fois qu'on n'a pas à redouter le choc des brancards. Ils n'exigent que très peu d'entretien, peuvent être réparés à la ferme (certains modèles sont à pièces interchangeables), se nettoient facilement et ne servent pas, comme les autres, de réceptacle à la vermine et aux germes de maladie. Ils sont généralement galvanisés, au moins à l'intérieur, et l'on prétend même que l'oxyde de zinc qu'ils peuvent alors apporter sur les plaies en facilite la guérison.

La bricole, ou large bande de cuir appliquée sur le poitrail, utilise mal l'effort du cheval. Elle présente seulement comme avantages son extrême légèreté et la facilité de s'adapter à tous les animaux par un ajustement très simple ; ce sont les raisons qui la font employer dans l'artillerie. Il faut s'en servir uniquement pour les travaux n'exigeant qu'une faible partie de l'effort que peut déployer l'animal, ou encore lorsque des plaies de l'encolure empêchent l'usage du collier.

Fig. 101. — Collier métallique (A. Bajac).

L'avaloire, qui permet aux animaux de retenir les charges, est une simple lanière, comme la bricole, mais plus étroite ; elle doit agir sur la partie la plus saillante des fesses.

Les traits, qui servent à transmettre l'effort de traction au véhicule ou à la machine, sont formés de bandes de cuir, de

cordes ou de chaînes métalliques; très souvent, même, ils
sont constitués par une partie en corde ou en cuir et une
partie en chaîne. Il importe surtout qu'ils ne frottent pas
le long du corps, et qu'ils soient reliés au collier de façon
que ce dernier appuie également sur toute la bande de l'encolure.

Les traits sont presque inextensibles; il en résulte que
les animaux agissent souvent par choc, surtout au démarrage.
Nous savons que le choc est toujours accompagné d'une perte
d'énergie, et, comme l'élasticité du collier est insuffisante
pour absorber cette énergie et la restituer ensuite, il est très
recommandable de faire usage de palonniers à ressort, ou de
ressorts à boudins interposés entre l'extrémité des traits et les
crochets d'attelage. Ces ressorts restituent une grande partie de
l'énergie inutilement dépensée dans le choc. Certains modèles
d'amortisseurs à ressorts sont pourvus d'un petit ressort antagoniste du premier et ayant pour but d'éviter un nouveau
choc lorsque le ressort principal se détend (fig. 102). Des expé-

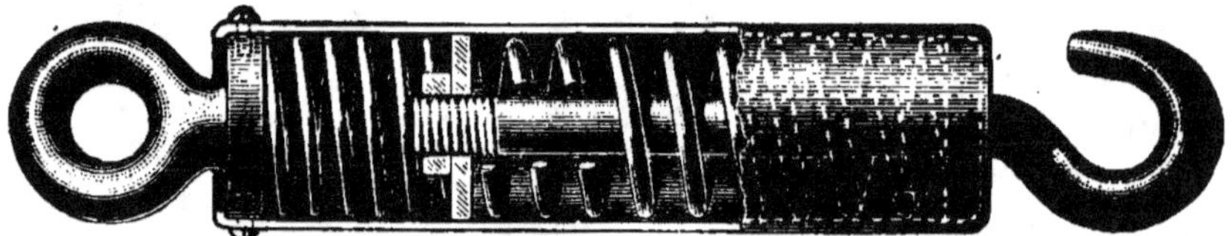

Fig. 102. — Ressort compensateur-amortisseur de traction (A. Bajac).

riences allemandes permettent de conclure que l'économie de
traction occasionnée par l'emploi de traits élastiques atteint
jusqu'à 20 p. 100.

La longueur des traits varie notablement d'un pays à
l'autre, en raison de la taille des animaux, des habitudes
locales, etc.; les traits longs, qui sont les plus répandus,
portent sur le sol quand les animaux sont au repos, ou
quand ils tournent un peu court aux extrémités des champs.
Il arrive fréquemment que les pieds des animaux s'embar
rassent dans ces traits, et le moindre inconvénient qui puisse
en résulter est la perte de temps nécessaire pour les dégager.
Aussi fabrique-t-on des harnais, analogues à ceux de halage,
dans lesquels le palonnier, fixé à l'extrémité de traits courts,

est soutenu au-dessus des jarrets par des courroies en diagonale, maintenues par une sous-ventrière et une croupière (fig. 103). M. Larue, ingénieur agronome, a imaginé un harnais à palonnier du même genre que celui représenté sur la figure 104, mais un peu simplifié par la suppression de la sous-ventrière et de la courroie dorsale.

Ces harnais sont employés surtout dans les vignes, où il faut placer les palonniers très haut, et réduire même le plus possible leur largeur, pour qu'ils ne heurtent pas les échalas ; le palonnier est souvent cintré en forme d'avaloire, et construit en bois ou en métal, parfois même en tubes métalliques ; le harnais peut aussi être entièrement en cuir (fig. 104).

Les Bovidés sont ordinairement attelés par paires ; on réunit les deux animaux au moyen du *joug couplant* placé sur le front, sur la nuque ou sur le garrot. Ce procédé d'attelage est fort ancien. Dans les pays de culture avancée, où les bovidés sont toujours bien dressés, les jougs sont

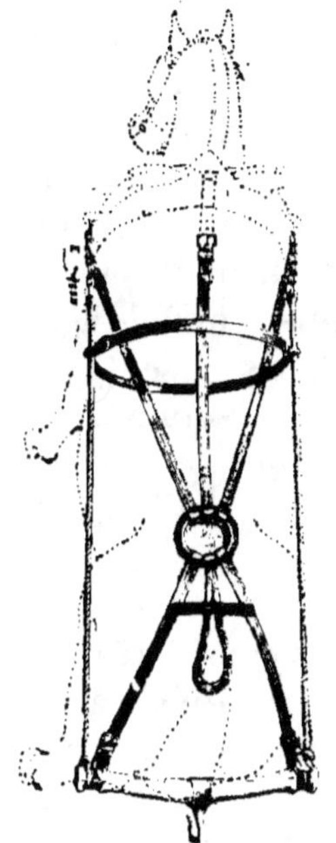

Fig. 103. — Harnais à traits courts et palonnier suspendu (A. Bajac).

relativement courts, leur longueur étant telle, cependant, que les animaux ne se gènent pas mutuellement. Au

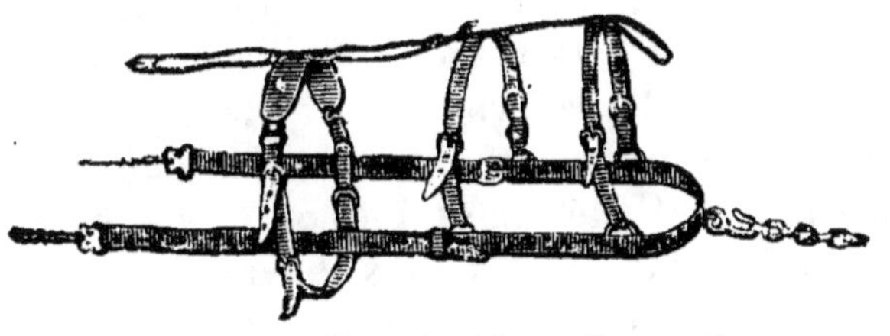

Fig. 104. — Harnais viticole (Vermorel).

contraire, dans le pays où la culture est primitive et où les animaux sont mal dressés, les jougs sont beaucoup plus longs, afin que les irrégularités d'allure se traduisent d'une façon moins sensible sur les véhicules ou machines remorqués.

Le joug couplant est un harnais peu coûteux, mais qui, en

les solidarisant trop, occasionne une gène réelle pour les animaux, en les obligeant à prendre une attitude fatigante, qui ne leur permet pas toujours de développer intégralement l'effort qu'ils sont capables de produire. C'est surtout pendant les travaux de labour que l'attitude des animaux accouplés au joug est défectueuse : les deux bovidés marchant à des niveaux différents, l'un sur le guéret, l'autre dans la raie, sont obligés d'incliner latéralement la tète. Un autre inconvénient habituellement reproché au joug est d'exiger que les deux animaux ainsi couplés agissent toujours simultanément, sans quoi les efforts cessent d'ètre parallèles et ont une résultante inférieure à leur somme.

Tous ces reproches sont fondés ; il ne faut cependant pas en exagérer l'importance, et, comme le fait remarquer Sanson, la question est de savoir si les remèdes proposés sont compatibles avec le mode d'exploitation le plus économique des bovidés considérés comme moteurs.

Certaines personnes préconisent le collier, comme pour les équidés ; ce mode d'attelage offre incontestablement l'avantage de laisser aux bœufs une entière liberté d'allure, et permet même d'obtenir un effort plus élevé que l'attelage au joug. Par contre, le collier expose les bovidés à de fréquentes blessures de l'encolure, qui sont une cause de souffrance et d'amaigrissement. De plus, « la vie de travail des bovidés est nécessairement d'une durée fort limitée, surtout si on exploite les animaux dans des conditions de progrès qui exigent le fréquent renouvellement du bétail. La durée des harnais est plus longue, et, à moins de les réformer avant leur usure, il faut bien les faire servir successivement à des animaux pour lesquels ils n'avaient point été faits. Le collier de bovidé devrait donc être une sorte de selle à tous chevaux. Or, c'est ce qui n'est pas possible, et l'on ne peut arriver qu'à se servir de colliers mal ajustés, à moins de faire chaque fois la dépense d'un ajustement nouveau. Enfin, le harnais complet coûte cher » (1).

Il faut donc améliorer le joug, mais ne pas chercher à le

____

(1) A. Sanson, *Traité de Zootechnie.*

remplacer par le collier. Dans le but de laisser aux animaux un peu plus d'indépendance qu'avec les jougs doubles de fabrication courante, on a construit des jougs articulés, formés, en somme, de deux jougs simples montés à articulation aux deux extrémités d'une traverse ; ils manquent de solidité, et, d'ailleurs, n'obvient pas au défaut de simultanéité des efforts.

Il est préférable d'avoir recours au *joug frontal simple*, appelé aussi *jouguet*, qui est employé depuis longtemps en Allemagne, et même dans certaines parties de la France ; c'est un appareil peu coûteux et qui permet d'utiliser, dans les meilleures conditions possibles, la puissance musculaire du bœuf. Le

Fig. 105. — Jouguet simple (A. Bajac).

jouguet se compose d'une plaque en bois, assez épaisse et cintrée, renforcée en avant par une bande métallique terminée, de chaque côté, par des crochets qui servent à fixer les traits ; il est rembourré à sa partie interne. Une fois placé sur le front de l'animal, on le maintient à l'aide de courroies qui entourent les cornes et qu'on serre avec des boucles, ou par tout autre système d'accrochage. On complète utilement ce harnais par une sous-ventrière, qui supporte les traits en arrière et empêche l'animal de s'y embarrasser les pieds ; on peut aussi le combiner avec un harnais de halage, ou encore avec une sellette à dossière et une avaloire, pour atteler entre les brancards. Les bovidés sont alors reliés, aux machines qu'ils remorquent, par des palonniers et des balances, comme s'il s'agissait de chevaux ; ils ont ainsi une complète liberté d'allure, et il n'est pas besoin de modifier les véhicules ou les machines pour y atteler à volonté des bœufs ou des chevaux ; des bœufs harnachés au jouguet peuvent actionner les faucheuses et les moissonneuses.

Lorsque plusieurs bovidés attelés au joug frontal simple sont placés en file, les traits des animaux placés en avant ne doivent pas être accrochés aux jougs de ceux qui les suivent, mais à un anneau des traits, de façon que l'effort exercé par les premiers n'oblige pas les suivants à baisser la tête; les harnais bien conditionnés sont d'ailleurs pourvus d'une chaîne courte reliée au trait en un point convenable, et à laquelle on fixe les traits de l'animal précédent.

Conditions de travail des animaux. — Il est absolument impossible de déterminer *a priori* la quantité de travail mécanique que peut fournir un cheval ou un bœuf. Nous avons vu, en effet, qu'il existe un trop grand nombre de causes susceptibles de la faire varier. Néanmoins, on peut estimer, avec une approximation suffisante, que ces deux genres de moteurs animés travaillent de la façon suivante(1) :

Poids des moteurs.	Effort moyen exercé.	Vitesse par seconde.
Cheval :		
300 à 450^k	65 à 75^k	0^m,70 à 0^m,75
450 à 600^k	90 à 110^k	0^m,65 à 0^m,70
600 à 800^k	120 à 150^k	0^m,60 à 0^m,65
Bœuf :		
250 à 400^k	55 à 70^k	0^m,70 à 0^m,75
400 à 550^k	90 à 110^k	0^m,60 à 0^m,65
550 à 700^k	160 à 200^k	0^m,50 à 0^m,55

Ces chiffres sont les résultats d'observations très nombreuses et correspondent à une durée de travail effectif de 8 heures, soit 360 à 400 minutes, l'heure ne comportant que 45 minutes, environ, de travail réel. Les efforts maxima que les animaux peuvent développer sont beaucoup plus élevés, mais ne sont soutenus que pendant un temps très court ; un cheval ardent peut exercer une traction à peu près égale à' son poids, mais dans les coups de collier seulement.

Lorsqu'on attelle ensemble plusieurs animaux, l'effort total obtenu n'est jamais égal à la somme des efforts individuels ; cela tient à ce que les efforts ne sont jamais simultanés. On ne peut pas obtenir une concordance absolue avec des hommes, même lorsque ceux-ci rythment leurs mouvements au moyen de commandements ou de refrains; à plus forte raison, cette concordance est-elle impossible lorsqu'il

(1) RINGELMANN. *Mise en culture des terres.*

s'agit d'animaux. A cette première cause de diminution de rendement s'ajoute le défaut de parallélisme des efforts; lorsque les animaux sont attelés en file, les directions des efforts ne font pas le même angle avec le sol, et cela donné naissance à des composantes partielles, dirigées vers le sol, que certains animaux doivent équilibrer au prix d'une fatigue supplémentaire.

D'après M. Ringelmann, les coefficients de réduction qu'il faut appliquer aux efforts individuels, lorsque les animaux ne travaillent pas isolément, sont les suivants (1) :

Nombre d'animaux.	Effort utilisable exercé par chaque animal (rapports).
1	1
2	0,93
3	0,85
4	0,77
5	0,70
6	0,63
7	0,56
8	0,49

Ainsi, des chevaux, capables de développer individuellement un effort de 100 kilogrammes, ne donnent plus que $2 \times 100 \times 0,93 = 186$ kilogrammes (au lieu de 200) lorsqu'ils sont attelés par paire; que $4 \times 100 \times 0,77 = 308$ kilogrammes (au lieu de 400) lorsqu'ils sont attelés par 4 en file, et $2 \times 186 \times 0,93 = 346$ kilogrammes s'ils sont attelés en deux paires. On conçoit donc qu'il n'y ait intérêt à augmenter le nombre des animaux composant un attelage que jusqu'à une certaine limite, au delà de laquelle l'adjonction d'une unité n'influe pas d'une façon sensible sur l'effort total obtenu.

Le prix de revient du travail varie, en outre, avec le mode d'utilisation des animaux; on peut, en effet, les employer soit à remorquer directement des véhicules ou des machines, soit à actionner des appareils intermédiaires, comme les manèges, qui modifient l'intensité de l'effort, la direction et la

____

(1) *Mise en culture des terres.*

vitesse du mouvement, mais diminuent le rendement en augmentant les résistances passives.

En estimant à 3 francs le prix de la journée d'un cheval ou d'un bœuf, et à 3 francs également le prix de celle de l'homme, charretier ou bouvier, on peut établir comme suit les prix de revient de 100 000 kilogrammètres dans chaque cas particulier (1) :

Chevaux. — 1° *Traction directe.* — Chevaux de 600 à 700 kilogrammes pouvant donner individuellement 200 000 kilogrammètres pratiquement utilisables par heure, 372 000 kilogrammètres par paire, 510 000 kilogrammètres par trois.

| | | ATTELAGES DE | | |
		1 cheval.	2 chevaux.	3 chevaux.
Prix de l'heure de travail.	Charretier....	0fr,30	0fr,30	0fr,30
	Animaux.	0fr,50	0fr,90	1fr,20
	Total........ ..	0fr,80	1fr,20	1fr,50
Kgm. fournis par heure.............		200 000	372 000	510 000
Prix des 100 000 kgm....		0fr,40	0fr,32	0fr,29

2° *Action sur un manège à piste circulaire.* — La quantité de travail disponible diminue, à cause des résistances passives, de l'obliquité de l'effort de traction relativement à la flèche, et de la gène qu'éprouvent les chevaux à se mouvoir sur une piste circulaire de petit diamètre.

| | | ATTELAGES DE | | |
		1 cheval.	2 chevaux.	3 chevaux.
Prix de l'heure de travail.	Charretier et animaux..........	0fr,80	1fr,20	1fr,50
	Amortissement, graissage et entretien du manège..	0fr,05	0fr,07	0fr,10
	Total....	0fr,85	1fr,27	1fr,60
Kgm. fournis par heure...		120 000	223 000	306 000
Prix des 100 000 kgm............. ..		0fr,71	0fr,57	0fr,52

Bœufs. — Deux bœufs de 600 à 700 kilogrammes peuvent fournir par heure 372 000 kilogrammètres ; deux paires de

(1) Ringelmann, *Journal d'Agriculture pratique*, art. cité.

bœufs analogues donnent en moyenne 692 000 kilogrammètres par heure ; avec les prix d'application ci-dessus mentionnés, on obtient :

		BŒUFS.	
		1 paire	2 paires.
Prix de l'heure de travail.	Bouvier..............	0^{fr},30	0^{fr},30
	Animaux...........	0^{fr},60	1^{fr},20
	Total	0^{fr},90	1^{fr},50
Kgm. fournis par heure		372 000	692 000
Prix des 100 000 kgm..............		0^{fr},24	0^{fr},22

UTILISATION DES MOTEURS ANIMÉS

1° Appareils de transport.

Nous comprendrons dans cette catégorie tous les appareils et procédés ayant pour but de déplacer des objets quelconques. Les transports que l'agriculteur doit exécuter dans son exploitation diffèrent non seulement par le poids de la matière manipulée à chaque opération, mais aussi par la distance à laquelle il faut l'amener. Ainsi, la nourriture quotidienne du bétail, le service des fumiers, la manipulation de certaines récoltes, nécessitent des transports à *faible distance* ; la conduite au champ des machines de culture ou de récolte, les charrois d'engrais ou de récolte donnent lieu à des transports à *moyenne distance* ; enfin la livraison des récoltes sur les lieux de vente ou d'expédition, l'approvisionnement de la ferme en engrais, en combustible, etc., imposent des transports à *grande distance*. Aucune de ces trois classes de transports n'est nettement définie, ni même absolument distincte des deux autres ; la situation des bâtiments dans l'exploitation par rapport aux routes, aux canaux, aux gares de chemins de fer, aux centres agricoles, etc., est tellement variable qu'on ne peut assigner à chaque classe des limites séparatives bien tranchées. Quoi qu'il en soit, les différents transports auxquels est astreint l'agriculteur sont si nombreux et si fréquents qu'ils augmentent dans une proportion importante les frais de production, et qu'au cas, très rare, du reste, dans les pays à culture avancée, où il y aurait lieu de créer ou de remanier complètement un domaine, les conditions les plus favorables à l'exécution des transports devraient avoir une influence prédominante sur la détermination de l'emplacement des bâtiments.

Certains transports à petite distance s'effectuent simplement à bras ou à dos d'homme, surtout dans les petites et les moyennes exploitations ; nous n'insisterons pas sur ce genre de transports, nous bornant à renvoyer le lecteur aux renseignements généraux que, dans un paragraphe précédent, nous avons déjà donnés sur l'homme considéré comme moteur.

Dans les pays pauvres, à sol accidenté, et, en général, dans tous ceux où le mauvais état et même l'absence des chemins rendent impossible l'emploi des voitures, les transports à moyenne et à grande distance se font uniquement à dos d'âne, de mulet, de cheval, de chameau, etc. C'est ainsi que, sur les côtes, on transporte le goëmon pêché en mer et employé comme engrais ; c'est également le procédé employé, dans les hautes montagnes, concurremment avec le traîneau, pour rentrer les foins et effectuer la plupart des transports. Les animaux sont revêtus d'un bât, souvent très grossier, sur les côtés duquel sont articulées deux pièces à claire-voie analogues aux ridelles, ou mieux aux cornes des voitures fourragères, mais dont la saillie ne dépasse pas 0^m,50 à 1 mètre. C'est avec des mulets ainsi harnachés que les paysans espagnols font des trajets de près de 100 kilomètres, en franchissant les Pyrénées par des sentiers invraisemblables, pour venir vendre leur raisin dans les stations balnéaires françaises.

Les bâts de chameaux sont très rudimentaires, et servent surtout à suspendre les charges.

Enfin, dans certaines de nos colonies, les bêtes de somme elles-mêmes font défaut, et les transports sont exécutés par les indigènes, qui portent isolément les charges soit sur la tête, soit dans des paniers, des hottes et des sortes de crochets, ou qui emploient des civières, ou appareils analogues portés par deux ou quatre hommes.

La charge moyenne d'un cheval, employé comme bête de

somme, varie, d'après Courtois, de 100 à 175 kilogrammes ;
les pelletiers anglais la portent quelquefois à 200 et même à
250 kilogrammes. Celle des mulets est un peu moindre, sans
être, cependant, sensiblement inférieure à 100 kilogrammes,
poids ordinaire des charges des mulets employés par les
troupes alpines. Les ânes ne portent en général que des
charges plus faibles ; leurs propriétaires n'hésitent guère,
cependant, à leur faire transporter des fardeaux d'un poids
exagéré, eu égard à leur taille. Les chameaux qui font les
transports par caravane de Djibouti à Harrar (Abyssinie)
portent des charges de 200 kilogrammes pour les voyages à
allure ordinaire (25 jours pour 315 kilomètres), et de 100 à
110 kilogrammes si le voyage est rapide (15 jours). Enfin,
les charges portées par les convoyeurs indigènes des colonies centre-africaines ne dépassent pas 25 à 30 kilogrammes (1).

Les véhicules employés pour le transport des objets de
toute nature sont établis pour l'application du principe en
vertu duquel l'effort nécessaire pour vaincre le frottement est
moins considérable que le poids à déplacer ; d'après ce que
nous avons vu dans les préliminaires consacrés à la Mécanique, le frottement de roulement étant beaucoup plus faible
que le frottement de glissement, l'effort à déployer pour
déplacer une charge supportée par un appareil pourvu de roues
est toujours notablement moindre que celui correspondant à
la même charge transportée sur un appareil de glissement.
C'est pourquoi la plupart des appareils de transport sont
munis de roues. Il y a cependant des cas où, en raison de
leur grande simplicité de construction, de la faible importance
des charges relativement à la puissance du moteur, de circonstances spéciales, etc., on recourt à l'emploi de véhicules
glissants, qu'on peut englober sous la dénomination générale
de *traîneaux*. Nous verrons d'ailleurs assez fréquemment substituer, dans les machines agricoles, des organes de glisse-

______

(1) Les *cargueros* indiens des Andes colombiennes transportent des charges beaucoup plus considérables ; ils portent des hommes, par des sentiers à peine frayés, au
moyen d'appareils analogues aux crochets des portefaix, mais supportés par une
large courroie qui s'appuie sur la partie antérieure de la tête du carguero.

ment, comme les patins, aux organes de roulement qu'on ne pourrait pas installer dans des conditions convenables.

VÉHICULES GLISSANTS

Traîneaux. — L'organe essentiel d'un traîneau est constitué par les patins, formés de deux longrines, généralement en bois, parallèles entre elles et maintenues à l'écartement convenable par des traverses ; ces longrines reposent sur le sol et sont légèrement relevées à l'une de leurs extrémités, ou même aux deux, suivant qu'on peut remorquer le traîneau dans un seul sens ou dans deux ; la traction s'effectue, bier. entendu, dans le sens de la plus grande dimension des longrines. Il est généralement recommandable de protéger les patins contre une usure trop rapide en les doublant d'une semelle en fer ; cette précaution n'est ordinairement pas prise pour les traîneaux très rustiques qu'on trouve dans les pays montagneux ; les patins entièrement métalliques ne sont employés que pour les traîneaux servant au transport des personnes dans les pays froids. Les patins et les traverses constituent un cadre rectangulaire sur lequel on monte une plate-forme, un coffre, ou toute autre forme de récipient approprié à la nature des matières à transporter. Ainsi, une plate-forme suffit pour l'enlèvement des fumiers dans les écuries et les étables et pour leur transport à la fosse ou au tas. Pour le *schlittage* ou transport des bois dans les exploitations forestières de montagne, on adapte aux extrémités de la plate-forme des cornes en bois qui maintiennent la charge ; les patins sont en bois, et ils portent directement sur la voie, qui est formée de rondins placés parallèlement et à une certaine distance les uns des autres ; le traîneau ou *schlitte* est pourvu de brancards au moyen desquels le schlitteur, s'arc-boutant sur les rondins de la voie, empêche l'appareil de prendre une vitesse trop considérable. On fait aussi usage, en culture, de *traîneaux débardeurs* (fig. 106), qui circulent dans les champs détrempés par les pluies, où les véhicules à roues s'embourberaient, et qui servent à transporter les récoltes jusqu'aux chemins ; on monte alors sur le cadre un coffre à claire-voie

qui fait de l'appareil une sorte de tombereau ; dans certains
modèles, les parois latérales sont articulées sur charnières
pour permettre de déverser la récolte d'un côté ou de l'autre,

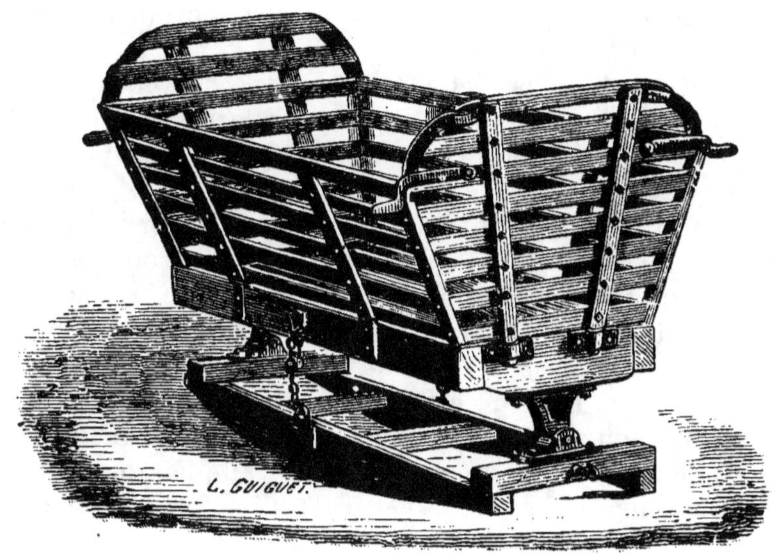

Fig. 103. — Traîneau débardeur (Bajac).

Ajoutons qu'on emploie fréquemment des traîneaux pour
transporter de la ferme aux champs diverses machines agricoles, comme les charrues, les herses, etc.

VÉHICULES ROULANTS

Petits véhicules divers. — Ces appareils, à deux, trois ou
quatre roues, sont très souvent appelés traîneaux, dénomination erronée résultant de ce qu'ils remplacent les traîneaux
pour le transport des machines dans les champs, à cause des
dégradations que les véhicules glissants causent aux chemins.
On emploie ainsi des chariots à trois roues et à flèche, sur-
montés d'une sorte de berceau, pour le transport des herses
souples ; des chariots à quatre roues et à avant-train, avec
plate-forme ou coffre, pour les charrues, les herses, les pièces
de rechange, etc. En ce qui concerne les charrues avec support
à deux roues ou à avant-train, et, notamment, les brabants

simples ou doubles, on soulève les pièces travaillantes sur un bâti léger à deux roues qu'on fixe à différentes parties de la machine ; le support ou l'avant-train constitue avec ce bâti un chariot très simple. Ces petits véhicules sont, pour la plupart, construits entièrement en métal.

Brouettes. — La brouette (1) est le type du véhicule roulant pour transports à faible distance. Elle est composée de deux longerons ou brancards, réunis par des traverses, à l'avant desquels est montée une roue dont le diamètre ne dépasse pas en général 50 centimètres. Les longerons sont plus rapprochés à l'avant qu'à l'arrière, où ils sont terminés par des poignées ; ils sont munis, de plus, entre la roue et les poignées, de pieds qui, lorsqu'ils reposent sur le sol, mantiennent à peu près horizontal le châssis formé par les longerons et les traverses. La roue est toujours très simple, et elle est reliée aux longerons par une simple broche métallique autour de laquelle elle tourne. Un panneau plein ou à claire-voie empêche la charge placée sur la brouette de frotter sur la roue.

Il existe des brouettes formées simplement de deux brancards, de quelques traverses, d'un panneau et d'une roue ; elles servent surtout au transport des baquets, des fagots ou des fourrages. Dans ces deux derniers cas, on engage souvent, entre les traverses, des cornes en bois qui maintiennent la charge et permettent de l'amonceler sur une plus grande hauteur. Mais, le plus ordinairement, on monte sur le châssis un coffre à panneaux pleins, au moyen duquel on peut transporter des matières pulvérulentes.

Il y a lieu de distinguer deux types principaux de brouettes : le type français et le type anglais. Les brouettes françaises ont les parois du coffre presque verticales, les brancards longs et la roue petite ; la charge est ainsi mal répartie, le véhicule oscille facilement et offre une assez grande résistance au roulement ; on est, en outre, obligé de le retourner presque complètement pour le décharger. Dans les brouettes anglaises,

---

(1) Certains auteurs font dériver le mot brouette de l'ancien français *birouette*, signifiant deux roues, parce que cet instrument de transport avait primitivement deux roues.

au contraire, les brancards sont plus courts et plus écartés, la caisse est plus courte et plus large, avec des parois fortement inclinées, et la roue est de plus grandes dimensions ; il s'ensuit que la charge est mieux répartie, que l'ouvrier maintient mieux la brouette en équilibre, qu'il la roule plus facilement et qu'il n'a pas besoin de la retourner sens dessus dessous pour la décharger. Ce dernier type est cependant construit aussi en France.

Les brouettes sont tantôt entièrement en bois, tantôt partie en bois, partie en fer ou en acier, tantôt enfin complètement en métal. Dans certains cas, le coffre est monté à charnière sur le châssis, et on le fait basculer seul, à l'aide d'une poignée, pour décharger la brouette.

Lorsque les objets à transporter sont encombrants, ou que leur poids dépasse 60 ou 80 kilogrammes, on a intérêt à substituer à la brouette ordinaire une brouette à deux roues, que l'ouvrier n'a plus à maintenir en équilibre dans le sens transversal, ce qui permet en même temps d'augmenter sans inconvénient le diamètre des roues et de rapprocher l'essieu du centre de gravité du châssis et de la charge ; de cette façon, l'effort imposé à l'ouvrier pour soulever les brancards est beaucoup plus faible, et il peut, par conséquent, transporter sans excès de fatigue une charge plus considérable. De nombreux types de brouettes de ce genre, construits en bois ou en métal, ou même en tubes d'acier, sont utilisés dans les gares de chemins de fer, pour la manutention des bagages ; on les emploie en agriculture pour transporter les pailles, les fagots, les fumiers, etc. On construit également des brouettes fourragères, entièrement métalliques et très légères, munies de roues de grand diamètre, de cornes et de ridelles ; leur châssis est généralement à claire-voie.

Le transport des liquides, et notamment des purins, s'opère parfois dans des baquets suspendus à un châssis de brouette à deux roues ; certains modèles spéciaux, de construction métallique, comportent des brancards en forme de leviers coudés, dont les petites branches sont terminées par des fourches où l'on engage des tourillons fixés sur le baquet (fig. 107) : ce dernier reposant sur le sol, le châssis de brouette

permet tout d'abord de le soulever, en se servant de l'essieu
et des roues comme point d'appui, et de le transporter ensuite

Fig. 107. — Brouette à liquides (Beaume).

comme sur une brouette jusqu'à l'endroit où on veut le déposer
à nouveau sur le sol. Des appareils analogues sont employés
au transport des bidons à lait.

Enfin, pour manutentionner les sacs pleins, qui sont souvent
d'un poids considérable, on emploie les *diables* ou *cabrouets*
(fig. 108), formés de deux brancards entretoisés par quelques
traverses et réunis à l'avant par une forte
plaque métallique recourbée, qui repose sur
le sol quand on redresse l'appareil ; à peu de
distance du bord avant de la plaque est monté
un essieu avec deux galets de faible diamètre.
On engage la plaque de ferrure sous le sac,
qu'on retient d'une main pendant qu'on abaisse
le cabrouet en bloquant les roues avec le pied
ou à l'aide d'un frein. Le sac se trouve ainsi

Fig. 108.
Cabrouet (Senet).

chargé, et on le transporte à l'endroit voulu en lui conservant
une position presque verticale, de façon que la verticale du
centre de gravité de la charge tombe en deça, mais à faible
distance de l'essieu. Il est d'ailleurs prudent de n'employer

que des cabrouets dont les deux brancards soient munis, près des poignées, de pieds ou heurtoirs de quelques centimètres de hauteur, afin d'éviter qu'en cas d'abaissement brusque de l'appareil l'ouvrier ait les mains écrasées entre les poignées et le sol.

On peut assimiler aux brouettes les véhicules désignés sous les noms de *camions*, *binards* et *triqueballes*. Le camion est une sorte de voiture à deux roues, traînée par trois hommes. Le binard est employé surtout pour le bardage des pierres de taille et se compose d'un plateau, soutenu par un timon et pourvu de deux roues ; quand ces roues n'atteignent pas le niveau du plateau, le binard est aussi appelé *diable*. Enfin le triqueballe est employé pour le transport à courte distance des pièces de bois et des objets lourds ; il est formé simplement d'un essieu, à deux roues de grand diamètre, et d'un timon ; on attache les pièces de bois sous l'essieu au moyen de chaînes, et l'on fait tirer l'appareil par des hommes ou des animaux.

Voitures. — Ces véhicules sont affectés aux transports à moyenne et à grande distance, et sont remorqués par des animaux. On compte en France une voiture par 7 ou 8 hectares cultivés ; leur nombre est donc à peu près le même que celui des charrues et est en relation avec le nombre des attelages disponibles (1). Ces véhicules sont supportés par deux ou par quatre roues, suivant le genre auquel ils appartiennent. Il est donc nécessaire de donner quelques indications sur les principes auxquels on doit se conformer pour la construction des roues, principes qui sont, du reste, appliqués plus ou moins fidèlement dans la fabrication des roues des véhicules du type brouette.

Une *roue* comprend trois parties principales : le *moyeu*, les *rais* et la *jante*.

Le moyeu est une forte pièce tournée, généralement en bois d'orme, percée suivant son axe d'un trou conique dans lequel on introduit la boîte d'essieu : l'extrémité du moyeu la plus rapprochée de la voiture est le *gros bout*, l'autre est le

<hr>

(1) Rɪɴɢᴇʟᴍᴀɴɴ, *Les machines agricoles à l'Exposition de 1900.*

petit bout ; ces deux termes correspondent aux diamètres des deux cercles de base de la boîte. Sur la partie la plus renflée du moyeu, ou *bouge*, sont pratiquées des mortaises où s'engagent les rais. Les extrémités du moyeu sont consolidées par des cercles en fer, celui du petit bout s'appelle *frette*, l'autre s'appelle *cordon*.

Les rais sont en acacia, pour les roues de carrosserie, et en chêne pour les roues de charronnage ; on ne doit les confectionner qu'avec du bois fendu et non avec du bois scié. Il y a généralement quatorze rais aux roues d'arrière et douze seulement aux roues d'avant, qui sont d'un diamètre moindre. Les rais sont terminés par des tenons ; ceux qui s'engagent dans les mortaises du moyeu sont désignés sous le nom de *pattes*, les autres, appelés *broches*, sont maintenus, à l'aide de coins forcés, dans les mortaises de la jante.

La jante est formée de pièces de bois cintrées, qu'on débite à la forme voulue ou qu'on courbe une fois débitées ; elles sont en frêne, en orme ou en chêne et on les assemble par des goujons en chêne. Les différents segments sont ensuite maintenus, et protégés contre l'usure, par un *bandage* métallique. Comme on peut s'en rendre compte par les collections de modèles des musées et des expositions rétrospectives, le bandage s'exécutait autrefois en plaçant des morceaux de fer plats bout à bout et en les fixant chacun, sur deux segments consécutifs de la jante, par des clous à tête saillante ; avant de placer le dernier segment du bandage, on enroulait une forte chaîne autour de la jante pour en resserrer les assemblages et réduire le jeu des pièces. Actuellement, l'*embattage* s'effectue avec un bandage d'une seule pièce, posé à chaud, de manière que la contraction qui a lieu au refroidissement produise le serrage de toutes les parties de la roue ; on maintient ensuite le bandage en place à l'aide de boulons. Pour fabriquer le bandage, on peut, soit cintrer un fer plat et en souder les deux extrémités à la forge, soit le laminer directement, sans soudure.

Il peut arriver que, pendant les grandes chaleurs et les longues périodes de sécheresse, le bois de la roue se contracte et que le diamètre de la jante devienne trop faible pour celui du bandage ; il faut alors *châtrer* la roue, c'est-à-dire rétrécir le bandage et l'embatter à nouveau.

Les rais ne sont pas montés perpendiculairement à l'axe des roues, mais sont disposés obliquement avec cet axe, à la façon des génératrices d'un cône à angle au sommet très ouvert ; les sommets des deux cônes, pour les deux roues d'un même essieu, sont tournés l'un vers l'autre. Cette obliquité augmente la résistance de la roue dans le sens perpendiculaire au plan de sa jante, car les rais ayant ainsi une longueur plus grande que le rayon du cercle qui représente la base du cône, le moyeu ne peut se rapprocher du plan de la jante sans qu'il y ait compression des rais dans le sens de leur longueur, resserrement des pattes et des broches dans les mortaises du moyeu et de la jante, et allongement du cercle de jante et du bandage. Les roues de brouettes sont souvent consolidées ainsi des deux côtés de la jante ; les rais, étant alternativement inclinés à droite et à gauche de la jante, forment alors deux cônes accolés par leur base.

On désigne sous le nom d'*écuage* ou d'*écuanteur* la quantité dont l'axe des broches déborde sur celui des pattes ; c'est en somme la hauteur du cône, ou, plus exactement, du tronc de cône formé par les rais. On peut l'exprimer également en degrés, par le demi-angle au sommet du cône, ou par son complément.

D'autre part, on fait en sorte que les rais, lorsqu'ils arrivent en dessous des moyeux et qu'ils supportent par [compression tout le poids de la voiture et de sa charge, soient à peu près verticaux ; cela oblige à obliquer légèrement vers le sol l'axe de la roue, et par suite la fusée de l'essieu ; cette déviation constitue le *carrossage* de la roue (1).

La roue est engagée à l'extrémité de l'essieu, sur une partie conique de même angle que la boîte, qu'on appelle *fusée* ; la fusée fait avec l'essieu l'angle nécessité par le carrossage ; la

---

(1) Comme les bandages, qui sont cylindriques, doivent reposer par toute leur largeur sur le sol, il faut que les plans des bords de ces bandages soient perpendiculaires à la route et se rencontrent sur l'axe de son profil en travers. L'écuanteur et le carrossage doivent donc varier suivant l'écartement des roues et être égaux à la moitié de l'angle formé par ces deux plans.

boîte est maintenue sur l'essieu, du côté de la voiture, par une embase appelée *rondelle* ou *flotte*, et du côté extérieur, par un *chapeau* vissé à l'extrémité de la fusée et retenu par une goupille ou *esse*; le sens du pas de vis doit être tel, d'ailleurs, que le mouvement de la roue tende à serrer le chapeau. La saillie des moyeux est déterminée par un règlement d'administration publique; autrefois, l'essieu était en bois, et pour augmenter la solidité de l'assemblage, ainsi que la stabilité de la voiture, on faisait usage de fusées et moyeux très longs, qui provoquaient de fréquents accrochages et gênaient la circulation.

L'*essieu*, qui est terminé par les fusées, est en fer ou quelquefois en acier. L'ensemble de l'essieu et des deux roues constitue un *train*.

Le type de roues que nous venons de décrire est le plus répandu; on tend cependant, de plus en plus, à substituer, au moins partiellement, le métal au bois dans la constitution de ces organes de roulement. Dans les roues dites *armées* (fig. 109), le moyeu est garni, au niveau du bouge, de deux collerettes en fer cornière, qu'on réunit par des boulons passant entre les pattes des

Fig. 109. — Roue armée (Chambard-Commergnat).

rais; l'ensemble acquiert une grande rigidité et, en cas de rupture, le remplacement des rais est rendu plus facile. Les roues *mixtes* (fig. 110) ont le moyeu et les rais métalliques; la jante seule est en bois, pour conserver à l'ensemble plus de souplesse. Le moyeu est généralement en fonte; les

rais, en fer rond ou méplat, sont rivés sur un fer en U, dans
la gorge duquel on encastre les éléments de la jante ; l'autre

Fig. 110. — Roue mixte (Champenois-Delacourt).

extrémité des rais est noyée, au moment de la coulée, dans la
fonte du moyeu. Quelquefois, cependant, le moyeu et les rais
sont forgés d'une seule pièce au pilon.

Il existe enfin des roues entièrement métalliques, qu'il n'y a
jamais besoin de châtrer ; certains modèles ont des rais en fer
noyés dans des moyeux et des jantes en fonte, dispositif
défectueux en raison de la fragilité et du poids de la roue.
Les meilleures roues métalliques ont une jante formée d'un
fer à simple T, ou d'un fer plat doublé intérieurement de deux
cornières ; les rais, en fer plat, sont rivés, d'une part, sur cette
sorte de nervure intérieure, et sont noyés, d'autre part, dans
le moyeu qui est toujours en fonte ; ce moyeu comporte deux
bouges auxquels aboutissent alternativement les rais ; cette
double conicité permet à la roue de résister à tous les efforts
latéraux, et dispense de la carrosser. Pour les roues très
légères, les rais sont en fer rond ou méplat, et rivés sur une
jante en fer profilé à laquelle on rapporte le bandage ; quel-

quefois même, la jante est un fer en U, dans la gorge duquel se logent les têtes de rivures et qu'on se dispense de garnir d'un bandage ; mais ce système n'est usité que pour certaines machines agricoles, comme les râteaux à cheval, et non pour les véhicules de transport.

La lubrification des fusées et des boîtes s'opère au moyen d'une graisse spéciale, semi-consistante, composée de suif et d'huile, avec une petite quantité de carbonate alcalin ; ce procédé de graissage, étant donnée la constitution des boîtes d'essieux ordinaires, est très imparfait. Le graissage à l'huile donne de bien meilleurs résultats, mais il n'est possible que si on fait usage de boîtes spéciales, dérivées de l'*essieu patent*, imaginé par John Collinge en 1787 (fig. 111 et 112). Le véritable essieu patent se compose d'une fusée cylin-

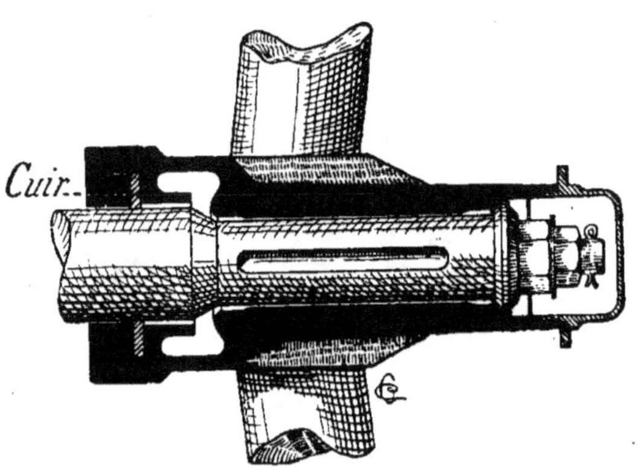

Fig. 111. — Essieu patent Collinge.

drique, munie d'un renflement ou *collet*. La boîte s'appuie, du côté de la voiture, par l'intermédiaire d'un cuir, sur une embase ou rondelle soudée à l'essieu ; une bague, maintenue par deux écrous, vissés en sens contraire à l'extrémité de la fusée, empêche la roue d'abandonner l'essieu ; enfin, un chapeau, vissé sur la boîte, la ferme complètement du côté extérieur. L'espace compris entre la rondelle et le chapeau est donc complètement étanche, et on peut y ménager une cavité contenant une certaine quantité d'huile, qu'on introduit par un orifice extérieur fermé par un bouchon à vis. Le graissage est beaucoup plus régulier et efficace que dans les roues ordinaires ; il en résulte que la résistance à la traction, ainsi que l'usure des boîtes et des fusées, sont réduites au minimum. Il existe même des types d'essieu patent dans lesquels une rainure puise l'huile dans la cavité réservoir et la déverse abondamment sur toute la longueur de la fusée. Enfin l'essieu patent s'applique aussi bien aux moyeux en bois qu'aux moyeux en fonte, puisqu'il suffit que la boîte soit métallique.

L'emploi d'essieux du type patent entraîne une légère augmentation de prix ; mais comme leur supériorité sur les systèmes ordinaires est incontestable, il est à désirer qu'ils se répandent plus abondamment dans la construction des véhicules agricoles.

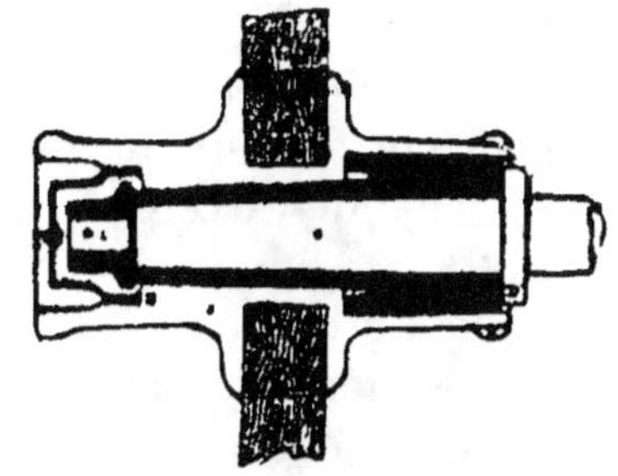

Fig. 112. — Essieu patent (Labbé).

Il existe également des essieux dits *demi-patent*, construits d'après le même principe que les précédents, mais plus simplement. On en trouve sur certaines machines agricoles, en particulier sur des charrues brabant-double (fig. 113).

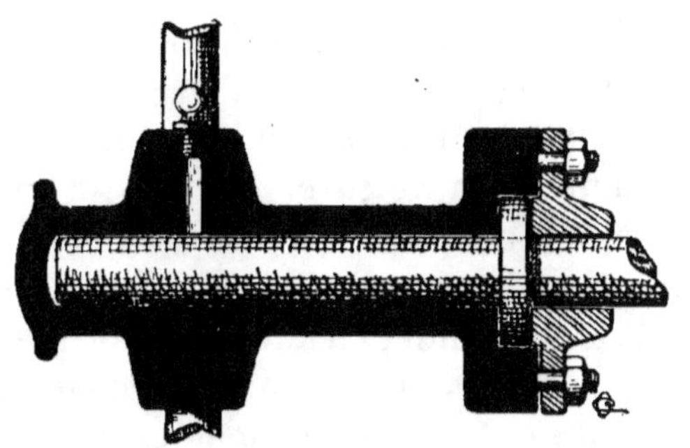

Fig. 113. — Essieu demi-patent pour brabant-double (Viaud).

Voitures à deux roues ou à un seul essieu. — Il convient de les distinguer, d'après la forme de la *cage* qui est supportée par les roues soit directement, soit par l'intermédiaire de ressorts, en fardiers, haquets, charrettes et tombereaux.

Le *fardier* sert à transporter les arbres et les grosses charpentes. Il se compose d'un essieu très résistant, à deux roues de très grand diamètre (plus de deux mètres), et d'une flèche ou de deux limons de fort équarrissage. Sur ces deux pièces est monté, au niveau de l'essieu, un rouleau que l'on peut faire tourner autour de son axe en agissant sur une flèche formant levier : rouleau et levier constituent, en somme, un treuil, au moyen duquel on soulève les pièces de bois au-dessus du sol ; on entoure, à cet effet, les pièces avec des chaînes fixées au rouleau, et l'on arrête, d'autre part, le treuil, dans la position convenable, avec une corde reliant l'extrémité de la flèche à la charge à transporter. Le rouleau peut aussi être remplacé par un cric. Dans les modèles les plus simples, à une seule flèche, on se sert de la flèche, en la rabattant après l'avoir redressée, pour soulever la charge ; si les pièces à transporter sont très longues, on emploie deux fardiers placés à chaque extrémité. Enfin, pour transporter les roches, on attache sous l'essieu une *civière* mobile qu'on soulève par le même procédé.

Le fardier peut être employé pour arracher les souches lorsqu'on veut mettre une terre en culture.

Le *haquet* est une voiture à deux roues employée pour le transport des tonneaux. La cage comprend simplement deux longerons, formant sommier, réunis entre eux par des traverses cintrées pour épouser la forme des tonneaux ; les brancards sont articulés aux longerons pour qu'on puisse incliner ces derniers jusqu'à leur faire toucher terre, à l'arrière, sans qu'on ait besoin de dételer la voiture. Un treuil, mû par un moulinet à quatre bras, est placé à l'avant de la voiture, près de l'articulation des brancards, et la corde qu'il conduit sert à monter ou à descendre les fûts sur le plan incliné formé par les longerons. Les dimensions des haquets en usage sont très variables ; il existe de petits modèles, à bras, et de grands modèles, auxquels on attelle plusieurs chevaux en flèche et qui peuvent porter de dix à quinze barriques.

Les *charrettes* sont des voitures à grandes roues, dont les dimensions sont très variables, depuis la charrette à bras jusqu'à la grande charrette fourragère ; elles servent tantôt au transport des personnes, tantôt à celui des marchandises ; certains types, comme la voiture de commerce, servent à la fois aux personnes et aux marchandises.

Le fond, ou *tablier*, de la charrette, repose sur des traverses appelées *épars*, qui réunissent les deux longerons, ou *limons*, formant brancards à l'avant ; les charrettes employées pour le service des personnes, ou pour un service mixte, sont généralement *suspendues*, c'est-à-dire reliées à l'essieu par des ressorts d'acier ; les gros véhicules ne sont pas suspendus. Les côtés latéraux des charrettes sont munis, le plus souvent, de panneaux à claire-voie, appelés *ridelles*, formés eux-mêmes de *barrettes* verticales (ou *roulons*), réunies par des barres horizontales dites également *ridelles*. Le panneau ainsi cons-

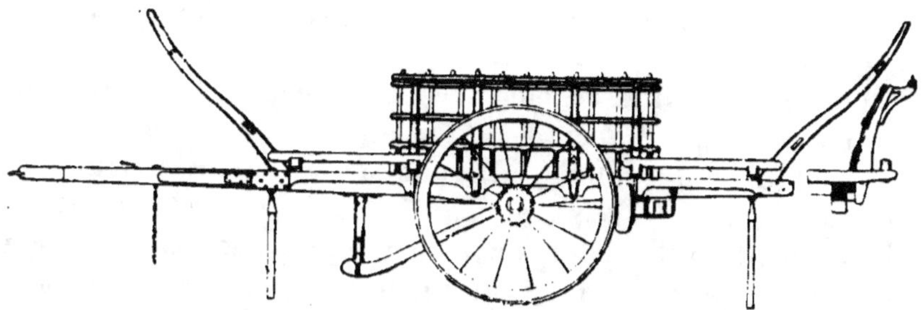

Fig. 114. — Charrette à ridelles (Marcou).

titué est maintenu par de solides montants extérieurs qu'on appelle *ranchers*; barrettes et ranchers sont assemblés dans les limons (fig. 114).

On ajoute aux charrettes, pour le transport des fourrages, des *cornes* (ou échelles) formées aussi de barrettes et de ridelles, ayant la même largeur que la voiture et placées obliquement aux deux extrémités du tablier; on les relie souvent aux ranchers par des chaînettes.

Pour maintenir la voiture horizontale sans avoir besoin d'atteler les animaux, on place en-dessous du tablier des *chambrières* en bois, reliées à la cage par un anneau, et qu'on relève sous le tablier lorsqu'on met la voiture en marche. Ces chambrières facilitent beaucoup le chargement et le déchargement. On y substitue fréquemment, dans les charrettes employées pour le service des personnes, ainsi que dans certaines charrettes à bras, une ferrure terminée par un plat, qu'on dénomme *queue de singe*; elle empêche le basculement en arrière.

Le *tuteur limonier*, fort piquet vertical un peu plus court qu'une chambrière et maintenu solidement par une jambe de force, est un complément très utile pour les grosses charrettes; il empêche les brancards de heurter le sol, si le cheval butte, et atténue les conséquences qui peuvent résulter d'une chute pour l'animal.

Il est souvent utile d'adjoindre au tablier un treuil-moulinet, qui permet de maintenir la charge en la serrant avec des cordes. Ce treuil est quelquefois complètement distinct de la voiture ; pour s'en servir, on l'engage au-dessous des extrémités arrière des longerons, et on le retire une fois le serrage effectué.

Lorsqu'on veut les atteler avec des chevaux, les charrettes sont pourvues de brancards, entre lesquels est engagé le limonier, et qui sont terminés à l'avant par des ferrures (*moufettes*) où s'accrochent les traits des animaux de renfort ; on attelle donc en file. Elles sont, au contraire, pourvues d'un timon lorsqu'on doit les faire remorquer par des bœufs ; on peut cependant placer un bœuf entre les brancards, et les autres en file, lorsqu'on fait usage de jougs simples ; on a ainsi l'avantage de pouvoir atteler indifféremment avec des chevaux ou des bœufs, sans modifier en rien la voiture.

Les *tombereaux* sont également à deux roues, mais diffèrent essentiellement des charrettes par l'articulation des limons avec les brancards et par l'emploi de panneaux pleins pour former la caisse. Ils ne sont que très rarement suspendus. Les limons, ou *gisants*, sont reliés aux brancards par une broche qui sert d'axe d'articulation ; on solidarise ces pièces, pour le transport, par une traverse mobile appelée *clef*, ou par une ferrure à rabattement. Les parois latérales sont maintenues, comme les ridelles, par des ranchers ; le panneau d'avant est fixe, mais celui d'arrière, ou *hayon*, est mobile et peut s'enlever, en un ou plusieurs morceaux, pour le déchargement ; le hayon est retenu, en cours de route, à sa partie inférieure, par des taquets et, en haut, par des clavettes, des chaînes, des traverses ou des loquets en bois ou en fer, etc.

On ajoute souvent aux tombereaux, pour les usages agricoles, des ridelles qui permettent d'y charger des fourrages ou des céréales. On les attelle avec un ou plusieurs animaux, suivant les dimensions et la charge. Il est bon de les pourvoir d'un tuteur limonier, comme pour les charrettes, lorsqu'ils sont de grandes dimensions.

Quand on emploie le tombereau pour débarder les récoltes, il arrive fréquemment que les roues s'embourbent dans le sol. Pour éviter cet inconvénient, on a construit des rouleaux portant, à la partie supérieure, une robuste traverse métallique qui se fixe à la place de l'essieu d'un tombereau ordinaire ; ou bien, au contraire, on rapporte le coffre du rouleau sur un châssis spécial, porté par deux roues à jante très large.

D'une façon générale, les voitures à deux roues ont, sur celles à quatre roues, l'avantage d'être montées sur des roues de grand diamètre, qui n'offrent qu'une faible résistance au roulement ; elles sont moins coûteuses et peuvent virer sur place. Par contre, en raison de la hauteur de la charge, leur stabilité est plus faible ; la pression supportée par les deux roues est considérable, ce qui, quand les routes sont mauvaises, produit des ornières et augmente l'effort de traction, tout en provoquant des mouvements de lacet très fatigants pour les limoniers. Il est souvent difficile de répartir la charge sur le tablier de façon que le cheval n'ait pas trop de peine à maintenir la voiture en équilibre ; d'ailleurs, si cette répartition est satisfaisante quand la route est en palier horizontal, il n'en est pas toujours de même sur les déclivités, car alors le centre de gravité de la charge décrivant un arc de cercle autour de l'essieu, le poids de cette charge tend à soulever le cheval dans les montées, tandis que dans les descentes la dossière presse trop sur lui. Enfin, il n'est possible d'atteler aux voitures à deux roues que des animaux de tailles peu différentes. C'est surtout avec les tombereaux que cet inconvénient est grave ; aussi construit-on des tombereaux pourvus d'une *béquille télescopante*, c'est-à-dire à tubes pouvant rentrer l'un dans l'autre, en comprimant un ressort à boudin, et qui est terminée par deux galets de roulement (fig. 115) ; aux descentes, la béquille vient en contact avec le sol, ce qui soulage beaucoup le cheval en diminuant

Fig. 115. — Tombereau muni d'une béquille téles copante (Henri Edeline).

la pression que la dossière exerce sur lui ; elle le soutient également s'il fait un faux pas.

Enfin, les voitures à deux roues ont l'inconvénient de *vanner*, c'est-à-dire d'osciller d'avant en arrière et d'arrière en avant lorsque le cheval trotte. Cet inconvénient, si manifeste dans les *carrioles* de campagne, ne peut être évité qu'en montant les brancards sur ressorts ; mais ce dispositif n'est employé que dans la carrosserie de luxe.

Voitures à trois roues. — Ces véhicules sont peu employés en France ; on ne les rencontre guère que dans les départements du nord ; ils sont, au contraire, très utilisés en Belgique, notamment dans les provinces occidentales. Les deux limons se relèvent, en avant du coffre, se réunissent et sont supportés par une roue verticale, de diamètre assez faible, maintenue par une chape, en bois ou en fer, qui la relie à l'organe dont nous parlerons plus loin et qu'on désigne sous le nom de cheville ouvrière ; ces véhicules, d'assez faibles dimensions, sont tirés par un seul animal ; on y attelle souvent, au collier, un bœuf ou une vache.

Voitures à quatre roues ou à deux essieux. — Les voitures à quatre roues ont beaucoup plus de stabilité que celles à deux roues, puisque la hauteur de l'essieu n'est pas déterminée par la taille du cheval limonier ; la charge étant répartie sur les quatre roues, chacune d'elles supporte un poids moins considérable que celles des charrettes ou tombereaux, et dégrade moins les chemins mal entretenus ; enfin, lorsqu'on attelle un limonier entre brancards, il peut consacrer la plus grande partie de sa force à la traction, tandis que son principal rôle, avec les voitures à deux roues, est de maintenir la direction. D'autre part, les voitures à quatre roues coûtent plus cher et exigent, sur une bonne route, une traction plus énergique que les véhicules à deux roues ; par contre, sur les mauvais chemins, les ornières creusées étant moins profondes, il arrive fréquemment que l'effort de traction soit plus faible, à charge égale, que pour ces derniers véhicules.

L'organe le plus caractéristique des voitures à quatre roues est la *cheville ouvrière*, qui fait partie du train antérieur ; c'est un pivot métallique vertical, qui réunit à la cage l'essieu d'avant et lui permet de s'obliquer par rapport à celui d'arrière. Sur l'essieu d'avant-train est fixé un châssis qui sert de guide et de soutien lorsque les roues s'obliquent; ce châssis est formé de deux bras latéraux reliés à l'arrière par une traverse, appelée *souris*, sur laquelle s'appuie l'*allonge* qui joint les deux trains; l'essieu supporte en outre une *sellette* qui, aux tournants, glisse sur le *porte-fond*. Ce châssis facilite le mouvement de rotation de l'essieu; il est généralement en bois dans les véhicules agricoles, mais dans la construction soignée on le remplace par un cercle métallique frottant sur deux jantes de bois, ou même par deux cercles métalliques glissant l'un sur l'autre et reliés à la caisse ou à l'essieu par des ferrures courbes plus ou moins compliquées. C'est à ce châssis qu'on fixe le timon ou les limonières, qui serviront non seulement à transmettre la traction, mais aussi à diriger l'avant-train; les véhicules agricoles peuvent recevoir à volonté un timon ou des limonières; ces dernières, qui sont toujours articulées, s'adaptent ainsi à la taille du limonier. Dans certains pays, cependant, comme en Hollande, les chariots sont simplement pourvus d'un timon très court, recourbé

Fig. 116. — Chariot hollandais.

en pointe et d'une forme souvent assez élégante; le conducteur, assis sur un siège à l'avant du chariot, dirige le véhicule en chassant latéralement le timon avec ses pieds (fig. 116).

G. Coupan. — *Les Moteurs agricoles.*   11

Chariots. — Les voitures à quatre roues les plus usitées sont les *chariots* ; on se dispense généralement de les suspendre quand on les destine au transport des marchandises. Ils se composent, en principe, d'une cage à panneaux pleins ou à ridelles, supportée par deux trains réunis entre eux par une allonge oblique. L'essieu d'arrière comporte également une sellette, avec un châssis composé de deux bras, réunis en avant par une traverse, ou courbés et assemblés en forme de fourche. L'allonge s'appuie sur la sellette ou sur l'essieu d'arrière-train et passe en dessous de la partie antérieure de son châssis ; elle est solidarisée avec ce dernier par une échancrure dans la traverse, ou, comme dans le chariot lorrain, par un anneau métallique que maintient une goupille. Elle se continue ensuite obliquement vers l'avant-train, s'appuie sur la souris et s'assemble dans la sellette au niveau de la cheville ouvrière. L'allonge supporte aussi, entre les deux trains, une sellette qui soutient le fond de la voiture dans sa partie médiane.

La caisse varie de forme suivant les habitudes locales et suivant la destination du chariot. Ainsi, dans le chariot lor-

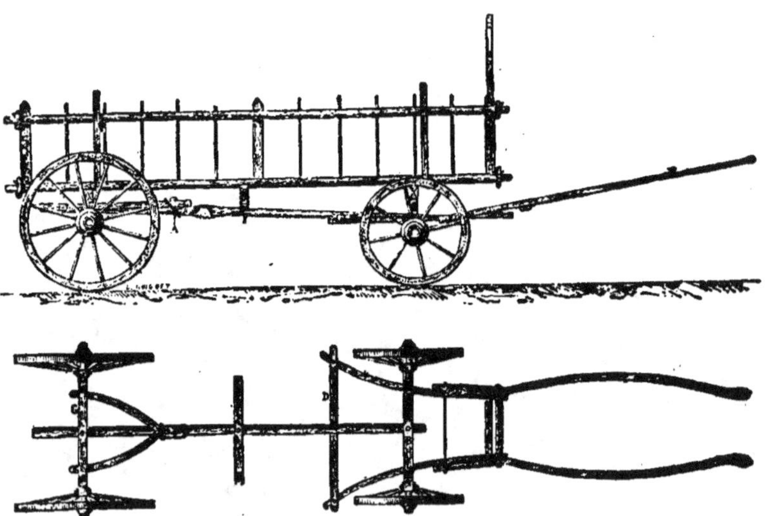

Fig. 117. — Chariot lorrain.

rain (fig. 117), le fond est constitué par des planches jetées en long sur les sellettes et le porte-fond ; les parois sont formées par des châssis à claire-voie appelés *grandes échelles* et *petites échelles*, servant, les premiers, au transport des matières volumineuses, comme les fourrages, les seconds à celui des matières plus lourdes, comme le fumier ; ces échelles sont obliques par rapport au fond et maintenues par des traverses aux deux extrémités ; en avant, une corne verticale, appelée *jalgeon*, empêche la charge de tomber du côté des animaux. On applique des planches, intérieurement, contre les barrettes des échelles, lorsqu'on veut transporter des matériaux de dimensions plus petites que les vides de l'échelage ordinaire.

Dans le nord de la France, on fait usage de chariots à panneaux pleins d'une très grande capacité. On leur adapte des ridelles et des cornes pour le transport des fourrages.

Fig. 118. — Chariot pour le transport des fourrages (Commergnat).

On construit depuis quelques années des *chariots-tombereaux*, munis de quatre roues comme les chariots ordinaires, mais pouvant basculer comme les tombereaux. Ces véhicules ne sont employés que par certaines grandes compagnies de chemins de fer pour la livraison du charbon ; ils sont cependant très intéressants, car ils ne présentent pas les inconvénients inhérents aux tombereaux proprement dits.

Dans la construction soignée actuelle, on supprime l'allonge qui réunit les deux trains ; cela oblige à renforcer les limons ainsi que les assemblages et à alourdir, par conséquent, le véhicule (fig. 118). La liaison entre les limons et l'essieu d'arrière est assurée au moyen d'un fort tasseau de bois, traversé par l'essieu et appelé *échantignole*.

Les roues d'avant-train sont toujours d'un diamètre plus

petit que celles d'arrière-train ; la différence est cependant très faible dans beaucoup de chariots agricoles et, le plus souvent, les roues d'avant ne peuvent passer sous la cage ni, surtout, sous l'allonge ; ces véhicules ne peuvent donc tourner court, tandis que si les roues d'avant sont de très petit diamètre, l'essieu peut s'obliquer suffisamment pour que le chariot vire, pour ainsi dire, sur place.

Les roues d'avant, qui sont de plus petit diamètre que celles d'arrière, offrent plus de résistance à la traction que ces dernières ; on peut compenser cette inégalité en leur faisant supporter une pression moindre ; il suffit, pour cela, de répartir convenablement la charge dans les véhicules. En construction, on rapproche l'essieu d'arrière de la partie centrale de la cage, au lieu de le reporter vers l'extrémité.

Il y aurait avantage, bien que cela ne soit presque jamais réalisé pour les véhicules agricoles, à relier la cage aux essieux par des ressorts ; ceux-ci absorbent la plus grande partie des chocs, et le tirage se trouve, de ce fait, très notablement diminué ; le montage à ressorts, qui est indispensable pour les voitures à marche rapide, doit être préconisé même pour les véhicules lourds, quel qu'en soit le nombre d'essieux. Il ne faut cependant pas, pour les charrettes et chariots destinés au transport des fourrages, que les ressorts soient trop doux, sans quoi les cahots pourraient, sur de mauvaises routes, imprimer au véhicule des oscillations de grande amplitude dangereuses pour la stabilité.

Ces ressorts sont du même type que ceux couramment employés en carrosserie, c'est-à-dire formés d'un certain nombre de lames d'acier légèrement cintrées dans le sens longitudinal, ayant des longueurs différentes et qui sont superposées de façon à se renforcer mutuellement et progressivement vers le milieu du ressort, où se trouve la bride d'attache. Chaque essieu comporte généralement une paire de ressorts ; dans le montage à ressorts droits, le ressort est fixé par sa partie médiane sur l'essieu, et ses extrémités sont repliées sur des *rouleaux* solidaires de la cage. On emploie aussi les ressorts à *pincettes*, formés de deux ressorts droits superposés, réunis à leurs extrémités par des *mains* ou *menottes* de suspension ; le montage se fait à l'aide de deux brides fixées l'une sur l'essieu, l'autre sur la cage, et qui enserrent chacun des ressorts en son milieu. Enfin, on remplace très souvent le ressort supérieur par un demi-ressort ; le ressort inférieur est relié d'une part, au demi-ressort, par une main et, d'autre part, à la cage par un rouleau ou par un dispositif analogue. Ce dernier mode de montage, très fréquemment employé pour l'arrière-train des voitures servant au transport des personnes, est connu sous le nom de suspension à *demi-pincettes*.

Le matériel agricole de transport employé en Europe est caractérisé par ses grandes dimensions et son poids très élevé ; conditions doublement défectueuses. Comme le fait remarquer très judicieusement M. Ringelmann, « il faut bien se rappeler qu'un animal, sur une voie déterminée, ne peut tirer qu'une certaine charge ; comme cette dernière comprend la charge utile et le poids mort du véhicule, on a intérêt à diminuer le plus possible ce poids mort afin d'augmenter le rendement de l'appareil de transport ; c'est d'ailleurs ce qui se pratique dans certains pays étrangers où les véhicules sont très légers et où, pourtant, les routes et les chemins n'existent qu'à l'état de nom, sans pouvoir en aucun point être mis en comparaison avec nos belles routes de France. Il semblerait se dégager de ce qui précède, cette anomalie qu'aux pays à mauvaises routes correspondent surtout les meilleurs véhicules ; dans les pays à mauvaises routes, on se rend bien vite compte de l'intérêt économique que présente l'emploi des véhicules légers et bien construits ».

 Aux États-Unis, en effet, les véhicules sont très légers, à deux essieux avec grandes roues, et pourvus de ressorts. Les voitures agricoles, comme celles de luxe, comportent un châssis, reliant les deux essieux, sur lequel repose, par l'intermédiaire des ressorts, la cage proprement dite. Au contraire, dans la carrosserie européenne, c'est la partie inférieure de la cage qui remplace le châssis et qui soutient les essieux par l'intermédiaire des ressorts, sans autre liaison entre les essieux ; aussi ces ressorts sont-ils, proportionnellement, plus forts que dans les véhicules américains, à cause du porte-à-faux considérable auquel ils sont soumis. Par contre, les voitures américaines, avec leurs châssis spéciaux et leurs grandes roues d'avant-train, ne peuvent tourner aussi court que celles d'Europe, mais il serait très facile de corriger ce défaut par une forme appropriée du châssis et de la caisse.

L'influence de la suspension sur ressorts a été rendue manifeste par les expériences de M. Ringelmann à la Station d'essais de machines agricoles. Il s'agissait d'un appareil de M. Croulbois, appelé l'*Archimède*, applicable aux charrettes, et formé de deux leviers, placés sous l'arrière de la voiture, reportant chacun une partie de la charge sur un ressort à boudin placé contre l'essieu et près de la roue ; le montage était complété par deux ressorts placés à l'avant et chargés de répartir horizontalement la charge. La tare de la charrette, c'est-à-dire son poids à vide, était de 1 360 kilogrammes, et la charge utile de 1 875 kilogrammes ; la charge totale atteignait par conséquent 3 235 kilogrammes. Le tableau n° I donne les principaux résultats obtenus ; il montre la proportion dans laquelle le tirage se trouve réduit, pour une charge donnée, ou dans quelle mesure on peut augmenter la charge totale pour un effort de traction déterminé, par l'adjonction de ressorts.

Tableau n° I. — *Influence de la suspension à ressorts sur le tirage des voitures* (1).

INDICATION DES RÉSULTATS.		VOIE, EN TRÈS BON ÉTAT, HORIZONTALE.	
		Empierrée.	Pavée.
		Kilogr.	Kilogr.
Tractions moyennes.	Charrette munie de l'Archimède................	45,021	21,463
	Charrette suspendue à la façon ordinaire........	64,783	30,363
Coefficient de roulement.	Charrette munie de l'Archimède................	0,0139	0,0066
	Charrette suspendue à la façon ordinaire........	0,0200	0,0093
Différence en faveur de la charrette munie de l'Archimède.............. ...		30,51 %	29,31 %

.(1) M. Ringelmann, *Les machines agricoles*, 3ᵉ série.

Le général Morin a fait de nombreuses expériences pour déterminer le rapport de l'effort de traction à la charge totale traînée, suivant la nature de la route et celle des véhicules ; le tableau nº II indique, d'après Claudel, quelques-uns des chiffres constatés par Morin à propos de certains véhicules agricoles.

Tableau nº II. — *Rapport de la force de tirage à la charge totale du véhicule.*

NATURE DE LA ROUTE.	VALEUR DU RAPPORT.		
	CHARIOTS comtois.	CHARRETTES.	
Accotement en terre, en très bon état, à peu près sec............	0,032	0,028	0,022
Accotement solide, recouvert de 5cm de gravier................	0,099	0,084	0,067
Sol en terre ferme, recouvert de 10cm de gravier................	0,106	0,090	0,071
Route neuve..................			
Neige non frayée..............	0,061	0,053	0,042
Route en empierrement. — En très bon état, très sèche et très unie..	0,017	0,015	0,012
Très solide, gros cailloux à fleur de sol........	0,020	0,018	0,014
Solide, avec frayé léger et boue molle........	0,032	0,028	0,022
Solide, avec ornières et boue.	0,040	0,034	0,027
Avec détritus et boue épaisse......	0,047	0,040	0,032
Très dégradée, ornières de 6 à 8cm, boue épaisse.	0,063	0,053	0,042
Id., ornières de 10 à 12cm, boue épaisse, fond dur et inégal	0,069	0,059	0,047
Pavé en grès. — Ordinaire sec........ ..	0,014	0,012	0,010
Ordinaire, mouillé et couvert de boue.....	0,019	0,016	0,013
Caractéristiques du véhicule. — Largeur de la jante (mètres)	0,06 à 0,07	0,10 à 0,12	0,10 à 0,12
Rayon des essieux....	0,027	0,032	0,032
Rayon des petites roues.	0,625	»	»
Rayon des grandes roues	0,725	0,080	1,00
Moment de frottement de l'essieu.....	0,00175	0,00208	0,00208

La charge qu'un animal peut transporter varie, comme l'indique le tableau II, avec la nature de la route. Le tableau n° III indique, d'après Gasparin, les chiffres relatifs aux charges remorquées par cheval pour une même route et un même genre de véhicule (charrette), suivant le nombre d'animaux attelés; on peut y vérifier la loi de décroissance du rendement, que nous avons énoncée précédemment; on constate, en effet, qu'il n'y a pas avantage à atteler plus de quatre chevaux ensemble, et que, dans le cas de huit chevaux, chaque animal exerce un effort qui n'est même pas la moitié de celui qu'il développerait s'il était seul.

Tableau n° III. — *Charge moyenne remorquée par cheval d'attelage.*

NOMBRE de chevaux.	POIDS MORT de la charrette.	CHARGE MOYENNE UTILE.		CHARGE totale.	CHARGE moyenne totale par cheval.
		Tota'e.	Par cheval.		
	Kilogr.	Kilogr.	Kilogr.	Kilogr.	Kilogr.
1............	500	941	941	1441	1441
2............	900	1977	988	2877	1438
3............	1200	2733	911	3933	1311
4...... ...	1350	3700	925	5100	1275
5...........	1500	3925	785	5425	1085
6...........	1500	3942	657	5442	907
7...........	1500	3978	568	5478	783
8.......	1500	3384	460	5484	685

D'après M. Ringelmann, le nombre de chevaux à employer, selon les distances auxquelles le transport doit s'effectuer, est de *un* jusqu'à 600 ou 800 mètres ; de *deux* pour les distances de 600-800 mètres à 1 200-1 400 mètres; de *trois* pour celles de 1 200-1 400 mètres à 3 000 mètres ; enfin, de *quatre* pour plus de 3 000 mètres (1).

Nous donnerons enfin, dans le tableau n° IV, quelques chiffres indiqués par Hervé-Mangon pour des véhicules agricoles primés par la Société Royale d'agriculture d'Angleterre (2).

(1) M. Ringelmann, *Loc. cit.*
(2) Hervé-Mangon, cité par M. Ringelmann. Même ouvrage.

Tableau n° IV. — *Tirage des véhicules agricoles.*

NATURE DES VÉHICULES.	CHARRETTES.		TOMBEREAUX à un cheval.		CHARIOTS.	
Diamètre des roues..	»	»	1^m,45	1^m,57	0,99 / 1,45	0,99 / 1,45
Carrossage..........	3°	2°,45'	2°,15'	2°,30'	4°,15 / 3°,45	2°,45 / 3°,00
Largeur des jantes...	0,102	0,102	0,102	0,102	0,070	0,063
Poids { du véhicule vide.	611^{kg}	631^{kg}	593^{kg}	597^{kg}	1057^{kg}	1010^{kg}
Poids { de la charge utile.	1447	1447	1015	1015	2272	2279
Poids { total............	2058	2078	1608	1612	3329	3289
Rapport de la charge utile au poids total.	0,703	0,696	0,631	0,629	0,682	0,693
Rapport du tirage sur route. { à la charge utile.....	0,0331	0,0350	0,0217	0,0250	0,0322	0,0937
Rapport du tirage sur route. { au poids total.....	0,0232	0,0182	0,0137	0,0159	0,0221	0,0652
Rapport du tirage dans un champ. { à la charge utile.....	0,1000	0,1174	0,0472	0,0909	0,1494	0,1440
Rapport du tirage dans un champ. { au poids total.....	0,0699	0,0817	0,0297	0,0627	0,1025	0,1000

Chemins de fer agricoles.

Les différents tableaux qui précèdent montrent qu'indépendamment du genre de véhicule, la nature de la voie sur laquelle s'effectue le transport peut modifier considérablement l'effort nécessaire pour remorquer les charges, et qu'elle fait varier le rapport entre cet effort de tirage et la charge totale, c'est-à-dire le *rendement* du transport. D'après plusieurs auteurs, les efforts à exercer pour remorquer une charge totale de 1000 kilogrammes, et les rendements correspondants, sont :

Véhicules glissants (traîneaux).

Sol inégal et très peu résistant : 700 kg. R = 0,7.

Sol uni et dur : 250 à 300 kg. R = 0,25 à 0,30.

Véhicules roulants.

Terrain argileux, sec, non battu : 250 kg. R = 0,25.

Terrain siliceux ou crayeux, id. : 165 kg. R = 0,165.

Terrain battu et uni, ferme : 40 kg. R = 0,04.

11.

Chaussée empierrée, entretien ordinaire : 80 kg. R = 0,08.

Chaussée empierrée, très bien entretenue : 33 kg. R = 0,033.

Chaussée pavée, entretien ordinaire, avec voiture suspendue : suivant l'allure, 30 kg. à 70 kg. R = 0,03 à 0,07.

Chaussée pavée, très bien entretenue : 20 kg. à 60 kg. R = 0,02 à 0,06.

Chemins à ornières plates, en fer, ou en dalles très dures et très unies : 10 kg. R = 0,01.

Voie en fer à ornière creuse (tramway) : 7 kg. R = 0,007.

Voie en fer à champignon saillant :

voie étroite : 7 kg. R = 0,007 ;

voie normale, entretien ordinaire : 3 kg. 5 à 6 kg. R = 0,0035 à 0,006 ;

voie normale, entretien et matériel parfaits : 2 kg. R = 0,002.

Il convient, d'ailleurs, de faire remarquer que ces chiffres, relatifs aux transports *en palier*, c'est-à-dire sur terrain horizontal, augmentent lorsque le sol est en pente, car le moteur doit non seulement vaincre la résistance au roulement, mais encore élever la charge d'une hauteur correspondant à la dénivellation. Si l'on se reporte à ce que nous avons dit sur le plan incliné (page 74), on voit que le moteur doit développer un effort p', uniquement pour contrebalancer l'influence de la pesanteur, en négligeant toutes les résistances passives qui obligent le moteur à exercer en palier un effort de tirage.

L'effort de traction sur voie métallique est, dans les conditions les moins favorables (tramway, voie étroite), trois fois plus faible que sur la meilleure chaussée pavée et cinq fois moins élevé que sur la chaussée empierrée la mieux entretenue. Il en résulte qu'un homme poussant un véhicule sur rails peut transporter un poids très considérable, et qu'un cheval qui, sur route, ne traînerait guère plus de 500 à 600 kilogrammes, peut remorquer, en palier, 2 500 à 3 000 kilogrammes sur un chemin de fer à voie étroite ; sur une voie large bien entretenue et avec un bon matériel, il traînerait de 15 000 à 20 000 kilogrammes.

Éléments constitutifs de la voie métallique. — La partie essentielle de la voie est l'organe qui supporte et dirige le véhicule : c'est le *rail*. D'abord construits en bois, puis en bois protégé par des bandes de fer, les rails sont actuellement entièrement en métal, fer ou acier.

Le profil des rails est très variable ; on peut néanmoins le rapporter, en général, à l'un des deux types suivants, qui sont les plus répandus : le rail *à patin* et le rail *à double champignon*. Le rail à patin ou rail Vignole (fig. 119), comporte un patin, (ou semelle) *p*, horizontal, une *âme*, *a*, verticale peu épaisse, et un *champignon*, *c*, qui est le chemin de roulement

Fig. 119. — Profils et modes de fixation des rails.

proprement dit ; le rail à double champignon est formé de deux champignons, *c*, *c*, ordinairement identiques, réunis par l'âme.

Le poids des rails dépend des charges qu'ils ont à supporter et de la vitesse avec laquelle ces charges doivent être déplacées ; on caractérise ordinairement les rails par leur poids rapporté au mètre de longueur. Sur les grandes lignes de chemins de fer, on emploie des rails en acier excellent pesant 50 et même 60 kilogrammes par mètre courant, tandis que ce poids s'abaisse à 4 kilogrammes ou $4^{kgr},500$ par mètre pour les petits chemins de fer à voie étroite et à traction animale. Il faut d'ailleurs remarquer que, dans le choix du rail, doit intervenir le nombre de roues destinées à répartir le poids total sur le rail ; ainsi les rails peuvent être plus faibles, si la charge est répartie sur chacun d'eux par quatre roues au lieu de deux, ou, ce qui revient au même, un même rail peut supporter une charge sensiblement double lorsqu'on double le nombre de roues.

Les rails sont fixés sur des *traverses*, qui les empêchent de s'enfoncer dans le sol et contribuent à assurer la rigidité de la voie ; elles sont tantôt en bois, tantôt en métal ; néanmoins la traverse métallique est substituée de plus en plus à la traverse en bois, même pour les voies fixes, à cause de leur plus grande durée. Les voies portatives sont aujourd'hui entièrement métalliques.

Le mode de fixation dépend de la forme des rails. Les rails à patin sont maintenus sur les traverses en bois par des tirefonds à vis, t, ou par des crampons, t', dont la tête saillante pince le bord du patin ; pour les traverses métalliques, on enserre ordinairement le patin entre une agrafe fixe, rivée sur la traverse ou venue de forge avec elle, et une agrafe mobile qu'on maintient par un boulon. Les rails à double champignon sont emboîtés dans un *coussinet* en fonte, C, fixé sur la traverse au moyen de tirefonds, de crampons ou de boulons ; l'échancrure du coussinet est étudiée de façon qu'elle épouse exactement, d'un côté, la forme du rail ; on maintient le rail dans le coussinet à l'aide d'un coin, c', ordinairement en bois et parfois en métal, chassé à coups de masse (fig. 119, à droite).

La durée des traverses en bois est très faible quand on n'a pas eu le soin de les *injecter* avec des solutions antiseptiques (créosote, sulfate de cuivre), qui en retardent la destruction par les insectes ou les végétations cryptogamiques. Comme il est très rare qu'on puisse, dans les exploitations agricoles, se procurer sur place des traverses injectées, il convient de n'adopter les traverses en bois que pour des installations fixes, mais qui ne doivent pas être conservées très longtemps ; dans tous les autres cas, il vaut mieux employer les traverses métalliques. Celles-ci sont en acier laminé ; elles sont embouties au pilon ou à la presse, de façon à offrir une grande rigidité malgré leur faible poids.

Les traverses sont placées perpendiculairement aux rails ; comme elles doivent les empêcher de s'enfoncer dans le sol, leurs dimensions et leur nombre varient avec la nature du terrain, et sont réduits au minimum pour les terrains résistants. Le nombre des traverses et, par suite, leur écartement, dépendent de la charge que le rail doit supporter ; le rail, entre deux traverses, se comporte, en effet, comme une poutre reposant sur deux appuis. Ainsi, les rails en acier, type Orenstein et Koppel, peuvent supporter les charges maxima suivantes :

POIDS par mètre du rail.	HAUTEUR du rail.	CHARGE MAXIMA PAR ROUE POUR UN ÉCARTEMENT des traverses égal à					
		1 m.	0.90.	0.80.	0.70.	0.60.	0,50.
Kilogr.	Millim.	Kilogr.	Kilogr.	Kilogr.	Kilogr.	Kilogr.	Kilogr.
4,0	46	290	320	360	415	485	580
4,5	55	375	420	470	540	626	750
5,0	60	495	550	620	705	825	990
6,0	65	605	675	760	865	1010	1210
7,0	65	740	825	930	1060	1240	1480
9,0	70	1140	1260	1420	1625	1900	2280
10,0	70	1330	1480	1660	1900	2220	2660
12,0	80	1790	1990	2240	2560	2980	3580

Les voies ferrées actuellement en usage se rapportent à deux types principaux : les voies à un seul rail ou *monorails* et les voies ordinaires à deux rails.

Voies à un seul rail. — Les chemins de fer monorails sont d'invention récente. La voie, éminemment portative, se compose d'un rail unique, type Vignole, pesant de 4 à 12 kilogrammes par mètre courant, assemblé sur une traverse en acier embouti, au moyen de deux agrafes fixes et d'un boulon.

Les éléments de voie ont comme longueur 5 mètres, 2^m,50 et 1^m,25 ; le nombre des traverses varie de 3 à 6 par élément de 5 mètres, mais les éléments à 3 ou 4 traverses doivent être réservés pour les transports de charges peu considérables sur les terrains résistants. Les différentes pièces constituant la voie sont amenées à pied-d'œuvre et on n'en effectue le montage que sur place, opération qui n'offre d'ailleurs aucune difficulté ; la seule précaution à prendre est d'assurer l'écartement régulier des traverses, qu'on obtient en se servant d'un gabarit formé d'une simple latte dont la longueur est égale à l'écartement adopté. On assemble les éléments successifs de la voie au moyen d'*éclisses*, en acier, embouties de façon à embrasser exactement la partie inférieure du rail ; il est inutile d'employer des boulons de fixation, et l'assemblage se fait en engageant les extrémités voisines des deux rails dans l'éclisse. Il est bon, cependant, de soutenir l'éclisse en l'appuyant contre le bord des traverses; pour cela, il suffit de monter les traverses extrêmes de chaque élément à la distance voulue de chaque bout de rail (8 ou 10 centimètres suivant le type).

Pour les parties en courbe, on fait usage d'éléments courbes de 2m,50 ou 1m,25 de longueur; les rayons minima des courbes sont de 8 mètres pour les grands wagons et de 4 mètres pour les wagons courts, mais il y a toujours intérêt à employer des courbes de rayon aussi grand que possible, pour ne pas exagérer les frottements des roues sur le rail. Le rayon le plus courant est de 8 mètres; pour les grands rayons, on se contente de dévier les rails dans les éclisses, et on substitue à la courbe réelle une ligne polygonale.

Les changements de voie ou *aiguillages* sont constitués par une plaque P (fig. 120-1) en acier, soutenant deux amorces *a* et *a′*, auxquelles aboutissent les rails des deux voies; la communication entre la voie précédente et l'une ou l'autre de ces voies s'obtient en faisant glisser le rail *r* sur la plaque, de façon à l'amener contre l'une des butées *b* ou *b′*, et en le maintenant en place au moyen du verrou *r*. Le rail mobile *v* a 2m,50 de longueur et est relié à la voie précédente par une éclisse ordinaire, dont le jeu est suffisant pour permettre à l'autre extrémité de ce rail de se déplacer entre *b* et *b′*; on ne munit le rail que d'une seule traverse, au droit de l'éclisse, mais bien qu'il repose sur la plaque P, il est bon de le soutenir, dans l'intervalle, par une ou deux fausses traverses en bois, comme la figure le montre en traits pointillés.

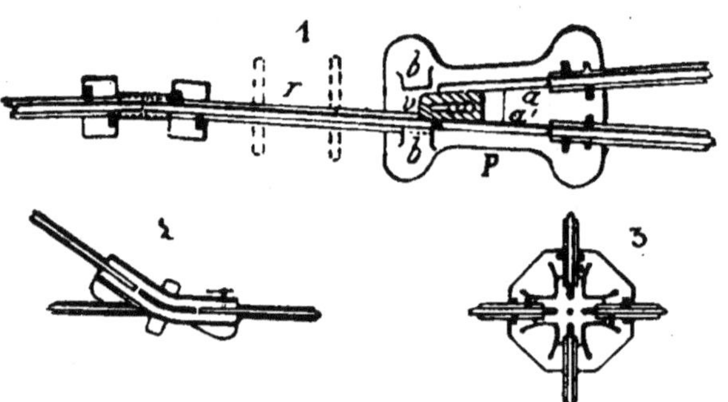

Fig. 120. — Aiguillage, dérailleur et croisement pour monorail portatif (Caillet).

Lorsque la voie est déjà installée, et qu'on veut la raccorder avec une autre voie aboutissant à un point déterminé, on fait usage d'un *dérailleur* ou *bifurqueur*, composé d'un manchon en acier pourvu de deux échancrures, qui se place à cheval sur la première voie, et qui présente à sa partie supérieure une amorce de rail courbe se raccordant avec les deux voies en regard des échancrures (fig. 120-2). Le bifurqueur est maintenu en place par deux vis de pression : on peut le monter et le démonter rapidement.

Enfin, les parties constitutives de la voie comprennent encore les *croisements* (fig. 120-3), formés d'une plaque supportant quatre amorces de rails et de guides empêchant les déraillements, les *plaques tournantes*, etc.

Ces chemins de fer monorails se prêtent admirablement à l'installation de voies temporaires ; il suffit de placer les éléments d'une façon à peu près régulière, en évitant les dénivellations trop accentuées. Pour les installations fixes, on a avantage à procéder avec soin, à régaler le terrain et à donner du *dévers* aux rails dans les courbes de faible rayon (1).

Dans tous les cas, les pentes et les rampes ne doivent pas dépasser 9 p. 100, c'est-à-dire 9 centimètres par mètre, car avec des déclivités plus prononcées, les freins n'auraient plus une efficacité suffisante pour la modération du mouvement pendant les descentes ; les roues bloquées glissent alors sur les rails et la vitesse peut s'accroître d'une façon dangereuse.

Voies à deux rails. — Ce sont les plus employées et les plus anciennement connues. Les traverses servent non seulement à empêcher la pénétration des rails dans le sol, mais encore à maintenir leur parallélisme. La largeur de la voie entre bords intérieurs des champignons est, pour la plupart des grands chemins de fer européens, de 1^m,435 ; cette largeur est abaissée à 1 mètre pour beaucoup de chemins de fer d'intérêt local, et même à 0^m,60, pour certains chemins de fer sur routes.

La dépense d'établissement d'une voie *normale*, c'est-à-dire

(1) Le dévers est l'inclinaison de la surface de roulement du rail vers le centre de la courbe ; il doit être d'autant plus accentué que celle-ci est de plus petit rayon et que la vitesse des convois est plus grande. Son but est de rendre le plat du champignon perpendiculaire à la résultante du poids et de la force centrifuge correspondant à la vitesse maxima prévue pour les convois.

de 1^m,435, est ordinairement très considérable et, seules, de grandes usines agricoles peuvent avoir intérêt à l'engager, pour se raccorder avec les grands réseaux voisins afin de s'épargner des frais de manutention, en recevant et en expédiant directement les wagons, sans avoir à en faire le transbordement en gare ; nous signalerons cependant ultérieurement un système qui permet de transporter de grands wagons sur des voies étroites.

Les voies à deux rails, dites *portatives*, ont ordinairement pour écartement 0^m,50 ou 0^m,60, quelquefois 0^m,75 : les deux premiers écartements sont les plus recommandables. Les éléments de voie ont, pour longueurs, 5 mètres, 2^m,50 et 1^m,25 ; les rails, généralement du type Vignole, pèsent de 4 à 12 kilogrammes par mètre courant et sont fixés sur des traverses en acier embouti. Les éléments s'assemblent au moyen

Fig. 121. — Élément de voie montrant l'éclissage en diagonale (Decauville).

d'éclisses, qui sont composées de deux lames d'acier destinées à réunir deux rails voisins ; elles sont percées de trous, correspondant à des trous pratiqués dans les rails, qui donnent passage aux organes de fixation, boulons ou rivets ; généralement les éclisses sont rivées sur l'un des deux rails à assembler et boulonnées sur l'autre. Une très bonne disposition consiste à river les éclisses aux deux extrémités d'une même diagonale du rectangle formé par les deux rails ; cela ne complique en rien la construction et il en résulte deux avantages : d'abord, au moment de la pose, il suffit de placer bout à bout les différents éléments, sans s'inquiéter de la disposition des éclisses, qui est toujours convenable ; en outre, on peut n'employer qu'un seul type d'éléments de voie en courbe, puisqu'il suffit de retourner un élément courbe bout pour bout pour dévier la voie soit à droite, soit à gauche, sans que les éclisses cessent de se correspondre (fig. 121).

Sur les lignes à deux rails, *les changements de voie* s'effectuent à l'aide d'*aiguilles* dont le principe est le suivant (fig. 122) : désignons par *aa′* et *bb′* les deux voies qu'il s'agit de raccorder à la voie *cc′*, qui peut être, d'ailleurs, le prolongement de l'une des deux autres. On constitue avec le même rail, sans solution de continuité, les bords extérieurs *c a* et *c′ b′* ; les bords intérieurs *b* et *a′* sont interrompus en *o* et *o′* et sont prolongés par des rails mobiles *o m*, *o′ m′*, articulés en *o* et *o′*, formant une sorte de voie à moindre écartement, et pouvant être déplacés vers *a c* ou vers *b′ c′* ; leurs extrémités *m* et *m′* sont amincies en biseau de façon à s'appliquer contre les rails fixes sans occasionner de ressaut. Les deux lames d'aiguille sont réunies par des entretoises articulées, pour qu'on puisse les déplacer simultanément. Comme les deux lignes *b o* et *a′ o′* se rencontrent, on est

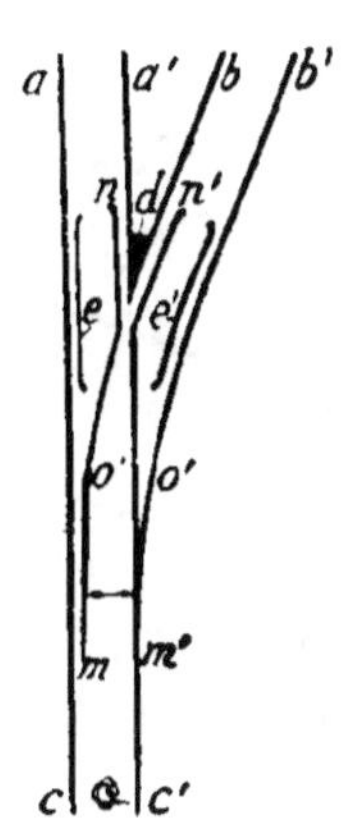

Fig. 122. — Aiguille.

obligé de ménager à leur point de croisement une solution de continuité pour livrer passage aux boudins des roues ; à cet effet, les rails *a′* et *b* sont réunis en une seule pièce à angle aigu *d*, qu'on nomme *pointe de cœur* : leurs prolongements sont formés de rails *o n* et *o′ n′* coudés de façon à laisser, au voisinage de la pointe de cœur, l'intervalle nécessaire ; les extrémités *n* et *n′* ou pattes de lièvre servent à la fois à consolider la voie et à diriger les roues par leur partie interne. On adjoint au système d'aiguillage ainsi constitué les *contre-rails e* et *e′*, qui longent les rails *a c* et *b′ c′* à une distance un peu plus grande que l'épaisseur du boudin des roues, et qui, guidant l'une des roues d'un essieu au moment où l'autre roue s'engage sur la pointe de cœur, empêchent cette dernière de prendre une mauvaise direction.

Il existe également des changements de voie plus simples, ressemblant beaucoup à celui que nous avons décrit à propos du monorail, et qui sont dits à *rails volants* ou à *sauterelle*. Les deux rails mobiles ont le même écartement que le reste de la voie, et on déplace leurs extrémités de façon à les mettre en face de la voie sur laquelle on veut engager le véhicule. La pointe de cœur est souvent remplacée par une simple plaque de fonte sur laquelle roule le boudin des roues, le guidage étant assuré par les contre-rails.

Lorsque deux lignes se coupent sans se réunir, on emploie des *traversées* (ou *croisements*) munies de deux pointes de cœur, ou des *dérailleurs* placés par-dessus l'une des voies et reliés à l'autre par des plans inclinés.

Fig. 123. — Traversée de voies.

Si l'on désire pouvoir réunir, au besoin, deux voies qui se croisent, on peut faire usage d'appareils, connus sous le nom de *traversées-jonctions*, qui sont la combinaison d'une aiguille et d'une traversée ; mais il est plus simple d'avoir recours aux *plaques tournantes*, surtout pour les voies à faible écartement. Dans les endroits humides, comme les étables, une simple plaque fixe plane, en fer forgé ou en fonte, suffit parfaitement ; on la dispose à un niveau tel que les boudins des roues viennent porter sur elle au moment où les rails sont interrompus ; on tourne les véhicules en faisant riper les roues sur cette plaque lisse. Les véritables plaques tournantes sont montées sur un pivot central et portent, à la périphérie, des patins ou des galets qui frottent ou roulent sur un rail circulaire placé au-dessous de la voie ; la plaque est ordinairement pourvue d'une traversée à angle droit. L'ensemble de l'appareil est enfermé dans un cuvelage en fonte ou en maçonnerie. Pour que ces plaques tournantes soient d'un emploi plus commode que les plaques de manœuvre à ripage, il faut qu'elles soient entretenues avec soin, sans quoi elles leur sont inférieures.

Les éléments de voies métalliques et leurs accessoires, aiguilles, croisements, plaques, etc., doivent toujours être d'un poids assez faible pour qu'on puisse les déplacer facilement. Elles se prêtent alors très bien à l'établissement de lignes temporaires ; mais on les emploie également pour les lignes fixes, auquel cas il y a avantage à les établir soigneusement. Comme nous l'avons indiqué pour les voies monorails, le sol doit alors être régalé, et, dans les courbes, il faut donner du dévers à la voie ; il convient également d'éviter les déclivités trop fortes, même en s'astreignant à augmenter quelque peu la longueur de la ligne. Chaque fois que l'on doit traverser un chemin parcouru par des voitures, il devient indispensable d'établir un *passage à niveau*, au moyen de deux contre-rails dont l'intervalle est rempli de terre bien damée, ou mieux empierré. Il est même bon d'empierrer chaque côté de la voie, sur une largeur de un mètre ou deux, afin qu'il y ait aussi peu de différence que possible entre le niveau des rails et celui des chemins ; cela a pour résultat de supprimer l'obstacle qu'opposerait le rail en saillie à la circulation sur le chemin de véhicules lourdement chargés et d'épargner en même temps à la voie métallique les déformations provoquées par le choc de ces véhicules sur les rails. Il ne faut pas hésiter à recourir au même procédé dans la cour de ferme, et à surélever le niveau du sol, dans les passages les plus fréquentés, dès qu'il s'est abaissé sensiblement au-dessous de celui des rails par suite de l'usure ou par compression ; faute de cette précaution, la voie ferrée deviendrait bientôt plus gênante qu'utile, par suite de l'entrave qu'elle apporterait à la circulation des voitures.

Pour le service des champs, on peut faire usage de passages à niveau portatifs, composés de cadres soutenant un platelage en bois, qui remplacent les contre-rails et l'empierrement, et de deux rampes en bois qu'on place de chaque côté de la voie.

Véhicules pour voies ferrées.

Matériel roulant pour monorails. — Les véhicules employés pour les voies ferrées à rail unique sont du type

bicycle ; ils sont montés sur deux roues ou sur deux paires de
roues placées les unes derrière les autres dans le même plan.
Chaque roue a la forme d'une poulie à joues : elle comporte
une jante cylindrique comprise entre deux boudins; placée
sur le rail de façon que la jante porte sur le plat du champignon, ses boudins l'obligent à suivre toutes les inflexions
de la voie. Les véhicules les plus courants sont portés sur
deux roues semblables maintenues par une chape fixée sur

Fig. 124. — Wagonnet monorail (Caillet).

les deux longerons du châssis (fig. 124); les grands véhicules
sont supportés par quatre roues, réunies par paires en deux
boggies reliés au châssis par des pivots verticaux semblables
à des chevilles ouvrières. La forme de la caisse varie, bien
entendu, avec la nature des matériaux à transporter, depuis
la plate-forme munie ou non de ridelles et de ranchers,
jusqu'à la benne basculante et au truck à boggies pour
le transport des pièces de bois ; on construit même des
wagons spéciaux pour le transport des personnes. Comme
tous ces véhicules peuvent osciller autour de l'axe formé par

la ligne des points de contact des roues sur le rail unique, on leur adapte des patins qui limitent l'amplitude du déplacement vertical de leur partie inférieure et qui empêchent leur contenu de se déverser ; ces patins entrent en jeu pendant le chargement, alors que les matériaux placés dans la caisse n'en occupent encore qu'un côté, et ils s'opposent à ce que cette caisse bascule en cas de chute de l'homme ou de l'animal moteur.

Si la traction doit être opérée par des hommes, on fixe à l'une des extrémités du bicycle deux montants réunis par un tube métallique dans lequel est engagé un tube de moindre diamètre, maintenu par des vis de pression de façon à faire saillie d'un côté du véhicule ; l'homme saisit ce levier qui lui permet de pousser le bicycle et de le maintenir en équilibre, sans être obligé de se placer à l'avant ou à l'arrière de la caisse ; seuls, les bicycles destinés au transport de la vendange sont munis de brancards parallèles à la voie. Il importe, en tout cas, d'effectuer le chargement avec assez de soin pour que le maintien en équilibre du véhicule n'exige qu'un effort peu considérable de la part du conducteur ; ce résultat s'obtient d'ailleurs sans difficulté.

Le petit matériel de wagons pour monorail est construit de telle sorte qu'un homme puisse assurer, sans fatigue, pendant la durée normale d'une journée de travail, le transport de charges de 300 kilogrammes. Si on se rappelle qu'à l'aide de brouettes un homme ne peut guère transporter plus de 60 kilogrammes, on reconnaîtra combien est avantageux l'emploi d'appareils dont la construction et l'installation sont aussi simples. On construit d'ailleurs également des bicycles pour charge de 600 à 1 000 kilogrammes, qu'on fait pousser, au besoin, par plusieurs hommes.

Le grand matériel pour monorail exige la traction animale ; les chariots, à deux roues ou à deux boggies, sont pourvus de deux leviers réunis par deux ou trois pièces longitudinales formant brancards ; on peut leur atteler un ou deux animaux. La seule précaution à prendre est de répartir la charge de façon que la dossière appuie très légèrement sur les reins des animaux.

Matériel roulant pour voies à deux rails. — Les véhicules employés sur les voies à deux rails diffèrent peu des wagons de chemins de fer : ils se composent, pour la plupart, d'un châssis à deux essieux, supportant une caisse de forme appropriée, plate-forme, benne (1), fourragères, etc. Les roues, de petit diamètre, n'ont qu'un seul boudin, et la direction est obtenue, comme nous l'avons expliqué précédemment, en plaçant à l'intérieur de la voie les deux boudins d'un même essieu. Les roues sont quelquefois montées sur essieux fixes, comme dans les voitures ordinaires ; l'essieu est terminé par une fusée conique, engagée dans une boîte de même forme, et une rondelle vissée ou goupillée empêche la roue de quitter la fusée ; on recouvre généralement le bout d'essieu d'un chapeau en tôle, en forme de calotte sphérique, et qui, boulonné sur la roue, sert de boîte à huile pour le graissage de l'essieu. Mais, le plus souvent, les roues sont solidaires de l'essieu, qui tourne en même temps qu'elles ; les portées ou tourillons, soigneusement tournés, sont engagés dans des *boîtes* fixées sur le châssis, constituant des paliers graisseurs à coussinets en fonte, ou, exceptionnellement, en métal antifriction. Ces boîtes sont placées soit entre les roues, soit à l'extérieur des roues ; dans ce dernier cas l'essieu dépasse les roues de la longueur des tourillons ; ce dernier dispositif est préférable, parce qu'il est plus facile de visiter et de graisser les boîtes extérieures que celles placées entre les roues, surtout avec un matériel de petites dimensions. Il est rare que les boîtes soient reliées au châssis par l'intermédiaire de ressorts.

Les premiers véhicules employés par Corbin, le véritable inventeur des chemins de fer portatifs, ne comportaient qu'un seul essieu ; ils ne pouvaient donc se maintenir isolément en équilibre, mais, comme ils étaient munis d'une allonge jouant le rôle d'un timon, on en formait des trains en les attelant à un wagon ordinaire à deux essieux. Quoique éminemment économique, ce système n'est plus employé, en raison de l'impossibilité d'utiliser isolément ces véhicules. On emploie

(1) Les bennes pour le transport des vendanges sont à angles arrondis.

donc surtout les wagonnets à quatre roues ; les essieux sont
aussi rapprochés que
possible, afin de per-
mettre, sans nuire à
la stabilité, l'inscrip-
tion facile des véhi-
cules dans les cour-
bes de petit rayon
(fig. 125 et 126).

On construit,
d'autre part, pour les
fortes charges, des
véhicules montés au
moyen de pivots
verticaux sur deux
trucks à boggies ; la

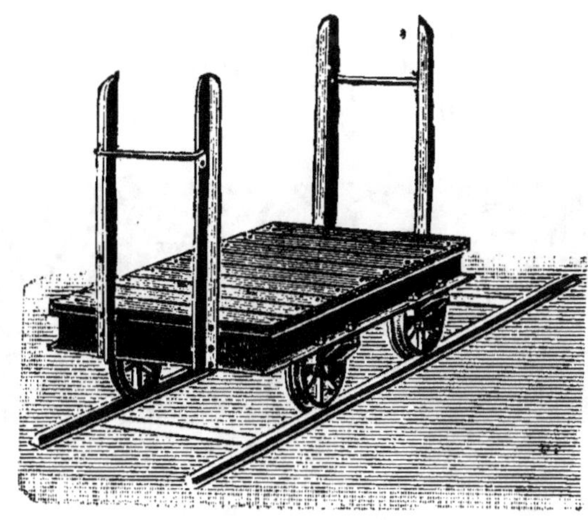

Fig. 125. — Wagonnet à ranchers (Popineau-Vizet).

charge se trouve ainsi répartie sur huit roues au lieu de quatre ;
les roues d'un même boggie pouvant être très rapprochées, et

Fig. 126. — Wagonnet à bascule (Popineau-Vizet).

le véhicule étant articulé, le franchissement des courbes de très
faible rayon n'offre aucune difficulté ; l'emploi de trucks ainsi
disposés est indispensable pour le transport des bois de longueur.

Les wagonnets à deux boggies sont peu employés en France ; ils sont, au contraire, assez répandus en Allemagne et en Autriche ; on utilise dans ces pays un type spécial, que représentent les figures 127 et 128. Il comprend une plate-

Fig. 127. — Wagonnet à boggies (Orenstein et Koppel).

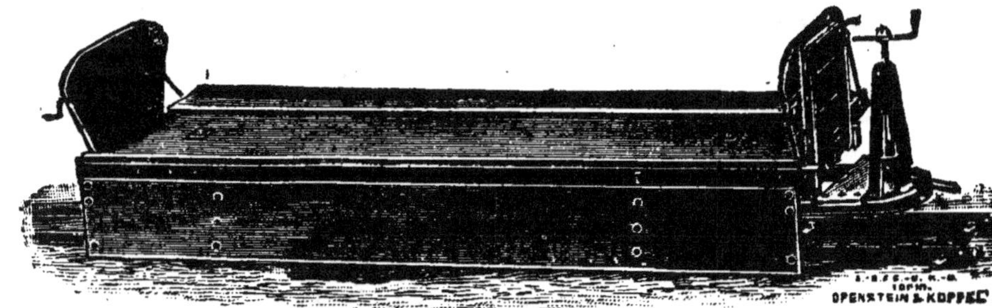

Fig. 128. — Le même wagonnet ouvert.

forme sur laquelle sont adaptés deux panneaux latéraux à charnières ; lorsque les panneaux sont relevés, le wagonnet sert au transport des pommes de terre, betteraves, etc., et en rabattant complètement un des panneaux (fig. 128) on facilite beaucoup le déchargement ; en rabattant à moitié les deux panneaux, de façon à les amener et à les maintenir dans le plan de la plate-forme, on obtient une plate-forme très large, qu'on utilise pour le transport des céréales, des fourrages, etc. La figure 129 donne la vue d'un appareil sur truck destiné au transport des bois en grume ; les bois s'appuient sur des traverses articulées au pivot du truck et sont maintenus latéralement par des ranchers métalliques mobiles autour d'axes horizontaux, de façon à servir de plan incliné, lorsqu'ils sont rabattus, pour le chargement et le déchargement. Ils sont maintenus relevés par un verrou, qu'il faut déclencher pour rabattre les ranchers; cette manœuvre s'effectue très facilement en agissant sur une chaîne, du côté opposé à celui où se trouve le rancher, de sorte que les ouvriers ne sont pas exposés à être atteints par les pièces de bois qui peuvent tomber brusquement lorsqu'elles cessent d'être maintenues.

Fig. 129. — Trucks à ranchers articulés pour le transport des bois
(Oreinstein et Koppel).

Les wagonnets à deux essieux peuvent être actionnés par des hommes; ils sont, à cet effet, pourvus d'une barre transversale, à hauteur d'appui, sur laquelle l'ouvrier peut exercer l'effort nécessaire. Il faut veiller, si l'on veut éviter les accidents, à ce que les ouvriers poussent les wagonnets, au lieu de les tirer, parce qu'en cas de chute, ils ne risquent pas d'être blessés par le véhicule qu'ils manœuvrent; c'est surtout dans les descentes qu'il est essentiel de prendre cette précaution. Il faut, de même, défendre aux ouvriers de monter sur les châssis des wagons et de se laisser filer ainsi le long des rampes, car la vitesse peut devenir exagérée, et de graves accidents sont à craindre en cas de choc ou de déraillement.

Quand on veut faire remorquer plusieurs wagons à la fois par un seul animal, il faut constituer un *train*. Les différents véhicules doivent être munis d'appareils spéciaux, qui sont les tampons, les *tendeurs*, les *barres*, les *chaînes d'attelage*, etc. Si le wagonnet est construit presque entièrement en bois, on fait déborder les deux longerons de chaque côté de la caisse, et leurs extrémités, consolidées par une bande de fer feuillard, jouent le rôle de tampons. En construction métallique, les tampons sont en acier forgé et maintenus par une monture en fonte ou en acier ; ils sont formés par un plateau circulaire ou rectangulaire légèrement bombé dans sa partie centrale, qui est fixé sur une tige cylindrique ; il y a généralement avantage à employer des tampons à ressorts, grâce auxquels les chocs de manœuvre fatiguent moins le matériel. Il n'y a jamais qu'un seul tampon, à chaque extrémité, pour les chemins de fer à voie étroite, dont les courbes sont très accentuées.

Les appareils d'accrochage sont très divers ; ils se bornent souvent à des chaînes terminées par des crochets ; on attelle les véhicules en engageant les crochets de l'un dans ceux du suivant. On emploie aussi des *barres* articulées sur les châssis, qui font saillie à chaque extrémité du véhicule, et qu'on assemble par manchon et clavette ou par [tout autre système de fixation ; comme ces barres sont rigides, elles servent à la fois de tampons et d'attelages. Le *tendeur* est l'appareil universellement employé sur les chemins de fer européens ; c'est le même appareil, aux dimensions près, qu'on emploie pour les wagonnets. Il se compose d'une tige pourvue en son milieu d'un levier perpendiculaire, terminé par une boule qui forme contrepoids ; la tige est filetée à ses deux extrémités, mais les filetages sont de sens contraire, de sorte qu'en tournant la vis

l'aide du levier, on rapproche ou on éloigne à la fois deux écrous, auxquels sont articulés deux étriers dont l'un est fixé à un anneau solidaire de l'un des véhicules et dont l'autre est libre ; on engage ce dernier, au moment de l'accrochage, dans un crochet porté par l'autre véhicule, et on donne à l'attelage, au moyen du tendeur à vis, le serrage qu'on juge convenable.

Toutes les fois qu'on ne transporte que des marchandises, ce qui est le cas général pour les chemins de fer agricoles, il ne faut pas serrer les attelages au point de faire toucher les tampons, sans quoi les démarrages sont rendus très difficiles ; au contraire, avec des attelages lâches, le train démarre, pour ainsi dire, wagonnet par wagonnet. Il ne faut cependant pas laisser un jeu exagéré, parce que la vitesse acquise par chaque wagonnet avant la mise en marche du suivant serait trop grande et que les chocs seraient alors assez violents pour provoquer des ruptures d'attelages.

On doit toujours faire entrer dans la composition des trains un ou plusieurs véhicules pourvus de freins ; le nombre de wagonnets à frein, relativement à celui des wagonnets sans frein, dépend de la charge remorquée et de la déclivité des voies ; on peut admettre, cependant, qu'un véhicule à frein est suffisant pour un train de quatre ou cinq wagons, c'est-à-dire pour l'importance que ne dépassent guère les trains agricoles ; mais cette indication n'a aucune valeur absolue. Pour les véhicules isolés à traction animale, et même, dans bien des cas, pour ceux à traction humaine, il y a intérêt à employer des freins, afin d'éviter les accidents qui peuvent résulter d'une chute du moteur ou d'une exagération de vitesse dans les descentes. Ces freins sont à levier ou à vis.

Enfin, pour le service dans l'intérieur de la ferme, on peut avantageusement faire usage de brouettes montées sur un essieu de wagonnet ; il existe des modèles dans lesquels la disposition du coffre par rapport à l'essieu est telle qu'un homme peut transporter sans fatigue une charge beaucoup plus forte qu'avec une brouette ordinaire.

Emploi des voies étroites pour le transport des chariots, charrettes et des wagons de la voie normale. — On admet, en travaux publics, que les tombereaux servent pour les transports de matériaux sur des distances comprises entre 100 et 500 mètres, et qu'au delà de 500 mètres on a avantage à employer les wagonnets ; nous avons indiqué précédemment le nombre d'animaux considéré comme le plus avantageux pour effectuer un charroi, d'après la distance à laquelle les transports doivent être effectués.

Il peut se présenter des cas où l'on aurait intérêt à employer un système mixte ; par exemple, lorsque, dans un chantier temporaire, on ne peut songer à installer une voie portative, soit parce que la nature du sol s'y oppose, soit parce qu'il faudrait la déplacer trop souvent, alors, pourtant, que la longueur du transport justifierait l'usage d'une voie ferrée. L'achat d'un matériel de transport sur routes et d'un matériel de voie ferrée serait trop coûteux ; il faudrait d'ailleurs transborder les matières des voitures ordinaires dans les wagonnets, ce qui ferait perdre du temps et augmenterait inutilement les frais. Enfin, la majorité des exploitations sont convenablement outillées en matériel de transport sur routes, qu'elles ont avantage à utiliser.

Trucks pour voitures à un ou deux essieux. — On a imaginé en Allemagne un système mixte, dans lequel le chariot ou la charrette sert tout d'abord directement pour la première partie du transport, et ne joue plus ensuite que le rôle de récipient, la voiture étant placée sur un appareil spécial de transport, adapté aux voies étroites. Cet appareil est des plus simples : il est formé d'un truck ordinaire de wagonnet, sur le châssis duquel est monté un tréteau de support, avec deux échancrures dans lesquelles s'engage l'essieu. On

Fig. 130. — Vue en bout d'une voiture soulevée sur truck pour voie ferrée étroite (Orenstein et Koppel).

peut soulever la voiture en actionnant le tréteau, à l'aide d'un système de roues dentées et de crémaillères fonctionnant comme un cric, mais ce procédé, bien que le plus simple en apparence, a l'inconvénient d'exiger des ouvriers un effort parfois considérable, ce qui les rebute et les incite à ne pas exécuter la manœuvre avec tout le soin désirable. Aussi a-t-on renoncé, en Allemagne, à l'emploi des crics ; on préfère creuser une petite fosse raccordée au chemin par un seul plan incliné, et dont les parois sont consolidées par un boisage ou de la maçonnerie ; une cornière métallique, ou une poutre, placée sur chacun des bords de la fosse, empêche les voitures d'y tomber. La voie ferrée

étant prolongée dans la fosse, on peut y faire arriver le truck
dont le tréteau se trouve ainsi à un niveau inférieur à celui de l'essieu. Grâce au plan incliné, on arrive sans difficulté, après quelques tâtonnements, à emprisonner l'essieu dans les échancrures du tréteau et, si l'on fait alors tirer le truck par l'attelage, la voiture se trouve soulevée (fig. 130).

On emploie deux trucks semblables pour les véhicules à quatre roues. La figure 131 montre l'application du procédé au transport des bois en grume : l'avant-train est déjà soulevé sur son truck, et un ouvrier est occupé à disposer le second truck pour supporter l'essieu d'arrière. On forme ordinairement de véritables trains comprenant plusieurs voitures ainsi soulevées; une ou deux paires d'animaux suffisent pour les remorquer.

Les charrettes, tombereaux et, en général, tous les véhicules à deux roues sont transportés de la même manière, mais au
moyen d'un seul truck dont le tréteau embrasse l'essieu

Fig. 131. — Truck double pour transport de bois (Orenstein et Koppel).

12.

on empêche la voiture de basculer en la soutenant en avant et en arrière par deux bras articulés, solidaires du truck, qu'on soulève et qu'on cale contre le fond de la cage. Il ne serait guère pratique d'employer, pour le chargement du truck, une fosse identique à celle dont on fait usage pour les chariots à quatre roues, c'est-à-dire à un seul plan incliné, puisqu'on est obligé d'y faire pénétrer tout au moins le cheval limonier ; on pourrait, évidemment, amener la voiture à reculons au-dessus de la fosse, mais une pareille manœuvre est toujours assez difficile et assez longue ; il serait préférable, à notre avis, d'avoir une fosse pourvue de deux plans inclinés, dans laquelle s'engageraient facilement les animaux, d'autant plus qu'il suffit d'une différence de niveau de 30 à 40 centimètres entre le plat du champignon et le sol naturel pour permettre au tréteau de passer sous l'essieu.

Transporteurs pour wagons de la voie normale. — Les grandes usines industrielles ou agricoles sont ordinairement reliées aux lignes de chemin de fer voisines par des *raccordements* permettant d'introduire directement dans l'usine les wagons de différents types des grands réseaux européens, et d'éviter ainsi des transbordements de marchandises, toujours longs et coûteux. Malheureusement ces raccordements à voie normale reviennent à un prix tellement élevé que, malgré les avantages que leur procurerait la suppression des transbordements, les moyennes et petites usines ne peuvent songer à en établir, même lorsqu'elles sont à proximité d'une gare.

Il existe depuis longtemps en Allemagne, et depuis quelques années en France, des appareils permettant d'utiliser les voies étroites pour le transport des wagons circulant sur les voies normales. La plupart s'appliquent à la voie de 1 mètre, qui est la plus fréquemment adoptée par les tramways et par les chemins de fer d'intérêt local ; on en trouve pourtant fonctionnant sur une voie de $0^m,75$ centimètres. Ces appareils sont appelés *transporteurs*.

Les transporteurs allemands sont disposés à peu près comme les trucks servant au transport des chariots ; il y a, ordinairement, un truck à boggies par essieu du wagon de la voie

normale. Chaque truck est pourvu d'un pivot vertical autour
duquel peut tourner, entre certaines limites, une traverse qui
porte à ses extrémités des rails à encoches destinés à recevoir les
roues du wagon à transporter ; la longueur de la traverse est
telle que les bords extérieurs des rails à encoche arrivent au
niveau des bords intérieurs des champignons de rails de la
voie normale ; les roues reposent donc sur ce support uniquement par leurs boudins. La tête du pivot est terminée par
une double charnière portant deux fourches mobiles qui, une
fois relevées verticalement, viennent embrasser l'essieu des
grands wagons (fig. 132). La mise en place du wagon sur le

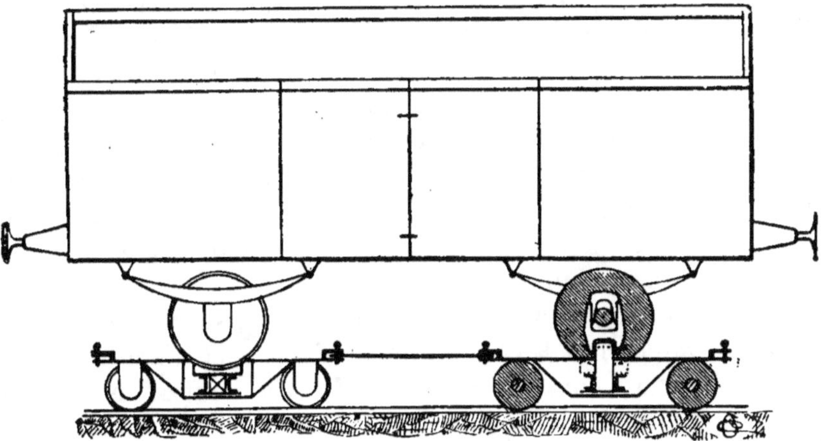

Fig. 132. — Principe d'un transporteur allemand (Langbaën).

transporteur s'effectue à l'aide d'une fosse de chargement qui
donne entre les deux voies une différence de niveau de
30 centimètres ; la voie étroite est horizontale, tandis que la
voie normale est surélevée et raccordée par un plan incliné ;
la voie normale présente en outre, vers l'extrémité de la
fosse, un rail coudé de façon à former un plan incliné de
20 centimètres de longueur et de 2 centimètres de dénivellation. Le grand wagon étant au-dessus de la fosse, on avance
un des trucks, et on engage dans sa fourche mobile l'essieu
d'avant du wagon ; en faisant avancer ce dernier, le truck est
entraîné et, au moment où le grand wagon franchit le coude
présenté par le rail, les boudins de ses roues d'avant se logent

dans les rails à encoches du truck; une seconde manœuvre, identique à la première, permet de placer sur son truck le deuxième essieu.

On complète le calage par des fourches supplémentaires et des griffes à vis qui ne laissent aucun jeu; et, pour plus de sécurité, on réunit les deux trucks par une barre rigide. On peut atteler ensemble plusieurs transporteurs, ainsi chargés, en les réunissant par des accouplements élastiques.

Ces transporteurs fonctionnent en Wurtemberg sur une ligne de 15 kilomètres, à écartement de 1 mètre, reliant Nagold à Altensteig; les rayons des courbes descendent jusqu'à 50 mètres, et les déclivités atteignent 30 et même 40 millimètres. Le chargement sur transporteur s'effectue en cinq minutes, avec cinq hommes, ou en un temps un peu plus long avec deux hommes armés d'anspects; la vitesse des convois atteint 30 kilomètres. En Saxe, plusieurs lignes à écartement de $0^m,75$ emploient des transporteurs de ce système; mais on ne fait pas circuler de grands wagons lorsque le vent souffle en tempête, de peur de renversement; la vitesse des convois est de 25 à 28 kilomètres.

Des applications ont été faites, en France, sur voie de $0^m,80$, par la Compagnie des chemins de fer départementaux des Ardennes, sur voie de 1 mètre, par les Chemins de fer économiques (Valmondois-Marine) et, tout récemment, toujours sur voie de 1 mètre, par la Compagnie des tramways départementaux des Deux-Sèvres, pour le raccordement de la distillerie de MM. Charbonneaux et Lelarge avec le réseau de l'État, en gare de Melle. Avec deux trucks pesant 2300 kilos, on transporte un wagon de 17 tonnes, dont 7 tonnes pour la tare.

Un autre système, d'origine française, est employé sur la voie de un mètre des tramways électriques de Reims; il consiste (fig. 133) en un châssis, portant deux rails écartés de $1^m,44$, et reposant sur deux boggies à deux essieux de 1 mètre. Les rails du châssis peuvent être facilement reliés à ceux de la voie normale par des amorces de rails en forme de plan incliné, comme pour les chariots de transbordement usités dans les grandes gares. Il n'est donc pas nécessaire d'établir une fosse de chargement; il suffit d'installer la voie étroite à l'intérieur de la voie normale, de façon que les axes des deux voies coïncident; les hommes de manœuvre poussent le wagon chargé sur le transporteur; on l'y maintient avec des cales et

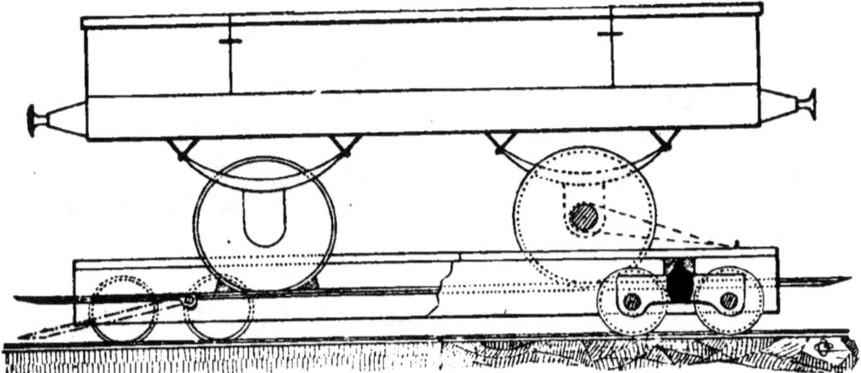

Fig. 133. — Principe d'un transporteur français (Dulait et Le Roy).

avec des chaînes qui entourent les deux essieux, et qui sont reliées à un tendeur à cliquet permettant de bien immobiliser le wagon. On peut composer un train en réunissant les transporteurs entre eux par des barres d'accouplement.

Dans les différents exemples que nous venons de citer, le matériel de transporteurs appartient aux compagnies de tramways ou de chemins de fer à voie étroite, et non aux particuliers; ces appareils sont, certes, destinés beaucoup plus au service de l'industrie qu'à celui de l'agriculture. Mais nous avons voulu signaler un procédé peu connu d'utilisation des lignes à voie étroite déjà existantes, permettant aux usines agricoles de se procurer des avantages équivalents à ceux qu'on obtient des raccordements à voie normale, avec des frais d'établissement beaucoup plus faibles. Certaines usines agricoles pourraient d'ores et déjà en profiter; et il n'est pas impossible qu'en s'imposant l'obligation, peu coûteuse, en somme, de faire établir un raccordement de quelques mètres qui les relierait à un tramway ou à un chemin de fer sur route, raccordé lui-même à un grand réseau, diverses exploitations ou certains syndicats trouvent avantage à faire arriver directement à pied-d'œuvre les wagons de la voie normale, pour supprimer les transbordements et les charrois.

Il convient de signaler, pour terminer cette rapide revue des procédés de transport employés en agriculture, les *wagons-réservoirs*, qui servent au transport des boissons, notamment des vins et des alcools, ainsi que les *wagons-glacières* utilisés pour transporter les denrées qui peuvent s'altérer pendant les trajets de longue durée, comme les viandes, les beurres, les fruits, etc. Ce matériel spécial est extrêmement intéressant à étudier ; mais il appartient, généralement, soit aux compagnies et administrations de chemins de fer, soit à des sociétés spéciales, et sa description ne saurait entrer, par conséquent, dans le cadre de cet ouvrage.

Manèges.

Nous avons, jusqu'à présent, étudié les moteurs animés uniquement comme tracteurs, c'est-à-dire en les supposant utilisés dans les conditions où les mouvements sensiblement rectilignes que le fonctionnement de leurs organes leur permettent d'effectuer, peuvent être transmis sans modification à la machine qu'ils doivent actionner, charrue, appareil de transport, etc. Or, il existe un grand nombre de machines dans lesquelles le mouvement des pièces travaillantes doit être circulaire continu ; il faut donc placer entre l'animal moteur et la machine un appareil intermédiaire dont le rôle est de transformer en mouvement circulaire continu le mouvement rectiligne, ou la succession de mouvements rectilignes qui constitue le déplacement du moteur. Tel est, précisément, le but des manèges.

L'emploi des manèges paraît remonter à une haute antiquité ; longtemps défectueux en raison du caractère trop primitif des procédés de construction, ces instruments, s'ils sont fabriqués avec soin et à l'aide de métaux de bonne qualité, peuvent rendre de grands services dans les exploitations agricoles. Ils permettent, en effet, d'utiliser le bétail de trait, pendant les mauvais temps ou pendant les périodes de travail peu actif, pour mettre en mouvement des machines qui n'exigent qu'une faible puissance, et dont le fonctionnement est intermittent et peu prolongé.

- Il existe deux sortes de manèges : les manèges proprement dits, ou manèges circulaires, et les manèges à plan incliné.

Manèges circulaires. — Ces appareils comportent tous un arbre vertical qui commande un train d'engrenages, combiné de façon à imprimer aux organes à animer du mouvement circulaire continu la vitesse angulaire convenable ; l'arbre est lui-même entraîné par plusieurs flèches fixées sur lui par l'une de leurs extrémités, et à l'autre extrémité desquelles sont attelés des animaux, principalement des chevaux. Le nombre des flèches, et par conséquent d'animaux, varie avec l'intensité de l'effort à transmettre ; on n'emploie guère, en Europe, plus de quatre animaux, mais, aux États-Unis, on fait parfois usage de manèges à 10 ou 12 chevaux, pour actionner des machines à battre ; les manèges les plus faibles, généralement destinés à actionner des pompes, sont disposés pour être mis en mouvement par un âne.

Si l'on s'en rapportait uniquement à la théorie du levier, on serait conduit à penser que l'adoption d'un rapport convenable entre les rayons des roues dentées et la longueur de la flèche, permettra d'obtenir, avec un animal donné, un effort disponible aussi grand qu'on voudra. Mais, en réalité, la longueur des flèches ne doit varier qu'entre $2^m,50$ et 5 mètres, environ ; indépendamment de la difficulté de construire avec solidité et légèreté des flèches de très grande longueur, la vitesse angulaire du mouvement transmis à l'arbre par un moteur animé dont l'allure est forcément modérée serait tellement faible qu'on serait obligé, pour l'accroître, de recourir à l'intermédiaire d'un trop grand nombre d'engrenages multiplicateurs dont les résistances passives diminueraient considérablement le rendement de la machine. D'autre part, avec une flèche moindre de $2^m,50$, le rendement serait encore affaibli, parce que le moteur, qui est un quadrupède, ne peut développer tout l'effort dont il est capable que si la trajectoire qu'on lui impose est à peu près rectiligne ; or, la piste du manège est circulaire et l'animal ne peut la suivre qu'en exécutant une série de déplacements rectilignes dont les diverses trajectoires représentent approximativement les côtés d'un polygone régulier inscrit dans la circonférence de la piste. La longueur des différents côtés peut être considérée comme invariable, pour un animal donné, puisqu'elle correspond à la longueur du pas; par conséquent, si le rayon de la piste varie, le nombre des côtés du polygone sera modifié, mais non leur longueur ; de sorte que l'angle formé par les directions des côtés consécutifs (supplément de l'angle au sommet du polygone) augmente quand ce rayon diminue. L'animal moteur doit donc exécuter à chaque sommet du polygone un changement de direction, condition défavorable, puisque ces changements ne sont, pour ainsi dire, que des exceptions dans l'allure normale ; il les fait, en outre, tous dans le même sens, c'est-à-dire au moyen des mêmes muscles, situés d'un même côté du corps. Le travail au manège est donc, toutes choses égales d'ailleurs, plus fatigant pour le moteur que la traction directe, et cette fatigue deviendrait exagérée si, en réduisant outre mesure la longueur de la flèche, on augmentait l'angle sous lequel s'effectuent les changements de direction.

Enfin, plus le rayon de la piste est petit, plus l'animal qui la décrit est placé obliquement par rapport à la flèche; l'effort qu'il exerce se décompose en deux : l'un dirigé suivant l'axe de la flèche, qui n'a d'autre effet que d'augmenter les résistances passives, l'autre perpendiculaire à la flèche, et qui est le véritable effet moteur; cette composante, la seule efficace, est d'autant plus réduite que le rayon est plus petit.

Les flèches actuelles ont une dimension comprise entre 3 et 4 mètres; bien que quelques-unes soient entièrement métalliques, on les établit ordinairement en bois, et d'une seule pièce ; il vaut toutefois mieux les constituer par deux pièces troussées, écartées près de l'arbre et rapprochées à leur extrémité libre. La liaison entre l'axe et les flèches est assurée soit par des boitards en fonte dans lesquels les flèches sont engagées et clavetées, soit par des étriers et des boulons, etc.

Les animaux sont attelés aux manèges de différentes façons, suivant le niveau auquel se trouve l'extrémité libre de la flèche. Lorsque ce niveau est de $0^m,80$ ou 1 mètre au-dessus du sol, on engage dans un crochet disposé à cet effet le palonnier ou la chaîne, suivant le genre de moteur et de harnachement employés. Si la flèche est très élevée au-dessus du sol, on en munit l'extrémité d'une *attelle* en bois ou en fer, dont les deux branches descendantes reçoivent les traits des animaux. On emploie quelquefois une sorte d'attelle, placée horizontalement, pour les flèches basses ; l'animal y est engagé de telle sorte que, pendant le mouvement, il semble pousser la flèche ; le palonnier peut même, avec un pareil dispositif, être placé sur la flèche en avant du cheval, mais il faut alors faire passer les traits sur des poulies de renvoi montées à l'extrémité des branches de l'attelle. On évite ainsi que, lors des arrêts, la flèche vienne heurter les jarrets de l'animal, et, comme on peut raccourcir les traits, la direction de l'effort exercé par le moteur est plus voisine de la perpendiculaire à la flèche.

Pour empêcher les animaux de s'écarter de la piste, on attache au mors ou au joug une corde ou une pièce de bois fixée d'autre part à la flèche.

Comme tous les coups de collier donnés par l'attelage se transmettent directement au premier engrenage du système multiplicateur, et que les chocs qui en résultent pourraient briser cet engrenage, il est bon d'interposer entre le moteur et l'arbre un dispositif pouvant servir d'amortisseur. C'est ainsi qu'on emploie des flèches en bois flexible, qui jouent jusqu'à un certain point le rôle de ressorts ; on peut aussi se servir avantageusement de ressorts amortisseurs de traction, analogues à ceux dont nous avons parlé à propos du harnachement ; en général, tous les dispositifs établissant une liaison élastique entre le moteur et le mécanisme sont recommandables. Il en est de même pour les dispositifs qui assurent la commande du train d'engrenages par l'intermédiaire d'un embrayage à friction avec serrage réglable ; les chocs sont complètement supprimés et on a, de plus, la faculté de débrayer sans arrêter les animaux.

Le mécanisme des manèges ne comporte rien de très particulier, quoique les types en soient assez nombreux ; la première roue du train d'engrenages, qui est actionnée directement par l'arbre moteur, doit avoir un rayon égal au cinquième, environ, de celui de la piste ; comme elle a ainsi des dimensions très considérables, on la constitue souvent de plusieurs morceaux assemblés par des boulons, procédé de construction qui, pour le cultivateur, a l'avantage de ne pas le forcer à remplacer la roue entière si un choc provoque la rupture d'une dent. Il est prudent, également, d'interposer un encliquetage à rochet entre l'axe solidaire des flèches et le reste du mécanisme ; l'attelage ne pouvant dès lors entraîner le manège que dans un seul sens, il n'y a plus à craindre qu'en cas d'arrêt brusque les flèches viennent heurter violemment les jarrets des animaux.

On distingue deux types principaux de manèges, qui diffèrent par les dimensions et la forme du bâti, ainsi que par la position de l'arbre chargé d'actionner la machine : ce sont les manèges *en l'air*, et les manèges *à terre*.

Les manèges en l'air sont eux-mêmes *fixes*, *mi-fixes* ou *mobiles*. Dans les trois cas, d'ailleurs, l'arbre ou la courroie qui commande la machine doit être à deux mètres, au moins, au-dessus de la piste, afin de ne pas gêner les animaux dans leur mouvement.

Le bâti est en bois ou en fonte ; pour les manèges fixes il est scellé dans un massif de maçonnerie. Dans les manèges mi-fixes, le support est constitué par un robuste poteau en bois, solidement ancré dans le sol, ou par un bâti en fonte boulonné sur le poutrage de la salle où on l'emploie ; les flèches sont hautes et reçoivent l'effort des animaux par l'intermédiaire d'attelles.

Les manèges mobiles, au contraire, ont généralement les flèches basses ; le bâti consiste en un châssis de voiture, à deux ou à quatre roues, sur lequel est fixée une partie du train d'engrenages ; une colonne perpendiculaire au châssis sert de guidage à un arbre vertical qui actionne l'organe de

Fig. 134. — Manège en l'air mobile (Senet).

transmission (fig. 134), et souvent, aussi les derniers engrenages.

La transmission s'effectue par arbre ou par courroie ; dans

le premier cas, l'arbre étant obligatoirement horizontal, il faut interposer dans le train d'engrenages une roue et un pignon coniques. Il en est de même quand, avec la transmission par courroie, on emploie une poulie motrice à axe horizontal. Pour éviter les engrenages d'angle, on fait quelquefois usage d'une poulie à axe vertical, dont la jante est pourvue d'une joue inférieure qui retient la courroie. Lorsque la machine commandée possède elle-même une poulie à axe vertical, le montage de la courroie ne présente rien de particulier, et on choisit la courroie ouverte ou la courroie croisée, suivant le sens des mouvements dont doivent être animés les différents arbres; mais, le plus souvent, la machine commandée est pourvue d'une poulie à axe horizontal; il faut alors réunir les deux poulies par une courroie tordue au quart. Dans les deux cas, d'ailleurs, la poulie commandée doit être à une hauteur déterminée, sans quoi la courroie tomberait.

Les manèges à terre fixes sont scellés, comme les manèges en l'air, dans un massif de maçonnerie, dispositif coûteux qu'il n'y a pas lieu de conseiller pour les exploitations agricoles. Les manèges à terre mi-fixes, qui sont de beaucoup les plus employés, bien qu'il en existe aussi de mobiles, sont montés sur des châssis en bois, en forme de croix ou de T; on peut aussi les monter sur une plaque de tôle, sur un socle de fonte, avec arcature également en fonte pour guider l'arbre vertical; quelquefois encore, le mécanisme est placé entre deux plaques de tôle ou de fonte. Les dispositions adoptées varient suivant les

Fig. 135. — Manège à terre mi-fixe (Lefebvre-Albaret et Laussedat).

constructeurs; les uns laissent tous les engrenages facilement accessibles (fig. 135), d'autres les enferment dans une enveloppe cylindrique, afin de les protéger contre l'encrassement (fig. 136); aux mêmes fins, on construit des manèges dits *à cloche*, dans

Fig. 136. — Manège à terre, à enveloppe cylindrique (Millot).

lesquels la première roue est venue de fonte sur une sorte de cloche qui protège tout le mécanisme (fig. 137).

Avec les manèges à terre, on ne peut transmettre le mouvement qu'au moyen d'un arbre horizontal ; il faut donc avoir recours à des engrenages coniques ou à un système de roue dentée et vis sans fin, commandé par l'arbre de transmission. Le manège est placé très près de terre,

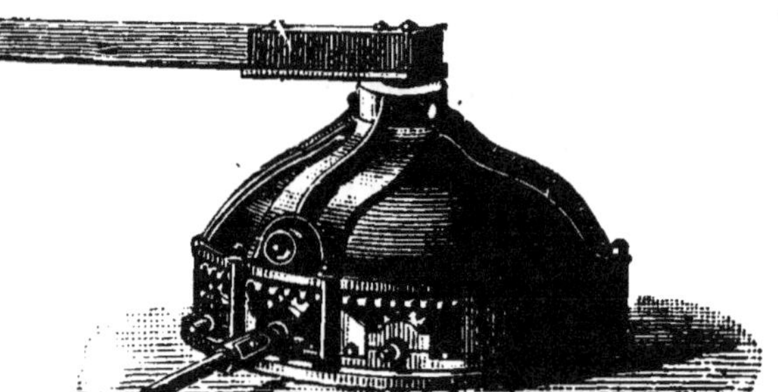

Fig. 137. — Manège à terre, à cloche (Sté française de matériel agricole et industriel).

et presque toujours, même, on l'encastre dans le sol, pour que les animaux ne risquent pas de buter contre l'arbre de transmission, et qu'on ne soit pas obligé de le leur faire franchir par un pont de service trop élevé ; mais comme l'arbre de la machine actionnée par le manège se trouve à une certaine hauteur au-dessus du sol, les deux arbres à relier ne peuvent pas être dans le prolongement l'un de l'autre, et il faut les réunir par un arbre intermédiaire et deux joints de Cardan.

Les manèges à terre sont souvent très ramassés, et ne comportent pas un nombre d'engrenages suffisant pour donner à l'arbre horizontal la vitesse angulaire exigée ; aussi leur fait-on fréquemment actionner un *intermédiaire* qui modifie la direction du mouvement, ainsi que la vitesse, et qui facilite beaucoup l'installation. Dans certains cas, par exemple, l'intermédiaire comporte une courroie qui tourne dans un plan parallèle ou perpendiculaire à l'axe de l'arbre horizontal du manège ; parfois encore l'intermédiaire permet de transmettre à volonté le mouvement par courroie ou par arbre et joints de Cardan.

Les manèges mi-fixes, ainsi que les intermédiaires, s'installent très facilement ; on les encastre dans le sol, et on les maintient à l'aide de piquets enfoncés à coups de masse ; lorsqu'il s'agit de manèges à terre, on creuse, en outre, une petite tranchée pour recevoir l'arbre qui relie le manège à la machine ou à l'intermédiaire.

D'après M. Ringelmann, le rendement des bons manèges oscille entre 70 et 80 p. 100. Les animaux exercent des efforts moindres et produisent, par conséquent, un travail plus faible au manège qu'en traction directe sur route.

Le tableau n° V (1) donne les vitesses et les efforts que des animaux de force moyenne peuvent développer en travaillant au manège à raison de huit heures par jour.

Tableau n° V. — *Travail des animaux dans les manèges circulaires.*

MOTEURS.	VITESSE par seconde.	EFFORT moyen.	TRAVAIL par seconde.
	Mètres.	Kg.	Kgm.
Un cheval.	0,90	45	40,5
Un bœuf..	0,60	60	36,0
Un mulet...	0,90	30	27,0
Un âne..............	0,80	14	11,2

Manèges à plan incliné. — Ces manèges, aujourd'hui très répandus, sont aussi désignés sous les noms de *trépigneuses*, *tripoteuses*, *tripots*, etc. Ils consistent habituellement en un plan incliné mobile, formé par un tablier sans fin, qui se dé-

(1) M. RINGELMANN, *Les machines agricoles*, 2e série.

place sous le poids de l'animal ; celui-ci marche sur place, prenant par conséquent un mouvement de même direction et de même vitesse que celui du tablier, mais de sens inverse.

L'origine des manèges à plan incliné est assez obscur ; on en attribue l'invention aux Américains, mais probablement à tort, puisque, d'après M. Ringelmann, on en employait en Autriche au XVIIe et au XVIIIe siècle (1). Les premières machines à plan incliné, ou à tablier, étaient conçues sur le principe du treuil des carriers, mais au lieu de chevilles écartées les unes des autres, la périphérie de la roue était garnie d'un plancher complet formant jante ; c'est sur la surface intérieure du cylindre ainsi constitué qu'on faisait déplacer l'animal, cheval ou bœuf, chargé de l'actionner ; on emploie encore des manèges analogues, appelés *roues*, pour faire tourner des machines légères, comme les barattes, les tourne-broches, etc., en utilisant un chien comme animal moteur.

Ces machines anciennes ont le grave défaut d'être très encombrantes et de ne trouver que difficilement place dans les exploitations agricoles ; il faut, en effet, un diamètre d'au moins quatre mètres, et généralement de six mètres pour y faire travailler un cheval.

On a aussi employé des roues plates, dont la périphérie était garnie d'un plancher en forme d'anneau, et qui étaient montées sur un axe oblique ; les animaux, en cherchant à s'élever vers le point le plus haut, mettaient la roue en marche ; mais ces machines étaient au moins aussi encombrantes que les précédentes.

En définitive, les manèges actuels sont conçus sur le même principe, puisque, dans ces deux systèmes de roues, l'animal est placé un peu obliquement, et fait fuir sous ses pas un tablier sans fin. La vitesse avec laquelle ce tablier se meut varie suivant le poids du moteur et la pente du plan incliné. Le poids du moteur n'agit pas, en effet, perpendiculairement au tablier ; on peut le décomposer en deux forces dont l'une est perpendiculaire au plan incliné et n'a pour effet que d'augmenter les résistances passives ; l'autre, au contraire, est parallèle au tablier.

(1) Cf. pour l'étude historique et mécanique de ces appareils les art. de M. RINGELMANN dans le *Journal d'Agriculture pratique*, 1885, t. II, et 1891, t. II.

Cette dernière composante est, comme nous l'avons vu dans les préliminaires, égale au produit du poids du moteur par le sinus de l'angle que fait le tablier avec le plan horizontal ; cet angle variant ordinairement entre 7° et 13° ou 14°, la valeur du sinus est, pour les extrêmes, respectivement 0,121 et 0,242 ; par conséquent la composante parallèle au tablier, pour un animal de 500 kilogrammes, variera de $500 \times 0,121 = 60^{kgr},500$ à $500 \times 0,242 = 121$ kilogrammes. On ne commettrait d'ailleurs pas une grande erreur si, ne possédant pas les moyens de calculer le sinus de l'angle, on y substituait la pente par mètre ; ainsi un angle de 14° correspond à une pente par mètre de $0^{m},249$; en se bornant à évaluer cette pente à un centimètre près, on aurait le même chiffre qu'en calculant le sinus également à un centimètre près. Il est donc toujours facile de déterminer l'effort exercé dans la direction du tablier.

Dès que cet effort est suffisant pour vaincre les résistances passives, le tablier, qui est soumis à l'action d'une force constante en grandeur et en direction, tend à prendre un mouvement accéléré qui expose l'animal moteu à de graves accidents. Ordinairement, le manège actionne une machine dont on règle le débit, c'est-à-dire la résistance, de façon que le tablier soit animé d'une vitesse uniforme et différant peu de celle de l'animal lorsqu'il se déplace à son allure normale ; mais en cas de suppression brusque de la résistance, par exemple lorsque la courroie de transmission vient à tomber, le danger d'emballement de l'appareil devient grave. Il faut donc veiller à ce que les manèges à plan incliné soient munis de freins efficaces permettant de les arrêter à tout moment, et manœuvrables, au besoin, à distance, à l'aide d'une corde ou d'une tringle ; il est même tout à fait recommandable de pourvoir le mécanisme d'un régulateur automatique, à force centrifuge, qui, lorsque la vitesse dépasse la limite fixée, applique un sabot de frein contre une des pièces en mouvement et diminue la vitesse dès qu'elle tend à s'accroître (fig. 138).

Le mécanisme des manèges à plan incliné est simple ; le tablier sans fin est formé par une série de planchettes transversales en bois dur, de cinq à six centimètres d'épaisseur et d'une vingtaine de centimètres de largeur, dont la longueur, variable avec la largeur du tablier, est comprise, dans les types français, entre 55 et 60 centimètres ; chaque élément est muni d'une barrette de bois destinée à donner un point d'appui au sabot de l'animal moteur et à l'empêcher de glisser ; ces barrettes peuvent même former une sorte d'escalier dont les marches sont à peu près horizontales et assurent un meilleur aplomb aux

Fig. 138. — Manège à plan incliné avec régulateur (Fortin).

sabots des animaux. Toutes les traverses ou planchettes sont réunies deux à deux, et de chaque côté, par des maillons de chaîne en fonte ou en fer forgé, dont l'articulation est constituée par une broche en fer, parallèle aux traverses, et qui porte à ses deux extrémités des roulettes ou galets de douze à quinze centimètres de diamètre. Les galets roulent sur des fers cornières dont une des ailes, redressée du côté intérieur, sert de guide au tablier pendant son mouvement; ces cornières sont fixées sur de robustes limons, maintenus à écartement par des entretoises, et supportés par un essieu à deux roues. L'emplacement de cet essieu et le diamètre de ses roues sont calculés de façon que l'angle du tablier avec le sol soit d'environ 12° à 14°. Pour les manèges de grandes dimensions, on est obligé d'employer deux essieux, dont l'un, qui est pourvu de petites roues, est enlevé au moment du travail.

Le tablier est monté, à sa partie la plus élevée, sur deux tourteaux, calés eux-mêmes sur un arbre horizontal qui commande

l'arbre de la poulie motrice par un train d'engrenages multiplicateurs ; pour empêcher le glissement du tablier, la périphérie des tourteaux est prismatique, afin d'offrir un appui
aux traverses, ou pourvue d'encoches dans lesquelles s'em-
boîtent les maillons de chaîne. A la partie inférieure, le tablier
est guidé par un rouleau, ou, simplement, par les cornières
qui sont repliées en arc de cercle.

Aux limons qui soutiennent le tablier sont adaptées des
balustrades figurant une stalle dans laquelle est placé l'animal ; à l'avant se trouve une petite mangeoire où, pendant les
arrêts, on met un peu de nourriture. On peut accrocher aux
balustrades latérales les traits de tirage et l'avaloire du harnachement ordinaire des chevaux, de sorte que ces balustrades
jouent le rôle de brancards, mais l'expérience a prouvé qu'il
valait mieux attacher simplement l'animal par un licol à
l'avant du manège et le laisser libre de ses mouvements.

La longueur du tablier, dans les machines françaises, est
d'environ 3 mètres ; la hauteur au-dessus du sol, de $1^m,40$ à
l'avant et de $0^m,70$ à l'arrière ; on raccorde le tablier avec le
sol au moyen d'un pont à charnière, qu'on relève quand l'animal est en place et qu'on maintient avec des crochets ou des
clavettes pour fermer complètement le manège.

On construit également des manèges pour deux animaux ;
ils comportent deux tabliers distincts.

Ainsi que nous l'avons dit précédemment, il est prudent de
munir les manèges à plan incliné de freins automatiques
commandés par un régulateur à force centrifuge ; mais cela
ne doit pas empêcher d'y placer des freins à main, à vis ou à
levier, pour pouvoir en cas de besoin arrêter complètement le
manège.

Les mécaniciens et les agronomes se sont montrés très
longtemps hostiles aux manèges à plan incliné ; en fait,
l'absence de frein avait provoqué quelques accidents, et, lors
des essais du manège canadien de Paige, adjoint à une batteuse, présenté à l'Exposition de 1855, un des animaux moteurs
fut blessé. Bien que la possibilité d'en améliorer la construction ne pût être mise en doute, on faisait à ces appareils cette
objection de principe qu'ils obligent les animaux à agir comme

13.

s'ils devaient s'élever d'une façon continue, et, par conséquent, à se fatiguer très vite. Ces idées ont eu cours jusqu'au moment où M. Ringelmann a pu procéder à des essais précis (octobre 1885). Les manèges à plan incliné se répandaient d'ailleurs beaucoup dans les exploitations, où on appréciait leurs dimensions peu encombrantes, et la facilité de les installer dans des emplacements restreints. Nous avons suffisamment fait connaître les conditions dans lesquelles les moteurs animés peuvent travailler d'une manière durable pour nous borner à rappeler qu'il suffit, si l'on ne veut pas les fatiguer outre mesure, de n'exagérer ni la pente, ni la vitesse du tablier; nous avons d'autre part longuement insisté, en outre, sur les conditions défectueuses auxquelles sont soumis les animaux travaillant au manège circulaire. Or, on peut aisément constater qu'avec les manèges à plan incliné, l'allure des moteurs est la même que dans le cas de traction directe; à égalité d'énergie mécanique fournie, les animaux sont donc moins fatigués par la trépigneuse que par le manège circulaire.

Les essais dynamométriques effectués en 1885 sont résumés dans le tableau n° VI, page 227, d'après les documents que M. Ringelmann a bien voulu nous communiquer.

D'autres essais, non rapportés dans ce tableau résumé, ont montré qu'il n'y avait pas intérêt à atteler le cheval à la rampe du manège au moyen d'un collier et de deux chaînes d'attelage; l'animal est gêné dans ses mouvements, n'agit que par intermittence sur les chaînes, et les chocs qui se produisent alors provoquent, en augmentant la vitesse du tablier, le serrage du frein commandé par le régulateur; c'est ce frein qui absorbe en pure perte une partie du travail mécanique. Quant au travail dépensé par le régulateur proprement dit, il n'est que de $0^{kgm},1$ par tour de l'arbre, quantité tout à fait négligeable. Le fonctionnement à vide du tablier ne représente que 1,89 kilogrammètre (pente 0,169, vitesse 0,668), mesure faite à la manivelle dynamométrique.

Dans les conditions normales de pente du tablier, d'allure et de poids du moteur, le rendement diffère peu de 70 p. 100; il est certainement possible de l'améliorer et de l'élever à

Tableau nº VI. — *Résumé des essais sur les manèges à plan incliné* (M. Ringelmann).

NATURE DES MOTEURS.	POIDS TOTAL des moteurs.	PENTE MÉTRIQUE du tablier.	NOMBRE DE TOURS de l'arbre intermédiaire par minute.	VITESSE DU MOTEUR sur le tablier.	TRAVAIL MÉCANIQUE par seconde mesuré.	TRAVAIL THÉORIQUE $(T = P\sin. a)$ par seconde.	RENDEMENT 0/0.
Manège à un cheval :	Kg.	Mètres.		Mètres.	Kgm.	Kgm.	
Un cheval.....	540		224,8	0,921	87,67	»	»
	625	0,264	218,2	0,894	103,10	142,48	72,3
	550		201,5	0,826	83,72	»	»
Un cheval.....	550	0,213	197,0	0,807	63,91	92,32	69,2
	625		210,0	0,861	83,75	»	»
Un cheval.....	540	0,169	199,6	0,818	53,89	73,32	73,4
Manège à deux chevaux :							
Un bœuf (non dressé)......	790	0,228	120,0	0,492	54,00	86,29	62.6
Deux chevaux.	1175	0,243	207,9	0,852	149,69	236,26	63,4
	1090		218.6	0,896	147,55	230,49	63,9
Deux chevaux.	1175	0,184	172,0	0,628	95,46	»	»
	1090		175,8	0,646	90,98	127,45	72,9
Deux chevaux.	1175	0,132	158,2	0,648	54,58	98,98	55,0
	1090		160,0	0,856	48,00	92,95	51,6

80 p. 100 environ ; pour cela, il importe de soigner particulièrement la construction du tablier, qui doit être aussi léger que possible et qui doit rouler sans difficulté ; il y a donc lieu d'employer des roulettes bien fabriquées, et de les monter sur des axes tournés. Enfin, les agriculteurs doivent se persuader que le défaut d'entretien est très préjudiciable non seulement à la durée, mais au fonctionnement des machines ; dans le cas des manèges à plan incliné, l'introduction de paille ou de fumier dans les cornières-rails, le manque d'huile dans les colliers d'axes, augmentent beaucoup les résistances passives et diminuent, par suite, le rendement. Nous insistons sur ce

point particulier, parce que le manège à plan incliné est un instrument précieux pour les moyennes et les petites exploitations ; un cheval de ferme y développe une quantité de travail supérieure à celle qui correspond à une puissance de un cheval-vapeur, résultat qui ne peut jamais être obtenu dans la traction directe, et encore moins avec un manège circulaire.

L'adjonction d'un régulateur automatique aux manèges à plan incliné est, comme nous l'avons dit, à recommander dans tous les cas ; elle ne doit pas empêcher, d'ailleurs, de les munir d'un frein non automatique, à levier ou à vis, qui permet seul d'arrêter complètement le manège.

Treuils à manège.

Les treuils à manège sont, pour la plupart, des cabestans ; leur axe est, en effet, vertical, sauf dans quelques modèles, d'ailleurs peu employés, où il est horizontal.

Ils font presque tous partie de la catégorie des treuils simples. Ils comportent un tambour cylindrique vertical (fig. 139 et

Fig. 139. — Treuil à manège (Bajac).

140), en bois dans les anciens treuils, et généralement en fonte dans les machines récentes ; ce tambour est entraîné directement par les animaux moteurs, attelés à une ou plusieurs flèches, reliées elles-mêmes au tambour au moyen de boitards à section circulaire ou rectangulaire. Le tambour peut aussi, mais assez rarement, être commandé par des engrenages intermédiaires; la machine rentre alors dans le groupe des treuils composés. Le principe et les conditions de travail, au point de vue purement mécanique, ont été donnés dans le chapitre relatif aux machines simples. Un câble, attaché à un point fixe de la périphérie du tambour, et s'enroulant à mesure qu'il tourne, transmet l'effort moteur à la machine commandée par le treuil.

La longueur des flèches varie ordinairement de $3^m,50$ à 5 mètres; leur nombre, de deux à quatre. Le diamètre du tambour dépend des conditions dans lesquelles doit être effectué le travail, et, à autres conditions égales, peut être d'autant plus grand que la résistance à vaincre est plus faible.

Les treuils à manège sont destinés surtout à l'exécution des améliorations foncières. On peut, avec ces appareils, obtenir un effort très considérable tout en n'utilisant que des moteurs incapables de développer, en traction directe, un pareil effort; mais, par contre, la vitesse imprimée à la machine remorquée est plus petite que celle de l'attelage. Ainsi, avec un treuil dont le tambour a $0^m,50$ de rayon, et dont la flèche est longue de 5 mètres, le câble ne se déplace qu'à raison de $0^m,09$ par seconde, si l'attelage a une vitesse de $0^m,90$; mais l'effort transmis, abstraction faite des résistances passives, est de 500 kilogrammes si le moteur exerce un effort de 50 kilogrammes.

Les tambours des treuils peuvent ordinairement enrouler de 200 à 250 mètres de câble de $0^m,013$ à $0^m,015$ de diamètre ; nous avons vu précédemment comment ces câbles sont constitués et quelles précautions on doit prendre pour les employer; ajoutons cependant que, pour assurer l'enroulement régulier sur le tambour, il est bon de disposer, à 2 mètres environ de l'axe du treuil, une poulie qui soutienne le câble à peu près au milieu de la hauteur du tambour; il n'est pas utile, pour ces faibles vitesses, d'adjoindre au treuil un enrouleur spécial. Des joues, venues de fonte avec le tambour, ou rapportées sur ses bases, maintiennent les spires successives enroulées sur le treuil.

Le rapport du rayon du tambour à la longueur de la flèche détermine la vitesse imprimée à la machine remorquée, puisque nous savons que les moteurs animés ne peuvent pas modifier beaucoup leur allure normale. Dans un assez grand nombre de modèles, le tambour est disposé de façon à permettre d'augmenter ou de diminuer la vitesse d'avancement du travail, suivant la résistance opposée par le changement du diamètre d'enroulement. A cet effet, le cylindre de fonte ayant le diamètre qui correspond à la vitesse la plus faible qu'on ait en vue d'obtenir, on le revêt de secteurs en bois plus ou moins épais, qui augmentent le diamètre d'enroulement ; ou bien on emploie des tambours extensibles, tels que celui représenté par la figure 140 ; les joues en sont formées par des sortes de roues sur les rais desquelles sont fixées, à la distance voulue de l'axe, des traverses maintenues par des étriers et des boulons et qui constituent une sorte de tambour à claire-voie. On a construit également des treuils à un seul tambour, mais à deux axes, reliés entre eux par des engrenages et dont l'un

Fig. 140. — Treuil à diamètre extensible.
(Vernette.)

était solidaire du tambour ; on fixe le boitard sur l'un ou sur l'autre des deux axes, en actionnant la machine soit directement, soit par l'intermédiaire des engrenages et en reportant au besoin ces engrenages d'un arbre sur l'autre pour faire varier la vitesse ; ce dispositif ne laisse pas que d'être un peu compliqué.

Les treuils sont fixés sur des bâtis auxquels les divers constructeurs donnent des formes différentes ; ce sont tantôt des traverses en bois disposées en croix, tantôt des châssis en fonte ou en fers profilés, des plaques en tôle, etc. Le plus souvent, l'axe tourne dans une crapaudine placée à la partie inférieure, sur le bâti ; il est guidé en haut par un palier maintenu dans une arcade métallique au-dessus de laquelle se trouvent les boitards et les flèches. D'autres fois, comme dans la figure 140, le bâti supporte simplement un axe vertical fixe, autour duquel tournent le tambour, les boitards et les flèches. Dans tous les cas, d'ailleurs, le treuil est très rapproché du sol, de façon à maintenir à faible hauteur le câble que les animaux doivent franchir à chaque tour, et à rendre l'ensemble moins sujet à basculer. Les boitards et le tambour ne sont solidarisés avec le treuil que pendant l'enroulement du câble ; tous les systèmes sont, en effet, pourvus d'embrayages à cran, d'encliquetages, de clavettes mobiles, etc. (ces divers organes sont visibles sur les figures 139 à 141), au moyen desquels on peut à volonté solidariser ou libérer le tambour. Cela permet de dévider le câble pendant que les animaux se reposent ; il ne faut pas oublier, pour cette opération, de faire frein sur le tambour à l'aide d'un levier en bois, afin d'éviter que le câble, en se déroulant brusquement, passe au-dessus ou en-dessous des joues et vienne se coincer entre les pièces du mécanisme.

Pour transporter les treuils, on les place sur des véhicules à deux ou à quatre roues ; souvent, même, le bâti est muni de fusées sur lesquelles on engage des roues au moment de la mise en transport. Quelquefois, le treuil étant destiné, en raison de l'organisation du chantier, à se déplacer le long d'un des côtés du champ, on le monte sur quatre roues de petit diamètre qui peuvent servir également à le transporter.

Les treuils dont nous venons de parler sont à **simple effet**, c'est-à-dire qu'ils ne peuvent agir que dans un seul sens ; on emploie aussi des treuils à **double effet**, pouvant actionner une machine dans deux sens opposés et comportant deux tambours de même diamètre, mais dont l'un est deux fois plus large que l'autre, parce qu'il doit enrouler une longueur double de câble ; ces treuils sont complétés par une **poulie de renvoi**. Nous ne les décrirons pas en détail, car nous montrerons plus loin qu'ils ne présentent aucun intérêt pratique.

Entre ces deux catégories de treuils, viennent se placer les **treuils à tambour de retour** (fig. 141), comprenant, comme leur nom l'indique, un tambour spécial pour ramener en arrière la machine actionnée par le treuil ; ce tambour peut être embrayé, au moment voulu, sur une roue dentée solidaire de l'axe du treuil ; il a un grand diamètre, une faible hauteur

et conduit un câble mince ; il ne s'agit, en effet, que de
ramener à vide la machine halée en travail par le premier

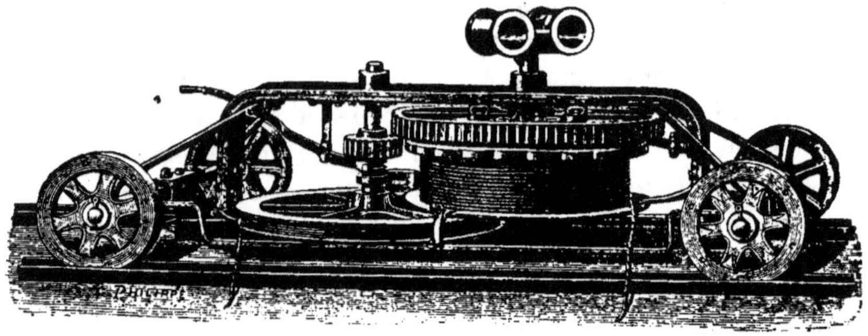

Fig. 141. — Treuil avec tambour de retour (Bajac).

tambour (généralement une charrue défonceuse), et ce retour,
n'exigeant pas une grande dépense d'énergie, peut être effectué
à une vitesse assez grande.

Le rendement mécanique des treuils à manège sans engrenages est très élevé ; d'après M. Ringelmann (1), il varie de
80 à 85 p. 100, suivant l'état de graissage des axes, qui supportent d'énormes pressions, et suivant la longueur des
flèches, le diamètre du tambour, celui du câble, etc. L'influence de la longueur des flèches est de même nature que
pour les manèges à piste circulaire.

**Application des treuils à manège à la culture méca-
nique du sol.** — Nous savons que les attelages sont d'un
emploi d'autant moins économique que le nombre d'animaux
qui entrent dans leur composition est plus élevé ; la décroissance du rendement tient à ce que les efforts produits par les
animaux ne sont pas simultanés et à ce que leurs directions ne
sont pas parallèles. L'obtention d'efforts considérables à l'aide
d'attelages directs peut n'être pas réalisable, puisque, au delà
d'un certain nombre d'animaux, l'adjonction d'un animal
n'augmente plus l'effort ; quand elle est possible, elle est très
coûteuse.

Il y a pourtant des circonstances où l'effort nécessaire pour
actionner une machine servant à préparer la terre est très

____

(1) M. Ringelmann, *Mise en culture des terres.*

élevé ; par exemple, lorsqu'il faut exécuter certains travaux d'amélioration foncière tels que le défoncement, ou bien encore lorsque, sans dépasser la profondeur atteinte dans les travaux courants de culture, on veut les exécuter rapidement, ce qui conduit à opérer, à chaque train, sur une très grande largeur, quelle que soit d'ailleurs la nature des machines, charrue, scarificateur, herse ou rouleau.

Dans le premier cas, c'est-à-dire lorsqu'il s'agit de travaux d'amélioration foncière, il n'y a pas en général un intérêt immédiat à opérer vite ; il vaut mieux, au contraire, utiliser les animaux de la ferme et les faire agir sur une machine intermédiaire capable d'augmenter l'intensité de l'effort transmis, tout en réduisant proportionnellement le chemin parcouru dans un temps donné. La charrue défonceuse ne peut, dans ces conditions, travailler qu'une faible étendue par jour, mais elle défonce à la profondeur voulue, sans nécessiter l'acquisition d'un matériel spécial très coûteux: la durée totale de l'opération n'a qu'une minime importance, si l'on ne doit la renouveler qu'à très longue échéance. En pareil cas, l'emploi de treuils à manège est généralement avantageux. C'est seulement quand il y a une grande étendue à défricher annuellement, ou quand il est indispensable d'opérer vite, qu'il y a intérêt à actionner le treuil par un moteur inanimé, surtout si l'agriculteur en possède déjà un, tel qu'une locomobile, normalement affecté à d'autres travaux (1). Les treuils à manèges ne peuvent être avantageusement employés que pour des travaux d'amélioration foncière, et, notamment, pour les défoncements. L'organisation des chantiers de défoncement varie suivant que le treuil est mobile ou fixe.

Treuils mobiles. — En principe, ces treuils, qu'on appelle aussi treuils *à traction directe*, doivent être déplacés à chaque raie ; mais il suffit généralement de ne les déplacer que toutes

(1) Il est bien entendu que nous nous plaçons uniquement au point de vue d'un agriculteur opérant par ses propres moyens. Un entrepreneur qui se déplacerait d'exploitation en exploitation pourrait, au contraire, avoir intérêt à posséder un treuil actionné mécaniquement, surtout s'il était, en même temps, entrepreneur de battage, auquel cas sa locomobile servirait encore pour les deux genres de travaux.

les deux ou trois raies. On doit donc chercher à tracer des raies aussi longues que possible, et déplacer le treuil, par conséquent, le long du plus petit côté du champ ; cela suppose, évidemment, un champ rectangulaire. Pour des formes de champs plus compliquées, il faut chercher à réduire autant que possible les déplacements. On n'a pas intérêt cependant, à faire des raies de plus de 250 mètres de longueur, parce que le frottement du câble sur le sol deviendrait trop considérable et que le diamètre du treuil, après enroulement du câble, serait aussi trop grand.

La charrue remorquée par le câble ne peut agir sur toute la longueur du champ ; il faut réserver, du côté du treuil, une bande, ou *fourrière*, de 10 à 12 mètres de largeur, servant de piste aux animaux qui manœuvrent le manège. Du côté opposé, la largeur de la fourrière varie suivant la méthode usitée pour ramener la charrue à l'origine des raies ; si on emploie pour cela un cheval (ou une paire de bœufs), une largeur d'environ 3 mètres suffit ; cette largeur est de 3 à 4 mètres environ, si la charrue est ramenée à vide par un câble passant sur une poulie de renvoi et conduit par un tambour de rappel, ou si elle fonctionne à plat sous l'influence d'un treuil à double effet ; enfin, quand on laboure à plat avec deux treuils distincts, on laisse deux fourrières de 10 à 12 mètres chacune. On peut généralement défoncer ensuite ces fourrières dans un sens perpendiculaire à la direction des lignes premièrement tracées, mais il reste toujours de petites surfaces qu'il faut travailler à la main.

Quelle que soit l'organisation adoptée, il faut donner aux treuils et, quand il en existe, aux poulies de renvoi, une base d'appui solide ; on y parvient au moyen d'*ancrages*.

Le procédé le plus simple consiste à enfoncer dans le sol deux forts piquets de bois, disposés de façon que leurs têtes soient rapprochées et leurs pointes écartées ; on appuie contre les deux têtes une broche à laquelle est attachée la chaîne qui maintient le treuil ou la poulie ; pour éviter que les piquets soient arrachés, on les soutient par un madrier de 1 mètre à $1^m,50$ de longueur, noyé dans une tranchée ouverte, à cet effet, du côté vers lequel les piquets pourraient être entraînés. Le madrier peut, d'ailleurs, être remplacé par une plaque métallique épaisse (fig. 143). Pour supprimer les terrassements, on emploie parfois un cercle en acier, posé de champ sur le sol, et maintenu par plusieurs piquets; des étriers relient le cercle aux piquets et empêchent ceux-ci de se renverser; l'ensemble ainsi obtenu est très résistant. On peut également installer plusieurs piquets obliques, enfoncés sur une même ligne et amarrés entre eux.

Deux ancrages, espacés de 8 à 10 mètres, sont constitués tout d'abord, et on les réunit par une chaîne, à l'un des maillons de laquelle est attachée la chaîne qui retient le treuil ou la poulie; ou bien les deux ancrages sont réunis par un câble en fils d'acier, auquel la chaîne du treuil est attachée par un étau à serrage automatique.

Quant aux poulies de renvoi, elles sont en fonte, à gorge demi-circulaire; leur axe est vertical et fixé sur un châssis en bois ou en métal qui repose sur le sol. Dans certains cas, le châssis est supporté par des roues de forme spéciale; il est souvent pourvu, en outre, de tringles ou de plaques, appelées *garde-câbles*, qui empêchent le câble de sortir de la gorge quand il se

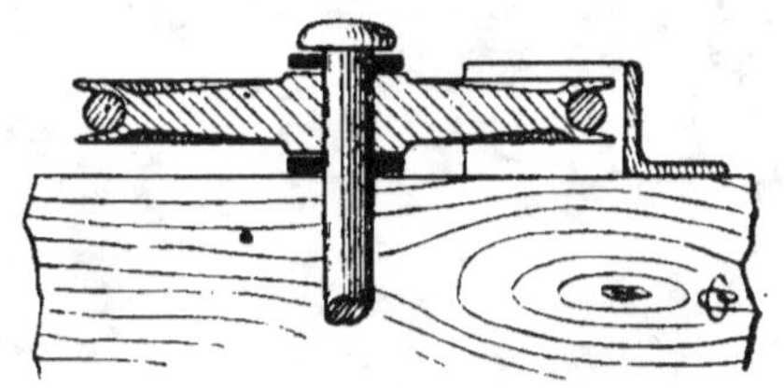

Fig. 142. — Coupe schématique d'une poulie de renvoi munie d'un garde-câble.

détend (fig. 142). Ces poulies sont pourvues d'une chape à laquelle est attachée la chaîne d'ancrage.

Pour déplacer le treuil, après chaque série de deux ou trois raies, il faut commencer par le détacher et, par suite, détendre les chaînes d'amarrage; le plus souvent, le treuil est ripé sur le sol à l'aide de pinces, de façon à le rapprocher des ancrages; le crochet ou l'étau est ensuite déplacé, sur la chaîne ou sur le câble qui réunit les ancrages, de la quantité correspondant au déplacement. Dans certains cas (fig. 143), le treuil est muni d'un petit treuil supplémentaire, dont la chaîne, attachée au bâti du treuil, passe sur une poulie mobile à la chape de laquelle s'accroche la chaîne d'amarrage; quand on actionne ce petit treuil, on rapproche le grand treuil

des ancrages, et on peut déplacer le crochet. La manœuvre
terminée, c'est-à-dire la charrue étant ramenée à l'autre

Fig. 143. — Chantier de défoncement au moyen d'un treuil mobile (Letroteur).

extrémité du champ, on met en marche le grand treuil, qui,
dès que le câble est tendu, chasse latéralement, et se met en
place de lui-même.

La manœuvre est plus facile quand le treuil, monté sur
galets, repose sur une voie métallique (fig. 139 et 141). Cette
voie doit être formée de fers à double T dont les patins sont
encâstrés dans le sol sur toute leur longueur et sur la moitié,

au moins, de leur largeur ; les fers en U sont d'un emploi moins commode, parce qu'il faut les maintenir par des piquets pour les empêcher de riper ; il en est de même, d'ailleurs, si le sol est trop résistant pour que les patins des fers à double T puissent s'y enfoncer.

Dans certains cas, le treuil est monté sur des roues auxquelles on adapte des joues métalliques tranchantes qui s'enfoncent dans le sol ; on rencontre parfois ce dispositif dans les treuils à double effet, et il est fréquemment appliqué aux chariots qui portent les poulies de renvoi. Pour déplacer le treuil, on embraye sur l'arbre moteur un deuxième treuil, à axe horizontal, qui hale la machine sur un ancrage fait spécialement une fois pour toutes. Les poulies de renvoi, dont le poids est moins considérable, sont généralement déplacées à l'aide d'un treuil à bras, ou encore avec des poulies mouflées.

On voit que l'adjonction d'un tambour de rappel et d'une poulie de renvoi ne laisse pas que de compliquer assez notablement le mécanisme ; elle évite, il est vrai, l'emploi des animaux servant à ramener la charrue à vide, mais elle donne à vaincre, en plus de la résistance du treuil de rappel, celle de la poulie de renvoi, le frottement du câble de retour sur le sol, sa raideur, etc. Elle ne procure aucun gain de temps, et elle fait perdre l'avantage que présentent les treuils ordinaires, qui est de laisser reposer les animaux moteurs pendant qu'on ramène la charrue à vide. L'inconvénient est du même genre, mais encore plus grave, lorsqu'il s'agit d'un treuil à double effet, actionnant une charrue-balance, car alors le câble de retour est de même diamètre que le câble d'aller, tandis que dans le cas précédent, on peut se contenter, pour ramener la charrue à vide, d'un câble de 8 à 10 millimètres de largeur.

L'emploi de deux treuils actionnant alternativement une charrue-balance ne peut être justifié que par le désir d'augmenter, coûte que coûte, la surface travaillée par jour. M. Ringelmann estime à 20 ares environ, l'étendue qu'on peut défoncer par jour, dans les meilleures conditions. Ce système exige un matériel double, un animal, au moins, en supplément, et il laisse aux deux extrémités du champ de larges fourrières ; si le travail pratique total effectué est un peu plus élevé, le travail par animal et par heure est, en revanche, plus faible (1).

Treuils fixes. — Au lieu de déplacer le treuil à chaque raie, ou à chaque groupe de deux ou trois raies, on peut l'installer à poste fixe, au milieu ou dans un coin du champ, ou même en dehors de ce champ, ce qui permet en même temps de supprimer la fourrière ; la piste sur laquelle tournent les animaux étant toujours la même devient bientôt très dure, à force d'être piétinée, ce qui leur épargne de la fatigue.

On peut, dans certains cas, placer le treuil à poste fixe à peu près au centre de gravité de la figure géométrique formée par les limites du champ, et faire marcher la charrue suivant une série de directions convergeant de la périphérie vers le centre (fig. 144, à droite). Cette disposition est très simple à

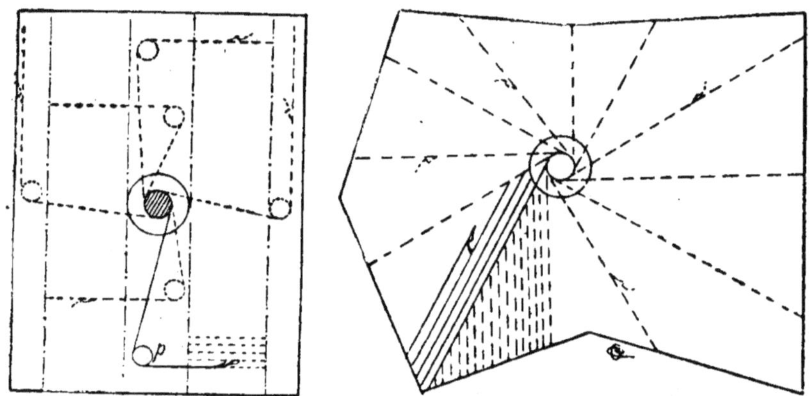

Fig. 144. — Types de chantiers de défoncement au moyen d'un treuil central fixe.

première vue ; mais l'exécution de ces raies convergentes est assez difficile, et si le chantier n'est pas très bien surveillé, il y a des parties qui ne sont pas défoncées.

Aussi est-il généralement préférable de tracer des raies parallèles entre elles, en obligeant le câble à passer sur une poulie de renvoi qui est seule déplacée. La charrue est alors ramenée en arrière comme lorsqu'il s'agit de treuils mobiles, soit par un animal, soit par un câble de petit diamètre conduit par un tambour de rappel et une deuxième poulie de renvoi.

(1) Cf. M. Ringelmann, *Mise en culture des terres.*

Si le treuil est fixé au centre du champ, on partage celui-ci en quatre compartiments, qu'on laboure successivement en traçant des raies parallèles aux côtés (fig. 144, à gauche); s'il est dans un coin ou en dehors du champ, on trace toutes les raies parallèlement à une direction donnée. Dans ce dernier cas, la longueur du câble doit être plus grande que quand le treuil est au centre. Si la distance entre le treuil et la poulie de renvoi est assez considérable, il est bon d'empêcher le câble de frotter sur le sol, en le faisant passer sur des poulies à gorge, à axe horizontal, qui le soutiennent en l'air. Ces poulies sont montées tantôt sur un châssis fixe, tantôt sur un châssis à roues; ce dernier type de châssis est employé surtout pour les câbles de retour, car il se déplace automatiquement.

Les treuils fixes peuvent également s'appliquer à l'un quelconque des types de machines suivants : charrue ordinaire avec treuil à simple effet ou treuil à tambour de rappel; charrue-balance et treuil à double effet. On n'emploie guère en réalité que le treuil simple et le treuil à tambour de rappel ; encore ce dernier, pour les raisons déjà indiquées, n'est-il avantageux que si l'agriculteur dispose d'un moteur inanimé.

L'amarrage de la poulie de renvoi sur laquelle passe le câble moteur doit être exécuté très soigneusement; il n'est pas toujours possible de disposer les deux ancrages de façon que la pression supportée par la poulie se répartisse également entre eux. Généralement, l'ancrage le plus éloigné du treuil supporte la majeure partie de l'effort total ; aussi est-il exposé à être arraché, ce qui occasionne une perte de temps. Lors du déplacement de l'amarrage, on ne change qu'un seul des ancrages, le plus éloigné du treuil, pour le reporter symétriquement par rapport à l'autre.

Prix de revient du travail des treuils à manège. — La quantité de travail pratique que peuvent effectuer ces appareils de culture mécanique dépend évidemment de la puissance des animaux moteurs et, par suite, de la vitesse qu'on peut imprimer à la charrue, de la qualité de la défonceuse, des dimensions du labour, ainsi que de la nature du sol; à conditions égales, elle varie, en outre, avec l'état du sol et la disposition du chantier, selon laquelle les pertes de temps sont plus ou moins importantes. Le prix de revient du travail, par hectare, dépend du nombre d'hommes et d'animaux employés sur le chantier, de la quantité de travail effectuée par jour, et du nombre de journées de travail sur lequel on doit répartir l'amortissement et l'entretien du matériel. Il est donc impossible d'établir ce prix de revient, sauf dans les cas particuliers où ces différents facteurs sont connus.

Nous empruntons à M. Ringelmann l'exemple de calcul suivant (1). Supposons un treuil à quatre chevaux, pouvant défoncer un hectare en sept jours, à $0^m,50$ de profondeur. Le matériel complet coûte 3 000 francs environ ; l'amortissement en dix ans, à 4 p. 100, et l'entretien, à 12 p. 100, représentent une charge annuelle de 600 francs. Les dépenses journalières du chantier, composé de quatre chevaux à 5 francs, deux bœufs à 2 francs, deux hommes à 3 francs, et deux aides à 2 francs, s'élèvent à 34 francs ; à raison de sept journées par hectare, les frais de chantier sont de 238 francs par hectare. Les prix de revient par hectare, en supposant que le nombre de journées de travail varie et soit, au maximum, de 210, sont consignés dans le tableau n° VII.

Tableau n° VII. — *Prix de revient, par hectare, du défoncement au moyen de treuils à manège, d'après la superficie défoncée annuellement* (M. RINGELMANN).

SURFACE défoncée par an.	JOURNÉES de travail par an.	FRAIS PAR HECTARE.		
		Amortissement et entretien.	de chantier.	Totaux.
Hectares.		Francs.	Francs.	Francs.
5	35	120	238	358
10	70	60	238	298
20	140	30	238	268
30	210	20	238	258

(1) M. RINGELMANN, *Mise en culture des terres.*

Il est rare que le prix du défoncement, au moyen de treuils à manège, dépasse 400 francs par hectare.

Fouets.

Les fouets sont des instruments employés par les hommes chargés de conduire les animaux, et surtout les chevaux, dans le but de les exciter ou de les châtier. Les types en usage sont très variables; ceux qui comportent une lanière montée à l'extrémité d'un manche rigide, dit *Perpignan*, sont les plus répandus en agriculture.

M. Henry d'Anchald, préparateur à la Station d'essais de Machines, a cherché à déterminer à quelle pression momentanée correspond un coup de fouet donné par un charretier calme et de force moyenne ; ses résultats figurent dans le tableau n° VIII.

Tableau n° VIII. — *Étude dynamométrique des fouets* (H. D'ANCHALD) (1).

	FOUETS		LANIÈRES			PRESSIONS CONSTATÉES		
Noms.	Poids total manche et lanière.	Longueur totale sans mèche.	Genre	Longueur sans mèche.	Diamètre ou côté.	Par centimètre de longueur de lanière.	Par cm2 de contact.	Pour la longueur totale de la lanière.
	Kg.	Mèt.		Mèt.	mm.	Gr.	Kg.	Kg.
Manille	0,253	2.40	ronde	0,68	4.5	517,70	1.098	35.200
	0.175	2,79	carrée	1,29	5,0	422,25	0,845	54,470
Perpignan ...	0.175	2,81	ronde	1,31	5,0	508,30	0,980	66,587
	0,180	3,23	rectan-gulaire	1,73	6,0 4,0	423,70	0,706	73,300
De charretier avec mèche dite *queue de rat*.........	0,303	2,14	conique	1,18	24,0 à 9,0	1207,00	1.356	142,430

(1) *Journal d'Agriculture Pratique.* — 1903. T. II, p. 671.

Lorsque les lanières sont pourvues de nœuds, la pression peut atteindre 6 à 7 kilogrammes par nœud. Les *mèches* de fouet sont bruyantes, mais peu agressives. Il y a lieu de préférer les lanières rectangulaires aux lanières circulaires qui, s'appliquant sur une moindre étendue, donnent une pression plus élevée par centimètre carré ; une lanière de 7 millimètres de largeur, 4 millimètres d'épaisseur et $1^m,10$ à $1^m,20$ de longueur, montée sur Perpignan, suffit pour exciter n'importe quel cheval. Il ne faut pas oublier que les mauvais traitements, et les efforts exagérés qui en sont la conséquence, fatiguent beaucoup les animaux, qui deviennent tristes, craintifs, et utilisent mal la nourriture ; indépendamment de toute question morale, la brutalité envers les animaux est une cause de perte, par diminution de leur durée.

MACHINES A VAPEUR

Le premier exemple de l'emploi de la vapeur d'eau comme force motrice paraît être *l'éolipyle*, inventé par Héron d'Alexandrie ; cette machine n'a, néanmoins, aucun point de commun avec les machines à vapeur actuelles, et ne peut pas même en être considérée comme une première ébauche.

Salomon de Caus, Français de naissance, imagina en 1615 un appareil pour élever l'eau, en utilisant, à cet effet, la pression de la vapeur ; un peu plus tard (1629) l'Italien Branca eut l'idée de diriger le jet de vapeur, qui s'échappait d'un ballon contenant de l'eau et chauffé par un foyer, sur la périphérie d'une roue à palettes dont l'axe était muni d'une manivelle ; il découvrait ainsi le principe des turbines à vapeur. Le marquis de Worcester décrivit en 1663 une machine qui n'était qu'un léger perfectionnement de celle de Salomon de Caus et dont il s'attribuait l'invention. De Caus employait un récipient sphérique qu'on pouvait fermer après y avoir introduit de l'eau et dans lequel plongeait un tube plus ou moins long ; en chauffant le récipient, la vapeur formée chassait l'eau par ce tube ; Worcester réunit deux récipients identiques, et les fit fonctionner alternativement. Le capitaine Savery construisit, en 1689, une machine du même genre, mais dans laquelle la vapeur provenait d'une chaudière séparée, et permettait, par son arrivée sous pression et sa condensation successives, d'introduire l'eau dans le récipient de Caus et de l'en expulser : c'est le principe des *Pulsomètres*. Ces machines avaient uniquement pour but d'élever l'eau.

Le Français Denis Papin, pour diminuer l'énorme dépense

de vapeur provoquée par son contact direct avec l'eau froide dans les machines de Worcester et de Savery, fit agir (1690 et 1707) cette vapeur sur l'eau par l'intermédiaire d'un piston flottant dans un récipient cylindrique ; pour utiliser l'eau ainsi élevée, Papin la faisait retomber sur une roue hydraulique. La première machine qui ait réellement fonctionné, au point de vue industriel, est la *machine atmosphérique* de Newcomen (1705) ; c'était la réalisation pratique de la première idée de Papin. Elle comportait un piston qui pouvait se déplacer dans un cylindre à simple effet ; la vapeur provenant d'une chaudière agissait sur le piston et lui faisait parcourir le cylindre dans un sens ; puis on provoquait la condensation de cette vapeur, et le piston, sous l'influence de la pression atmosphérique, revenait à sa première position. Dans cette machine, la vapeur n'avait d'autre rôle que d'équilibrer la pression atmosphérique et sa pression n'était, par conséquent, pas supérieure à la pression atmosphérique. Denis Papin pensa le premier à faire agir sur le piston de la vapeur ayant une force élastique plus élevée que celle de l'air atmosphérique, et à obtenir un effet analogue à celui de la condensation en laissant échapper librement cette vapeur dans l'air. Sa machine a été décrite par Leupold en 1724.

De 1724 à 1769, les machines à vapeur n'ont fait que très peu de progrès ; mais de 1769 à 1781, James Watt imagina le double effet, le condenseur distinct, la détente, l'enveloppe de vapeur, la pompe à air, le régulateur, l'indicateur, etc.; il parvint, en somme, à créer de toutes pièces la machine à vapeur, car si ses prédécesseurs en avaient entrevu le principe, ils n'avaient mis au jour que des outils informes, tandis que, depuis Watt, on n'a eu à modifier, pour ainsi dire, que les détails du dispositif d'ensemble imaginé par lui. C'est même sur une indication de Watt que Woolf construisit, en 1804, la machine célèbre d'où est dérivée la machine *compound* inventée par Helder. Aux noms déjà cités, il convient d'ajouter ceux des Français Carnot, Seguin, Hirn, et ceux des étrangers Stephenson, Joule, etc., qui, par leurs études de thermodynamique, ou par l'invention de dispositifs particuliers, ont le plus contribué à porter l'industrie des machines à vapeur au degré de perfection qu'elle a atteint aujourd'hui.

Une machine à vapeur se compose de deux parties principales : le *générateur* dans lequel l'eau est transformée en vapeur sous l'action de la chaleur, et le *moteur* proprement dit.

Nous nous proposons d'examiner assez en détail chacune de ces deux parties ; nous ferons cependant précéder cette étude de quelques renseignements généraux sur les propriétés fondamentales de la vapeur d'eau, renseignements qui sont de nature à faciliter beaucoup la compréhension du fonctionnement des machines à vapeur.

Propriétés fondamentales de la vapeur d'eau.

Lorsqu'on chauffe de l'eau dans un vase ouvert, sa température augmente progressivement, puis l'eau entre en ébullition et à ce moment sa vaporisation devient très abondante. Un thermomètre plongé dans le vase ferait voir que la température de l'eau et celle de la vapeur ont crû jusqu'à 100°, lorsque la pression atmosphérique est égale à 760 millimètres, mais qu'elles restent dès lors invariables, et se maintiennent à 100° aussi longtemps que dure l'ébullition (1). Or le foyer n'a pas cessé de fournir de la chaleur au vase; donc, dès que l'eau atteint la température de l'ébullition, les nouvelles quantités de chaleur qui lui sont transmises ne servent plus qu'à la faire passer de l'état liquide à l'état gazeux, sans modifier sa température. La quantité de chaleur nécessaire pour transformer 1 kilogramme d'eau à 100° en vapeur à la même température est de 537 calories ; si l'on se rappelle que la calorie peut être considérée, sans erreur sensible, comme la quantité de chaleur nécessaire pour élever d'*un* degré la température d'*un* kilogramme d'eau (2), on voit que pour

(1) C'est, en réalité, la constance de la température pendant l'ébullition de l'eau qui a fait choisir cette température, sous la pression de 760 millim. de mercure, pour déterminer le degré 100 du thermomètre centigrade.

(2) La calorie, ou, mieux, la grande calorie, est, par définition, la quantité de chaleur nécessaire pour porter la température d'une masse d'eau de un kilogramme de 0 à 1° ; mais celle qu'il faut dépenser pour élever de 1° la température de cette masse d'eau prise à une autre température ne diffère pratiquement pas d'une calorie, attendu que pour porter un kilogramme d'eau de 0 à 100°, il faut 100,5 calories au lieu de 100. L'erreur n'est donc que de $\dfrac{1}{200}$.

14.

transformer 1 kilogramme d'eau à 0° en vapeur à 100°, il faut dépenser 637 calories, dont 100 sont utilisées pour l'amener à la température de l'ébullition.

Les vapeurs, comme les gaz, possèdent une certaine *force élastique*, par laquelle se manifeste leur expansibilité, ou tendance à occuper le plus grand volume possible et à exercer, par conséquent, une certaine pression sur les parois des récipients où ils sont contenus. La force élastique est mesurée par la pression qu'exerce la vapeur ou le gaz sur l'unité de surface. On l'exprimait assez volontiers, autrefois, par la hauteur de la colonne de mercure à laquelle elle pouvait faire équilibre, et, comme la pression atmosphérique normale correspond à une colonne de 760 millimètres, on avait pris cette hauteur, ou cette pression, comme unité particulière, et on lui avait donné le nom d'*atmosphère*. Actuellement, on l'évalue *en kilogrammes par centimètre carré*, expression d'ailleurs très peu différente de la précédente, puisque l'atmosphère équivaut à $1^{kg},033$ par centimètre carré. Quand on ne tient pas à une précision rigoureuse, on peut donc exprimer la force élastique, à volonté, en atmosphères ou en kilogrammes; le dernier procédé est le plus employé aujourd'hui. Mais nous verrons plus tard, en nous occupant des accessoires des chaudières, que les graduations des manomètres en kilogrammes ou en atmosphères ne correspondent pas aux mêmes pressions, ces deux graduations ayant deux origines différentes.

Les vapeurs ne se comportent comme des gaz qu'entre certaines limites de température et de pression. Lorsqu'elles sont en présence des liquides qui les ont dégagées, elles sont dites *saturées*, et le moindre refroidissement, comme la moindre compression, provoque la condensation d'une partie de la vapeur. Pour chaque température, la vapeur est douée d'une force élastique qu'elle ne peut jamais dépasser, et qui, pour cette raison, est appelée *force élastique maxima*; elle varie, d'ailleurs, avec chaque corps, et croît rapidement avec la température. Les vapeurs non saturées obéissent à la loi de Mariotte tant que la pression qu'on leur fait supporter n'est pas égale à la force élastique maxima correspondant à leur température : le volume qu'occupe une masse de vapeur non saturée est inversement proportionnel à la pression qu'elle subit. Mais dès qu'une vapeur est saturée, sa pression devient indépendante du volume qu'elle occupe et ne dépend que de la température ; si, comme nous l'avons dit, on cherche à augmenter la pression en diminuant le volume, une portion de la vapeur se condense à l'état liquide ; si l'on s'efforce, au contraire, de la diminuer en augmentant le volume, ou en extrayant une partie de la vapeur, de nouvelles quantités de vapeur se forment, aux dépens du liquide, jusqu'à ce que la pression intérieure soit égale à la force élastique maxima. Il suffit donc, pour disposer à volonté d'une certaine masse de vapeur, de maintenir le liquide qui la produit à une température constante, en fournissant, au fur et à mesure de la consommation, les quantités de chaleur exigées par le phénomène de la vaporisation : c'est le principe même sur lequel reposent les générateurs de vapeur.

Les liquides entrant en ébullition lorsque la force élastique de leur vapeur devient égale à la pression qui règne à leur surface, il en résulte que si un liquide est à l'air libre, il bout lorsqu'il atteint la température à laquelle la force élastique maxima de sa vapeur est égale à la pression atmosphérique. Dans un vase clos privé d'air, la vapeur acquiert une pression égale à la force élastique maxima qui correspond à la température atteinte par la masse du liquide générateur.

Le liquide dont la vapeur est la plus utilisée est l'eau. Regnault a fait à son sujet un très grand nombre de recherches scientifiques du plus haut intérêt pour les mécaniciens. Il a mesuré avec précision la force élastique maxima correspondant à différentes températures, et il a, en outre, déterminé les quantités totales de chaleur qui sont nécessaires pour transformer 1 kilogramme d'eau en vapeur à une température donnée. Les principaux résultats sont consignés dans le tableau N° IX, qui contient, en outre, quelques renseignements sur les poids et les volumes de la vapeur aux différentes températures.

Tableau n° IX. — *Vapeur d'eau saturée.*

TEMPÉRATURES		PRESSIONS		VOLUME de 1 kg. de vapeur en m3.	POIDS DE 1 m3 de vapeur en kg.	NOMBRE DE GRANDES CALORIES absorbées par kg. d'eau.		
en degrés centigrades.	en degrés absolus.	en kg. par cm2	en atmosphères			par l'échauffement de l'eau.	par la vaporisation.	en tout.
81,7	354,7	0.517	0,5	3,200	0,3133	82,017	549,404	631,421
100,0	373,0	1,033	1,0	1,650	0,6059	100,500	536,500	637,000
111,7	384,8	1,550	1,5	1,126	0,8871	112,408	528,473	640,581
120,6	393,6	2,067	2,0	0,860	1,1631	121,417	521,866	643,283
127,8	400,8	2,584	2,5	0,700	1,4345	128,753	516,726	645,479
133,9	406,9	3,100	3,0	0,590	1,7024	134,989	512,353	647,342
139,2	412,2	3,617	3,5	0,510	1,9676	140,438	508,530	648,968
144,0	417,0	4,134	4,0	0,450	2,2303	145,310	505,110	650,420
148,3	421,3	4,650	4,5	0,400	2,4911	149,708	502,021	651,729
152,2	425,2	5,167	5,0	0,365	2,7500	153,741	499,186	652,927
155,8	428,8	5,684	5,5	0,332	3,0073	157,471	496,564	654,035
159,2	432,2	6,200	6,0	0,306	3,2632	160,938	494,124	655,062
162,4	435,4	6,717	6,5	0,285	3,5173	164,181	491,841	656,022
165,3	438,3	7,234	7,0	0,265	3,7711	167,243	489,686	656,929
168,1	441,1	7,751	7,5	0,250	4,0234	170,142	487,643	657,785
170,8	443,8	8,267	8,0	0,233	4,2745	172,188	485,709	657,897
175,8	448,8	9,300	9,0	0,210	4,7711	178,017	482,093	660,110
180,3	453,3	10,334	10,0	0,190	5,2704	182,719	478,776	661,495
184,5	457,5	11,367	11,0	0,173	5,7636	187,065	475,707	662,772
188,4	461,4	12,404	12,0	0,160	6,2543	191,126	472,839	663,965

La simple inspection des chiffres de la dernière colonne montre que l'on a intérêt à produire de la vapeur à haute pression ; on dépense, en effet, 322 calories par atmosphère de pression et par kilogramme de vapeur, à 2 atmosphères, tandis que cette dépense n'est plus que de 130 calories environ à 5 atmosphères, et de 66 calories à 10 atmosphères; il y a donc, avec les hautes pressions, économie de calories et, par suite, de combustible.

La pression qui règne dans un générateur est, avons-nous dit, égale à la force élastique maxima correspondant à la température du générateur; nous devons faire ici une restriction, car cela n'est vrai que si tous les points du générateur en contact avec la vapeur sont eux-mêmes à cette température. L'illustre Watt a, en effet, découvert expérimentalement un principe fondamental ou *principe de la paroi froide*, dont l'énoncé est le suivant : *une vapeur ne peut acquérir, à l'intérieur d'un récipient quelconque, une pression supérieure à la force élastique maxima correspondant à la température du point le plus froid.* Watt a fait de sa découverte une application des plus ingénieuses et des plus fécondes, par l'adjonction aux machines à vapeur d'un condenseur séparé.

La vapeur produite par les générateurs n'est jamais une vapeur proprement dite ; les mouvements plus ou moins tumultueux qui accompagnent l'ébullition, la production des bulles de vapeur, provoquent la dispersion dans la masse de vapeur d'une certaine quantité d'eau ; cette eau prend un état particulier, auquel on donne le nom d'état *vésiculaire*, dans lequel elle devient invisible, et semble être une véritable vapeur. D'après M. A. Witz, la proportion d'eau qui peut ainsi être entraînée dans les conduites et les cylindres peut s'élever à 40 p. 100 du poids de la vapeur, et ne descend jamais au-dessous de 3 p. 100 ; cet entraînement d'eau s'appelle, dans le langage des mécaniciens, le *primage*. Son principal inconvénient est de diminuer la quantité totale de chaleur contenue dans la vapeur, par la raison que l'eau non vaporisée n'a pas absorbé le nombre de calories correspondant à sa chaleur latente de vaporisation ; il exerce en outre une grande influence sur les phénomènes qui se produisent dans les cylindres.

La **surchauffe** de la vapeur, après sa sortie du générateur, combat efficacement le primage, qu'on peut d'ailleurs diminuer par une disposition convenable des prises de vapeur dans la chaudière. La surchauffe d'une vapeur saturée consiste à fournir à cette vapeur un certain nombre de calories, tout en maintenant sa pression à peu près constante ; sa température ne dépend plus, en effet, de la pression, puisqu'elle n'est plus en contact avec le liquide générateur, et qu'elle peut, par conséquent, être considérée comme une vapeur non saturée. Elle obéit alors aux lois de Mariotte et de Gay-Lussac. Sa chaleur spécifique étant égale à 0,48, il suffit d'une demi-calorie environ pour élever d'un degré la température d'un kilogramme de vapeur. Si donc, on fait passer la vapeur, à sa sortie de la chaudière, dans une série de tubes à parois minces, portés à une température suffisante, on peut non seulement assécher la vapeur, mais la *surchauffer* au-dessus de son point d'ébullition ; et puisqu'elle se comporte alors comme un gaz, sa force élastique s'accroît, à volume et poids constants, ou, ce qui revient au même, son volume augmente, à poids égal et à pression constante ; le résultat pratique est qu'on peut développer le même effort, avec une dépense moindre de vapeur. Mais il n'y a réellement avantage à surchauffer au delà de l'assèchement que si l'on peut utiliser pour cela la chaleur perdue du foyer ; or, toutes les chaudières ne permettent pas l'installation d'un surchauffeur dans les carneaux. En tout cas on ne peut profiter des avantages de la surchauffe que dans des installations fixes assez importantes, c'est-à-dire exceptionnelles en agriculture ; nous nous bornerons donc à cette mention sommaire.

Détente. — Lorsqu'un gaz, ou une vapeur, possédant une force élastique, est mis en relation avec un milieu où la pression est moins élevée, ce gaz ou cette vapeur augmente de volume, jusqu'à ce que sa force élastique soit égale à celle du milieu. On dit qu'il y a eu *détente* ; ce phénomène est accompagné d'un abaissement de température. La loi de Mariotte nous fait connaître avec une approximation suffisante les différentes phases de la détente d'un gaz ou d'une vapeur non saturée. Mais comme la vapeur sortant d'une chaudière n'est jamais sèche, et que dans les cylindres, où elle agit réellement, elle peut être considérée comme saturée, la loi de Mariotte ne suffit plus pour l'étude de la détente de la vapeur d'eau.

Le premier résultat de la détente est de condenser une certaine proportion de la vapeur ; Hirn l'a prouvé expérimentalement en envoyant de la vapeur bien sèche, et, par conséquent, invisible, dans un cylindre formé de glaces parallèles ; dès qu'on mettait le cylindre en communication avec l'atmosphère, une épaisse buée se produisait dans le cylindre, preuve incontestable d'une condensation partielle de la vapeur. Si donc, dans un cylindre de machine à vapeur, on ferme l'admission après avoir laissé agir la vapeur à pleine pression pendant une fraction de la course du piston, la vapeur se détend, et se condense en partie sur les parois du cylindre.

Mais, d'autre part, chaque fois que, dans un milieu rempli de vapeur saturée en présence du liquide qui l'a fournie, on diminue la pression par un procédé quelconque, une nouvelle quantité de vapeur se forme aux dépens de ce liquide pour rétablir la pression initiale, tout aux moins si la température ne change pas ; l'eau déposée dans le cylindre doit donc se vaporiser.

Nous nous trouvons donc en présence de deux phénomènes antagonistes l'un de l'autre ; la prédominance de l'un ou de l'autre dépend des conditions initiales. Or, comme le fait remarquer M. Witz, il faudrait que la vapeur, à une pression de cinq atmosphères, contînt 46 p. 100 d'eau pour que la proportion d'eau vaporisée fût supérieure à celle de la vapeur condensée ; il y a donc toujours condensation d'eau dans le cylindre, puisque la vapeur ne contient jamais autant d'eau de primage (1).

On pressent immédiatement que le phénomène de vaporisation de l'eau condensée, et, par suite, celui même de la détente, sont influencés par la température des parois du cylindre. Si l'on parvient, par un procédé quelconque, à porter le métal constituant les parois à une température suffisante pour que la buée qui tend à s'y déposer soit vaporisée

---

(1) La formule qui donne le rapport des volumes aux pressions, indépendamment de l'action des parois, est due à Rankine, Grashof et Zeuner ; si on appelle P la pression, V le volume, on peut l'écrire

$$PV^k = constante;$$

k est égal à 1,035 quand la vapeur est bien sèche et à $1,035 + 0.1\,p$ quand la vapeur contient une proportion pour cent d'eau de primage égale à p.

L'expression complète de la loi de Mariotte, en appelant t la température, est :

$$\frac{PV}{1 + \frac{1}{273}t} = constante$$

dans laquelle $\frac{1}{273}$ est le coefficient de dilatation des gaz.

à nouveau, les modifications apportées au phénomène de détente de la vapeur saturée sont telles que cette vapeur se comporte à peu près comme une vapeur non saturée, et qu'on peut, par suite, lui appliquer, sans erreur sensible, la loi de Mariotte. M. Bryan Donkin, qui s'est beaucoup occupé de cette question, a vérifié, à l'aide de cylindres à enveloppes entièrement en verre, que l'eau se condense sous forme de gouttelettes mobiles, mais jamais en couche continue; ces gouttelettes sont vaporisées pendant la détente aux dépens de la chaleur contenue dans les parois.

Le réchauffement de la paroi du cylindre s'effectue ordinairement au moyen de la vapeur elle-même, qu'on fait circuler autour de lui ; c'est James Watt qui a eu, le premier, l'idée d'entourer ainsi le cylindre d'une **enveloppe de vapeur.** Depuis, beaucoup de controverses se sont élevées sur son utilité, et c'est seulement Hirn qui a réussi à en démontrer clairement l'avantage ; si tous les mécaniciens ne sont pas tout à fait d'accord sur l'effet exact de l'enveloppe de vapeur, tous reconnaissent néanmoins qu'elle réduit l'importance des condensations pendant l'admission. Il est bien évident que ce réchauffement du cylindre ne peut être accompli sans dépense de chaleur, mais l'expérience prouve que la consommation totale de vapeur est diminuée par l'emploi d'enveloppes bien disposées et fonctionnant bien ; il ne faut pas oublier, en effet, que l'enveloppe est plus utile encore pour les fonds de cylindre que pour la paroi cylindrique elle-même, et que l'enveloppe doit donc comprendre ces fonds. On a même vu figurer à l'Exposition universelle de 1900 des machines de grande puissance dans lesquelles le piston était également pourvu d'une enveloppe de vapeur.

Les enveloppes ne sont réellement efficaces que si aucune accumulation d'air ou d'eau ne peut s'y produire ; on les alimente de deux façons : par une dérivation spéciale de la chaudière, avec retour à cette dernière de l'eau condensée, ou par circulation préalable, dans l'enveloppe, de la vapeur qui agit sur le piston. Le premier procédé est, sans aucun doute, le plus avantageux, puisque, avec le second, l'eau condensée dans l'enveloppe, incomplètement expulsée par les purgeurs, pénètre dans le cylindre et y rend la vapeur d'admission un peu plus humide encore ; pourtant d'excellentes machines sont pourvues d'enveloppes à circulation préalable, et M. Sauvage fait remarquer avec raison que les expériences de consommation ne permettent pas d'affirmer avec certitude l'infériorité de ce procédé (1).

Toujours est-il que si le réchauffement de la vapeur pendant la détente est accompagné d'un supplément de travail, toute la chaleur reprise par l'évaporation de l'eau au moment de l'échappement est définitivement perdue, et la quantité de chaleur ainsi dissipée est d'autant plus grande que la vapeur était plus humide au début de l'échappement. Aussi obtient-on la consommation de vapeur minima en ne laissant pénétrer la vapeur que dans un cylindre dont les parois sont complètement sèches dès le début de l'admission. C'est le but principal de l'enveloppe de vapeur ; la surchauffe l'atteint également, mais d'une manière différente, puisqu'elle rend la vapeur analogue à un gaz, pendant l'admission, la détente et l'échappement; l'enveloppe n'intervient avantageusement que pendant l'admission et la détente, et occasionne même une certaine perte de chaleur pendant l'échappement. Aussi certains ingénieurs préfèrent-ils la surchauffe aux enveloppes. Cependant l'utilité de ces dernières n'est plus contestée ; l'économie qu'elles procurent varie, suivant les machines, de 10 à 15 p. 100, et atteint exceptionnellement 25 p. 100.

Si le mécanisme ne comporte ni surchauffeur, ni enveloppe de vapeur, l'action condensatrice de la paroi ne peut pas être évitée ; la présence d'eau condensée sur la paroi facilite la cession de la chaleur de la vapeur au métal et, par suite, à l'atmosphère ambiante. On ne peut combattre cette action nuisible qu'en diminuant autant que possible la durée du contact avec les parois, et en cherchant, par conséquent, à réaliser une détente rapide.

On peut encore limiter la perte de chaleur pendant la détente en faisant détendre la vapeur non plus en une fois, comme dans les machines à un seul cylindre, mais en

<hr>

(1) E. SAUVAGE. Les machines à vapeur en l'an 1900 (*Revue générale des sciences pures et appliquées*, 1900).

G. COUPAN. — *Les Moteurs agricoles.*   15

plusieurs fois et dans plusieurs cylindres, de telle sorte que, pour chacun d'eux, la différence de température présentée par la vapeur, à l'entrée et à la sortie, ne soit qu'une fraction de la différence qu'on trouverait dans un cylindre unique. C'est sur ce principe, entrevu par Watt, que sont basées les machines dites *à multiple expansion* ou *compound* (1). Cela paraît d'abord irrationnel, puisque si, d'une part, on réduit la condensation en diminuant la différence de température, on l'augmente d'autre part en accroissant la surface de paroi ; il n'en est rien, cependant, et, d'après M. Witz, si on calcule les pouvoirs condensants des parois, obtenus en multipliant les surfaces respectives de ces parois par la différence moyenne des températures initiale et finale, on trouve parfois pour une machine à double expansion une économie de 34 p. 100 par rapport à une machine à simple expansion. Il en résulte que, tout en étant utile, l'enveloppe de vapeur est moins efficace dans une machine compound que dans une machine à simple cylindre (2).

Principe des machines à vapeur. — D'une façon générale, une machine à vapeur est composée, comme nous l'avons déjà indiqué, d'un générateur, dans lequel la vapeur est produite à une certaine pression, et d'un moteur proprement dit, composé d'un cylindre à l'intérieur duquel se meut un piston, dont le mouvement rectiligne alternatif est transformé en mouvement circulaire continu par une bielle et une manivelle. La vapeur peut pénétrer dans le cylindre, agir sur le piston, puis sortir du cylindre, en traversant des orifices qui sont alternativement démasqués et fermés par un mécanisme spécial, dit de distribution.

Le cylindre peut, comme dans les premières machines de Papin, Newcomen, etc., n'être fermé qu'à une de ses extrémités et être ouvert à l'autre ; si nous supposons le piston appliqué contre l'unique fond de ce cylindre, et si nous démasquons l'orifice d'entrée de la vapeur, celle-ci va

______

(1) Le terme de *compound* est plus spécialement appliqué aux machines à double expansion.

(2) Consulter, pour plus amples détails, l'ouvrage de M. A. Witz, intitulé « *La machine à vapeur* ».

exercer sur le piston une poussée dont on peut calculer
aisément l'intensité si l'on connaît la surface du piston et la
pression effective de la vapeur. La vapeur continue ainsi à
agir sur le piston jusqu'à ce qu'il soit arrivé à fond de course;
nous pouvons alors fermer les orifices d'entrée et démasquer
ceux de sortie; la vapeur s'échappe du cylindre, et, sous
l'influence du volant, par exemple, le piston revient à sa
position première. Le cylindre se trouve exactement dans le
même état qu'au commencement de la manœuvre et les
mêmes phénomènes se reproduisent dans le même ordre
tant que l'on fait fonctionner le moteur.

Le phénomène peut être représenté graphiquement.
Prenons, en effet, deux axes perpendiculaires Ox et Oy
(fig. 145); convenons de porter sur Ox, à une certaine échelle,
les déplacements du piston,
c'est-à-dire, sinon les volumes occupés successive-
ment par la vapeur, du
moins des grandeurs pro-
portionnelles à ces volumes,
puisque la section du cy-
lindre est invariable; por-
tons d'autre part, de la
même manière, les pres-
sions de la vapeur, en kilogrammes, sur des parallèles
à l'axe Oy. Comme la pres-
sion de la vapeur est constante, le lieu géométrique des extrémités de ces parallèles à Oy est une parallèle à Ox. Théoriquement, dès le début de l'admission de vapeur, la pression atteint
sa valeur maxima OM, le piston étant appliqué contre le fond
du cylindre, position correspondant au point O de Ox sur la
figure; le piston se déplace ensuite, d'une extrémité à l'autre
du cylindre (de O à A), et, la pression gardant la même
valeur, la ligne figurative des pressions est la parallèle MM' à
Ox. Le piston arrivé en A, on ouvre brusquement l'orifice de
sortie; la pression de la vapeur tombe aussitôt et devient
égale à la pression atmosphérique, valeur qu'elle garde

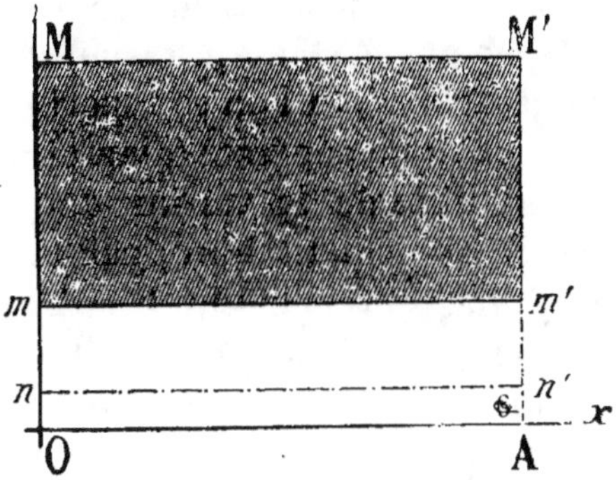

Fig. 145. — Diagramme d'une machine
à vapeur fonctionnant à pleine pression.

jusqu'à ce que le piston, revenant en arrière, soit parvenu en O et qu'on admette une nouvelle quantité de vapeur ; la ligne figurative des pressions est ainsi, pendant la course arrière, la parallèle $m'm$ à Ox, qu'on appelle aussi la *ligne atmosphérique*. Si, au lieu de laisser échapper simplement la vapeur à l'air libre, on mettait, à fin de course avant, le cylindre en communication avec un récipient où la température fût basse, la pression dans le cylindre, sous l'influence de la paroi froide, ne pourrait pas dépasser la force élastique maxima correspondant à cette basse température ; on pourrait donc l'abaisser beaucoup au-dessous de la pression atmosphérique, la ligne figurative étant dès lors $n'n$ en dessous de la ligne atmosphérique. Le récipient à basse température n'est autre chose qu'un condenseur ; on voit que le piston, au lieu de revenir passivement de A en O, y revient en supportant sur sa face externe une certaine pression, dont la valeur est donnée par la longueur $n'm'$. Si l'on se reporte aux préliminaires consacrés à la mécanique générale (diagramme du travail), on voit que le travail utile de la vapeur dans le cylindre est représenté, avec échappement libre, par la surface du rectangle $OMM'A$, diminuée de celle de $Omm'A$, c'est-à-dire par la surface $mMM'm'$; avec condenseur, il est, au contraire, représenté par la surface $nMMn'$, plus grande que $mMM'm'$.

Les cylindres sont, en réalité, à double effet ; mais, pour chaque face du piston, tout se passe comme si la machine était à simple effet, et par conséquent le double effet ne modifie en rien ce que nous venons d'exposer.

Watt a montré qu'au lieu de faire fonctionner la machine comme nous venons de l'expliquer, c'est-à-dire en faisant agir la vapeur à pleine pression pendant toute la course motrice du piston, il est bien plus économique de laisser cette vapeur se détendre dans le cylindre en chassant devant elle le piston.

Nous avons vu également, en énonçant le principe de Carnot, qu'il n'est possible de produire du travail qu'à la condition de transporter de la chaleur d'un corps chaud sur un corps froid. Nous pouvons imaginer une machine à vapeur dans laquelle une chaudière chauffée par un foyer produit de la vapeur à T degrés ; cette vapeur agit sur un piston, puis pénètre dans le condenseur où elle est ramenée à la température t ; là une pompe alimentaire peut reprendre cette vapeur condensée et la renvoyer au générateur où elle est à nouveau élevée à la température T. Comme la vapeur subit une série de transformations, mais revient toujours à son état initial, on dit qu'elle décrit un *cycle fermé* ; en fait, la ligne représentative de ces différentes transformations peut être une courbe extrèmement compliquée, mais ses deux extrémités sont toujours réunies.

Cycle de Carnot. — Toutes les transformations subies par la vapeur se réduisent, en définitive, à des détentes et compressions successives, accompagnées d'abaissements et d'élévations de température. Or nous pouvons très bien concevoir un dispositif mécanique dans lequel ces transformations, sans cesser de correspondre à un cycle fermé, se produiraient dans un ordre déterminé. Par exemple : *1°* la vapeur augmenterait de volume tout en conservant sa chaleur initiale T ; *2°* elle augmenterait de volume de manière que sa température s'abaisse de T à t, mais sans que les parois lui cèdent ni lui enlèvent la moindre quantité de chaleur ; *3°* son volume diminuerait sans que la température t varie ; *4°* il diminuerait encore de façon à reprendre sa valeur primitive, la température passant de t à T, sans prise ni cession de chaleur par la paroi. Cela revient à supposer que le foyer cède à l'eau de la chaudière un certain nombre de calories sans élever sa température ; que la cession de chaleur par la vapeur au condenseur s'effectue à température constante, et, enfin, que les phénomènes de

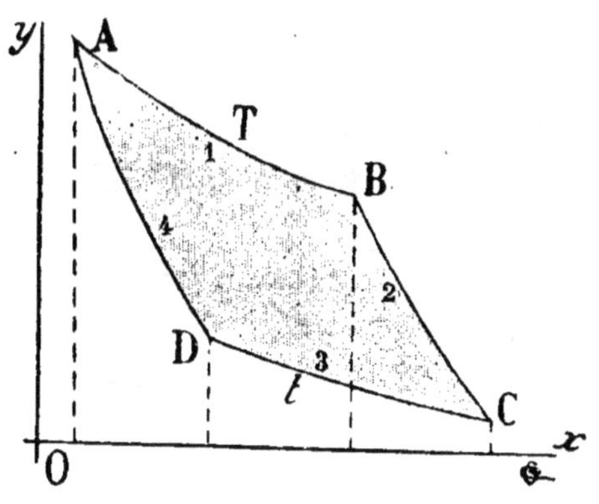

Fig. 146. — Cycle de Carnot.

détente ne sont accompagnés d'aucune perte ou cession de chaleur, indépendamment, par conséquent, de toute action provenant des parois ou d'une source extérieure. Ce cycle, évidemment idéal, a été conçu par Sadi Carnot; il peut être représenté par la figure 146. Les portions AB et CD, correspondant à des transformations à température constante, sont des *lignes isothermes*; les portions BC et DA, relatives aux transformations sans perte ni gain de chaleur, sont des *lignes adiabatiques* (1).

Le travail correspondant à l'accomplissement de ce cycle a encore pour mesure l'aire comprise entre les deux isothermes et les deux adiabatiques.

Le cycle de Carnot est un cycle de rendement maximum; toute la chaleur cédée par le foyer, toute celle qui est reprise par le condenseur, ne servent, en effet, qu'à fournir du travail, sans donner lieu à aucune variation de température. Il n'est pas réalisable, puisqu'en aucun cas la vapeur, pas plus que les autres gaz, n'obéit rigoureusement aux lois de Mariotte et de Gay-Lussac, et que l'action nuisible des parois ne peut jamais être complètement annulée. Mais on cherche à s'en rapprocher le plus possible, et moins le cycle d'une machine à vapeur s'écarte du cycle de Carnot, plus son coefficient économique est élevé.

L'aspect du cycle d'une machine à vapeur diffère sensiblement de celui de la figure 146. Tout d'abord les lignes AB et CD sont parallèles à Ox (fig. 147), puisqu'on admet la vapeur à la pression de la chaudière et qu'on l'évacue à celle du condenseur; ce n'en sont pas moins des isothermes, puisque, pendant l'admission et pendant la détente, les températures sont celles

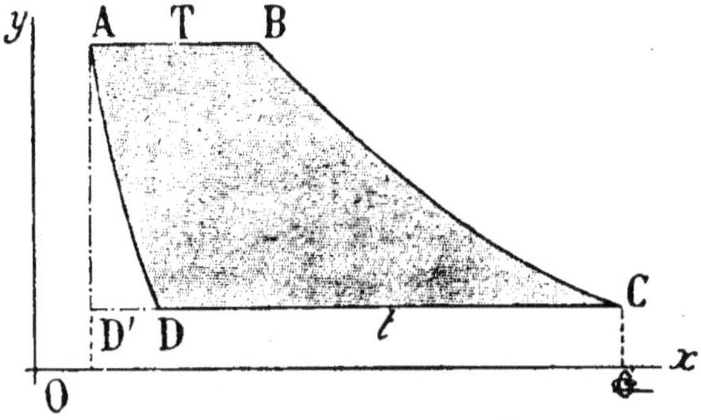

Fig. 147. — Cycle théorique d'une machine à vapeur.

n'en sont pas moins des isothermes, puisque, pendant l'admission et pendant la détente, les températures sont celles

---

(1) *Isotherme* signifie *d'égale température*. — *Adiabatique* signifie *impénétrable*; tout se passe, en effet, comme si la transformation avait lieu à l'intérieur d'une enveloppe impénétrable à la chaleur.

de la chaudière et du condenseur; la courbe de détente BC n'est pas une adiabatique, pour les raisons données plus haut, mais si la détente est rapide, ou s'il y a enveloppe de vapeur, elle ne diffère pas beaucoup d'une adiabatique ; si l'on pouvait parvenir jusqu'au point D', c'est-à-dire comprimer et ramener à T degrés ce qui reste de vapeur non condensée et refouler l'eau de condensation dans la chaudière, en la ramenant aussi à T degrés, on aurait réalisé un cycle qui serait comparable à celui de Carnot. Mais, en fait, on est obligé de condenser entièrement la vapeur à t degrés, de reprendre l'eau au moyen d'une pompe spéciale, pour l'envoyer à la chaudière où le foyer doit élever sa température de t à T degrés ; on réalise bien encore un cycle, mais il n'est plus comparable à celui de Carnot, surtout par ce dernier point, et lui est inférieur comme rendement; il peut être représenté par ABCDA.

En résumé, on ne pourra jamais que se rapprocher plus ou moins du cycle idéal de Carnot, parce que :

1° On ne peut pas pousser la détente jusqu'à ce que la force élastique de la vapeur ait atteint la pression du condenseur; on n'utilise donc pas toute l'énergie potentielle qu'elle renferme ;

2° On ne peut jamais appliquer exactement le piston sur le fond du cylindre; la vapeur qui se loge dans cet espace nuisible ne peut agir que par détente, et jamais à pleine pression ;

3° Dans la plupart des cas, les entraînements d'eau par primage ont pour résultat une diminution de l'effet utile.

Remarquons enfin que si la machine est dépourvue de condenseur, son coefficient économique est encore diminué, puisque la vapeur aura à l'échappement une pression et une température supérieures à celles qui sont réalisées avec un condenseur.

Nous verrons ultérieurement que les diagrammes relevés à l'indicateur sur une machine à vapeur ne sont pas identiques, comme aspect, à la figure 147 ; ils subissent un certain nombre de déformations dont nous étudierons les causes.

GÉNÉRATEURS DE VAPEUR

Un générateur de vapeur comprend deux organes, ou groupes d'organes principaux : les *appareils de chauffage*, où se produit, sous l'influence des réactions chimiques résultant de la combinaison du carbone et de l'hydrogène du combustible avec l'oxygène de l'air, le dégagement de chaleur nécessaire pour la formation de la vapeur; la *chaudière*, qui sert de réservoir pour l'eau et pour la vapeur. Entre ces deux organes se trouve un organe intermédiaire, qu'on peut considérer comme appartenant à la fois à la chaudière et au foyer, dont le rôle est de transmettre à la première la chaleur fournie par le second; nous l'appellerons le *récepteur-transmetteur*; l'existence de cet organe, de formes très variables, fait qu'il n'est pas possible de séparer complètement l'étude des appareils de chauffage de celle de la chaudière proprement dite ; c'est sa superficie qui constitue la *surface de chauffe*.

Les appareils de chauffage comportent eux-mêmes, en général, deux parties : le *foyer*, où a lieu la combustion, et la *cheminée* qui sert à l'évacuation des gaz brûlés ; elle assure en même temps le *tirage*, c'est-à-dire le renouvellement de l'oxygène autour du combustible et la circulation des gaz de combustion dans le récepteur-transmetteur, qui, bien entendu, doit être situé entre le foyer et la cheminée.

Les appareils de chauffage doivent être établis de façon à permettre aux différentes pièces qui entrent dans leur construction de se dilater librement; les matériaux constitutifs ne sont pas de même nature, et ne supportent pas tous la même élévation de température ; il faut donc que les mouvements résultant de ces dilatations inégales puissent s'effectuer sans nuire à la solidité ni au fonctionnement du générateur. En outre, ils doivent être faciles à nettoyer, pour qu'on puisse enlever sans difficulté les escarbilles et la suie qui se déposent sur les différentes pièces, et qui gênent à la fois la circulation des gaz et la transmission de la chaleur.

Enfin, pour le foyer et, plus encore, pour la chaudière, la qualité des matériaux employés dans la construction a une importance considérable ; il faut que ces matériaux résistent non seulement aux effets mécaniques de flexion, compression, extension, torsion, mais aussi à l'action destructive de la chaleur. L'économie obtenue par réduction de qualité des matériaux, et surtout des métaux, employés dans la construction d'un générateur, est un leurre : on s'expose à des accidents qui, en dehors même de toute question d'humanité, occasionnent des dépenses supplémentaires infiniment supérieures à celle qu'on aurait dû faire pour acquérir un générateur bien établi. C'est en matière de machine à vapeur que, suivant une expression populaire très significative, il ne faut pas hésiter à « y mettre le prix », sous peine de s'exposer à de graves mécomptes.

Les appareils de chauffage doivent satisfaire à plusieurs conditions. La première et la plus essentielle de ces conditions est qu'ils n'entraînent, pour un effet déterminé, qu'une dépense de combustible aussi faible que possible : c'est une question de formes, de dispositions et de proportions des diverses parties. Le foyer doit, en outre, permettre au combustible de brûler complètement, et le récepteur-transmetteur doit utiliser au maximum la chaleur dégagée pendant cette combustion. Enfin tout, dans un générateur de vapeur, doit être combiné de façon à faciliter le service : hauteur convenable de la grille et de la porte de foyer ; robinets, soupapes, aisément accessibles ; manomètres, niveaux et autres appareils indicateurs, placés bien en vue, etc. Dans ces conditions, un personnel peu nombreux assure le service sans difficulté et sans fausses manœuvres.

Dans la plupart des systèmes de foyers, le combustible repose sur une *grille*, dont le but est de le maintenir à une hauteur convenable et de laisser passer la proportion d'air nécessaire pour la combustion ; le rôle de la grille est d'autant plus actif que les fragments de combustible sont plus petits et ont plus de tendance à s'agglomérer entre eux. On la constitue au moyen d'éléments rectilignes, indépendants, en fer ou en fonte, nommés *barreaux*, qui reposent sur un cadre en fer. Ces barreaux sont généralement étroits et longs ; on leur donne souvent une grande épaisseur (dimension verticale) relativement à leur largeur ($e = 10\,l$ et parfois $e = 12\,l$), de façon que la surface en contact avec l'air arrivant au foyer soit considérable et s'oppose au trop grand échauffement et à la déformation ou à la rupture des barreaux; d'ailleurs les barreaux épais durent beaucoup plus longtemps que les autres.

L'espacement des barreaux dépend de la nature du combustible. Pour le bois et la houille en gros fragments, on peut, d'après Moulan (1), les espacer de 10 à 12 millimètres, la largeur des barreaux étant alors de 25 à 30 millimètres; la surface totale des vides est donc égale au quart, environ, de la surface totale de la grille. Pour les houilles tout-venant et surtout pour les menus, on réduit souvent l'espacement à 5 millimètres, et on n'atteint jamais 10; la largeur des barreaux est de 20 millimètres, ce qui donne une surface de vide à peu près égale au cinquième de la surface totale.

On maintient constant l'écartement des barreaux soit en les munissant, à leurs extrémités, de talons qui s'appuient les uns contre les autres, soit en les engageant dans des logements dont sont pourvus les cadres.

Les barreaux étroits assurent une meilleure répartition de l'air dans la masse du combustible; ceux en fer sont préférables à ceux en fonte, qui se déforment et se cassent trop facilement.

Les barreaux dont la section transversale affecte à peu près la forme d'un V à pointe placée en bas sont de tout point recommandables; ils sont simples à fabriquer et facilitent le dégagement des cendres. On trouve aussi des segments de grilles, comprenant plusieurs barreaux, et même des grilles complètes, de petites dimensions, fondues d'une seule pièce; elles se cassent fréquemment sous l'effet des dilatations inégales résultant d'épaisseurs et de températures variables.

Les grilles sont généralement disposées de façon à brûler de 70 à 75 kilogrammes de houille tout-venant par mètre carré et par heure, avec un tirage correspondant à une dépression de 3 millimètres d'eau et une épaisseur de 10 à 12 centimètres de combustible dans le foyer; mais en activant ou en rédui-

(1) Ph. Moulan, *op*. ci

sant le tirage à l'aide de registres et d'autres organes spéciaux, on peut élever cette consommation à 120 kilogrammes et l'abaisser à 20 kilogrammes dans les grands générateurs; les consommations extrêmes, pour les générateurs ordinaires, correspondent à 40 et 100 kilogrammes par mètre carré et par heure.

La surface des grilles dépend évidemment de la quantité de combustible à brûler par heure; on ne peut pourtant pas abaisser la largeur à moins de 25 centimètres, car alors la masse en ignition étant faible, il est difficile de maintenir le feu actif; au delà de un mètre de largeur, il faut donner une grande largeur aux portes de chargement ou *gueulards*, ce qui provoque un afflux d'air exagéré dans le foyer et refroidit trop les gaz lorsqu'on ouvre ces portes, ou bien il faut employer plusieurs portes, ce qui est incommode. La profondeur de la grille ne doit pas excéder celle à partir de laquelle il devient difficile au chauffeur de surveiller et de répartir également le combustible, c'est-à-dire 2 mètres au maximum. La surface de grille maxima est donc d'environ 2^{m2}; si une pareille surface est insuffisante, il faut employer plusieurs grilles et plusieurs foyers. Mais de semblables appareils ne peuvent évidemment être adoptés que dans des exploitations à la fois agricoles et industrielles très importantes, et même plus industrielles qu'agricoles.

Les grilles sont le plus souvent horizontales; mais il n'y a aucun inconvénient à leur donner une légère inclinaison de haut en bas vers la chaudière; cette disposition se rencontre surtout dans les générateurs à foyer extérieur et dans quelques générateurs tubulaires à foyers carrés.

Le *cendrier* est un appareil où s'accumulent les cendres et autres résidus de la combustion; il doit être placé à distance assez grande de la grille, pour que le rayonnement des escarbilles enflammées n'échauffe pas trop la partie inférieure des barreaux; c'est pour la même raison que les fonds de cendriers affectent généralement la forme d'une cuvette, dans laquelle le chauffeur doit maintenir une couche d'eau éteignant les cendres et les escarbilles; ces dernières, séparées par triage, peuvent servir ultérieurement, car elles sont analogues à du coke. On prétend d'ailleurs que la vapeur qui se dégage du cendrier noyé se décompose en traversant la grille en contribuant à allonger la flamme des combustibles secs et à faciliter leur combustion ; en tout cas, l'eau joue le rôle de miroir et permet au chauffeur de voir si la combustion est régulière ; toute irrégularité se traduit, en effet, par des différences d'intensité lumineuse, et le chauffeur sait ainsi s'il doit égaliser son foyer, et *piquer le feu* à l'aide de son *ringard*.

Le cendrier doit être muni d'une large ouverture permettant à l'air extérieur de s'introduire sous la grille ; la section de cette ouverture doit être au moins égale à celle du vide existant entre les barreaux, mais il est bon de pouvoir en diminuer momentanément la surface au moyen d'une porte pour modérer le tirage.

Après avoir circulé autour du récepteur-transmetteur, les gaz de combustion pénètrent dans la cheminée, qui les évacue à l'extérieur ; auparavant, ils traversent un récipient appelé *chambre* ou *boîte à fumée*, situé au-dessous de la cheminée, où les plus gros fragments de combustibles entraînés se déposent. Ce récipient doit toujours être facilement accessible, pour qu'on puisse enlever les matières qui s'y accumulent peu à peu, et qui sont d'autant plus abondantes que le tirage est plus intense.

La cheminée qui sert à l'évacuation des gaz est en briques pour les installations fixes, et en métal pour les locomobiles et locomotives. Sa hauteur doit être suffisante pour assurer un bon tirage, et sa section doit être au moins égale à la surface totale des vides de la grille, soit le cinquième ou le quart de celle de la grille ; les cheminées de locomobiles peuvent être rabattues pendant le transport de la machine. On dispose généralement dans les cheminées une trappe ou *registre* pour pouvoir modifier le tirage.

La chaudière proprement dite est un réservoir métallique qui, en raison même des conditions de fonctionnement, doit présenter, avant tout, une résistance suffisante dans toutes ses parties, et surtout au *coup de feu*, c'est-à-dire à la partie la plus exposée à l'action directe du foyer. Les métaux employés pour la construction des chaudières sont : le fer d'excellente qualité, l'acier extra-doux Martin (résistance de 35 à 40 kilogrammes

par mm², avec allongement de 20 à 30 p. 100), la fonte pour
des parties accessoires, le laiton et le cuivre rouge pour
certains tubes à fumée. On recherche surtout, en somme,
l'élasticité dans les métaux qui doivent constituer les chaudières. Les constructeurs doivent apporter tous leurs soins à
la mise en œuvre de ces métaux, pour éviter d'en diminuer la
résistance ou l'élasticité; en particulier, les trous de rivets,
préparés à la poinçonneuse, doivent être terminés à la fraise,
le matage des rivures doit être exécuté avec un matoir rond ;
il faut substituer autant que possible le rabotage au cisaillage,
de même qu'il vaut mieux emboutir et cintrer à la presse qu'au
marteau, car les efforts continus sont préférables aux chocs
brusques et intermittents, qui peuvent produire des criques ;
enfin il faut recuire toutes les pièces ayant subi un forgeage
important.

Les chaudières doivent, en outre, être aussi peu encombrantes que possible, être simples, permettre l'installation
facile des appareils de sécurité, utiliser au maximum la chaleur dégagée par le foyer et enfin être bien proportionnées,
c'est-à-dire comporter la surface de chauffe, le volume d'eau
et le volume de vapeur nécessaires.

Les chaudières actuelles sont toutes formées de corps et de
tubes cylindriques, dont l'agencement seul permet de diffé-
rencier les types. Les corps cylindriques sont composés, suivant leur longueur, d'une ou de plusieurs *viroles*, ou tronçons
en tôle cintrée, emboîtées et rivées les unes sur les autres ;
aux deux extrémités, ces corps cylindriques sont fermés par
des *fonds* légèrement bombés, constitués autrefois par des
fuseaux rivés, et presque universellement, aujourd'hui, par
une tôle unique dont le bord est embouti à chaud sur la périphérie du corps, puis fixés par des rivets ; quelquefois, cependant, les fonds sont plats et maintenus par des cornières
cintrées, posées extérieurement ou intérieurement et rivées
à la fois sur le corps cylindrique et sur le fond. Le corps
cylindrique est toujours pourvu d'un *dôme de prise de vapeur*,
formé lui-même d'un tube cylindrique, dont le diamètre est
à peu près égal à la hauteur, et qui est fermé par un fond
embouti; le dôme est riveté sur la partie supérieure de la

chaudière et est raccordé avec les tubulures qui conduisent la vapeur aux cylindres ; c'est généralement sur le dôme que sont placées les soupapes de sûreté. Ce dôme a pour but de constituer une réserve de vapeur située suffisamment au-dessus de la surface libre de l'eau pour que les projections de liquide dues à l'ébullition n'y parviennent pas ; on obtient ainsi une vapeur plus sèche ; on évite, autant que possible, de placer le dôme directement au-dessus du foyer, car l'ébullition est particulièrement vive en ce point, surtout quand la pression baisse ; mais, dans les locomobiles et les locomotives agricoles, la nécessité de loger le mécanisme moteur au-dessus du corps cylindrique conduit à placer le dôme exactement au-dessus du foyer, et il faut, pour atténuer les inconvénients d'un pareil dispositif, donner au dôme une assez grande hauteur.

On ménage, en outre, plusieurs ouvertures sur la chaudière ; l'une, située à la partie inférieure, et à laquelle est raccordée une tubulure à robinet, sert à la vidange de l'eau ; une autre, placée à la partie supérieure, ou, latéralement, à hauteur du niveau normal de l'eau, et munie aussi d'un ajutage à robinet, est employée pour remplir la chaudière ; les raccords de ces deux tubulures doivent être très soigneusement exécutés. Les *trous d'homme* ou *autoclaves* sont des orifices elliptiques au moyen desquels on peut nettoyer la chaudière ; dans les générateurs fixes non tubulaires, ou simplement semi-tubulaires, le trou d'homme est de dimensions suffisantes pour qu'un homme puisse y passer et s'introduire ainsi à l'intérieur de la chaudière ; mais, dans les locomobiles et locomotives, cet orifice est beaucoup plus petit. Les trous d'homme sont obturés par une plaque en fonte ou en tôle, placée à l'intérieur, et qu'on applique contre la tôle de chaudière au moyen d'un boulon guidé par une arcade extérieure sur laquelle agit l'écrou ; le joint est rendu étanche par l'interposition d'une bande de fibre vulcanisée ou de caoutchouc ; l'obturateur étant placé à l'intérieur de la chaudière, on voit que la pression elle-même contribue à assurer l'étanchéité du joint. Enfin, d'autres orifices munis de tubulures à robinet servent à raccorder à la chaudière les appareils de sécurité (manomètre, tube de niveau, soupapes, etc.), la pompe d'alimentation, l'injecteur, etc.

La *surface de chauffe* d'une chaudière est la superficie soumise à l'action des flammes ou du rayonnement du foyer et à celle des gaz chauds allant à la cheminée; c'est donc, en somme, ce que nous avons appelé le récepteur-transmetteur. On appelle surface de chauffe *directe* celle qui est exposée à l'action immédiate des flammes et au rayonnement ; la surface de chauffe *indirecte* est celle qui est en contact avec les gaz chauds, mais qui n'est pas léchée par les flammes et n'est pas soumise au rayonnement. La première est, de beaucoup, la plus efficace, car un mètre carré de surface directe équivaut à quatre ou six mètres carrés de surface indirecte; d'ailleurs, la quantité d'eau vaporisée par mètre carré décroît très rapidement à mesure que la surface chauffée s'éloigne du foyer.

On a rarement intérêt à accroître la surface *totale* de chauffe sans augmenter la surface directe et, par suite, le foyer.

La puissance évaporatoire des chaudières est, on le conçoit, extrèmement variable. L'expérience prouve que les chaudières fixes ordinaires, à bouilleurs ou à réchauffeurs, peuvent donner de 14 à 15 kg. de vapeur par mètre carré de chauffe et par heure, dans des conditions de fonctionnement normales et économiques ; c'est d'ailleurs ce poids de 14 à 15 kg. d'eau vaporisée par mètre carré qui est pris pour base dans les calculs de chaudières. On l'obtient à condition que le rapport entre la surface de chauffe S et la surface de grille G ait une valeur déterminée, pour chaque type de chaudière. Voici, d'après Ph. Moulan, les limites entre lesquelles on choisit ordinairement la valeur du rapport $\dfrac{S}{G}$.

Chaudières cylindriques, à réchauffeurs, à bouilleurs, et type Cornouailles :

$$\frac{S}{G} = 25 \text{ à } 35.$$

Chaudières semi-tubulaires, tubulaires et multitubulaires :

$$\frac{S}{G} = 35 \text{ à } 50.$$

Le rapport atteint une valeur de 60 dans les chaudières à tirage forcé.

On peut déterminer la surface de chauffe d'une chaudière d'après le nombre de chevaux-vapeur qu'on doit obtenir ; on connaît, en effet, la consommation par cheval et par heure des principaux types de moteurs à vapeur :

Détente sans condensation : 15 à 20 kg. ⎫
Détente et condensation :   10 à 15 — ⎬ par HP.H.
Compound :   6 à 10 — ⎭

En comptant sur une production de 14 kg. de vapeur par mètre carré et par heure, il faut donc, par cheval, une surface de chauffe de 1,07 à 1,43^{m2} pour les machines sans condenseur, de 0,71 à 1,07^{m2} avec condenseur, et de 0,41 à 0,71 pour les compound. Les surfaces de chauffe les plus adoptées en pratique, sont de :

1,40 à 1,50^{m2}, par cheval, pour les machines ordinaires, à détente, sans condenseur.

1,00 ^{m2} par cheval pour les machines à détente avec condenseur et les machines compound.

Les volumes respectifs occupés par l'eau et par la vapeur dans une chaudière, c'est-à-dire les volumes de la *chambre d'eau* et de la *chambre de vapeur*, sont extrèmement variables ; on les détermine de façon à obtenir, avant tout, la sécurité, puis une production de vapeur à peu près constante.

Les grands volumes d'eau favorisent la production régulière et constante de la vapeur, car en raison de leur masse, les irrégularités de la chauffe n'ont qu'une faible influence ; ils diminuent les risques d'explosion, un retard d'alimentation faisant moins baisser le niveau que si la chambre d'eau est de faible capacité. Par contre, plus la masse d'eau est grande, plus il faut de temps pour mettre en pression, plus on perd de chaleur lors des arrêts, et plus les explosions sont graves. Les petites chambres d'eau, au contraire, sont mises rapidement en pression, font perdre peu de chaleur lors des arrêts, et sont moins dangereuses en cas d'explosion, mais les irrégularités d'alimentation les influencent davantage, et elles sont moins faciles à conduire, car il faut plus de soin pour régler la combustion dans le foyer et la marche générale de la machine. En général, le volume de la chambre d'eau par mètre carré de surface de chauffe est de :

150 à 350 litres pour les chaudières cylindriques à bouilleurs ou à réchauffeurs ;

De 60 à 120 litres pour les chaudières à tubes de fumée ;

De 20 à 30 litres pour les chaudières à tubes d'eau.

Les chambres de vapeur de grande capacité maintiennent la pression presque invariable, régularisent l'ébullition et diminuent ainsi le primage ; par contre, elles conduisent à employer des tôles très épaisses, puisque le diamètre de la chaudière est grand, et accroissent ainsi le prix d'achat ; elles augmentent aussi les pertes de chaleur par refroidissement, puisqu'elles exposent à l'air une grande surface. Quant aux petites chambres de vapeur, elles n'offrent presque que des inconvénients : elles donnent de la vapeur humide et provoquent une ébullition saccadée qui fatigue les tôles ; leur unique avantage est de ne pas occasionner trop de pertes de chaleur par refroidissement, mais cet avantage ne peut entrer en ligne de compte avec les défauts précités. D'après Ph. Moulan, la chambre de vapeur est suffisante quand sa capacité est de 300 litres par cheval à la pression d'une atmosphère, ou

De	200	150	100	75	60	50	37	30	litres par cheval.
à	1,5	2	3	4	5	6	8	10	atmosphères.

On trouve cependant des chambres de vapeur deux ou trois fois (et même sept ou huit fois) plus petites, sans qu'on leur ait reconnu de bien graves défauts ; il vaut pourtant mieux avoir recours aux grandes chambres, en comptant, d'ailleurs, dans leur capacité, celle des dômes et des réservoirs de vapeur. Dans certains générateurs locomobiles de type courant, la chambre de chauffe est égale au tiers de la capacité totale, et le volume d'eau par mètre carré de surface de chauffe est de 60 litres.

Les générateurs sont presque toujours horizontaux, disposition qui permet de mieux utiliser la chaleur dégagée par la combustion ; cependant, quand l'espace disponible est très restreint, on emploie également des générateurs verticaux.

Examinons succinctement les principaux types de générateurs horizontaux et verticaux.

Générateurs horizontaux.

1°. — Générateurs à foyer extérieur.

A. — *Générateurs à foyer extérieur et chaudière cylindrique ordinaire*. — Ces générateurs sont dérivés du type imaginé par Watt, avec cette seule différence que la chaudière de Watt avait une forme spéciale, à trois faces concaves, dite en *tombeau*; la forme cylindrique, à fond plus ou moins bombé, est la seule employée actuellement.

Ces générateurs sont toujours fixes ; ils sont placés dans un massif de maçonnerie en briques réfractaires. Le foyer est placé en-dessous et à la partie antérieure de la chaudière, dont il est complètement indépendant ; pour mieux utiliser la chaleur, les gaz sont d'abord dirigés horizontalement d'avant en arrière, sous la chaudière ; ils circulent ensuite, d'arrière en avant, puis d'avant en arrière, à peu près au milieu de la hauteur de la chaudière, dans des conduits appelés *carneaux*, dont une paroi est formée par la tôle même de la chaudière ; ils s'échappent enfin par une cheminée. Pour les chaudières de très petit diamètre, on est souvent obligé de remonter les carneaux jusqu'à la chambre de vapeur ; en tout cas, il faut faire passer la totalité des gaz dans chacun des carneaux, car il n'est pas possible d'en diviser également la masse en deux parties.

Les chaudières de ce type comportent un dôme de vapeur et, lorsqu'elles sont complètement enfermées dans le massif de maçonnerie, un *tube d'indicateur*, de gros diamètre, qui débouche à l'extérieur et est muni d'un tube de niveau.

Ces générateurs ne conviennent que pour les faibles puissances ; leur surface de chauffe, calculée en admettant que la moitié seulement de la chaudière soit en contact avec les gaz chauds, et en négligeant la surface des fonds, ne dépasse généralement pas 15 mètres carrés.

B. — *Générateurs à foyer extérieur, à chaudière cylindrique à tubes bouilleurs.* — Ils permettent d'obtenir une surface de chauffe plus grande sans augmenter l'encombrement. Les tubes bouilleurs sont des corps cylindriques de faible diamètre, placés sous le corps cylindrique principal et raccordés à ce dernier par des tubulures appelées *cuissards*. Les types à deux bouilleurs sont les plus employés. La figure 148 représente en coupe un de ces générateurs : A est le corps cylindrique principal, B sont les bouilleurs, réunis à A par les cuissards D ; on voit en G la grille, en H le conduit principal, en I et en J les deux carneaux, séparés l'un de l'autre par la cloison *b* et de H par les voûtes *a*.

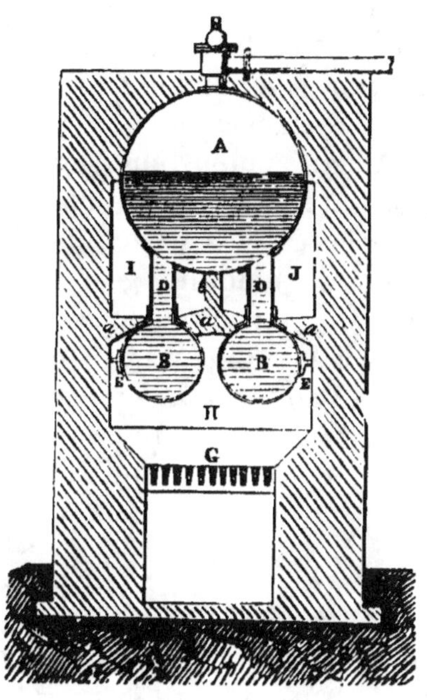

Fig. 148. — Générateur à foyer extérieur, et à deux bouilleurs.

Ces générateurs sont simples, faciles à entretenir et peu coûteux; ils conviennent pour les pressions moyennes de 4 à 6 atmosphères ; mais ils sont très sujets aux incrustations; des ciels de vapeur se forment souvent dans les bouilleurs et exposent les tôles à être brûlées ; les différences de dilatation entre les bouilleurs et le corps cylindrique principal provoquent des fuites aux joints ; l'alimentation n'est pas rationnelle; enfin, l'ébullition tumultueuse au voisinage des cuissards favorise le primage.

Aussi remplace-t-on souvent les bouilleurs par des *réchauffeurs*, identiques aux bouilleurs comme construction, mais ne recevant jamais directement l'action du foyer; ils sont inclinés de 1 p. 100 vers le foyer, de façon que la vapeur formée se dégage plus facilement en remontant vers le corps principal. Ce dispositif obvie en partie aux inconvénients des bouilleurs, mais l'entraînement des incrustations vers le point

le plus bas, qui est en même temps le plus chaud, expose à
des brûlures et à des explosions, si l'on n'enlève pas à temps
les dépôts.

C. — ***Générateurs à foyer extérieur, à chaudière cylindrique et à carneaux intérieurs.*** — Ce type a été imaginé
par Watt ; on augmente la surface de chauffe en faisant passer
les gaz de combustion dans un ou dans deux tubes métalliques
placés à l'intérieur du corps cylindrique, avant de les envoyer
dans les carneaux latéraux. Les chaudières de ce système ont
obligatoirement un grand diamètre et sont assez difficiles à
nettoyer ; en outre, leur chambre de vapeur est petite. Ce
type de générateurs existe avec ou sans bouilleurs.

D. — ***Générateurs à foyer extérieur et à chaudière semi-
tubulaire.*** — Ils diffèrent des précédents par la substitution
au tube carneau d'un faisceau de tubes de petit diamètre,

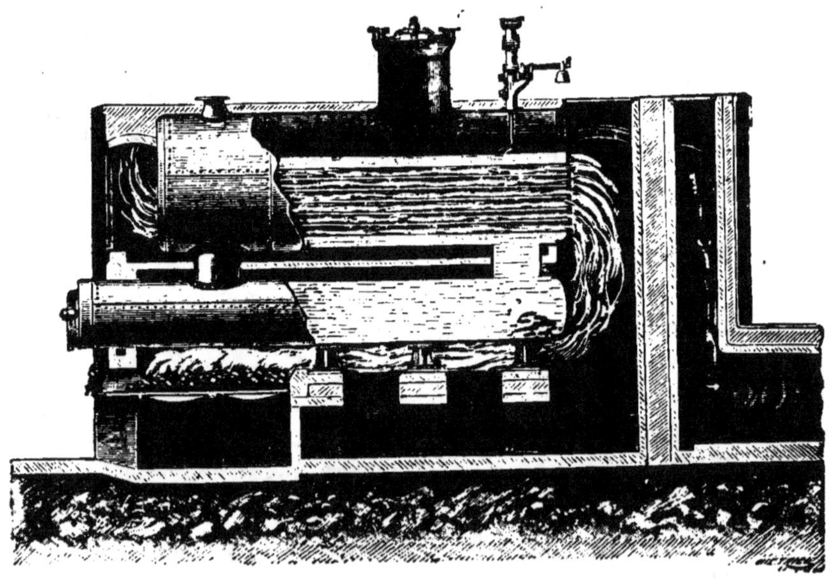

Fig. 149. — Générateur semi-tubulaire (Lefebvre-Albaret et Laussedat).

qui sont parcourus intérieurement par les gaz et augmentent
beaucoup la surface de chauffe. Les gaz lèchent d'abord la
partie inférieure du corps cylindrique, puis reviennent en
sens inverse en traversant le faisceau tubulaire ; on adjoint

très souvent à ces chaudières un ou deux bouilleurs, placés sous le corps principal (fig. 149). Le principal défaut des chaudières de ce type est l'accumulation, au-dessus du foyer, des incrustations qui se détachent des tubes.

Les générateurs des types A, B, C et D ne sont employés que dans les installations fixes ; ils sont entourés de maçonnerie réfractaire.

2°. — Générateurs à foyer intérieur.

Dans tous les générateurs à foyer intérieur, on cherche à utiliser la chaleur dégagée par le combustible aussi complètement et aussi vite que possible, sans en laisser perdre dans les maçonneries ; pour cela, on s'arrange de façon que le foyer soit entouré presque entièrement par l'eau de la chaudière. L'absorption de chaleur étant très rapide, la température du foyer est relativement basse, et on peut y brûler des houilles riches en matières volatiles qui distilleraient trop vite dans les foyers extérieurs. Le rendement des générateurs à foyer intérieur est plus élevé, et est comparable à celui des chaudières à réchauffeurs bien conduites (Ph. Moulan).

L'installation en est généralement simple, mais la construction est un peu plus compliquée et les réparations sont plus fréquentes. On peut, avec ces générateurs, obtenir une vaporisation très rapide, à condition d'activer le feu, mais il vaut mieux les conduire prudemment, et ne pas trop charger les grilles ; ils sont ainsi plus économiques, et on ne risque pas de brûler les tôles.

E. — *Générateurs à foyer intérieur cylindrique.* — Ces générateurs, qu'on appelle également générateurs *à tubes-foyers*, comportent un corps cylindrique de grand diamètre, à l'intérieur duquel se trouve un tube métallique qui le traverse entièrement ; à l'avant du générateur, ce tube est muni d'équerres qui supportent le foyer. La chaudière est entourée d'un massif de maçonnerie ; les produits de combustion parcourent d'abord le tube-foyer, puis circulent dans des carneaux extérieurs autour du corps cylindrique. On augmente la surface de chauffe et, en même temps, la résistance du générateur, en faisant usage de tubes-foyers en tôle ondulée, appelés tubes *Fox*. Lorsqu'elles ne comportent qu'un seul foyer, les chaudières sont du type *Lancashire*; lorsqu'il y en a deux, elles sont du type *Cornouailles*.

F. — ***Générateurs à foyer intérieur et à chaudière tubulaire à tubes de fumée.*** — L'organe essentiel de ces appareils est le *tube*, c'est-à-dire un cylindre de 40 à 100 millimètres de diamètre intérieur, et de longueur variable, dépassant rarement 4 mètres, et ne descendant guère au-dessous de 1m,80. Les tubes sont maintenus par deux *plaques tubulaires* dont l'une forme généralement un des fonds du corps cylindrique. Ces tubes sont parfois en cuivre rouge, plus souvent en laiton, en fer ou en acier extra-doux; on les obtient par soudure longitudinale, avec ou sans recouvrement, ou par étirage sans soudure. Le laiton, lorsqu'il est chauffé au rouge sombre, devient fragile; les tubes en laiton peuvent être exposés, lorsque le feu est mal conduit, à atteindre cette température au niveau de la plaque tubulaire du foyer; aussi, pour éviter les ruptures, on raboute souvent un court tube en cuivre rouge, brasé sur le tube de laiton, et au moyen duquel on fait un joint solide. On emploie aussi le raboutage en cuivre pour les tubes de fer ou d'acier. Le cuivre rouge conduit évidemment mieux la chaleur que l'acier, et devrait être toujours préféré, pour cette raison, dans la construction des chaudières tubulaires; mais comme il coûte plus cher et que, par suite de sa moindre résistance, il faut l'employer sous une plus grande épaisseur que le fer et l'acier, l'avantage de la meilleure conductibilité est un peu atténué. M. Sauvage estime que les différents métaux se comportent, en service, à peu près de la même manière. Les tubes en cuivre rouge et en laiton sont encore employés, cependant, dans la construction des chaudières de locomobiles et de locomotives, concurremment avec ceux en acier.

Les joints des tubes avec les plaques tubulaires doivent être à la fois étanches et très résistants, car les tubes, étant plus fortement chauffés que le corps cylindrique, et subissant par suite une plus grande dilatation, tendent à écarter les plaques. Les joints de la plaque de foyer travaillent plus que ceux de la plaque opposée, et doivent être plus soignés.

Les trous des plaques tubulaires sont disposés en quinconce ou en carré ; il semble que la disposition en carré facilite un peu le dégagement de la vapeur dans la chaudière. Le diamètre de ces trous est légèrement supérieur au diamètre extérieur du tube, et l'on confectionne le joint en évasant le tube avec un mandrin conique, appelé *dudgeon* ; on peut river le tube, après dudgeonnage, en en rabattant les bords sur la plaque tubulaire ; on complète aussi l'assemblage en chassant dans le tube déjà dudgeonné et rivé une bague métallique, ou *virole*, légèrement conique et très courte. La rivure augmente la résistance du joint aux efforts de traction ; la virole l'augmente encore plus, mais elle diminue la section libre du tube, et on ne l'emploie plus guère que du côté du foyer ; de l'autre côté, la rivure et même le simple dudgeonnage suffisent généralement, pourvu qu'on évite les refroidissements trop brusques. La virole est encore utilisée pour refaire les joints qui commencent à fuir.

Le mode de montage le plus employé pour les locomobiles est le suivant : le tube est élargi de 2 millimètres environ, au niveau de la plaque de boîte à fumée ; comme le trou pratiqué dans cette plaque a un diamètre très légèrement supérieur à celui de cette partie élargie, le tube peut être très facilement introduit à l'intérieur du corps cylindrique ; on le fixe au moyen d'une virole en cuivre du côté du foyer, et d'un dudgeonnage de l'autre côté.

Les *tubes Bérendorf* sont d'un démontage facile ; ils sont munis à leurs extrémités de bagues extérieures brasées et alésées en cônes ; le diamètre de l'une est plus grand que celui de l'autre, de façon qu'on puisse faire passer la plus petite bague à travers l'orifice de la plaque tubulaire correspondant à la plus grande. On monte ces tubes en calant d'abord la plus grande douille sur sa portée, puis en serrant la petite douille à l'aide d'un grand boulon dont l'écrou agit par l'intermédiaire d'un étrier spécial qui forme mandrin ; on démonte le tube en retournant bout pour bout ce boulon et en opérant du côté de la grande douille ; un léger alésage suffit pour remettre en état les tubes qu'on a démontés. Les tubes Bérendorf sont employés surtout dans les générateurs tubulaires et semi-tubulaires fixes.

Les tubes à ailettes, du système Serve, qui permettent d'augmenter la surface de chauffe ou de diminuer le nombre des tubes, ne sont employés que dans les générateurs à tirage forcé (locomotives, chaudières marines).

Enfin, pour consolider les plaques tubulaires, on emploie souvent des tirants pleins boulonnés sur les deux plaques, ou des *tubes-tirants* qui remplissent le même but. Ce sont des tubes plus épais que les autres et vissés sur les plaques; on complète l'assemblage par des écrous extérieurs.

Le prototype des chaudières tubulaires à tube de fumée, c'est-à-dire à tubes enveloppés d'eau et parcourus intérieurement par les gaz, est dû à l'ingénieur français Marc Seguin, qui l'a imaginé en 1825, et l'a appliqué aux locomotives. Plus tard, Fairbairn employa également un faisceau tubulaire dans une chaudière fixe du type Cornouailles, en racourcissant les deux tubes-foyers et en les faisant déboucher dans une chambre de combustion unique, dont le fond servait de plaque tubulaire pour le faisceau. Comme les chaudières à tubes de fumée s'incrustent facilement et qu'il est très difficile de les nettoyer, Thomas et Laurens ont adopté une disposition permettant de retirer d'une seule pièce toute la partie constituant la surface de chauffe; leur chaudière est composée d'un corps cylindrique, appelé *calandre*, et d'un tube-foyer entouré d'un faisceau tubulaire débouchant en arrière dans une chambre hermétique commune; la plaque tubulaire avant est le seul joint qu'il y ait à démonter pour sortir complètement de la calandre le *vaporiseur* formé du tube-foyer et du faisceau tubulaire. Les gaz circulent d'avant en arrière dans le tube-foyer, reviennent d'arrière en avant à travers le faisceau tubulaire, et débouchent dans une enveloppe surmontée par la cheminée; cette dernière est donc située exactement au-dessus du foyer. Le seul défaut de ces chaudières est la faible épaisseur de la couche d'eau au-dessus du foyer. MM. Weyher et Richemond ont remédié à cet inconvénient en plaçant au-dessus de la calandre un vaste réservoir, qui communique avec elle par des cuissards, et qui est chauffé par des carneaux où s'engagent les gaz à leur sortie du vaporiseur.

Les générateurs à tubes de fumée que nous venons de signaler sont des générateurs fixes ; néanmoins le principe des chaudières Thomas et Laurens est appliqué dans certains générateurs locomobiles qu'on dit être *à retour de flamme*, en raison du trajet suivi par les gaz chauds. La figure 150 donne les principaux détails d'une chaudière à retour de flamme et à foyer amovible particulièrement facile à démonter ; un type analogue de chaudière est appliqué à la locomobile représentée sur la figure 189. La plupart des constructeurs fabriquent

Fig. 150. — Générateur à foyer amovible (Hidien).

des générateurs locomobiles basés sur le même principe ; ce sont des appareils très économiques, mais malheureusement un peu plus coûteux d'achat que les générateurs ordinaires et, partant, beaucoup moins répandus dans les exploitations agricoles.

L'emploi des générateurs fixes n'est justifié dans une exploitation agricole que si une industrie est annexée à la ferme et si le service des appareils spéciaux exige une grande quantité de vapeur. On a alors recours à l'un quelconque des types précédemment décrits, notamment aux chaudières à bouilleurs, aux chaudières semi-tubulaires avec bouilleurs et aux types Thomas et Laurens plus ou moins modifiés ; si l'espace disponible pour la chaufferie est très restreint, on peut employer, malgré leur prix plus élevé, des chaudières à tubes d'eau, dont nous donnerons ultérieurement le principe.

Le véritable générateur agricole est celui de Seguin, plus ou moins modifié. Le générateur de Seguin se compose d'un foyer rectangulaire de grandes dimensions, appelé *boîte à feu*, complètement entouré d'eau et enveloppé, par conséquent, par une partie du corps cylindrique ; le foyer est directement raccordé au faisceau tubulaire, et l'une des parois de la boîte à feu forme plaque tubulaire ; à l'autre extrémité, les tubes débouchent dans une boîte à fumée surmontée par la cheminée. Lez gaz ne traversent le générateur que dans un seul sens ; aussi les générateurs du type Seguin sont-ils dits *à flamme directe*.

La forme rectangulaire de la boîte à feu est obligatoire pour les locomotives de chemins de fer ; on l'a conservée également pour les locomotives routières, parce qu'elle permet d'augmenter la surface de chauffe directe. La plupart des machines locomobiles construites aux États-Unis, en Angleterre, et certaines locomobiles françaises, allemandes et autrichiennes sont pourvues d'une boîte à feu rectangulaire ; on dit qu'elles sont *à foyer carré*. Les parois sont planes et ont une grande étendue ; aussi supportent-elles des efforts considérables, qui les déformeraient infailliblement, si on ne solidarisait pas d'une façon complète la boîte à feu et son enveloppe au moyen de nombreuses *entretoises*, ou tirants vissés ou rivés sur les deux pièces ; ces entretoises sont visibles sur la figure 151, où elles sont représentées en bout dans la partie médiane du foyer, et en long, à gauche et à droite du foyer ; on les aperçoit également sur la figure 152.

Le niveau de la grille étant sensiblement au-dessous de celui des tubes inférieurs, on est conduit à prolonger la boîte à feu, ainsi que son enveloppe, au-dessous du corps cylindrique. La partie de la boîte à feu située directement au-dessus de la grille est appelée *ciel du foyer* ; c'est en même temps le coup de feu dans ce type de générateurs. Le ciel est soit en tôle plane, soit en tôle ondulée ; dans ce dernier cas, sa résistance est suffisante pour qu'on puisse se dispenser de l'entretoiser avec l'enveloppe ; chaque constructeur adopte d'ailleurs une forme particulière d'ondulations. La paroi opposée à la plaque tubulaire est repliée dans sa région centrale, et est assemblée avec l'enveloppe ; cela permet de ménager dans les deux tôles une ouverture qui constitue *le gueulard*

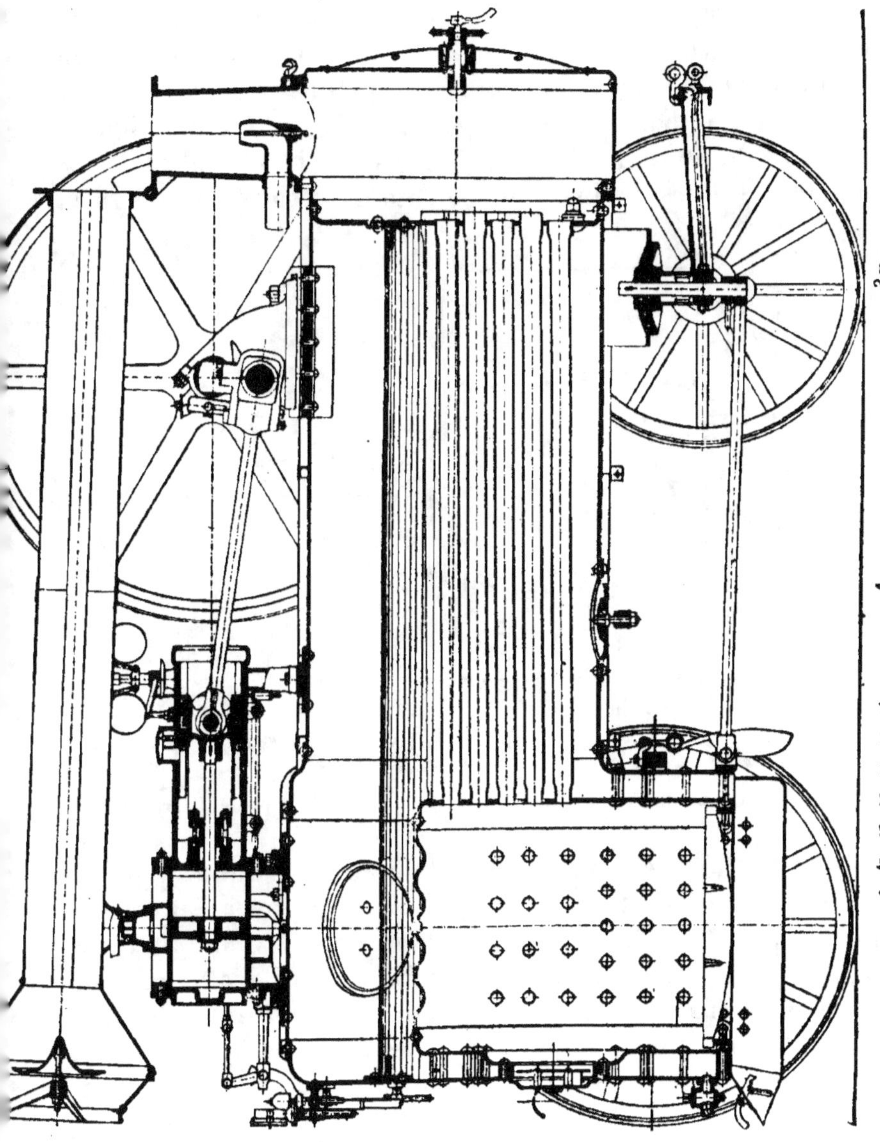

Fig. 151. — Coupe d'un générateur locomobile à foyer carré. (Chemins de fer de l'État hongrois.)

d'alimentation en combustible, et que l'on ferme ou démasque à volonté, au moyen d'une *porte de foyer*.

Le foyer carré est recommandable, malgré les complications

de construction qu'il entraîne, toutes les fois que la vaporisation doit être active, c'est-à-dire dans les locomotives de toutes puissances et dans les locomobiles dont la puissance est supérieure à dix chevaux, environ. Il se prête mieux, en outre, à l'emploi des combustibles de qualité médiocre, comme le lignite, le bois, la paille, qui exigent des boîtes à feu de grandes dimensions. Pour brûler la paille et les matières analogues (tiges de maïs ou de coton, roseaux, broussailles,

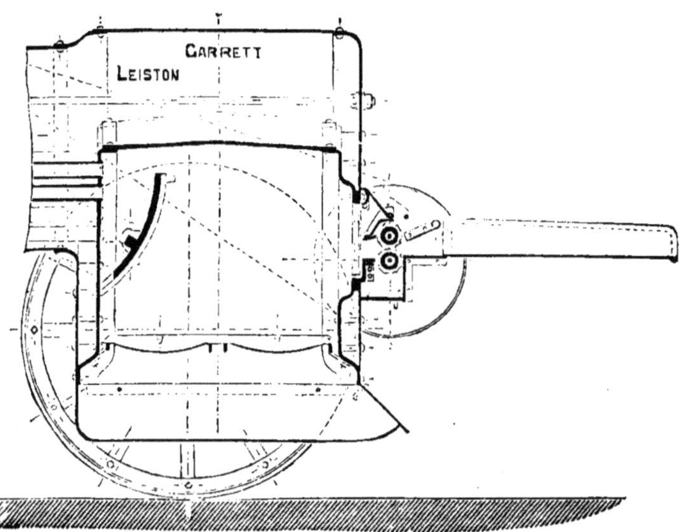

Fig. 152. — Coupe d'un foyer carré disposé pour brûler de la paille (Garrett-Pilter).

bagasses, etc.), qui produisent de grandes flammes, on fait arriver le combustible en nappe dans le foyer; un écran métallique oblige les flammes à faire un assez long parcours dans le foyer avant de s'engager dans les tubes. L'alimentation est assurée par des cylindres cannelés qui entraînent le combustible placé sur une tablette; on les actionne à la main lors de la mise en pression, et le mécanisme moteur les fait marcher ensuite à la vitesse voulue (fig. 152). Dans certains cas, les foyers à paille sont composés d'un faux cendrier avec barreaux de grille mobiles; le foyer est très profond; on entretient la combustion en décrassant la grille avec une manivelle qui agite les barreaux.

On peut aussi chauffer les générateurs à l'aide de combustibles liquides, tels que goudron, huile de schiste, naphte, pétrole, etc.; c'est surtout ce dernier qui est employé. Dans certains systèmes de brûleurs, le pétrole est lancé par un jet de vapeur; mais les plus simples sont munis d'un *vaporiseur* que le liquide est obligé de traverser avant de s'échapper par l'orifice de sortie. On chauffe ce vaporiseur pendant quelques minutes avant de faire fonctionner le brûleur; le rayonnement de ce dernier suffit pour maintenir le vaporiseur chaud pendant le fonctionnement. La figure 153 est une coupe schématique d'un pareil brûleur. Le pétrole est placé dans un réservoir situé sur le côté ou au-dessus de la machine, ou bien encore dans un réservoir distinct, où une petite pompe à air donne la pression nécessaire pour son écoulement.

Pour les machines ordinaires, d'une puissance moyenne de 6 à

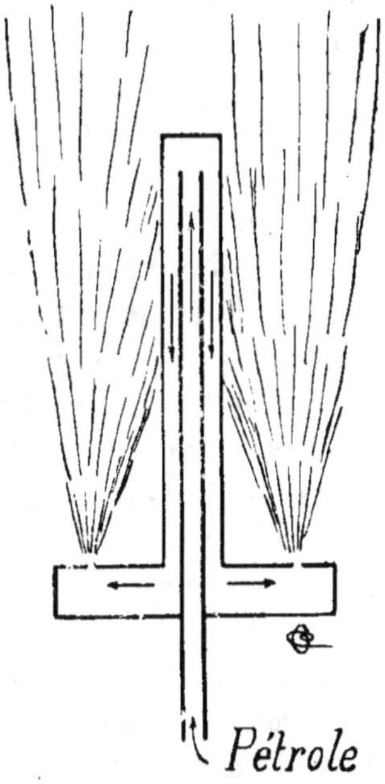

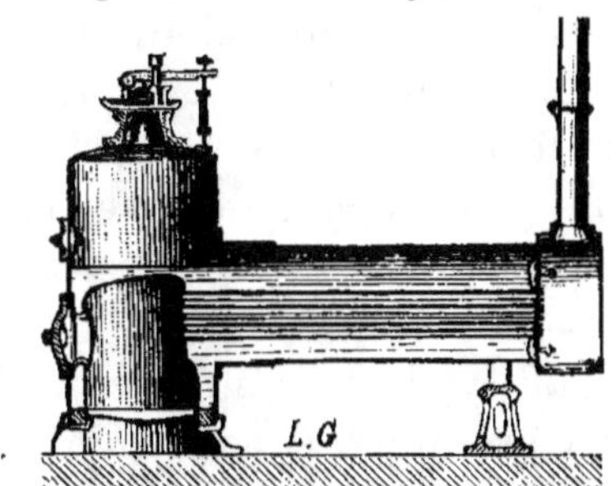

Fig. 153. — Principe d'un brûleur à pétrole.

Fig. 154. — Coupe d'un générateur en T (Société française de matériel agricole et industriel).

8 chevaux, la surface de chauffe pouvant être plus faible, on donne aux foyers une forme cylindrique. La plupart des générateurs construits en France sont munis d'un foyer cylindrique vertical surmonté d'un dôme de prise de vapeur très élevé; l'aspect particulier de ces générateurs leur a fait donner la dénomination de *générateurs en T* (fig. 154). La boîte à feu n'est pas rigoureusement cylindrique; elle est plutôt demi-cylindrique, avec une partie plane qui constitue

la plaque tubulaire; elle est élargie à la partie inférieure pour permettre de donner à la grille une surface plus considérable. Les boîtes à feu étaient autrefois formées de trois tôles rivées entre elles; actuellement on peut les considérer comme construites d'une seule pièce, les tôles latérales et la tôle de ciel étant réunies par soudure autogène. La résistance de pareils foyers étant bien supérieure à celle des foyers carrés, on n'a pas besoin de les réunir à l'enveloppe par de nombreuses entretoises. La tôle de foyer est repliée également pour former le gueulard, et elle est reliée à l'enveloppe par un cadre qu'il y a avantage à faire mince, pour que l'eau qui circule autour de lui puisse le rafraîchir suffisamment. L'enveloppe de la boîte à feu est complètement cylindrique; on l'appelle parfois, en raison de sa forme et de sa position, *corps cylindrique vertical.*

On emploie également des foyers cylindriques horizontaux, logés dans le corps cylindrique lui-même; le générateur est alors analogue à ceux du système Fairbairn, sauf que le tube foyer est unique et communique directement avec le faisceau tubulaire, sans chambre de combustion spéciale. La figure 155 donne la vue en coupe d'un générateur de ce type, et permet de discerner un certain nombre de détails de construction. Cette forme de foyer est peu répandue en France; à égalité de surface de chauffe totale, elle conduit à allonger le corps cylindrique.

Ces trois types de générateurs tubulaires, et principalement les deux premiers, conviennent aussi bien pour les installations fixes que pour les machines mobiles. Dans le premier cas, on les monte sur un socle en fonte du côté de la boîte à fumée, et sur des pieds en fonte du côté du foyer; on constitue ainsi des générateurs *mi-fixes*, dénomination spéciale qui implique la possibilité de les déplacer éventuellement sans démolition, ni réédification de massifs de maçonnerie. Les générateurs mobiles sont montés sur deux essieux dont l'un, celui d'avant, placé sous la boîte à fumée, est articulé sur cheville ouvrière. Les générateurs mi-fixes peuvent être complètement séparés du moteur, ou être placés sur le même socle que ce moteur (machines anglaises) ou, enfin, supporter

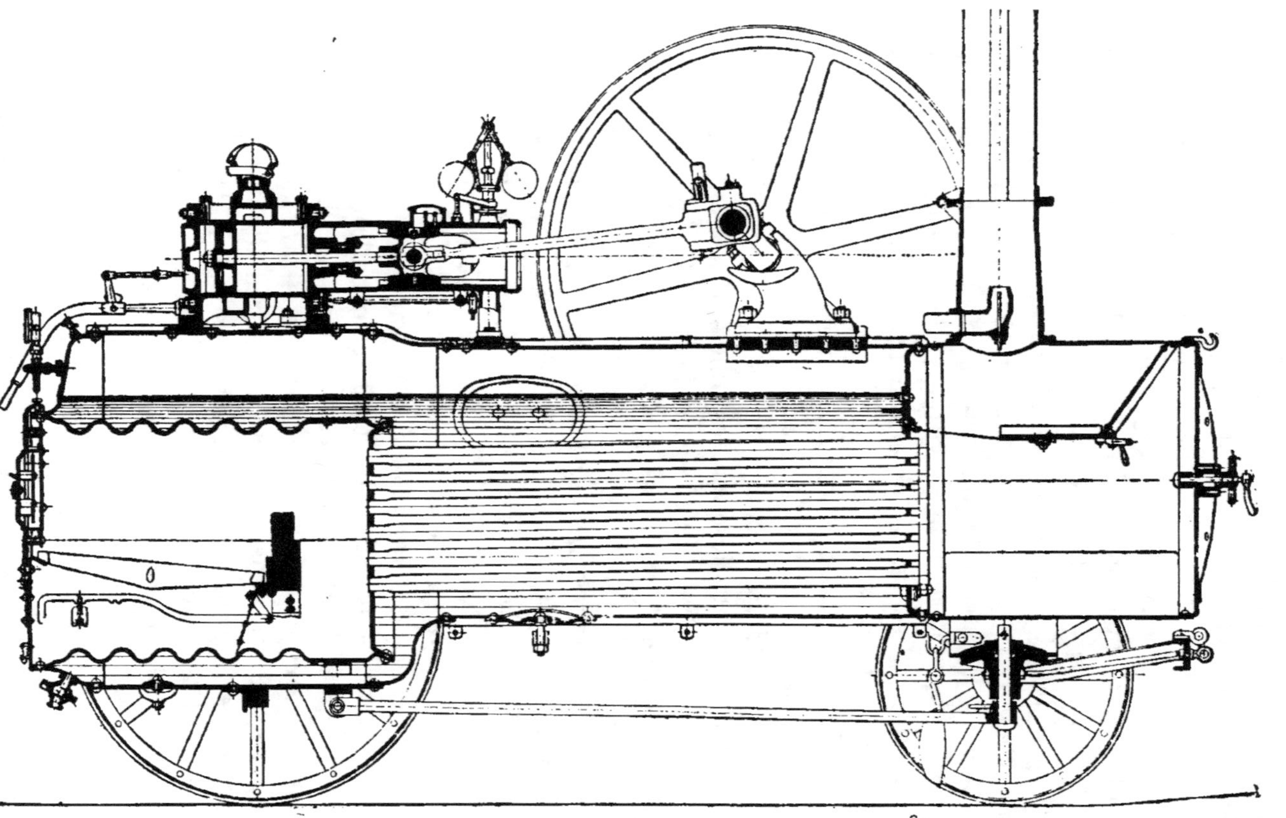

Fig. 155. — Coupe d'un générateur locomobile à foyer rond. (Chemins de fer de l'État hongrois.)

le moteur lui-même. Les générateurs mobiles supportent toujours le moteur; si l'essieu d'arrière est commandé par le mécanisme moteur, la machine est une *locomotive routière*; s'il est indépendant du moteur, la machine est simplement *locomobile*. La chaudière peut être *nue*, c'est-à-dire sans aucune enveloppe autour du corps cylindrique, qui puisse diminuer les pertes de chaleur par rayonnement; mais ordinairement le corps cylindrique est revêtu soit d'une enveloppe en bois, soit d'une chemise en tôle, qui s'en écarte de quelques centimètres ; le plus souvent même, l'enveloppe en bois et la chemise de tôle coexistent, car la chemise en tôle, quand elle est seule, se détériore trop facilement par les chocs accidentels.

G. — ***Générateurs à foyer intérieur et à tubes d'eau***. — Ces générateurs, dont les plus appréciés sont ceux du type *Galloway*, ne sont autre chose que des générateurs Lancashire ou Cornouailles dans lesquels les tubes-foyers sont traversés par de nombreux bouilleurs de faible diamètre, verticaux ou inclinés, parallèles ou croisés. Ils ne conviennent qu'aux installations fixes.

H. — ***Générateurs multitubulaires à tubes d'eau***. — Ils sont caractérisés par un faible volume d'eau et par le fractionnement de cette eau dans plusieurs séries de tubes, sans circulation (type Belleville) ou avec circulation (types Niclausse, de Naeyer, Babcock et Wilcox, etc.). La surface de chauffe est très considérable, et la vaporisation très abondante. Ces générateurs sont recherchés dans les installations fixes où la place disponible est restreinte. Avec eux, les dangers d'explosion par négligence des chauffeurs sont moindres et les explosions ont des conséquences moins redoutables qu'avec les chaudières à grand volume d'eau. Par contre, ils sont coûteux, compliqués, et ne peuvent être convenablement coûduits que par des mécaniciens expérimentés.

Générateurs verticaux.

Ces générateurs ne doivent être employés que dans les cas où le défaut de place rend absolument impossible l'instal-

lation de générateurs horizontaux. Nous ne nous occuperons
que des générateurs à foyer intérieur.

Les plus simples sont formés de deux enveloppes cylindriques concentriques, le cylindre intérieur formant boîte à
feu ; les gaz se dégagent par une cheminée verticale qui traverse la couche d'eau supérieure et la chambre de vapeur ;
cette disposition est très défectueuse, car la cheminée est
rapidement corrodée et brûlée dans la partie qui n'est pas
rafraîchie par l'eau ; aussi fait-on maintenant évacuer les gaz
par une cheminée latérale, de manière que toute la partie
intérieure soit baignée par l'eau.

Ce foyer intérieur formant, en somme, tube-foyer, on
augmente facilement la surface de chauffe en y logeant des
bouilleurs ; la chaudière devient alors analogue à une petite
Galloway, mais verticale.

On construit aussi des générateurs tubulaires verticaux à
tubes de fumée ; la plupart sont pourvus de tubes placés eux-
mêmes verticalement, mais comme les incrustations s'accumulent surtout sur la plaque tubulaire inférieure, qui est la
plus difficile à nettoyer, on dispose parfois ces tubes horizontalement (type Cochrane) ; il faut alors donner un assez grand
diamètre à la chaudière, et les ciels de
foyer et de vapeur doivent être soigneusement consolidés.

Certains types de générateurs verticaux à bouilleurs ou à tubes de fumée
sont, en outre, à retour de flamme,
celle-ci se rabattant pour venir déboucher dans une boîte à fumée placée en-
dessous du générateur.

Parmi les générateurs multitubulaires verticaux, à tubes d'eau et à circulation, les plus employés sont ceux
du *type Field* (fig. 156). Le ciel du
foyer, au centre duquel se trouve la
cheminée, est formé d'une tôle circu-

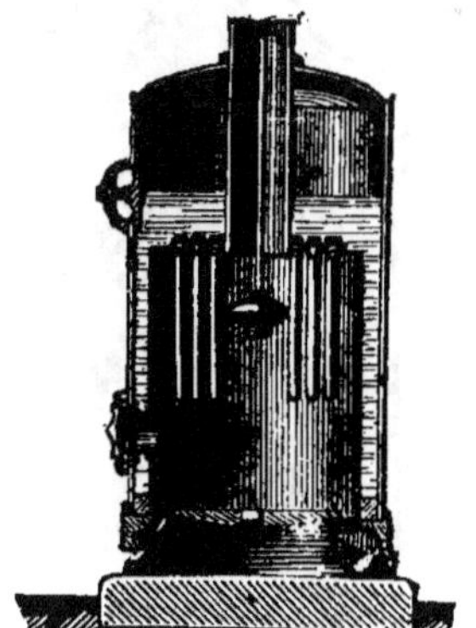

Fig. 156. — Générateur type
Field (Société française de
matériel agricole et industriel).

laire, plate ou plus ou moins bombée, percée de trous disposés
en couronnes concentriques, sur lesquels s'ajustent exactement

au-dessus du foyer des tubes verticaux en acier, de 60 millimètres de diamètre environ, fermés à leur partie inférieure. Chacun de ces tubes est muni, à l'intérieur, d'un second tube, de moindre diamètre (30 à 40 millimètres), ouvert aux deux bouts, et s'arrêtant à dix centimètres environ de l'extrémité fermée du tube principal ; il est terminé à sa partie supérieure par un entonnoir-support, dont la disposition diffère suivant les constructeurs, mais qui n'obstrue jamais qu'une faible partie de l'orifice du gros tube. L'eau contenue dans les espaces annulaires déterminés par les deux tubes concentriques s'échauffe rapidement, s'élève vers la surface libre et est aussitôt remplacée par de l'eau moins chaude qui arrive par le tube central. Il s'établit ainsi une circulation très vive, qui peut atteindre une vitesse de 3 mètres par seconde ; la mise en pression est, par suite, rapide, et la vaporisation est très active. Une valve mobile, suspendue dans la cheminée, et qu'on peut manœuvrer avec une chaîne, permet de modifier le tirage, et oblige en outre les gaz à circuler autour de tous les tubes.

On construit depuis quelques années des générateurs à tubes d'eau pouvant donner de la vapeur à très haute pression ; tels sont ceux qui doivent actionner les turbines à vapeur. La figure 157 donne le principe d'un de ces générateurs, qui est formé d'un tube très épais, enroulé en forme de serpentin, et placé à l'intérieur d'une boîte à feu ; l'eau est injectée dans ce tube, gagne immédiatement la partie inférieure du serpentin, et se vaporise aussitôt ; la vapeur est asséchée et surchauffée dans les spires supérieures

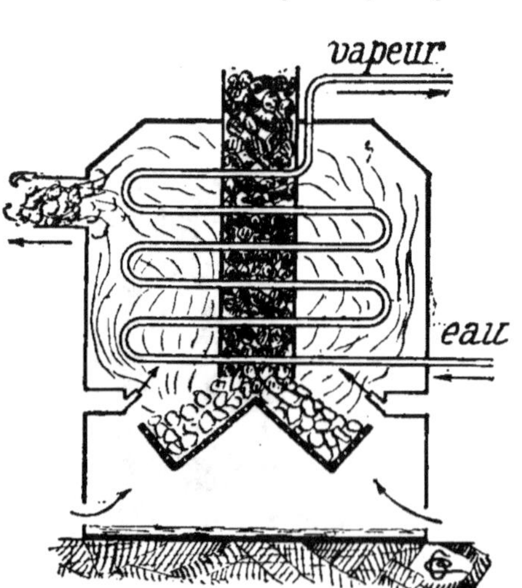

Fig. 157. — Coupe schématique d'un générateur à haute pression (de Laval).

et sa pression peut dépasser 200 atmosphères. L'alimentation du foyer en combustible est assurée par un tube central, qui déverse automatiquement le charbon sur le foyer au fur et à mesure des besoins. Des générateurs analogues sont employés sur certains tramways et sur des voitures automobiles à vapeur.

Les inconvénients des générateurs verticaux sont nombreux : leur rendement est faible, par suite du rayonnement extérieur et de l'utilisation insuffisante des gaz ; leurs formes sont compliquées, et les nombreux joints ou rivures sont difficiles à entretenir ; les foyers se détériorent vite sous l'influence du feu, qui est intense ; l'alimentation doit être conduite avec un soin minutieux, sous peine d'accidents ; la hauteur de la couche d'eau rend l'ébullition tumultueuse et favorise le primage ; les chaudières s'incrustent rapidement ; enfin, en cas d'explosion, les générateurs verticaux sont plus dangereux que les générateurs horizontaux, les projections pouvant se produire en tous sens.

Choix d'un type de générateur.

Lorsqu'il s'agit d'un générateur mobile, on ne peut évidemment adopter que le type Seguin, à foyer carré, s'il s'agit d'une locomotive, et à foyer cylindrique, vertical ou horizontal, s'il s'agit d'une locomobile. Dans ce dernier cas, cependant, il y a lieu de choisir entre les générateurs à flamme directe et ceux à retour de flamme. Les premiers sont moins coûteux et sont mis en pression un peu plus rapidement que les seconds ; mais les générateurs à retour de flamme sont beaucoup plus faciles à nettoyer, puisque leur faisceau tubulaire est amovible et qu'il suffit de démonter un joint pour sortir tout l'ensemble ; le ramonage intérieur des tubes est cependant moins commode que dans les générateurs à flamme directe. Enfin le retour de flamme, par la disposition même du foyer, assure une meilleure utilisation du combustible. En définitive, les générateurs à flamme directe offrent l'avantage de la simplicité, de la mise en pression plus rapide et du moindre prix d'achat ; ceux à retour de flamme se recommandent par la facilité du nettoyage et par leur marche un peu plus économique. On peut rationnellement conseiller de rechercher surtout la simplicité, pour les machines de faible puissance, et de se préoccuper principalement de l'économie de marche ainsi que de la facilité du démontage, pour les puissances plus élevées.

Lorsqu'il s'agit d'installations fixes, les considérations à envisager sont différentes. S'il faut produire une grande quantité de vapeur, pour alimenter une usine importante, les générateurs Cornouailles-Galloway et les générateurs semi-tubulaires à bouilleurs sont les plus recommandables. Pour une petite industrie, les générateurs tubulaires type Weyher et Richemond ou analogues, et à la rigueur les générateurs multitubulaires, sont ceux qu'il y a lieu de préférer. Les générateurs verticaux ne doivent être adoptés que quand il est impossible d'en installer d'autres.

Appareils accessoires des générateurs.

Nous avons déjà parlé des trous d'homme, des orifices de remplissage, etc. L'emplacement de ces appareils accessoires dépend du système de générateur ; les trous d'homme doivent être situés de façon qu'on puisse nettoyer facilement la chaudière et surveiller les points les plus exposés, comme le coup de feu, où les incrustations sont particulièrement redoutables. Quant aux orifices de vidange, ils doivent permettre de vider complètement la chaudière, ce qui est plus spécialement important pour les locomobiles, dont on doit jeter l'eau lorsqu'il faut les transporter ou lorsqu'on craint les gelées.

Indépendamment de ces appareils, qui sont destinés à assurer le service courant, les générateurs sont pourvus d'un certain nombre d'organes accessoires, qui ont pour but d'empêcher que la pression dépasse celle que la chaudière peut normalement supporter, d'indiquer à chaque instant la valeur de la pression ou le niveau de l'eau dans la chaudière, et d'assurer le renouvellement de l'eau dans le générateur.

Soupapes de sûreté. — Ces appareils consistent en des pièces obturatrices mobiles, ayant la forme de disques, de cônes, de boulets, etc., appliquées sur des ajutages fixés à la chaudière par des forces capables de faire exactement équilibre à la poussée qu'elles reçoivent de la vapeur à la pression maxima fixée.

La figure 158 montre en coupe une soupape à échappement rapide ; un levier, chargé d'un contrepoids, applique sur son siège un clapet en forme de disque, doublé d'une cloche mobile qui déborde sur la soupage ; la vapeur agit d'abord sur la face inférieure du clapet, puis, lorsqu'elle l'a soulevé, sur le clapet et sur la partie débordante de la

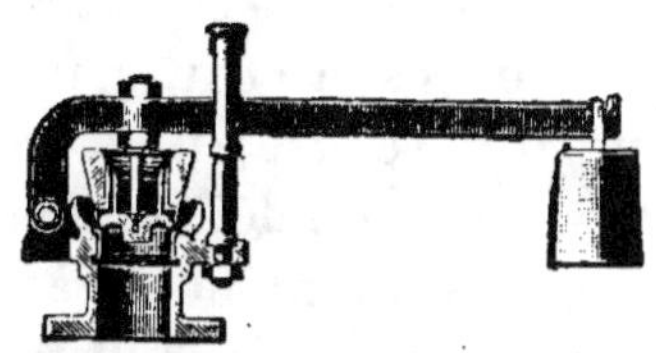

Fig. 158. — Soupape de sûreté à échappement libre (Haffner) (Schæffer et Budenberg).

cloche ; la levée de la soupape est ainsi très grande et l'appareil de sécurité très efficace.

Les soupapes à contrepoids conviennent surtout pour les générateurs fixes ; appliquées aux locomobiles, elles exigent certaines précautions ; ainsi, il faut caler les soupapes pendant le transport, et ne pas oublier de les libérer quand on est sur

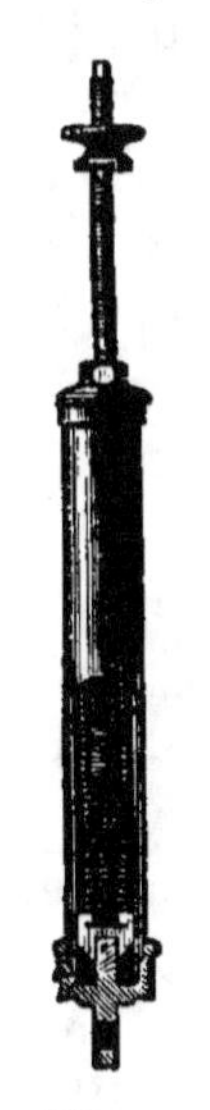

Fig. 159. — Balance pour soupape de sûreté (Schæffer et Budenberg).

le point de mettre le générateur en pression. Aussi préfère-t-on souvent charger les soupapes à l'aide de *balances*, dont la figure 159 indique le principe. Ce sont des tiges reliées à des ressorts à boudin enfermés dans des cylindres métalliques ; les balances sont attachées d'une part au levier de la soupape et, d'autre part, en un point fixe du générateur. Il existe d'ailleurs des soupapes dites *à charge directe*, dans lesquelles le clapet est appliqué sur son siège par un poids ou par un ressort, situé immédiatement au-dessus de lui, et dont on peut graduer l'intensité ou la tension. On règle les soupapes à levier en déplaçant le poids sur le levier, ou en donnant, au moyen d'une vis, une plus ou moins grande tension au ressort de la balance. Il faut d'ailleurs interdire de surcharger les soupapes, c'est-à-dire de ne les laisser soulever qu'à une pression supérieure à la limite prévue, et, à plus forte raison, de les bloquer.

Les chaudières doivent être munies de deux soupapes au moins ; l'orifice de chacune d'elles doit suffire à évacuer toute la vapeur produite par le générateur, quelle que soit l'activité du feu. (Art. 6 du décret du 1er mai 1880.)

Timbrage des chaudières. — Toutes les chaudières sont éprouvées à l'eau sous pression ; l'épreuve est constatée par un timbre fixé sur la chaudière et indiquant la pression que la vapeur ne doit jamais dépasser ; cette pression-limite varie ordinairement de 5 à 7 kilogrammes pour les générateurs employés en agriculture.

Manomètres. — Toute chaudière doit être munie d'un manomètre en bon état, placé en vue du chauffeur et gradué de manière à indiquer, en kilogrammes, la pression effective de la vapeur dans la chaudière. Une marque très apparente montre, sur l'échelle du manomètre, la limite que la pression effective ne doit jamais dépasser, c'est-à-dire celle du timbre. La chaudière doit, en outre, être pourvue d'un ajutage terminé par une bride de 0m,04 de diamètre et de 0m,005 d'épaisseur, disposée pour recevoir le manomètre vérificateur. (Art. 7 du même décret.)

Les manomètres les plus employés sont du type Bourdon (fig. 160) ; ils sont composés d'un tube creux à section ellip-

Fig. 160. — Manomètre Bourdon (Schœffer et Budenberg).

tique, enroulé en spirale ou en cercle, fermé à une extrémité et en communication par l'autre avec la chaudière ; la pression totale exercée sur chaque côté de l'enroulement, étant plus grande du côté extérieur que du côté intérieur, le tube tend à se redresser ; dans ce mouvement, il entraîne une aiguille qui se meut devant une graduation déterminée expérimentalement. La vapeur ne pénètre pas directement dans le tube manométrique ; il s'y condense toujours une certaine quantité d'eau, qui transmet la pression ; cela vaut mieux, d'ailleurs, car la haute température de la vapeur fausserait les indications de l'appareil.

Il existe aussi des manomètres métalliques à plaques et à piston, et des manomètres à mercure. Quel qu'en soit le système, le manomètre doit être raccordé à la chaudière par un ajutage pourvu d'un robinet permettant de l'isoler au besoin.

Il ne faut jamais ouvrir brusquement ce robinet, sous peine de fausser et même de briser le manomètre.

Les manomètres métalliques doivent être vérifiés, après un certain temps de fonctionnement, à l'aide d'un étalon s'adaptant sur la bride spéciale mentionnée précédemment.

Les manomètres gradués en atmosphères marquaient 1 à la pression atmosphérique, et 0 au vide. Actuellement, ces appareils sont gradués en kilogrammes, conformément au décret de 1880 ; ils marquent 0 quand la chaudière est froide, c'est-à-dire quand la chambre de vapeur renferme, non de la vapeur, mais de l'air qui y a pénétré à la pression atmosphérique ; les indications de ces manomètres correspondent bien à la *pression effective* que la vapeur exerce sur chaque centimètre carré de surface.

Indicateurs de niveau d'eau. — Chaque chaudière est munie de deux appareils indiquant le niveau de l'eau, indépendants l'un de l'autre, et placés en vue de l'ouvrier chargé de l'alimentation. L'un de ces indicateurs est un *tube* en verre, disposé de manière à pouvoir être facilement nettoyé et remplacé au besoin. (Art. 11 du décret.)

Le tube de verre des indicateurs réglementaires réunit deux tubes métalliques horizontaux, pourvus chacun d'un robinet, et communiquant, l'un avec la chambre d'eau, l'autre avec la chambre de vapeur ; ces deux tubes sont donc situés de part et d'autre de la surface libre du liquide dans la chaudière. Cette surface libre est indiquée à l'extérieur par une marque très apparente (généralement un index), et doit être à 6 centimètres, au moins, au-dessus du plan pour lequel une partie quelconque de la surface de chauffe cesserait d'être baignée par l'eau. Le tube de verre est serré au moyen de rondelles élastiques dans des ajutages spéciaux et est maintenu par des écrous ; les rondelles empêchent le contact entre le verre et le métal.

Le tube de l'indicateur est exposé à se briser fréquemment par suite des variations de température, et surtout des courants d'air. Pour éviter les projections d'eau bouillante, on munit l'ajutage inférieur d'un clapet automatique, qui s'applique sur l'orifice de sortie et permet de manœuvrer les robinets sans être brûlé ; ce clapet est visible sur la figure 161, dans l'ajutage inférieur qui est représenté en coupe. Enfin, comme les éclats du tube peuvent blesser le chauffeur, on enferme souvent l'indicateur dans une boîte mobile, ou dans une boîte garnie d'une glace plane ; c'est une mauvaise disposition, car elle ne permet pas de bien voir le niveau. Il vaut mieux employer un protecteur en verre armé demi-cylindrique, qui ne masque pas le tube (fig. 162).

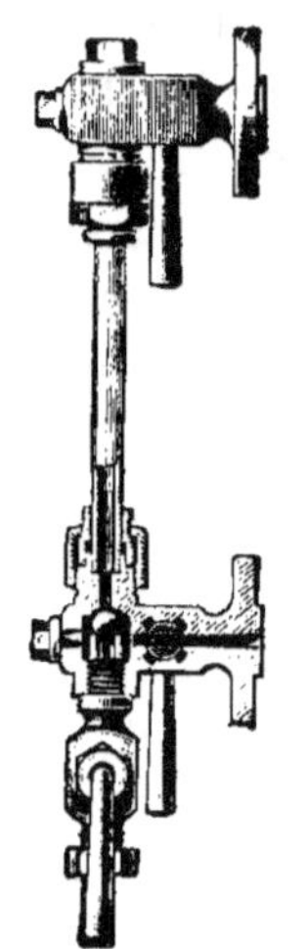

Fig. 161. — Indicateur de niveau (Schæffer et Budenberg).

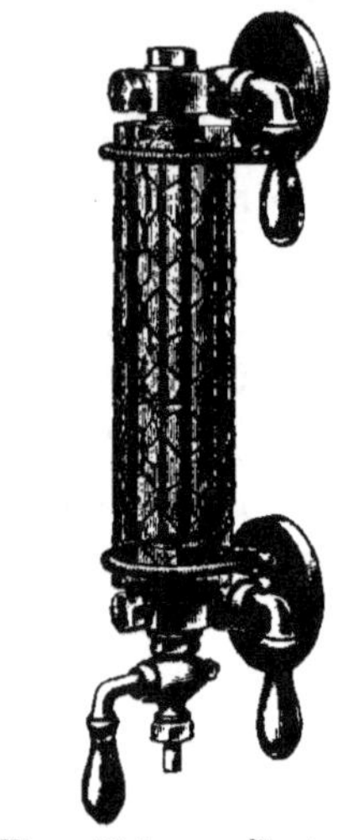

Fig. 162. — Protecteur de niveau d'eau (Schæffer et Budenberg).

On emploie parfois des tubes dits *photophores*, pourvus d'une mince bande longitudinale rouge peu visible quand le tube est vide ; mais, par suite du pouvoir réfringent de l'eau, le tube apparaît entièrement rouge dans toute la partie remplie d'eau, ce qui indique très nettement le niveau.

Quand un tube est neuf, il faut avoir soin de n'ouvrir tout d'abord que le robinet de la chambre de vapeur, de façon à réchauffer suffisamment le tube avant d'y faire pénétrer l'eau. Au bout d'un certain temps de fonctionnement, des dépôts peuvent s'amasser dans le tube, où l'eau est calme ; il en résulte un trouble qui rend difficile l'appréciation du niveau ; si, même, on n'y prenait garde, le tube pourrait s'obstruer et ses indications n'auraient plus aucune valeur. On remédie très facilement à cet inconvénient en purgeant le tube de temps en temps ; pour cela, on ferme les deux robinets des tubulures métalliques, et on ouvre un troisième robinet situé en dessous du tube ; en ouvrant ensuite le robinet de vapeur, on chasse tous les dépôts qui pourraient salir ou encrasser le tube ; on remet le niveau en état en fermant le robinet de vapeur, puis le purgeur, et en ouvrant successivement le robinet de vapeur et le robinet d'eau.

Le deuxième appareil indicateur exigé par le décret est formé par plusieurs robinets, dits *robinets de jauge*, placés sur la chaudière, dans la chambre de vapeur, au niveau réglementaire et un peu au-dessous de ce dernier. Ils doivent débiter, le premier de la vapeur, le second un mélange d'eau et de vapeur, le troisième de l'eau. Si le dernier débitait de la vapeur, il faudrait se hâter de jeter le feu, et attendre, pour chauffer à nouveau, qu'on ait pu rétablir le niveau normal.

Une bonne disposition consiste à placer le tube indicateur et les robinets de jauge sur une colonne de fonte reliée au générateur par des ajutages de grand diamètre (fig. 163); la température de l'eau y est plus régulière que dans le tube ordinaire, et les oscillations de niveau sont grandement atténuées.

On dispose aussi sur les chaudières fixes des flotteurs qui actionnent un index extérieur et complètent les indications du tube de niveau; d'autres fois, ces flotteurs ouvrent l'orifice d'un *sifflet d'alarme* qui avertit le chauffeur quand l'abaissement du niveau a atteint la limite compatible avec la sécurité. La

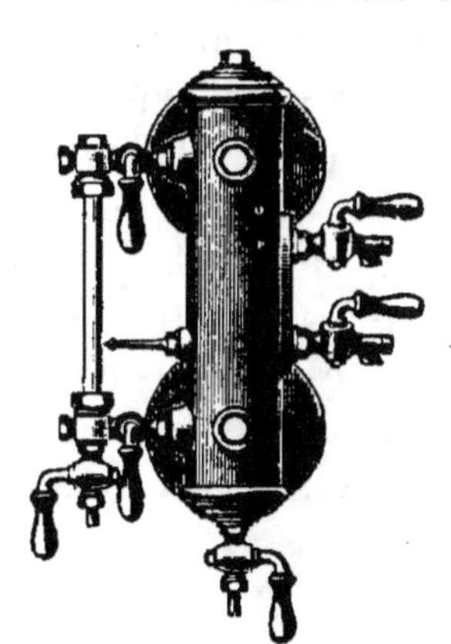

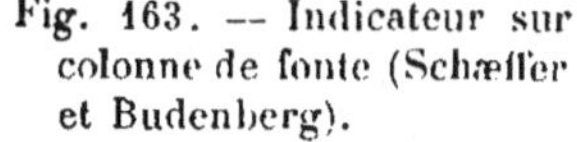

Fig. 163. — Indicateur sur colonne de fonte (Schæffer et Budenberg).

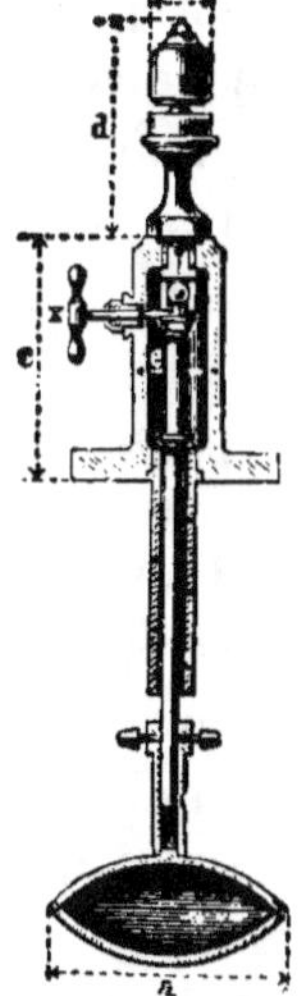

Fig. 164. — Sifflet avertisseur (Schæffer et Budenberg).

figure 164 montre en coupe un de ces sifflets d'alarme à flotteur; un appareil analogue est visible en place sur la figure 149.

On fait encore usage, pour prévenir autant que possible les accidents, de *bouchons fusibles*, formés d'un boulon creux en cuivre, dans le canal duquel on coule un bouchon d'alliage fusible. Cet appareil est réglementaire dans certains pays. Lorsque le point où se trouve ce boulon est chauffé à sec, l'alliage fond et la vapeur peut s'échapper. On s'arrange généralement de façon que la vapeur éteigne le foyer ; pour cela, on place le bouchon fusible dans le ciel de la boîte à feu des générateurs à foyer intérieur. Mais, pour qu'il ait une efficacité réelle, il faut que le bouchon fusible soit situé exactement au point le plus chauffé de la surface, où l'abaissement de niveau devient dangereux, et que les surfaces fusibles restent bien à découvert, sans dépôt d'incrustations. Dans tous les cas, si le bouchon a fondu, c'est qu'il y a eu négligence grave de la part du mécanicien.

Alimentation des générateurs. — L'introduction d'eau dans un générateur en fonctionnement ne peut se faire que si l'on donne à l'eau une pression supérieure à celle de la chaudière ; on y parvient en refoulant l'eau avec des *pompes* ou avec des *injecteurs* ; dans les deux cas, l'eau d'alimentation pénètre dans la chaudière par un ajutage qui, conformément à l'article 8 du décret du 1er mai 1880, est muni d'un *appareil de retenue*, soupape ou clapet, fonctionnant automatiquement et placé au point d'insertion du tuyau. Cette prescription a pour but d'empêcher les projections d'eau bouillante, en cas de rupture de la pompe ou du tuyau d'alimentation ; mais ces clapets de retenue peuvent fuir ou rester soulevés et la sécurité n'est jamais complète.

Les pompes d'alimentation sont, en général, des pompes aspirantes et foulantes ; elles sont actionnées par le moteur lui-même ou, dans quelques cas particuliers, par un moteur spécial appelé *petit cheval*. Le mouvement circulaire continu de l'arbre moteur est transformé en rectiligne alternatif par un excentrique à collier fixé sur l'arbre et dont la tige est reliée au piston de la pompe ; c'est, du moins, le système le plus employé et qu'on trouve appliqué à la majorité des générateurs agricoles.

Les *pompes d'alimentation* actionnées par le moteur fonctionnent d'une manière continue ; comme l'alimentation est intermittente, on peut supprimer la communication entre le réservoir d'eau et la pompe, quand on n'a pas besoin d'intro-

duire d'eau dans la chaudière ; mais ce système, qui est
séduisant par sa simplicité, offre le grave inconvénient de
laisser la pompe se désamorcer dans l'intervalle des périodes
d'alimentation. Aussi vaut-il mieux avoir recours à un système tel que celui représenté par la figure 165 ; la pompe,

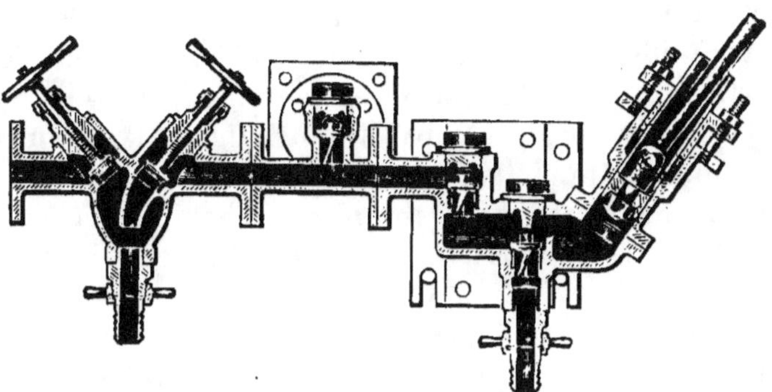

Fig. 165. — Pompe d'alimentation (Garrett-Pilter).

placée obliquement (à droite dans cette figure), chasse l'eau
dans une tubulure horizontale, au milieu de laquelle se
trouve le clapet de retenue et qui peut être fermée, à son
autre extrémité, par une valve qu'on manœuvre au moyen
d'un volant (celui de droite, sur la partie de gauche de la
figure). Si cette valve est fermée, l'eau est obligée de forcer
le clapet de retenue et de pénétrer dans la chaudière ; si elle
est ouverte, l'eau passe librement, sans soulever le clapet de
retenue, et retourne dans la bâche d'alimentation. La pompe,
fonctionnant d'une manière continue, ne risque pas de se
désamorcer, et le mécanicien peut vérifier à tout instant
qu'elle n'a pas d'avarie.

Les pompes débitent de trois à quatre fois le volume que
peut vaporiser le générateur dans un temps égal ; il y aurait
intérêt, pourtant, à remplacer l'eau au fur et à mesure de sa
vaporisation, mais cela exigerait que la consommation fût
rigoureusement régulière et que le fonctionnement du générateur et de la pompe fût parfait. On aime mieux se réserver
la possibilité de réparer les fâcheux effets d'une négligence
dans la conduite du générateur ou d'une avarie momentanée
de la pompe, grâce à un débit abondant ; on pourrait, d'ail-

leurs, avec une pompe telle que celle de la figure 165, régler par tâtonnement l'ouverture de la vanne de refoulement, de façon qu'une partie de l'eau pénètre dans la chaudière en soulevant le clapet de retenue, mais il faudrait alors surveiller l'indicateur de niveau encore plus attentivement qu'avec l'alimentation intermittente.

L'eau froide introduite dans une chaudière en activité contracte l'eau chaude qui y est contenue, de sorte que le tube de niveau ne décèle pas immédiatement la rentrée de l'eau d'alimentation ; la dilatation et la contraction de l'eau conduisent, du reste, à ne remplir la chaudière à froid que jusqu'à deux centimètres en dessous du niveau indiqué ; au contraire, lorsqu'on alimente pour la dernière fois, avant de cesser le travail, on dépasse de un à deux centimètres ce niveau pour être sûr que, le lendemain, les tôles de coup de feu seront suffisamment recouvertes d'eau. Comme l'introduction d'eau froide fait baisser la température et la pression du générateur, il est préférable d'alimenter fréquemment, de manière à n'envoyer chaque fois que de petits volumes d'eau.

Le réchauffage de l'eau d'alimentation, avant son introduction dans la chaudière, procure une économie notable de combustible. Pour l'obtenir, on peut placer la bâche d'eau contre la chaudière, comme on le voit sur beaucoup de locomobiles ; ce système est simple, mais il a l'inconvénient de refroidir la chaudière et de causer ainsi une dépense supplémentaire de charbon à peu près équivalente à l'économie réalisée d'autre part. Il vaut mieux réchauffer au moyen de la vapeur d'échappement ; dans la figure 165, la valve située à gauche de la valve de refoulement laisse passer une partie de la vapeur d'échappement, qui se condense au contact de l'eau refoulée et la réchauffe ; dans d'autres systèmes, la conduite de refoulement a une grande longueur et est entourée d'une enveloppe où circule la vapeur d'échappement ; cette enveloppe est parfois constituée par une caisse métallique placée sur le côté du générateur ou venue de fonte avec le bâti du mécanisme moteur.

Enfin l'alimentation et le réchauffage de l'eau peuvent être assurés d'un seul coup par l'emploi des *injecteurs*, plus ou

moins dérivés de l'appareil imaginé par Giffard. La figure 166
représente en coupe un de ces injecteurs et indique la destination des différentes tubulures. La
vapeur s'échappe avec une grande
vitesse par une tuyère conique, aspire
l'eau, la réchauffe par sa condensation et lui communique une force
vive très considérable, grâce à laquelle elle force le clapet de retenue.

Ajoutons, enfin, que lorsqu'on
remplit la chaudière pour la première
fois, ou après vidange, il faut avoir
soin de laisser échapper l'air qu'elle
contient ; généralement, l'air s'é-
chappe par la bonde de remplissage,
tout au moins dans les locomobiles
et les locomotives, mais si cet organe
est insuffisant, on doit soulever les

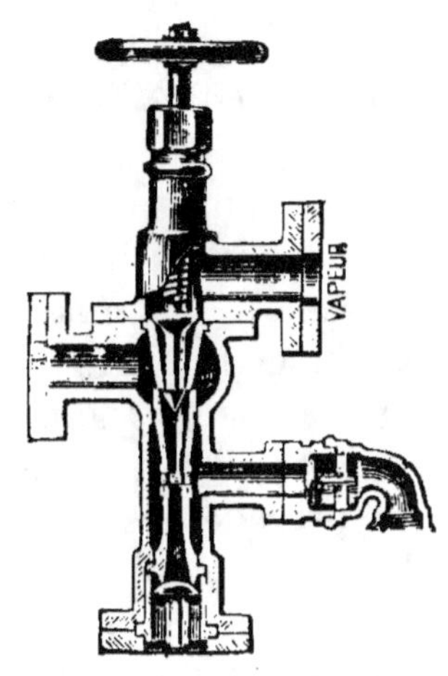

Fig. 166. — Injecteur aspirant
(Schæffer et Budenberg).

soupapes de sûreté. Il importe d'ailleurs de toujours soulever
ces soupapes pendant les premiers instants de la mise en
pression, afin de permettre à la vapeur d'expulser l'air contenu
dans la chambre de vapeur et celui qui s'est dégagé de l'eau
pendant le chauffage ; on les ferme ensuite lorsqu'elles ne
laissent plus échapper que de la vapeur.

Vidange des chaudières. — Comme le refroidissement brusque et la surchauffe des parties métalliques sont également
nuisibles, il faut avoir soin, avant de vider une chaudière,
d'éteindre préalablement le feu en faisant tomber le charbon
dans le cendrier, puis de fermer la porte du foyer, celle du
cendrier et le registre, pour empêcher un afflux d'air frais ;
on laisse ensuite refroidir l'eau, et on n'ouvre la bonde de
vidange que lorsque la pression indiquée au manomètre est
tombée à moins de 1 kilogramme.

Pour les générateurs fixes enveloppés de maçonnerie, il
faut laisser refroidir la maçonnerie avant la vidange pour éviter que les tôles supérieures soient surchauffées.

Combustibles. — Conduite du feu.

Le combustible le plus employé est *la houille*. — Les différentes qualités de houille livrées par les mines peuvent être classées en deux grandes catégories : les *houilles grasses*, qui se boursouflent et s'agglomèrent dans les foyers, ce qui oblige le chauffeur à les briser à coups de ringard pour laisser un passage à l'air, mais empêche aussi les menus morceaux de traverser la grille ; elles donnent beaucoup de fumée ; — les *houilles maigres*, qui ne se boursouflent pas et ne s'agglomèrent pas ; il faut les brûler sous une épaisseur plus grande que les précédentes, et éviter de piquer le feu trop souvent, afin de ne pas perdre trop de charbon dans les cendres.

Entre ces deux extrêmes s'insèrent beaucoup de variétés diverses, notamment les *houilles sèches à longue flamme*, et les *houilles demi-grasses* ; ces dernières sont à flamme courte, blanche, peu fuligineuse, ne s'agglomèrent ni trop, ni trop peu, et développent beaucoup de chaleur ; aussi sont-elles très appréciées pour le chauffage des chaudières. — Au contraire, les *houilles pyriteuses*, qui contiennent des sulfures métalliques, sont peu recherchées, parce qu'elles corrodent les chaudières.

On trouve ces différentes houilles, dans le commerce, sous des dénominations qui caractérisent la grosseur des fragments ; ce sont, par dimensions décroissantes : le *gros*, la *gailleterie* (qui comprend la *gaillette* et le *gailletin*), les *menus* (divisés en *noisettes*, *têtes de moineau*, *fines grenues* et *poussier*). Le *tout-venant* commercial n'est pas le charbon tel qu'il sort de la mine, mais un mélange variable de gailleterie et de menus ; lorsqu'il contient de 30 à 40 p. 100 de gailleterie, il convient très bien pour le chauffage.

La houille pèse, en moyenne, de 70 à 80 kilogrammes l'hectolitre à l'état de gailleterie, et de 80 à 90 kilogrammes en tout-venant.

Les autres combustibles naturels solides sont : *l'anthracite*, coûteuse et difficile à brûler dans les foyers ordinaires ; le *lignite*, transition entre la houille et le bois, brûlant bien, mais tenant mal au feu ; la *tourbe*, un peu plus riche que le bois ; le *bois*, qui brûle facilement quand il est léger (sapin, bouleau, peuplier), mais finit par se carboniser et par brûler difficilement quand il est dur (chène, hètre, orme, frène, charme).

La *tannée*, les *brindilles*, les *pailles*, les *résidus de scierie*, etc., sont encore utilisés pour le chauffage des générateurs.

Parmi les combustibles artificiels, les *briquettes de houille* sont les plus employées ; les meilleures sont formées de menus mélangés de goudron et de brai, en proportion d'autant plus élevée que la houille est plus maigre ; le tout est fortement comprimé. Les briquettes à l'argile ne donnent que des combustibles inférieurs, peu résistants et laissant trop de cendres. On emploie aussi le *coke*, résidu de la fabrication du gaz d'éclairage, ou obtenu dans des fours à coke spéciaux. Enfin le *charbon de bois* est un combustible précieux, très pur et brûlant facilement ; il conviendrait bien mieux que le bois pour le chauffage des générateurs à vapeur dans les colonies (1) ; on pourrait l'y fabriquer sur place sans difficultés.

Le chauffeur allume le feu avec des matières facilement inflammables (copeaux, brindilles, étoupes, etc.) ; il ne doit charger que peu à peu en houille, pour éviter que le feu s'éteigne et pour que la combustion s'établisse régulièrement sur toute la surface de la grille. La formation de flammes bleues indique une combustion incomplète ; celle de points noirs prouve que des paquets de houille distillent sans brûler, faute d'air. Dans le premier cas, le chauffeur *décrasse* la grille avec le ringard et active un peu le tirage en réglant convenablement l'ouverture du registre et de la porte de cendrier ; dans le second, il étale les taches noires sur le charbon incandescent et met une moindre quantité de charbon dans le foyer, à chaque charge.

L'ouverture de la porte du foyer provoque un afflux d'air froid qui fait tomber la pression ; le chauffeur doit donc charger très vite, tout en répartissant le charbon aussi régulièrement que possible ; il est même bon de jeter les premières pelletées en avant du foyer, pour que la fumée produite puisse

---

(1) RINGELMANN. Cours professé à l'École supérieure d'Agriculture coloniale.

brûler au contact des charbons incandescents ; au besoin, on ferme le registre de la cheminée avant d'ouvrir la porte du foyer, pour diminuer l'appel d'air. Enfin, comme les décrassages de grille prennent un temps assez long, il ne faut les exécuter qu'en pleine pression, et non quand la pression a baissé.

Pendant les arrêts, on doit couvrir le foyer d'un peu de poussier, fermer la porte de cendrier et le registre de cheminée, ou, encore, ouvrir la porte de la boîte à fumée.

Lorsque le tirage se ralentit, il faut *ramoner* les conduits de fumée ; dans les chaudières tubulaires, cette opération doit être renouvelée deux fois par jour ; elle s'effectue très facilement à l'aide d'une tringle à l'extrémité de laquelle on adapte un chiffon ou un écouvillon.

Quantité d'eau vaporisée par kilogramme de combustible. — Un kilogramme de houille dégage en brûlant, 8 000 calories environ. Si nous nous reportons au tableau n° IX, nous voyons que, pour produire 1 kilogramme de vapeur à 6 kilogrammes de pression, il faut dépenser 655 calories ; il en résulte qu'un kilogramme de charbon peut, théoriquement, produire $8\,000 : 655 = 12^{kg},2$ de vapeur à 6 kilogrammes. En réalité, on ne vaporise guère plus de 8 à 9 kilogrammes d'eau par kilogramme de houille ordinaire, et pas plus de 10 kilogrammes avec une houille excellente, et dans les meilleurs types de chaudières ; les générateurs ordinairement employés en agriculture donnent de 7 à 8 kilogrammes de vapeur par kilogramme de houille. Les autres combustibles solides fournissent respectivement, par kilogramme : la tourbe, 4 kg. de vapeur ; le bois, $3^{kg},5$; les broussailles, $2^{kg},7$; la paille, $2^{kg},1$. Le charbon de bois, qui dégage de 6 à 8000 calories par kilogramme, est presque équivalent à la houille ; avec une fabrication grossière comme celle qu'on peut réaliser aux colonies, on obtiendrait vraisemblablement de 5 à 6 kilogrammes de vapeur par kilogramme de combustible.

Eaux d'alimentation. — Leur épuration.

L'eau ordinaire, qu'elle provienne de sources, de rivières ou de puits, renferme toujours, en dissolution ou en suspension, une certaine quantité de matières minérales ou organiques, dont la nature et les proportions varient beaucoup suivant la constitution géologique des terrains qu'elle a traversés. Lorsque ces matières sont abondantes, elles peuvent, indépendamment d'inconvénients très graves pour la santé des hommes et des animaux, rendre difficile le travail de certaines industries agricoles, et surtout se précipiter dans les chaudières des générateurs à vapeur, y former de simples dépôts ou des incrustations très adhérentes, qui s'opposent à une marche régulière et économique, et qui peuvent même provoquer des explosions.

Si les eaux sont naturellement acides, ou si elles le deviennent par la décomposition, à l'intérieur du générateur, des chlorures (sodium, magnésium, etc.) et des matières organiques, elles corrodent les chaudières dans toutes leurs parties. Celles qui sont simplement troubles, par exemple à la suite de crues ou de pluies prolongées, peuvent être employées sans inconvénient, à condition de nettoyer fréquemment le générateur. La silice et l'argile, causes prédominantes du trouble, ne forment, en effet, que des *boues non adhérentes*, qui se déposent au coup de feu, et qu'on élimine par des purges et des lavages réitérés ; à cet effet, on vide le générateur, on enlève les autoclaves, et on projette de l'eau froide dans toutes les parties de la chaudière, en raclant les dépôts avec une tringle en fer ; il est bon de lancer l'eau avec une forte pompe, pour bien enlever toutes les boues. Il ne faudrait pas laisser ces boues s'accumuler en trop grande quantité, car elles deviendraient aussi dangereuses que les incrustations.

Les incrustations, ou *tartre*, sont formées, au contraire, par des couches cristallines qui adhèrent très fortement aux parois ; on ne peut les enlever qu'en *piquant* les tôles à coups de marteau, opération longue et délicate, surtout pour les générateurs tubulaires à flamme directe ; le tartre provient des bicarbonates et des sulfates (chaux et magnésie) contenus dans l'eau ; mauvais conducteurs de la chaleur, ces dépôts cristallins diminuent beaucoup l'intensité des échanges calorifiques entre le foyer et l'eau ; d'après Graham, Morin et

Tresca, une couche de tartre de $1^{mm},5$ d'épaisseur fait perdre près de 15 p. 100 de chaleur. D'autre part, la couche de tartre, dès qu'elle atteint une certaine épaisseur, se fendille sous l'influence des variations de chaleur, et l'eau, pénétrant dans les fissures ainsi formées, rencontre la paroi métallique extrèmement chaude ; elle se vaporise instantanément, désagrège le tartre aux abords de la fissure et met à nu une portion de tôle plus étendue. L'eau venant au contact de cette surface produit aussitôt une très grande quantité de vapeur, qui peut déterminer l'explosion de la chaudière.

Si la croûte ne se fendille pas, le danger d'explosion n'est pas moins grand, car les parties enrobées de tartre ne pouvant transmettre qu'une faible partie de la chaleur qu'elles reçoivent du foyer, sont exposées à se brûler; la brûlure se produit, et même avec plus de rapidité, quand l'adhérence de la croûte ne persiste pas uniformément sur la paroi ; les poches ainsi formées sont fortement surchauffées et le métal se détériore profondément.

Il importe donc, au plus haut point, de réduire autant que possible l'épaisseur des couches de tartre, en raison des inconvénients qui résultent du démontage et du piquage fréquents des chaudières. Si l'on peut recueillir des eaux de pluie en quantité suffisante, il ne faut pas hésiter à les utiliser exclusivement ; sinon, il y a intérêt à faire subir aux eaux incrustantes une manipulation spéciale qui constitue leur *épuration*. Mais, avant tout, il faut procéder, ou faire procéder à l'analyse hydrotimétrique et chimique de l'eau, afin de déterminer la nature et les proportions des impuretés qui la souillent. Une fois fixé, on peut éliminer les matières nuisibles, ou en diminuer les inconvénients par l'un des quatre procédés suivants :

1° ***Purification mécanique.*** — C'est une simple décantation ; elle ne peut s'appliquer qu'à des eaux ordinairement bonnes et seulement troublées par des matières en suspension ; elle s'effectue dans des bassins où l'on ne puise que la partie supérieure clarifiée, et qu'on nettoie périodiquement.

2° ***Suppression de l'adhérence des dépôts.*** — De très nombreux procédés ont été proposés pour rendre les dépôts non adhérents et en faciliter l'enlèvement ; ils ont l'avantage de ne nécessiter aucun appareil spécial, mais ils obligent à nettoyer très souvent les chaudières.

L'argile délayée donne d'assez bons résultats, quand on l'emploie judicieusement, mais elle se dépose dans les chaudières pendant les périodes de repos et devient aussi dangereuse que les incrustations.

La *glycérine*, qui se dissout en toutes proportions dans l'eau, englobe dans une enveloppe visqueuse les particules solides au moment où elles se précipitent ; elle est préférable à la dextrine, à la fécule de pommes de terre, à la gomme, qui ont le même effet, mais provoquent la formation de mousses qui augmentent le primage ; les *dissolutions tinctoriales d'orseille et de campêche* donnent de bons résultats, mais il en faut des quantités assez grandes, et le procédé est coûteux.

Il ne faut pas introduire de bûchettes, ni de copeaux de bois dans les chaudières, sous prétexte d'enlever par raclage les dépôts au fur et à mesure de leur formation ; ce sont, en effet, des matières solides, qui, s'imbriquant au repos sur les tôles du ciel de foyer, peuvent provoquer des coups de feu. Le graissage intérieur de la chaudière est aussi très nuisible : il empêche le contact du métal et de l'eau, gêne la transmission de la chaleur, et expose les tôles à être brûlées. Le goudron et la vaseline ont moins d'inconvénients ; encore faut-il ne les employer qu'en couches très minces.

Le *pétrole lampant*, injecté dans la chaudière, semble donner de bons résultats : il est très employé, comme anti-incrustant, aux États-Unis.

3° ***Épuration au moyen de la chaleur.*** — Les carbonates de chaux et de magnésie sont très peu solubles dans l'eau, où ils n'entrent en dissolution qu'à cause de l'acide carbonique qu'elle contient, et qui forme avec eux des bicarbonates (carbonates acides) beaucoup plus solubles. Le chauffage de l'eau, préalablement à son introduction dans la chaudière, élimine l'acide carbonique libre, et ramène les bicarbonates à l'état de carbonates, qui se précipitent en grande partie ; l'eau décantée est devenue ainsi moins incrustante. On utilise une partie (un cinquième) de la vapeur d'échappement ; on n'arrive pas à une épuration complète, mais on ralentit considérablement la formation du tartre, et l'on évite ainsi les nettoyages fréquents ; on réchauffe du même coup l'eau d'alimentation aux environs de 100 degrés. Par contre, ce système ne permet pas l'emploi des injecteurs, ni même celui des pompes aspirantes et foulantes dans les conditions ordinaires, car, la tension de la vapeur d'eau à cette température étant presque égale à la pression atmosphérique, les pompes n'aspirent pas ; il faut placer les appareils épurateurs au-dessus de la pompe, pour que l'eau chaude arrive en charge sur la pompe, qui fonctionne, dès lors, comme simplement foulante.

La figure 167 représente un type d'épurateur par chauffage ; il se compose d'un bac réchauffeur P, soutenu par des consoles C, et d'un bac réservoir P'. L'eau, arrivant par E, tombe dans une gouttière g qui la répartit en pluie dans toute l'étendue du réchauffeur ; la vapeur d'échappement, amenée par A, traverse d'abord le séparateur

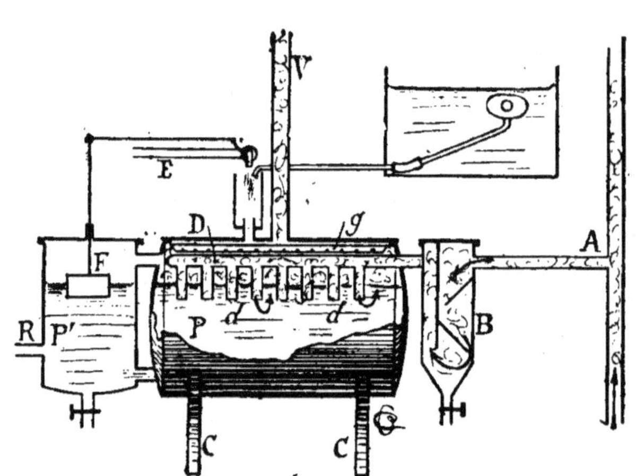

Fig. 167. — Épurateur par chauffage (Buron).

d'huiles B, puis s'échappe au travers de l'eau par une série de tubes barbotteurs d, branchés sur un même collecteur D, et est enfin évacuée par le tuyau V. L'eau du bac P s'échauffe ; les carbonates se précipitent, et la décantation, commencée en P, s'achève en P' ; l'eau épurée est puisée en R. L'arrivée d'eau brute est suspendue automatiquement par le flotteur F, lorsque le niveau convenable est atteint en P.

Les sulfates ne se précipitent qu'à 150 degrés ; pour épurer les eaux dites *séléniteuses*, c'est-à-dire chargées de sulfates, on est obligé de les traiter par la soude, ou mieux par le carbonate de soude, qu'on trouve partout, à très bas prix, sous les noms de cristaux de soude, carbonate, sel Solway, etc. Le bac placé au-dessus de B est spécialement destiné à recevoir la solution de carbonate de soude nécessaire pour une journée de fonctionnement, solution faite à un titre déterminé d'après la teneur en sulfate de l'eau à épurer; le réactif sodique s'écoule par un robinet régulateur de débit.

Jusqu'à présent, les épurateurs par chauffage n'ont été appliqués qu'aux installations fixes. Ils ne sont cependant pas volumineux, et nous souhaitons, pour notre part, que les constructeurs cherchent à adapter des systèmes analogues aux locomobiles; la seule difficulté que nous puissions prévoir consiste dans le maintien en suspension du précipité sous l'influence des oscillations de la machine; ces oscillations peuvent être presque insensibles lorsque la machine est bien équilibrée et soigneusement calée.

4° *Épuration chimique.* — On doit y avoir recours toutes les fois qu'on ne peut épurer par la chaleur, ou lorsqu'on a besoin de grandes quantités d'eau épurée; bien conduite, cette épuration est parfaite. Les réactifs peuvent être introduits directement dans la chaudière, mais comme on s'expose à des dépôts de boue sur les surfaces de chauffe, et à un primage exagéré par suite de la formation de mousses, il vaut mieux épurer les eaux à l'avance.

Les réactifs employés sont les suivants :

A. — *Pour les bicarbonates :*

1° L'*eau de chaux*, obtenue en malaxant un excès de chaux dans de l'eau; on obtient, au bout de vingt minutes, une solution saturée, contenant 1^{gr},25 par litre; on décante cette solution, qui est bien plus commode à employer que le *lait de chaux*, dont la teneur en chaux, et, par suite, l'activité sont très variables. L'eau de chaux transforme les bicarbonates solubles en carbonates insolubles, et s'empare de l'acide carbonique libre.

2° La *soude caustique*, dont nous déconseillons absolument l'emploi, parce qu'elle est dangereuse à manipuler, coûteuse et d'une conservation difficile.

3° Le *carbonate de soude*, qui se transforme en bicarbonate de soude soluble, en ramenant les bicarbonates de chaux et de magnésie à l'état de carbonates insolubles. Lorsqu'on l'introduit dans la chaudière même, le bicarbonate de soude se décompose sous l'influence de la chaleur, perd une partie de son acide carbonique et redonne le carbonate primitif; la réaction est donc indéfinie.

4° L'*aluminate de baryte* qui, introduit dans la chaudière, donne des carbonates de baryte, de chaux, de magnésie, tous insolubles, et de l'alumine qui se précipite également.

B. — *Pour les sulfates :*

1° Le *carbonate de soude*, qui réagit sur les sulfates de chaux et de magnésie, en donnant du sulfate de soude soluble et du carbonate de chaux ou de magnésie, insolubles.

2° L'*aluminate de baryte*, qui produit du sulfate de baryte et de l'aluminate de chaux et de magnésie, tous trois insolubles.

C. — *Pour les matières organiques :* le *sulfate de fer;* il est rare, d'ailleurs, que ces matières soient en proportions suffisantes pour donner lieu à de sérieux inconvénients.

D. — *Pour les chlorures.* — Le seul procédé qui semble un peu efficace et qui ne soit pas trop coûteux consiste à souder ou à introduire simplement dans la chaudière des feuilles de zinc ; ce métal disparaît peu à peu à l'état de chlorure de zinc (procédé Babington, employé par l'amirauté anglaise).

D'ailleurs le zinc introduit dans les chaudières empêche directement la production des incrustations ; on ne sait exactement à quelles causes il convient d'attribuer cette propriété ; toujours est-il que les dépôts n'adhèrent pas au fer de la chaudière et que la surface protégée est de 45 à 50 fois celle du zinc.

L'épuration chimique préalable exige des installations spéciales ; la plus simple, et celle qu'il y aura lieu, le plus souvent, d'adopter dans les exploitations agricoles, consiste en grandes cuves capables de contenir la provision d'eau pour vingt-quatre ou quarante-huit heures ; on y verse les réactifs d'après le volume et la nature de l'eau à purifier, puis on mélange intimement et on laisse reposer. Il est bon d'avoir deux cuves semblables, l'une contenant de l'eau épurée immédiatement utilisable, pendant que l'autre sert à l'épuration d'une nouvelle provision. L'eau épurée peut aussi être décantée dans un réservoir où on vient la puiser au fur et à mesure des besoins.

Lorsque la quantité d'eau épurée à employer journellement est assez considérable, on ne peut plus songer à faire usage de cuves et réservoirs, qui deviendraient encombrants et coûteux; on emploie alors des appareils spéciaux, dont il existe de nombreux types, tous basés, d'ailleurs, sur le même principe. La figure 168 représente en coupe un de ces appareils; il se compose d'une colonne A, où s'opère l'épuration chimique, et d'organes accessoires pour la

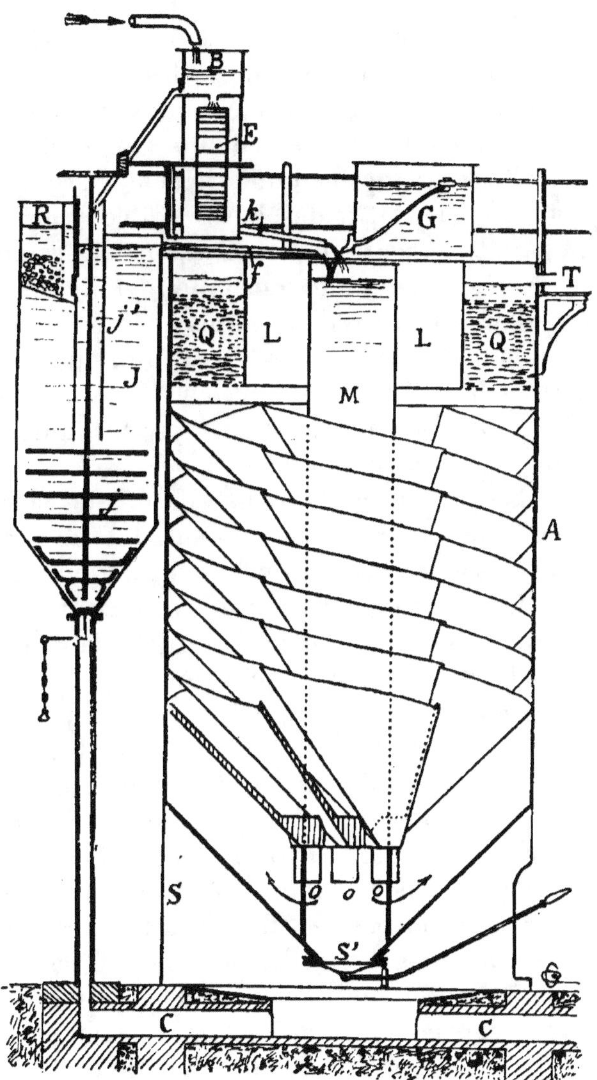

Fig. 168. — Épurateur chimique (Desrumeaux).

préparation et la distribution des réactifs (eau de chaux saturée et dissolution de carbonate de soude). La colonne A est cylindrique dans la plus grande partie de sa hauteur et tronconique en bas ; elle est supportée par un soubassement S. Au centre se trouve une petite colonne cylindrique M, de plus petit diamètre, supportée par des pieds qui s'appuient sur la paroi tronconique de A. Entre les colonnes A et M sont disposées des lames limitant des conduits hélicoïdaux qui aboutissent, à la partie inférieure, à des buses collectrices o. La vidange de l'appareil s'effectue par le tampon obturateur S'. A la partie supérieure règne une couronne métallique Q, à section rectangulaire, dont les deux parois horizontales sont perforées, et dans laquelle on entasse, avec une légère pression, de la fibre de bois. L'espace annulaire L permet, à l'aide de dispositifs non représentés, de nettoyer les lames et même de les sortir en cas de démontage.

Le bac G contient la dissolution de carbonate de soude, titrée d'après la teneur en sulfates de l'eau brute, et son contenu s'écoule par un robinet à flotteur. La préparation de l'eau de chaux se fait dans un saturateur J, placé à côté de la colonne et comportant un bac R, où la chaux vive s'éteint et d'où elle tombe, par une vanne, à la partie inférieure du saturateur. L'eau, arrivant à la partie supérieure de l'appareil, entre dans un bac de distribution B qui, par une vanne réglable, en envoie une partie dans le saturateur J ; le reste tombe sur une petite roue à augets E, qui actionne l'agitateur j, placé dans le saturateur, et pénètre ensuite, par la goulotte k, dans la colonne M. L'eau qui passe dans le saturateur descend par le tube central j', rencontre la chaux et forme un lait continuellement brassé par l'agitateur j ; elle remonte lentement, abandonnant peu à peu les particules solides et s'écoule clarifiée par la goulotte f, pour tomber dans le cylindre M, où elle rencontre à la fois l'eau brute arrivant par k, et le réactif sodique provenant de G. Le mélange descend dans la colonne centrale, puis l'eau remonte lentement en s'engageant dans les conduits hélicoïdaux, où les boues se déposent sur les lames ; elle traverse enfin le filtre en fibre de bois, avant de s'échapper par T pour gagner

le réservoir d'alimentation. Des appareils automatiques à
flotteurs, ainsi que des trop-pleins, que nous n'avons pas
représentés pour ne pas compliquer la figure d'une façon
exagérée, assurent le fonctionnement régulier de l'appareil.
Les incuits contenus dans la chaux, et les boues décantées
dans l'épurateur, sont évacués par un caniveau C, creusé
dans le sol, au-dessous de l'appareil (1).

MOTEURS A VAPEUR.

Le mécanisme des moteurs à vapeur comprend :

1° L'*appareil moteur* proprement dit, composé du cylindre,
du piston, des glissières, de la bielle, de la manivelle et de
l'arbre sur lequel est calée la poulie motrice ; 2° les *appareils
de distribution*, qui permettent à la vapeur de pénétrer dans
le cylindre et de s'en échapper au moment voulu, c'est-à-
dire le tiroir, l'excentrique, la coulisse ; 3° les *appareils de
régulation*, volant et régulateur, qui assurent au moteur
une allure sensiblement constante. A cette énumération on
peut ajouter certains organes accessoires, comme le condenseur. Nous ne donnerons aucun détail sur les glissières, ni
sur la bielle, la manivelle et l'arbre moteur ; ces dernières
pièces sont articulées les unes sur les autres au moyen de
tourillons, sont guidées par des coussinets, et nous les avons
décrites suffisamment dans le chapitre consacré aux Mécanismes; nous renvoyons au même chapitre pour les détails
concernant la transformation d'un mouvement rectiligne alternatif en circulaire continu au moyen d'une bielle et d'une
manivelle. Nous nous bornerons aux quelques renseignements ci-après, concernant les autres organes du mécanisme.

Cylindre. — Cette pièce affecte, comme son nom l'indique,
la forme d'un tube cylindrique ; elle est fermée aux deux
extrémités par des fonds, A, B, et est pourvue de conduits, *aa*,
bb, qui font communiquer sa capacité avec le tiroir ; un troisième conduit, *c*, permet à la vapeur de s'échapper dans l'at-

(1) Pour plus amples détails, consulter le *Journal d'Agriculture pratique*, 1903,
t. I, n° 8.

mosphère ou de se rendre au condenseur (fig. 169) ; les orifices de ces conduits sont appelés *lumières*. Le tube cylindrique et les conduits sont venus de fonte d'un seul jet ; l'intérieur du cylindre est ensuite *alésé* au tour. L'un des fonds est pourvu d'une tubulure centrale par laquelle passe la tige du piston ; l'étanchéité en est assurée par une garniture en étoupes placée dans la tubulure et serrée par un chapeau fixé à l'aide de boulons ; la tubulure s'appelle *boîte à étoupes* ou *stuffing box*, et le chapeau *presse-étoupes*. Dans les machines modernes, on remplace fréquemment la garniture en étoupes par des bagues en métal antifriction.

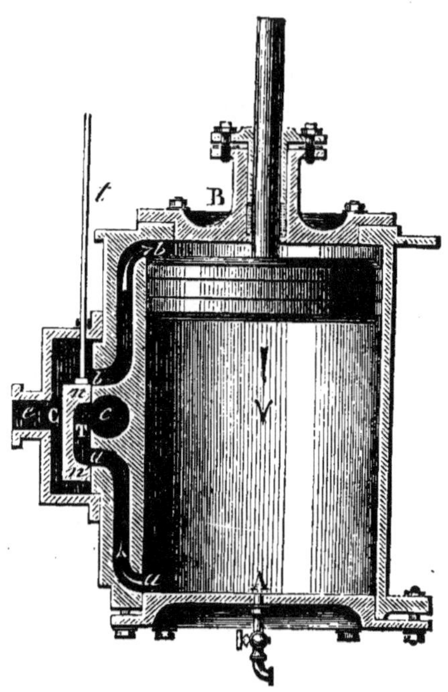

Fig. 169. — Cylindre et piston.

Le cylindre représenté par la figure 169 est un type classique ; on l'emploie dans les moteurs de modèle courant ; mais lorsqu'on adjoint au cylindre une enveloppe de vapeur, le moulage devient difficile et, quoiqu'on parvienne à couler d'un seul jet cylindre, conduits et enveloppes, on préfère, en général, exécuter des pièces aussi compliquées en plusieurs morceaux qu'on assemble les uns sur les autres. Ajoutons que, dans les types modernes, les organes de distribution étant reportés aux deux extrémités, ce qui simplifie les conduits, le moulage du cylindre et de son enveloppe s'exécute beaucoup plus facilement (Voy. fig. 175).

Les fonds sont boulonnés sur les brides dont sont munis les bords extrèmes du cylindre ; on rend le joint étanche en interposant entre les deux pièces une tresse de chanvre enduite de mastic au minium, une bague en caoutchouc, en fibre vulcanisée, ou en amiante. Il n'y a, dans la plupart

des cas, qu'un seul fond qui soit pourvu d'une boîte à étoupes ;
cependant, dans quelques machines horizontales, la tige du
piston traverse le cylindre de part en part, ce qui conduit à
employer deux boîtes à étoupes ; cette disposition est recommandable pour les grandes machines, parce que le piston
étant suspendu des deux côtés, et mieux guidé, appuie moins
énergiquement sur la partie la plus basse de la paroi interne
du cylindre ; ce dernier s'*ovalise* ainsi moins rapidement.

Le cylindre doit être pourvu de deux *purgeurs*, simples
robinets placés aux extrémités et par lesquels peut s'écouler
l'eau qui s'est condensée dans les conduits de vapeur ou dans
le cylindre pendant les périodes de repos ; les têtes des robinets sont réunies par une tringle d'accouplement, qui permet
de les manœuvrer simultanément. Il faut toujours ouvrir les
purgeurs avant de mettre en marche, de façon que la vapeur,
pénétrant dans le cylindre, sous l'influence du mécanisme
distributeur, chasse l'eau de condensation qui pourrait, en
s'accumulant, créer un obstacle incompressible entre le piston et le fond du cylindre et risquerait d'en provoquer la rupture. Il faut aussi munir de purgeurs les enveloppes de vapeur
pour faciliter l'évacuation de l'eau de condensation. Un mécanicien soigneux doit ouvrir les purgeurs chaque fois qu'il
arrête sa machine.

Piston. — C'est une masse cylindrique de faible hauteur,
tournée au diamètre du cylindre avec un léger jeu ; il est solidement fixé à la *tige de piston*, qui transmet son mouvement
à la manivelle par l'intermédiaire de la bielle. L'étanchéité
des joints est obtenue par l'emploi de *segments*, généralement
en fonte, débités dans un cylindre creux d'un diamètre extérieur un peu supérieur à celui du cylindre ; les segments ne
forment pas une couronne ininterrompue, mais présentent une
coupure en biseau ou en escalier, de façon que leurs extrémités soient à peu près jointives lorsqu'on engage ces pièces
à forcement dans le cylindre et qu'elles s'appliquent sur toute
la surface de ce dernier. Ils sont, d'autre part, emboîtés dans
des rainures pratiquées sur la périphérie du piston ; avec deux
ou trois segments, dont on croise les joints, l'étanchéité du
piston est suffisamment assurée. Ce type de piston, dit *suédois*,

est aujourd'hui très couramment employé ; on le construit d'une seule pièce pour les grandes machines (piston Ramsbottom), mais souvent en deux pièces pour les cylindres de petit diamètre, ce qui facilite la mise en place des segments dans leurs rainures.

La tige doit être très solidement fixée au piston ; elle est martelée à chaud dans un logement conique, de façon que sa tête soit noyée dans la masse du piston ; ou bien son extrémité est filetée et elle est maintenue par un écrou qui fait saillie sur la face du piston. Dans ce dernier cas, le fond de cylindre correspondant doit être muni d'un logement qui puisse recevoir cet écrou quand le piston est à fond de course.

Les faces du piston peuvent être planes, comme dans le modèle représenté par la figure 169, ou coniques, ou affecter toute autre disposition ; leur forme doit être en concordance avec celle des fonds de cylindre. Il y a lieu, en effet, de diminuer autant que possible l'*espace nuisible*, c'est-à-dire le volume qui reste compris entre les faces de piston et les fonds du cylindre, lorsque le piston est à l'extrémité de sa course ; la vapeur contenue dans cet espace ne peut, en effet, jamais agir à pleine pression. Il ne faudrait pourtant pas chercher à le supprimer complètement, car alors il serait impossible de faire arriver la vapeur derrière le piston sur toute sa superficie, et le piston heurterait le fond du cylindre à la fin de sa course. On cherche en outre à donner au piston la plus grande légèreté compatible avec sa solidité ; on y parvient au moyen d'évidements.

La *course* du piston, c'est-à-dire la distance entre ses positions extrêmes dans le cylindre, est ordinairement comprise entre une fois et deux fois son diamètre ; elle est égale au double du rayon de la manivelle.

Appareils de distribution. — Pour imprimer au piston un mouvement alternatif dans le cylindre, il faut faire agir la vapeur tantôt sur l'une des faces, tantôt sur l'autre, et évacuer cette vapeur dès qu'elle a chassé le piston à fond de course, dans un sens ou dans l'autre. C'est le rôle que remplit l'organe appelé *tiroir*.

On aperçoit sur la gauche de la figure 169 un tiroir très

simple, qui porte le nom de *tiroir à coquille*. Il est formé d'une chambre, C, appelée *chapelle*, dans laquelle pénètre, par *e*, la vapeur provenant du générateur. Le tiroir proprement dit est une pièce en fonte, *n n*, présentant un évidement, T, en forme de coquille, dont la face frottante est soigneusement dressée et s'applique exactement sur la *glace* plane, formée par la paroi du cylindre, où débouchent les différentes lumières. Le tiroir est animé d'un mouvement rectiligne alternatif par un excentrique calé sur l'arbre moteur, et auquel il est relié par la tige *t*; le nombre des mouvements du tiroir est donc le même que celui des mouvements du piston. Dans la position représentée, la vapeur arrivant en C s'engage dans la lumière *b* et chasse le piston de B vers A ; la vapeur qui avait précédemment amené le piston en B peut s'échapper par la lumière de décharge *c*, que la coquille T fait communiquer avec la lumière *a*. Quand le piston sera en A, le tiroir aura changé de position; la lumière *b* sera mise en communication avec *c* par la coquille, et la vapeur vierge pénétrera par *a*.

Le tiroir doit s'appliquer très exactement sur la glace ; aussi n'est-il pas relié directement à la tige *t* ; cette dernière est vissée sur un cadre qui entoure le tiroir, mais lui laisse un certain jeu. On interpose quelquefois un ressort entre la coquille et la paroi extérieure de la chapelle, afin de bien assurer l'étanchéité du joint, mais cette complication n'est pas d'une grande utilité ; la pression qui règne en C est, en effet, celle du générateur; soit 7 kilogrammes en moyenne ; en T, au contraire, la pression est égale à la pression atmosphérique ou à celle du condenseur ; le tiroir est donc très énergiquement appliqué sur sa glace, par la vapeur même.

Les lumières doivent être de dimensions suffisantes pour que la vapeur provenant du générateur n'y prenne pas une vitesse supérieure à 25 ou 30 mètres par seconde ; cela conduit à leur donner une large section, égale à un vingt-cinquième, environ, de celle du cylindre. Il importe, d'autre part, que le tiroir découvre rapidement les lumières, sans quoi la vapeur, traversant des orifices étroits, subirait un *laminage* qui abaisserait sensiblement sa pression ; il faut de plus que

cette ouverture rapide soit le résultat d'un faible déplacement du tiroir. Aussi a-t-on été conduit à donner aux lumières
la forme d'un rectangle, dont on n'aperçoit en *a* et en *b* que
les petits côtés ; les grands côtés sont de six à dix fois plus
grands que ces derniers, dans les machines sans changement
de marche, et de dix à quinze fois dans les moteurs avec
changement de marche.

On appelle *position moyenne* d'un tiroir, la position dans
laquelle les deux lumières *a* et *b* sont simultanément obturées.
Si on suppose que le piston soit à fin de course, la manivelle
de l'arbre moteur étant, par conséquent, au point mort, la
ligne joignant le centre du bossage de l'excentrique à l'axe de
l'arbre doit être perpendiculaire à la manivelle, pour que le
tiroir soit en même temps à sa position moyenne ; on dit que
l'excentrique est calé à 90 degrés.

La forme du tiroir, telle que la représente la figure 169, n'a
pas été conservée ; les *barres*, *n*, ou parties par lesquelles le
tiroir est en contact avec la glace, ont exactement la même
largeur que les lumières ; cette disposition est défectueuse,
car si la tige d'excentrique s'allonge ou se raccourcit, le tiroir
est reporté en avant ou en arrière, et il n'occupe plus sa position moyenne au moment voulu ; il peut en résulter de
graves perturbations dans le fonctionnement de la machine.
On corrige ce défaut en augmentant l'épaisseur des barres, au
moyen de *recouvrements* ; on distingue les recouvrements
extérieurs et les recouvrements *intérieurs* ; ces derniers, qui
forment le bord interné de la coquille, sont toujours très
petits.

Avec un tiroir sans recouvrements, comme celui de la
figure 169, le moteur ne peut marcher qu'à pleine pression,
sans détente ; quelque faible, en effet, que soit le déplacement du tiroir en dehors de sa position moyenne, ce déplacement fait communiquer l'une des lumières avec la chapelle
et l'autre lumière avec la décharge ; comme, pour la même
lumière, la décharge succède immédiatement à l'admission,
il ne peut y avoir détente. Les recouvrements permettent, au
contraire, comme Clapeyron l'a montré le premier, de faire
agir la vapeur par détente dans le cylindre.

Si nous supposons le piston à fond de course, à droite du cylindre, par exemple, et près de rétrograder, nous voyons que la lumière d'admission *a* (fig. 170) ne peut s'ouvrir, dès

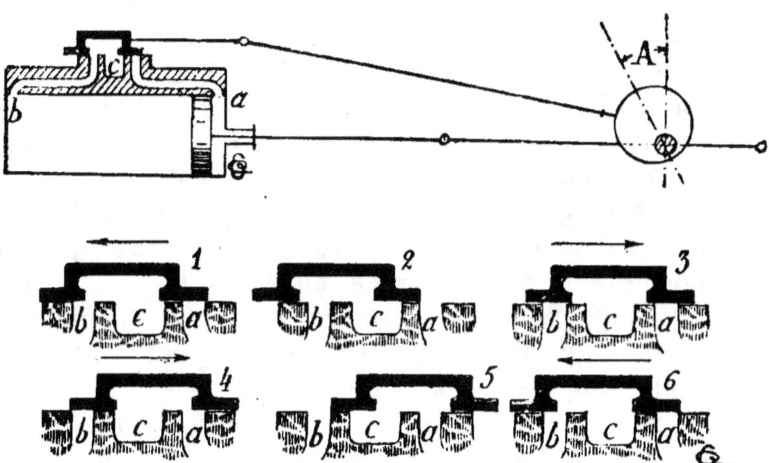

Fig. 170. — Distribution par tiroir à recouvrements. Différentes positions du tiroir (figure schématique).

l'origine du mouvement, que si le tiroir est reporté, vers la gauche de sa position moyenne, d'une quantité telle que le bord du recouvrement extérieur droit affleure le côté droit de la lumière (position 1) ; cette quantité, évidemment égale au recouvrement extérieur lui-même, est appelée *avance linéaire*. L'angle de calage de l'excentrique ne peut plus être égal à 90° ; il est augmenté d'un angle A, ou *avance angulaire*, qui dépend non seulement de l'étendue du recouvrement, mais de l'obliquité et, par suite, de la longueur de la tige d'excentrique.

Avant même que la lumière *a* soit démasquée, *b* est partiellement ouverte et fait communiquer l'autre partie du cylindre avec la décharge ; la vapeur peut donc chasser le piston dès que *a* est ouverte, sans que celui-ci éprouve de résistance, ou contre-pression, de la part de la vapeur précédemment admise. Les deux lumières sont de plus en plus largement ouvertes, jusqu'à ce que, *a* étant complètement démasquée (position 2), le tiroir revienne en arrière ; la lumière *a* est obturée la première, et la vapeur qui a pénétré dans le cylindre, derrière la face droite du piston, n'agit plus dès lors que par détente. Lorsque le tiroir est arrivé dans sa position moyenne (position 3), les deux lumières sont fermées ; la vapeur agissant à droite du piston continue à se détendre, et celle qui est contenue dans le cylindre à gauche du piston, c'est-à-dire celle qui n'a pu s'échapper par la décharge, est comprimée par le piston. La décharge sur la face droite du piston commence avant l'admission sur la face gauche (position 4) ; puis à partir de l'instant où le recouvrement gauche commence à démasquer la lumière *b*, tout se passe pour la face gauche du piston comme, auparavant, pour la face droite, et réciproquement (positions 4, 5 et 6). Enfin quand le tiroir a pris la position 6, identique à la position 1, la même série de phénomènes se reproduit.

Il est aisé de comprendre que plus les recouvrements sont étendus, plus sont réduites les périodes d'admission à pleine pression et d'échappement libre et, par suite, plus longues sont les périodes de détente et de compression.

L'expérience prouve qu'il y a intérêt à ne pas faire arriver la vapeur trop brusquement dans le cylindre lorsque le piston est à fond de course ; il est même avantageux de la faire pénétrer un peu avant que le piston ait achevé son mouvement. C'est ce qui constitue *l'avance à l'admission*, qu'on obtient en augmentant l'avance angulaire de l'excentrique ; cela ne change nullement la nature du mouvement du tiroir, et n'a d'autre effet que d'avancer un peu, par rapport au mouvement du piston, l'instant où commence l'ouverture des lumières. Bien entendu, toutes les autres phases de la distribution sont également avancées, et l'on a, en particulier, à la fois admission anticipée et échappement anticipé.

La compression de la vapeur qui n'a pu s'échapper a un rôle très utile ; à chaque coup de piston, en effet, l'espace nuisible doit être rempli de vapeur à la pression du générateur ; si cet espace était absolument dépourvu de vapeur au moment de l'admission, c'est la vapeur du générateur qui devrait le remplir, et nous savons que la vapeur ainsi introduite dans l'espace nuisible ne peut jamais agir à pleine pression ; si la vapeur emprisonnée dans le cylindre par la fermeture anticipée de la décharge est en quantité suffisante pour remplir presque entièrement l'espace nuisible à la pression du générateur, la dépense de vapeur vierge, nécessaire pour combler la différence, est très faible. Évidemment, la compression ne peut être produite qu'en demandant au piston un certain travail et en diminuant, par suite, le travail reçu par l'arbre moteur ; mais la pratique démontre qu'on a avantage à diminuer un peu le travail disponible plutôt qu'à augmenter la dépense de vapeur.

L'avance à l'admission crée aussi une résistance au piston et peut sembler *a priori* désavantageuse. Mais il faut remarquer qu'au moment où commence l'admission anticipée, la compression est déjà notable, et que, comme la lumière n'est que très faiblement ouverte, il entre peu de vapeur dans le cylindre pendant cette période, qui correspond, d'ailleurs, à une très petite portion du parcours du piston. De plus, à l'instant où le piston repart en sens inverse, la lumière est largement ouverte ; la vapeur trouve un passage facile dès le début de la nouvelle course et n'est pas laminée au moment où elle doit agir à pleine pression.

Grâce à la compression et à l'avance à l'admission combinées, le piston ne subit donc aucun choc aux changements de sens de son mouvement.

La figure 171 permet de se rendre compte des différentes phases de la distribution et des valeurs de la pression de la vapeur dans le cylindre, ces pressions étant reportées, à l'échelle adoptée, sur des droites perpendiculaires à la génératrice inférieure du cylindre, prise pour origine ;

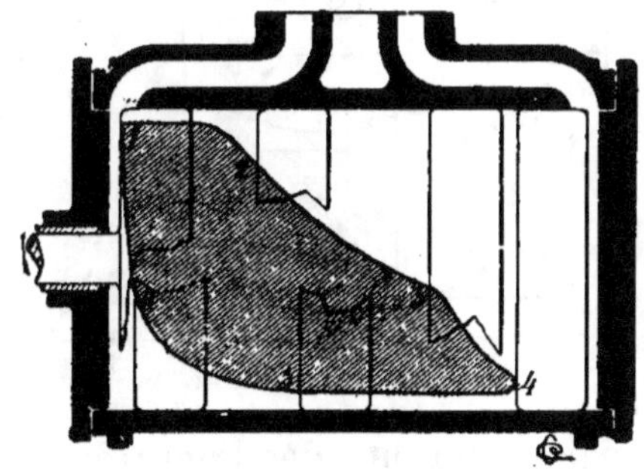

Fig. 171. — Diagramme du travail de la vapeur dans le cylindre.

1-2 correspond à l'admission et au début de la détente ; 2-3 à la détente ; 3-4 à l'échappement anticipé ; 4-5 à l'échappement ; 5-6 à la compression ; 6-1 à l'admission anticipée. Ces différentes phases sont raccordées par des lignes courbes, parce que l'ouverture et la fermeture des lumières ne sont jamais instantanées ; sans cela le tracé présenterait des points anguleux. On peut remarquer que la figure, formée en joignant par un trait continu les extrémités de ces perpendiculaires, n'est autre chose que le diagramme du travail de la vapeur dans le cylindre, travail qui est représenté par l'aire comprise à l'intérieur de la courbe ainsi obtenue. On obtiendrait, d'ailleurs, une figure absolument semblable à celle-ci en plaçant un indicateur de Watt sur le cylindre, à la seule condition que la course réduite du tambour et le fléchissement du ressort fussent proportionnels aux échelles adoptées pour représenter les déplacements et les pressions. Il s'ensuit que l'indicateur de Watt peut servir à étudier les phénomènes de la distribution dans une machine à vapeur ; c'est même l'indicateur, seul, qui permet de la régler avec précision.

L'aspect du diagramme suffit, en effet, pour reconnaître les vices de fonctionnement de la distribution ; on peut s'en rendre compte en examinant la figure 172, qui contient un

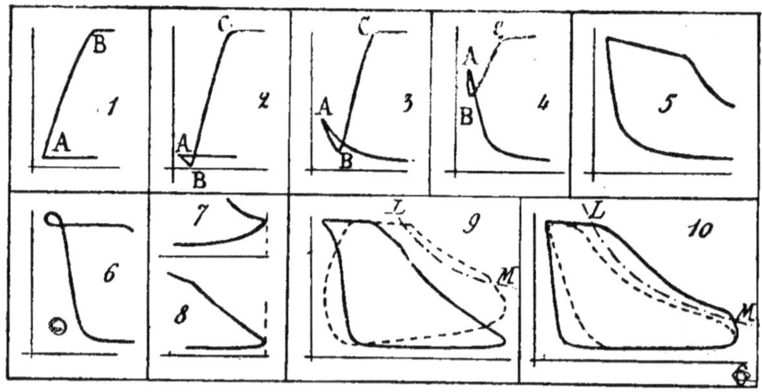

Fig. 172. — Diagrammes incorrects.

certain nombre de diagrammes partiellement ou totalement incorrects, et en les comparant au diagramme correct de la figure 171. Le diagramme *1* représente une distribution sans compression ni avance à l'admission ; la lumière n'étant démasquée que peu à peu, l'indicateur trace une ligne AB : le piston effectue une partie de sa course avant que la pression dans le cylindre atteigne sa valeur maxima. En **2**, il y a eu retard à l'admission, et il n'y a pas eu compression : le piston, repartant de la gauche vers la droite, a créé une légère dépression dans le cylindre, jusqu'à ce que l'admission se produise ; ce phénomène se traduit par le crochet ABC. En *3* et en *4*, il y a toujours eu retard à l'admission, mais légère compression en *3*, et compression normale en *4* : la détente et l'action de la paroi font passer la courbe au-dessous de la ligne de compression, et le diagramme présente, dans les deux cas, un crochet ABC. Dans le diagramme *5* la compression et l'avance à l'admission sont normales, mais, la lumière d'admission étant insuffisante, la pression tombe immédiatement. En *6*, la compression a commencé trop tôt : le volume de vapeur étant exagéré, sa pression a dépassé celle du générateur, puis, au moment de l'admission, a pris la même valeur. L'avance à l'échappement est nulle en *7* et exagérée en *8*. En *9*, le diagramme en trait plein indique un angle de calage trop grand, c'est-à-dire trop d'avance à l'admission et à l'échappement, détente anticipée et trop courte ; le diagramme pointillé décèle, au contraire, un angle de calage trop faible, avec retard à l'admission, peu d'avance à l'échappement et compression faible. Enfin, en *10*, le diagramme plein indique une fuite au tiroir, avec admission exagérée, et courbe au-dessus de la ligne LM qui correspond à la détente s'opérant d'après la loi de Mariotte ; le diagramme pointillé indique, au contraire, une fuite au piston, fuite qui diminue la pression pendant la période de pleine pression et de détente, et l'augmente pendant la compression. — La courbe peut passer également au-dessus de LM quand il y a primage et vaporisation de l'eau entraînée dans le cylindre, mais alors la période de pleine pression n'est pas augmentée comme lorsqu'il y a fuite au tiroir. Enfin les diagrammes présentent parfois des lignes sinueuses ou en zigzag ; elles tiennent généralement à un défaut de fonctionnement de l'indicateur.

Inconvénients des tiroirs à coquille. — La pression qui applique la coquille du tiroir sur la table est très considérable ; il en résulte que le mouvement alternatif du tiroir ne peut être provoqué que par un effort assez élevé, et que les pièces frottantes s'usent rapidement. Nous savons déjà que la coquille proprement dite est indépendante du cadre auquel est fixée la tige d'excentrique ; cette disposition permet à la coquille de s'appliquer exactement sur les glaces et réduit beaucoup les fuites ; malgré cela, l'usure du tiroir n'est jamais égale partout, et après un certain temps de fonctionnement, des fuites se produisent. Lorsqu'un corps étranger s'introduit entre la glace et le tiroir, les parties frottantes peuvent être rayées, et l'étanchéité devient insuffisante. Qu'il y ait usure ou simplement rayure, il faut replaner le tiroir, opération délicate qui ne peut être exécutée que par un mécanicien habile. On a cherché à diminuer la pression en équilibrant partiellement le tiroir, mais cela n'a pu être obtenu qu'au prix de complications importantes ; d'ailleurs le tiroir n'est étanche que s'il est bien appliqué sur la glace, et certains constructeurs ajoutent même des ressorts entre le tiroir et l'enveloppe de la chapelle pour assurer un contact parfait. L'emploi de *tiroirs circulaires* (fig. 173), qui peuvent

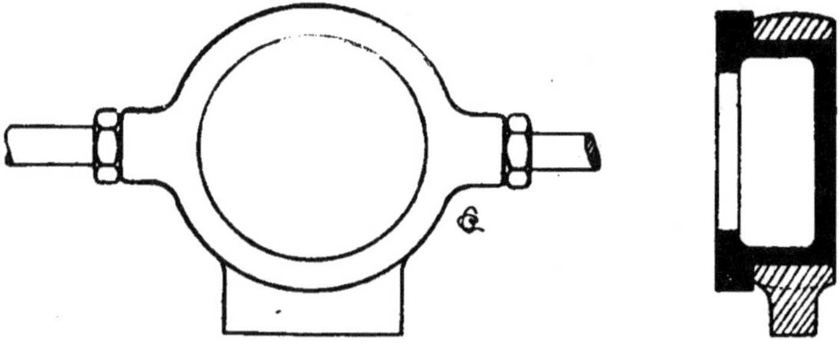

Fig. 173. — Plan et coupe d'un tiroir circulaire (Lefebvre-Albaret et Laussedat).

tourner dans leurs cadres, diminue les chances de rayure, car les corps étrangers sont alors plus facilement éliminés.

Tiroirs cylindriques. — Les tiroirs cylindriques, dont la figure 174 représente un type en coupe, sont naturellement équilibrés ; ils se composent d'un cylindre, C, servant de chapelle, et auquel aboutissent les deux lumières a et b, dont les orifices font le tour de la chapelle ; le tiroir est formé d'un piston creux pourvu également de lumières, a' et b' ; un évidement, c, pratiqué sur sa périphérie, remplace la coquille du

tiroir ordinaire et fait communiquer les lumières *a* et *b* avec
la décharge D. Dans la position représentée sur la figure 174,
la vapeur arrive, par V dans la chapelle C, pénètre dans le conduit intérieur E du piston-tiroir, passe par les lumières *b'* et *b* pour gagner le cylindre du moteur ; l'échappement se fait par la lumière *a*, l'évidement *c* et la décharge D.

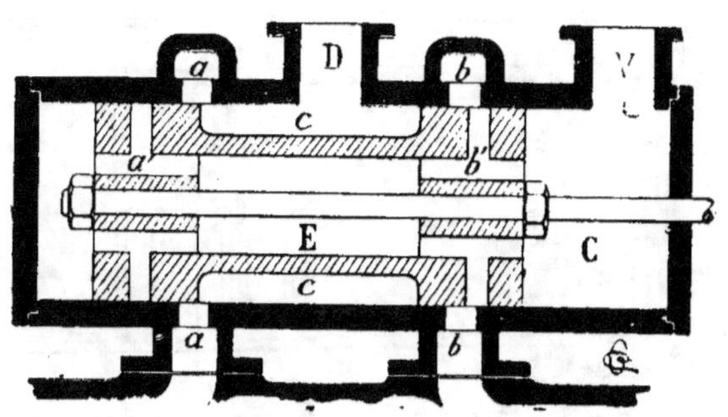

Fig. 174. — Tiroir cylindrique.

Les parties par
lesquelles le piston-tiroir est en contact avec la chapelle
jouent le même rôle que les recouvrements dans le tiroir à
coquille. Comme les pressions exercées sur ce tiroir sont
égales, quel que soit leur sens, le tiroir est équilibré complètement, et un faible effort suffit pour le déplacer.

Tiroirs rotatifs. — Dans les machines fixes industrielles,
on emploie fréquemment des tiroirs rotatifs dont la figure 175
indique le principe ; ce sont, en somme, des tiroirs cylindriques, dans lesquels l'obturation ou l'ouverture des lumières est obtenue par un mouvement oscillatoire imprimé à
un robinet valve, autour d'un axe qui coïncide avec celui de
la chapelle cylindrique. Dans la figure 175, la vapeur arrive
par O et circule tout d'abord dans l'enveloppe du cylindre ; un
premier tiroir, dont le robinet M' est ouvert, lui permet de
passer, vers la gauche, dans un deuxième tiroir dont le robinet
M obture la décharge *i*, et démasque la lumière d'admission ;
au contraire, vers la droite l'enveloppe ne peut communiquer
avec le deuxième tiroir, et la vapeur d'échappement passe
directement du cylindre dans la décharge *i*, grâce à la forme
spéciale du robinet. Ces tiroirs appartiennent au type Corliss,
du nom du premier constructeur de tiroirs rotatifs ; il y a
quatre tiroirs par cylindre, deux pour l'admission et deux pour
l'échappement, disposition qui simplifie beaucoup la distribu-

tion dans les grandes machines. L'ouverture de ces valves est produite par une tige d'entraînement reliée à un plateau os-

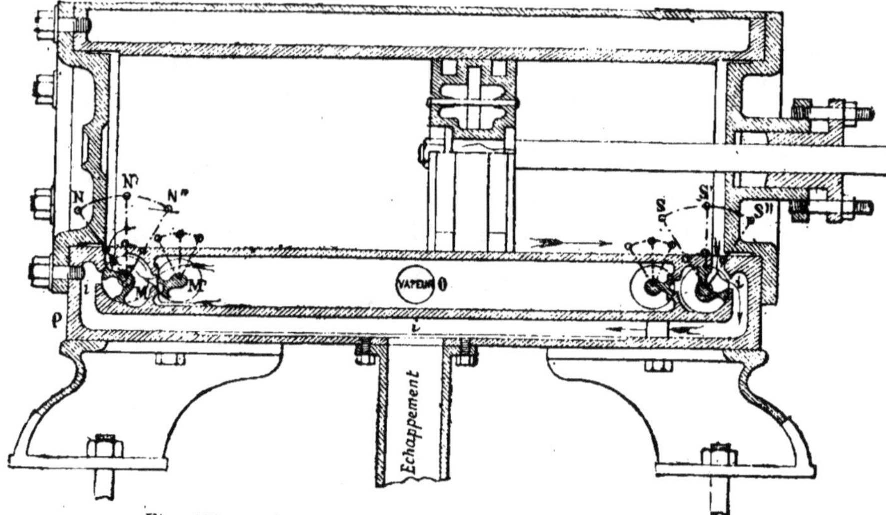

Fig. 175. — Distribution par tiroirs rotatifs (Corliss-Wheelock).

cillant et à une manivelle fixée sur le robinet ; pour l'admission, la tige abandonne le robinet, après un certain temps d'action, sous l'influence d'un déclic, et un ressort métallique, ou mieux un *dashpot*, c'est-à-dire un piston à air qui, soulevé pendant l'ouverture du robinet, a fait le vide dans un cylindre étanche, ferme très brusquement les lumières ; cette rapidité d'action est très favorable, car elle sup-

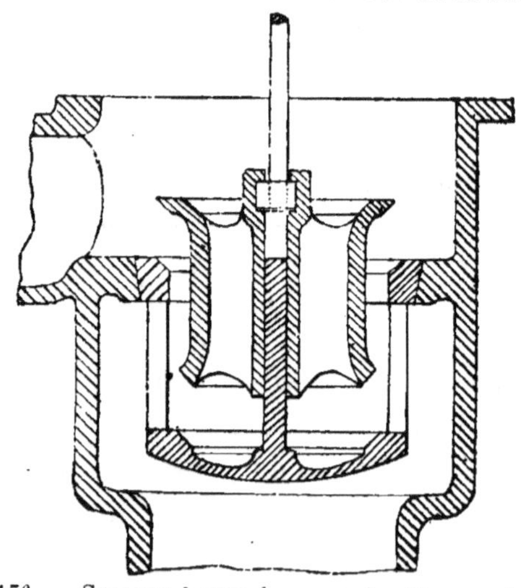

Fig. 176. — Soupape à manchon, représentée ouverte (Sulzer).

prime presque complètement le laminage.

Distribution par soupapes. — On emploie aussi, dans les

machines modernes, des *soupapes à soulèvement*, qui remplacent les tiroirs et les robinets ; comme une soupape ordinaire exigerait un effort de soulèvement très considérable, on fait usage de soupapes *à manchon*, telles que celle représentée par la figure 176 ; elle est creuse et pourvue de deux cônes s'appuyant sur deux sièges. La surface qui reçoit la pression capable de s'opposer au soulèvement de la soupape est très réduite ; le moindre soulèvement démasque, en outre, deux orifices. Ces soupapes fonctionnent d'une façon très satisfaisante, à la condition d'être très bien guidées et de retomber doucement sur leurs sièges.

Changements de marche. — Si nous supposons qu'un moteur à vapeur soit arrêté en un point quelconque de la course du piston, et qu'on envoie de la vapeur dans le cylindre, on ne pourra pas faire tourner le moteur à volonté dans un sens ou dans l'autre, puisque la position du tiroir détermine la lumière par laquelle doit s'introduire la vapeur. Si donc on veut inverser le sens de rotation de l'arbre moteur, il faut déplacer le tiroir de façon à masquer la lumière ouverte dans le sens de marche précédent, et à démasquer l'autre lumière ; on y parvient en changeant la position de l'excentrique, et en lui faisant occuper une deuxième position, symétrique de la première par rapport à la manivelle.

Avec toutes les machines qui fonctionnent normalement dans un seul sens, il n'y a aucun inconvénient à arrêter le moteur, pendant quelques instants, pour changer la position de l'excentrique ; tel est le cas des locomobiles agricoles. On emploie alors le *changement de marche à plateau*, dans lequel l'excentrique est fou sur l'arbre moteur, et n'est entraîné que par l'intermédiaire d'un plateau calé sur cet arbre ; le plateau est pourvu d'une coulisse de forme circulaire dans laquelle s'engage la tige d'un boulon fixé sur l'excentrique. Il suffit donc de desserrer l'écrou de ce boulon pour pouvoir caler l'excentrique soit pour la marche avant, soit pour la marche arrière.

Bien que peu considérable, le temps d'arrêt nécessaire pour exécuter cette manœuvre est néanmoins suffisant pour gêner le service dans des cas spéciaux ; en outre, lorsqu'il faut changer de marche fréquemment, il y a intérêt à s'affranchir de la sujétion de serrer et de desserrer l'écrou du boulon d'excentrique. C'est le but que permettent d'atteindre les *coulisses de changement de marche*, dont le premier type a été imaginé par Stephenson (fig. 177); il comporte l'emploi de deux excen-

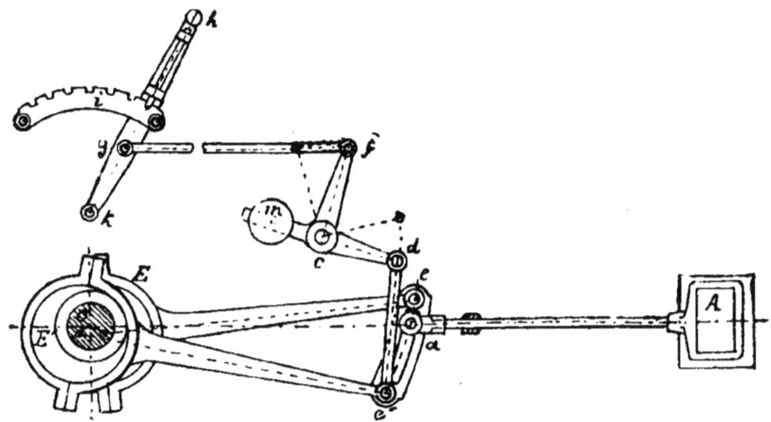

Fig. 177. — Coulisse de Stephenson.

triques, E et E', calés tous deux sur l'arbre moteur, et disposés l'un pour la marche avant, l'autre pour la marche arrière; leurs tiges sont articulées en *e* et en *e'* à une pièce courbe, pourvue d'une glissière circulaire dont le centre est sur l'axe de l'arbre moteur; un coulisseau, *a*, fixé sur la tige du tiroir A, peut se déplacer dans cette glissière. La pièce *e e'* est la *coulisse*; on la soulève ou on l'abaisse à l'aide d'un système de leviers articulés commandant la tige *d e'*, et manœuvrés par le levier *h k*, qui se déplace devant le secteur denté *i*, et qu'un loqueteau solidaire du levier permet de fixer au point voulu. Selon qu'on soulève ou qu'on abaisse la coulisse, c'est l'une ou l'autre de ses extrémités qui vient s'appliquer sur le coulisseau *a*; dans chacune de ces positions, c'est l'excentrique correspondant qui entraîne le tiroir. Ainsi, dans le cas de la figure 177, c'est l'excentrique E qui déplace le tiroir; si on relevait à fond la coulisse, ce serait l'excentrique E' qui agirait. Ces deux excentriques commandant l'un la marche avant, l'autre la marche arrière, on voit qu'il suffit de soulever ou d'abaisser la coulisse pour obtenir, d'un mouvement continu et sans chocs, le changement de marche.

La coulisse de Stephenson est employée sur beaucoup de locomotives; toutes les machines à changement de marche sont d'ailleurs pourvues de coulisses d'un type plus ou moins analogue à celui de Stephenson, avec ou sans excentriques. Dans une locomotive routière française, on a conservé le principe du changement de marche à plateau, mais en rendant le décalage immédiat; c'est le dispositif représenté en coupe par la figure 190, en 5. L'excentrique a la forme d'un manchon A, dans lequel s'emboîte un second manchon B, coulissant sur l'arbre sous l'action d'une fourchette qu'on manœuvre à l'aide d'une manivelle. Le manchon B porte deux rainures hélicoïdales, dont l'une est représentée en pointillé sur la figure, et dans lesquelles s'engagent deux taquets solidaires de l'excentrique A; si on pousse le manchon B vers la gauche ou vers la droite, les rainures obligent les taquets à tourner autour de l'axe de l'arbre, en entraînant l'excentrique dont le calage est ainsi modifié.

Détente variable. — Nous n'avons, jusqu'à présent, considéré la coulisse de Stephenson que comme un appareil de changement de marche; mais nous pouvons très bien imaginer qu'au lieu de soulever ou d'abaisser la coulisse de toute sa longueur, on ne lui laisse effectuer qu'une fraction de sa course. On constate que, pour toute position du coulisseau dans la coulisse, le mouvement du tiroir est, à peu de chose près, celui que lui communiquerait un excentrique fictif, de rayon et d'angle de calage déterminés. Quand, pour un sens de marche donné, le coulisseau se rapproche du point mort, ou milieu de la coulisse, la quantité de vapeur admise dans le cylindre diminue graduellement; par suite, les périodes de détente, d'échappement anticipé et de compression augmentent; tout se passe comme si les excentriques fictifs diminuaient de rayon et étaient calés sous des angles de plus en plus grands. La coulisse permet donc d'obtenir, avec un seul tiroir, ce que l'on appelle la *détente variable*, qu'il serait plus exact de dénommer *admission variable*.

On peut d'ailleurs obtenir la détente variable par un autre procédé; les tiroirs à recouvrements, avec avance à l'admission, diminuent bien, en effet, la période de pleine pression, mais augmentent en même temps l'avance à l'échappement et à la

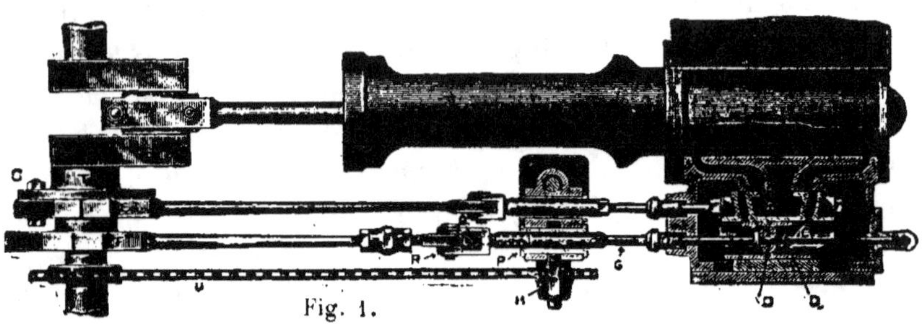

Fig. 1.

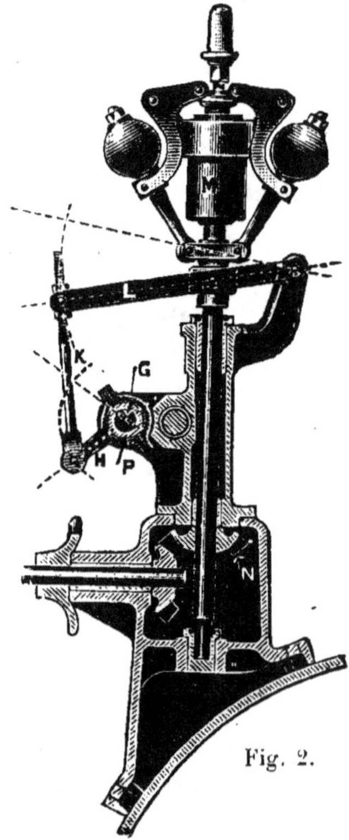

Fig. 2.

Fig. 178. — Détente variable Rider (Pilter-Garrett).

Coupes en plan (1) et en élévation (2).

compression ; la détente est donc forcément réduite avec les tiroirs ordinaires, surtout lorsque la machine est pourvue d'un changement de marche. On peut corriger ce défaut en doublant le tiroir ordinaire d'un deuxième tiroir, chargé uniquement de régler la détente, et indépendant du premier. Celui-ci sera donc un tiroir à recouvrements peu étendus, commandé par un excentrique calé de façon que l'avance angulaire soit très faible ; il admettra la vapeur à pleine pression, pendant presque toute la course du piston, et ne produira que peu d'avance à l'échappement et peu de compression. Si on imagine un obturateur mobile placé sur les lumières d'admission, on conçoit qu'on puisse arrêter l'admission au moment voulu, sans modifier l'échappement, ni la compression, et obtenir une détente aussi prolongée qu'on le désire. En réalité, on place ce tiroir obturateur sur la face dorsale du tiroir à coquille, lequel est pourvu, indépendamment de la coquille, de deux conduits qui le traversent et jouent, sur la face dorsale, le rôle de lumières. La figure 178 montre l'application à une forte locomobile, d'un des types les plus appréciés de distribution à admission variable par deux tiroirs, connu sous le nom de *détente Rider*. On voit en A le tiroir à coquille, avec les deux conduits qui le traversent ; il est commandé par l'excentrique E, à calage fixe, avec faible avance. En C est une chambre cylindrique dans laquelle débouchent, sous forme de rainures hélicoïdales, les conduits qui traversent le tiroir A ; un tiroir cylindrique B se déplace dans la chambre C, et est muni de vives arêtes, D, dont la forme est exactement la même que celle des lumières. Ce tiroir B est commandé par un excentrique F, également à calage fixe, et dont l'avance angulaire est calculée pour la détente qu'on veut obtenir en fonctionnement courant. Les deux tiroirs se déplacent sous l'influence de leurs excentriques respectifs, et la détente commence dès que le tiroir B a obturé la lumière hélicoïdale correspondante ; pour modifier la détente, il suffit de faire tourner le tiroir B autour de son axe, rotation qui produit le même effet que si on rétrécissait ou si on élargissait la lumière, car la fermeture des conduits d'admission se produit un peu plus tôt ou un peu plus tard. Grâce à cette forme cylindrique, la rotation du tiroir B n'exige qu'un faible effort ; on peut donc commander ce tiroir par le régulateur, et ralentir la machine, si elle tend à prendre une vitesse supérieure à la normale, en diminuant la période de pleine pression, ce qui est éminemment économique ; on voit sur le dessin, en 2, que le soulèvement du levier L par le régulateur entraîne la rotation de la tige G du tiroir B, par l'intermédiaire de la bielle K et de la manivelle H.

Appareils de Régulation. — La manivelle motrice des machines à vapeur passe par un point mort à chaque extrémité de la course du piston ; au moment où le piston s'arrête pour revenir en arrière, la vitesse angulaire tend à diminuer ; il en est de même, d'ailleurs, quand, sur les faces du piston, la détente succède à la pleine pression, et la compression à l'échappement. Le mouvement de la manivelle est donc très nettement varié. On est, par suite, conduit à placer sur l'arbre actionné par la manivelle une pièce de dimensions et de poids suffisants pour emmagasiner de l'énergie dans les périodes où la manivelle accélère son mouvement, et pour la restituer par inertie quand celle-ci tend à tourner moins vite. Cette pièce est le *volant* ; elle a la forme d'une couronne circulaire épaisse, réunie par des bras à un moyeu central qui sert à la claveter sur l'arbre. Le volant est en fonte dans la plupart des machines ; il est placé à l'extrémité de l'arbre, extérieurement au bâti, et en porte-à-faux. Pour mieux équilibrer l'arbre, on emploie souvent deux volants distincts, placés de chaque côté de la machine.

Le volant ne rend uniforme le mouvement de l'arbre moteur que si le travail transmis par cet arbre est égal au travail qu'il reçoit ; que le travail transmis augmente ou diminue, la vitesse de la machine s'accroît ou décroît graduellement. Il faut donc pouvoir faire varier le travail transmis à l'arbre, pour proportionner le travail moteur au travail résistant, et pour cela, faire en sorte que la vapeur ne pénètre dans le cylindre qu'en quantité proportionnelle à la résistance à vaincre : c'est le but des *régulateurs*.

Le type de ces appareils est le *régulateur à boules*, de *Watt*, dont les figures 178 et 179 représentent des types modifiés. Deux masses sphériques, articulées autour d'axes horizontaux, sont entraînées par un arbre métallique vertical commandé, au moyen de deux pignons coniques, par une poulie à axe horizontal, actionnée elle-même par une courroie qui prend son mouvement sur l'arbre moteur. En raison du mouvement de rota-

Fig. 179. — Régulateur à force centrifuge commandant une lanterne d'admission (Schæffer et Budenberg).

tion imprimé à l'arbre vertical, les boules tendent à s'écarter, par l'effet de la force centrifuge, et font avec l'arbre un angle d'autant plus grand que la vitesse est plus considérable ; en s'écartant, elles entraînent une douille cylindrique qui coulisse sur la monture du régulateur, et qui entraîne elle-même une tige agissant sur un organe quelconque capable de modifier l'admission au cylindre.

Dans beaucoup de modèles, cette tige actionne un papillon, c'est-à-dire un disque circulaire, placé dans un conduit de vapeur et articulé autour d'un axe perpendiculaire à celui du conduit ; le papillon fonctionne de la même façon que les clefs placées dans les tuyaux des poêles, et laisse un passage plus ou moins grand à la vapeur, suivant la position que lui donne le régulateur ; plus la vitesse du moteur est grande, plus le papillon obture le conduit.

Le régulateur est plus *sensible* quand on le fait agir sur une lanterne cylindrique pouvant tourner dans une lanterne fixe, comme le représente la figure 179. Les deux lanternes sont perforées de trous qui se correspondent quand le régulateur n'agit pas, mais quand la lanterne intérieure tourne, les orifices se croisent et la section d'écoulement de la vapeur diminue ; comme cette lanterne est cylindrique, elle est naturellement équilibrée, et il suffit d'un faible effort pour la déplacer. Il en est de même quand le régulateur commande une soupape à manchon placée sur le conduit de vapeur.

Enfin le régulateur peut agir sur le deuxième tiroir, comme dans la détente Rider précédemment décrite (fig. 178).

Échappement libre. Condenseur. — Dans la plupart des applications agricoles, la vapeur qui a agi sur le piston est évacuée directement dans l'atmosphère ; on dit que la machine est *à échappement libre*. Ce dispositif est employé pour toutes les locomotives et locomobiles, ainsi que pour certains moteurs fixes. Dans les moteurs mobiles, la lumière de décharge fait communiquer le cylindre avec un conduit qui est terminé par une tuyère placée dans la cheminée ; il faut surveiller l'orifice de cette tuyère, de crainte que les escarbilles et la suie viennent l'obstruer, ce qui créerait dans le cylindre une contre-pression nuisible. La vapeur qui se dégage ainsi dans la cheminée active le tirage ; lorsqu'on veut mettre une locomobile rapidement en pression, on peut faire marcher le moteur à vide dès que le manomètre marque entre 2 et 3 kilos de pression ; l'échappement dans la cheminée active la combustion dans le foyer et la circulation des gaz chauds dans le faisceau tubulaire. On obtient d'ailleurs le même résultat avec le *souffleur*, petite tuyère indépendante qui est alimentée directement par le générateur, et placée, elle aussi, dans la cheminée.

Pour les moteurs fixes de moyenne et de grande puissance, on a intérêt à faire communiquer le cylindre avec un *condenseur*, qui abaisse la tension de la vapeur au-dessous de la pression atmosphérique, et augmente la quantité de travail fournie. Il existe deux types de condenseurs. Le plus employé est le *condenseur à injection*, formé d'une chambre où se rend la vapeur d'échappement, et où la condensation est assurée par une injection d'eau froide ; une pompe à air, qui fait le vide dans cette enceinte, favorise l'arrivée de la vapeur, et même l'injection d'eau lorsque la hauteur d'aspiration ne dépasse pas trois mètres ; pour une hauteur plus grande, c'est une pompe spéciale qui est chargée d'injecter l'eau. Dans les deux cas, du reste, l'eau est pulvérisée à l'intérieur de la chambre par un ajutage analogue à ceux des pulvérisateurs employés pour la défense des plantes contre les maladies cryptogamiques. Quand l'eau d'alimentation est très incrustante, il faut préférer les *condenseurs à surface*, constitués par un faisceau tubulaire constamment refroidi par de l'eau, et au contact duquel la vapeur se condense ; on renvoie cette eau au générateur, après en avoir éliminé, autant que possible, l'huile entraînée par la vapeur, au moyen de séparateurs spéciaux. Ces deux systèmes de condenseurs exigent, d'après M. Witz, une dépense d'eau minima de 250 litres par cheval et par heure ; quand on ne peut disposer d'une quantité d'eau aussi considérable, on recourt à des *aéro-condenseurs*, c'est-à-dire à des condenseurs à surface où le refroidissement est assuré par une circulation d'air ; on peut aussi faire servir indéfiniment la même eau en la refroidissant à l'air, soit en la pulvérisant de bas en haut, soit en la faisant tomber en cascade sur des fascines.

Moteurs à plusieurs cylindres. — Lorsque la puissance à développer est assez considérable, il y a avantage à remplacer le cylindre unique, que nous avons jusqu'à présent envisagé, par deux ou par plusieurs cylindres, dont les dimensions sont moindres que celle qu'il faudrait donner au cylindre unique pour obtenir la puissance demandée. Si les cylindres sont complètement indépendants l'un de l'autre, leur nombre ne dépasse généralement pas deux; ils reçoivent tous deux la vapeur vierge du générateur, et possèdent l'un et l'autre un appareil de distribution. Les bielles commandent des manivelles calées sur le même arbre et dont les axes peuvent être dans le même plan ou dans des plans différents; la dernière disposition a l'avantage de supprimer les points morts, puisque les deux pistons ne peuvent être à fond de course en même temps. Les manivelles sont dites calées à 180 degrés lorsque leurs axes sont dans le même plan, mais de part et d'autre de l'arbre; le plus souvent les manivelles sont calées à 90 degrés l'une de l'autre, c'est-à-dire que leurs axes sont perpendiculaires entre eux.

Les *moteurs à multiple expansion* ont deux, trois ou quatre cylindres, dont les pistons actionnent le même arbre; mais la vapeur, après s'être détendue partiellement dans l'un des cylindres, passe dans le second, puis dans le troisième et dans le quatrième, s'ils existent, avant de s'échapper définitivement. Comme la pression de la vapeur décroît à mesure qu'elle passe d'un cylindre dans le suivant, on est conduit à adopter des diamètres de plus en plus grands pour les cylindres successifs, afin que l'accroissement de surface du piston compense la diminution de pression. Dans la plupart des types courants, le nombre des cylindres est réduit à deux; l'un, de petit diamètre, reçoit la vapeur vive de la chaudière; l'autre, de plus grand diamètre, ne reçoit que de la vapeur en partie détendue. Les cylindres peuvent être disposés de différentes façons.

1° *Les cylindres sont côte à côte.* — Les pistons attaquant la même manivelle ou deux manivelles à 180 degrés, se meuvent simultanément, dans le même sens, ou en sens contraire, généralement avec la même longueur de course; la vapeur agit d'abord sur l'une des faces du petit piston, puis, lors de l'échappement, va agir sur la face opposée du grand piston. Le moteur est alors du *type Woolf* (fig. 180, *1*). La disposition

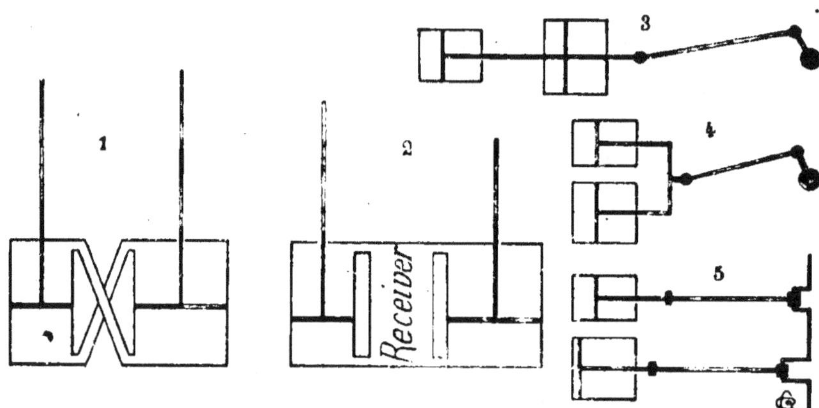

Fig. 180. — Principe des moteurs à double expansion.

la plus simple consiste à réunir les tiges des deux pistons par une crosse unique reliée à la bielle motrice; le moteur est alors monté *en jumelle* (fig. 180, *4*).

2° *Les cylindres ont même axe.* — Les deux pistons sont alors fixés sur la même tige, et se trouvent placés l'un derrière l'autre; la machine est encore du type Woolf, mais est dite montée *en tandem* (fig. 180, *3*).

3° *Les cylindres sont parallèles et indépendants.* — C'est la disposition type *compound*; les pistons attaquent l'arbre par deux manivelles calées à 90 degrés; la vapeur ne peut passer immédiatement d'un cylindre dans l'autre, puisque l'un des pistons est au milieu de sa course lorsque l'autre est à fond de course; aussi doit-on interposer entre les cylindres un réservoir intermédiaire, appelé *receiver*, qui sert de chaudière pour le cylindre à basse pression (fig. 180, **2**); chaque cylindre doit, en outre, être pourvu d'un tiroir. Très souvent les deux cylindres, ainsi que le receiver, sont fondus d'un seul jet; le receiver sert quelquefois d'enveloppe de vapeur pour le grand cylindre, mais c'est une mauvaise disposition. Pour les machines à multiple expansion, on emploie autant de receivers qu'il y a de cylindres, moins un. Grâce à cette indépendance des deux cylindres, la disposition générale des moteurs compound est très variable ; on place les cylindres côte à côte (2 et 4) ou en tandem (3) ou encore on les monte en machines complètement indépendantes, à l'arbre moteur près (5) ; seul, le receiver permet de distinguer les moteurs compound des types Woolf.

Principaux types de moteurs.

Nous avons examiné jusqu'à présent les organes de moteurs à vapeur en les considérant comme distincts. Ils sont, en réalité, assemblés sur un bâti unique, qui supporte tous les organes et les maintient à l'écartement voulu ; ce bâti peut être complètement indépendant du générateur, comme dans les *moteurs fixes*, ou être relié d'une façon quelconque au générateur, comme dans les *moteurs mi-fixes* ou *mobiles*.

Rappelons que le travail étant égal au produit d'une force par un chemin parcouru, on peut, dans chacune de ces catégories, obtenir la puissance désirée soit avec des moteurs de grandes dimensions animés d'une faible vitesse (effort élevé, chemin parcouru faible), soit avec de petits moteurs à marche rapide (effort faible, grand espace parcouru), soit enfin avec des moteurs à dimensions et à vitesse moyennes. Ces trois catégories se subdivisent donc elle-mêmes en moteurs à grande, à moyenne et à petite vitesse.

Moteurs fixes. — Ces moteurs sont installés sur des massifs de maçonnerie et peuvent être placés à une distance relativement grande du générateur, auquel ils sont reliés par une canalisation métallique, sur laquelle est disposée une *valve* au moyen de laquelle on ouvre ou on ferme l'arrivée de vapeur ; la figure 181 représente en coupe une de ces valves ; mais on peut disposer la valve sur le corps du régulateur, comme dans la figure 179. Il y a inté-rêt à réduire autant que possible la longueur de ces canalisations dans lesquelles il se con-

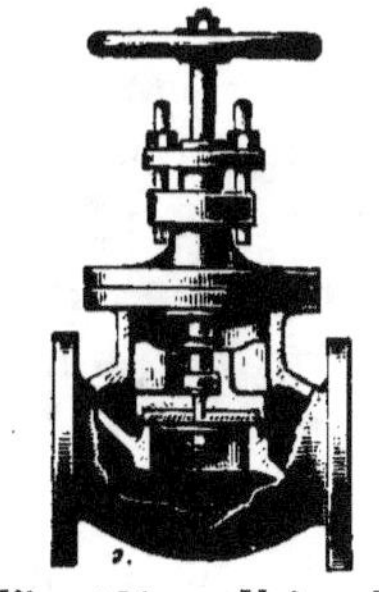

Fig. 181. — Valve de vapeur (Schæffer et Budenberg).

dense toujours de la vapeur, malgré les matières isolantes dont on les entoure. Il est bon de placer sur l'arrivée de vapeur un graisseur automatique, de façon que la vapeur entraîne l'huile dans tout le mécanisme, régulateur, tiroir et cylindre.

Le type de moteurs fixes le plus employé à l'heure actuelle est à cylindre horizontal. Le bâti est fondu d'une seule pièce et forme même souvent glissière ; il est toujours facile de bien niveler les pièces, et de fixer solidement l'ensemble du moteur, sans avoir à redouter d'oscillations nuisibles. Ces moteurs horizontaux sont assez encombrants, mais, sauf des cas spéciaux, il est rare que l'emplacement disponible soit assez restreint pour qu'on soit obligé de renoncer à leurs avantages. La figure 182 représente un moteur fixe horizontal. On a long-

Fig. 182. — Moteur fixe horizontal (Merlin).

temps reproché à cette disposition de provoquer une usure inégale du cylindre, mais l'expérience a prouvé que l'ovalisation n'était pas aussi rapide qu'on le redoutait.

On emploie également des moteurs dans lesquels l'axe du cylindre est vertical ; ils occupent beaucoup moins de place que les moteurs horizontaux, et certains d'entre eux même peuvent être scellés contre un mur, disposition éminemment peu encombrante. Le type le plus répandu est le *type pilon* (fig. 183), dans lequel le cylindre est placé à la partie supérieure d'un bâti qu'on peut grossièrement assimiler à un tronc de pyramide à bases rectangulaires ou carrées ; l'arbre moteur est à la partie

inférieure de ce bâti, qui est scellée sur un socle de maçonnerie, où on est ordinairement obligé de ménager un évidement pour loger le volant.

Dans certains modèles, le
cylindre est à la partie inférieure du moteur, et le
bâti est évasé, en dessous
du cylindre, pour augmen-
ter la stabilité. Les mo-
teurs verticaux sont beaucoup plus sujets aux oscillations que les moteurs
horizontaux.

Machines mi-fixes. —
Dans ces machines, le mo-
teur est placé soit sur le
générateur même, soit,
plus rarement, en dessous
ou à côté du générateur,
mais sur le même support
que ce der-
nier. Dans le
premier type,
qui est le plus
répandu en
France, le mo-
teur et le gé-
nérateur sont
horizontaux ;
la forme et le
mode de mon-

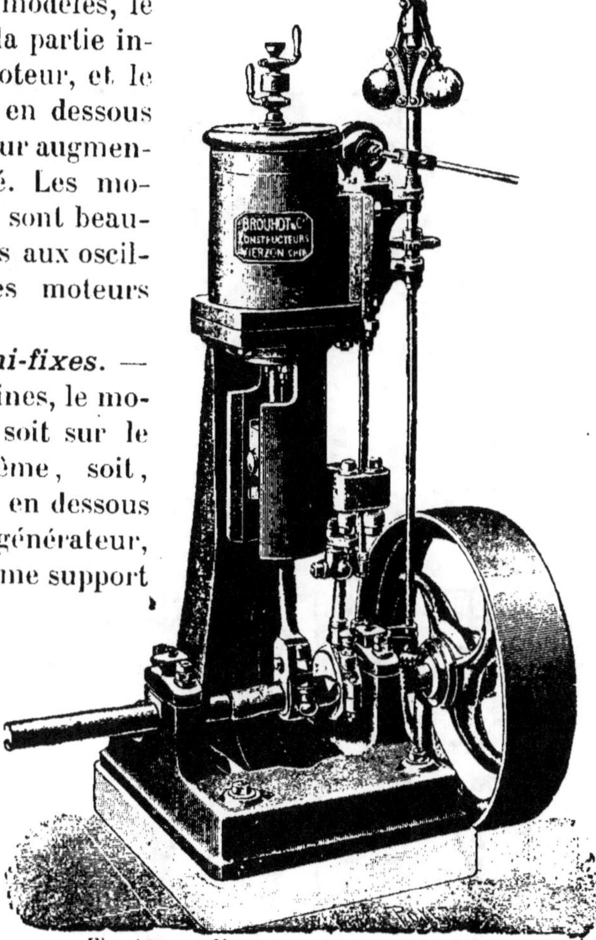

Fig. 183. — Moteur vertical pilon (Brouhot).

tage du bâti sont les mêmes que pour les locomobiles. On
construit en Angleterre des machines mi-fixes dans lesquelles le moteur est placé en dessous du générateur ;
ce dernier est à chaudière tubulaire horizontale avec foyer
carré ; le moteur est horizontal et ne diffère en rien des
moteurs fixes du même type. On trouve enfin des machines
mi-fixes à générateur et à moteur verticaux, où le moteur

est souvent placé contre la partie cylindrique du générateur.

Locomobiles. — Il existe quelques locomobiles à générateur

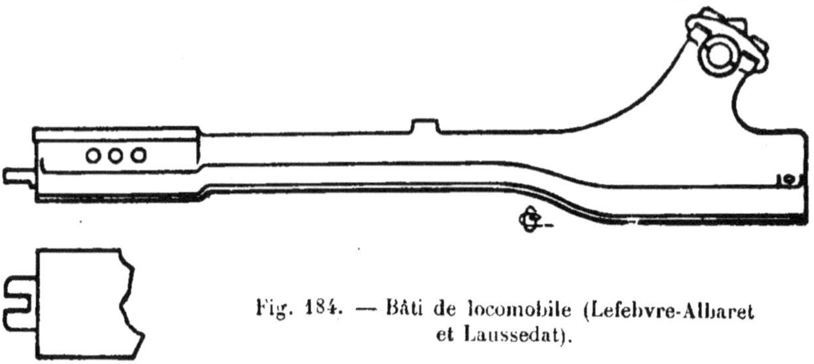

Fig. 184. — Bâti de locomobile (Lefebvre-Albaret
et Laussedat).

et à moteur verticaux; mais presque toutes sont composées d'un moteur horizontal fixé sur la partie supérieure d'un générateur tubulaire du type Seguin.

Dans la plupart des modèles français, le moteur est établi sur un bâti en fonte, cylindrique à sa face inférieure, et placé directement sur le corps cylindrique horizontal du générateur; ce bâti est analogue à celui des mo-

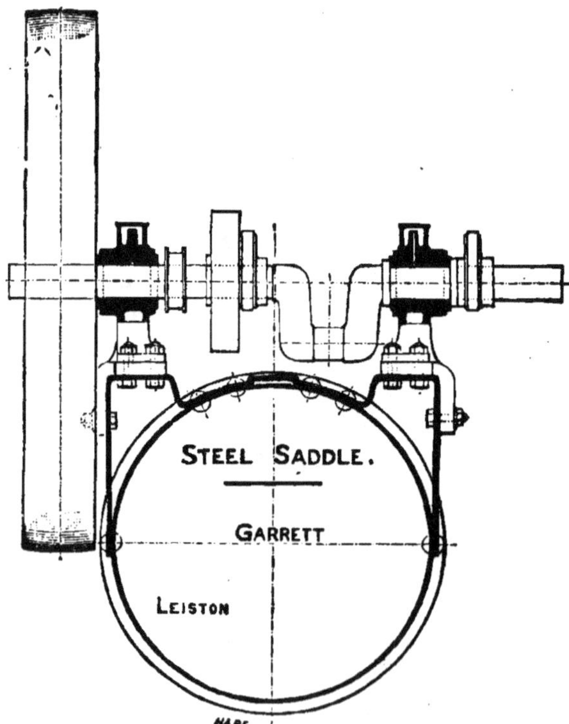

Fig. 185. — Montage des supports
des paliers dans une locomobile anglaise (Pilter-Garrett).

teurs fixes horizontaux, mais plus léger; la figure 184 en montre la disposition générale; c'est un bloc de fonte qui porte, vers la gauche, le cylindre et la glissière, et qui se relève à l'avant pour supporter, par l'intermédiaire de paliers, l'arbre moteur. Comme ce bâti se dilate moins que le corps cylindrique sur lequel il est placé, le boulon de fixation est engagé, du côté du cylindre, dans une coulisse solidaire du bâti ; grâce à cette coulisse, les deux pièces peuvent se dilater indépendamment l'une de l'autre. Le bâti représenté par la figure 184 comporte intérieurement une boîte longitudinale dans laquelle passe la vapeur d'échappement, avant de gagner la cheminée, et qui est traversée par le tuyau de refoulement de la pompe alimentaire.

Fig. 186. — Locomobile avec générateur en T (Société française de matériel agricole et industriel).

Dans les locomobiles anglaises, au contraire, le bâti est supprimé ; le cylindre est placé directement au-dessus du foyer, sur le dôme de vapeur, et les paliers de l'arbre moteur sont supportés par des consoles en tôle d'acier, rivées sur le corps cylindrique ; l'extrémité libre de la glissière est soutenue par un support rivé lui aussi sur la chaudière. Cette disposition allège beaucoup la locomobile (fig. 185).

Fig. 187. — Locomobile à foyer carré (Ruston Proctor).

Les locomobiles françaises sont ordinairement à foyer cylindrique vertical pour les types de moyenne et de faible puissance (fig. 186) et à foyer carré pour les fortes puissances, sans néanmoins qu'il y ait de règle bien fixe à ce sujet. Le foyer carré n'est guère employé, par la majorité de nos constructeurs, pour les locomobiles d'une puissance inférieure à 10 chevaux. Les machines an- glaises sont, **au** contraire, unifor- mément à foyer carré (fig. 187). Enfin, on emploie aussi en France des générateurs amovibles à re- tour de flamme, dont la figure 188 représente un ty- pe, et qui peu- vent très bien convenir pour l'a- griculture, mal- gré leur prix plus élevé que celui des locomobiles à flamme directe, en raison des avantages que nous avons pré- cédemment énu- mérés.

A

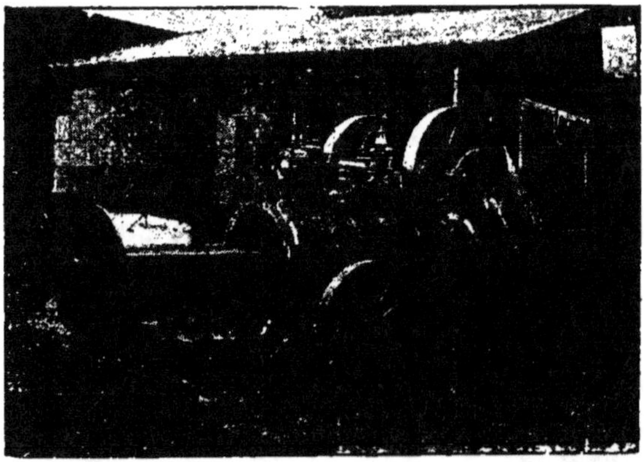

B

Fig. 188. — Locomobile à retour de flammes
et à foyer amovible (Gautreau).

A. la locomobile montée ; B. la même pendant le démontage.

Les moteurs de locomobiles ne présentent rien de particulier ; ils comportent un ou deux cylindres, suivant leur puis-

sance ; quand il y a deux cylindres, le moteur est ordinaire- ment compound (fig. 189). Il y a avantage à placer le cylindre très près du dôme, pour diminuer la longueur de la conduite de vapeur ; sous ce rapport, la disposition adoptée dans les

locomobiles anglaises est très bonne, puisque la conduite est
supprimée. L'arrivée de vapeur est sous la dépendance d'un
petit tiroir commandé par une vis à volant ou par un levier,

Fig. 189. — Locomobile compound (Pécard).

et qu'on nomme *régulateur*, parce qu'en l'ouvrant plus ou
moins on peut modifier la vitesse de la machine ; c'est une
dénomination vicieuse, car elle peut prêter à confusion avec
l'appareil de régulation précédemment décrit.

Les petites locomobiles sont parfois montées sur deux roues
et pourvues de brancards, comme les charrettes ; c'est une
disposition défectueuse, parce qu'il est difficile de les caler
solidement pendant le travail, et que, si les cales cèdent, la
machine se renverse, ce qui peut provoquer de graves accidents. Le plus souvent les locomobiles sont portées par quatre
roues réparties sur deux essieux, dont celui d'avant est monté
avec cheville ouvrière ; les roues en fer à moyeu de fonte

sont les plus recommandables. Le diamètre des roues d'avant doit être assez petit pour que l'essieu puisse passer entièrement sous le corps cylindrique, afin de ne pas détériorer la chemise pendant les virages. Les roues d'arrière sont pourvues d'un frein.

Les locomobiles se transforment facilement en machines mi-fixes; il suffit d'enlever les roues, et de faire reposer le générateur sur des supports en fonte, disposés sous le foyer et sous le corps cylindrique horizontal, à la place de l'avant-train.

Ces deux types de machines comportent souvent deux volants, ce qui équilibre mieux la charge et la pression sur les coussinets; l'un des volants peut servir de poulie motrice, mais, en général, il y a une poulie spéciale, légère et à jante large, pour recevoir la courroie de transmission; on munit toujours les locomobiles d'un sifflet, qui est très utile pour prévenir le personnel de la mise en marche ou de l'arrêt du moteur. Enfin certains modèles sont abrités sous une toiture légère.

La consommation en charbon des locomobiles agricoles varie suivant leur puissance. Les très petites machines, de 2 à 3 chevaux, consomment un peu plus de 3 kilogrammes de houille par cheval-vapeur et par heure ; celles de 8 à 10 chevaux dépensent de 2 kilogrammes à 2 kil. 200 de combustible par cheval-heure, cette puissance étant celle qui est réellement disponible sur l'arbre moteur.

Locomotives. — Les locomotives roulant sur rails sont peu usitées en agriculture et ne peuvent guère convenir que pour des exploitations annexées à de très grandes industries. Ce sont des machines à deux cylindres; les plus petites ont deux essieux couplés, dont l'un est attaqué par les pistons; comme la bielle d'accouplement rend moteurs les deux essieux, et que l'entraînement est produit par l'adhérence des roues sur les rails, on dit que ces locomotives sont à *adhérence totale*.

Les *locomotives routières*, qui sont les véritables locomotives agricoles, ne diffèrent que très peu des locomobiles. Elles sont toujours à foyer carré, car ce type de foyer permet d'augmenter la surface de chauffe sans accroître la dimension transversale du générateur et se prête très bien au montage en locomotive. Les roues sont à large jante, pour éviter l'enfoncement dans les terrains meubles; des nervures saillantes sont ménagées sur les jantes des roues d'arrière pour augmenter l'adhérence. L'essieu d'avant peut être obliqué sous l'action d'un volant qui, par vis sans fin et pignon, entraine des chaines qui font pivoter l'essieu autour de la cheville ouvrière, ou qui n'agissent que sur les roues, comme dans les automobiles. La figure 190 donne la vue d'ensemble d'une routière française construite spécialement pour remorquer et actionner un matériel de battage ; on y voit le générateur à foyer carré et le mécanisme moteur, sans bâti de fonte, tout à fait analogues à ceux des locomobiles, sauf que le dôme de vapeur est au milieu, et très élevé, de façon que, malgré l'inclinaison de la locomotive sur les rampes ou sur les pentes, la vapeur soit suffisamment sèche. L'arbre moteur porte d'un côté un volant et de l'autre un pignon qui commande les roues motrices par l'intermédiaire d'un train d'engrenages réducteur ; un débrayage permet de faire marcher le moteur sans actionner les roues ; on peut donc caler la locomotive et l'employer comme locomobile. Cette machine comporte encore un changement de marche dont nous avons décrit le principe, un tender pour l'eau et le charbon, et un frein à vis ; l'essieu moteur est pourvu d'un différentiel facilitant les virages (1).

On utilise également des routières beaucoup plus puissantes, à deux cylindres compound (fig. 191), qui remorquent un véritable train de wagons tels que celui représenté par la figure 192. Aux États-Unis, la direction est souvent assurée par un cheval attelé entre des brancards qui sont fixés à l'essieu d'avant de la locomotive.

Moteurs rotatifs. — Les mouvements continus étant beaucoup plus avantageux que les mouvements alternatifs, on a cherché depuis longtemps à substituer au piston ordinaire des organes auxquels la vapeur imprimerait un mouvement circulaire continu. De nombreux appareils ont été proposés, mais aucun d'eux ne peut être considéré comme fournissant une

---

(1) Cette locomotive, qui peut développer de 7 à 10 chevaux, ne pèse que 5 400 kilogrammes en ordre de marche ; elle peut remorquer une batteuse et un chariot pesant ensemble 8 à 10 tonnes, avec une vitesse de 4 à 6 kilomètres à l'heure.

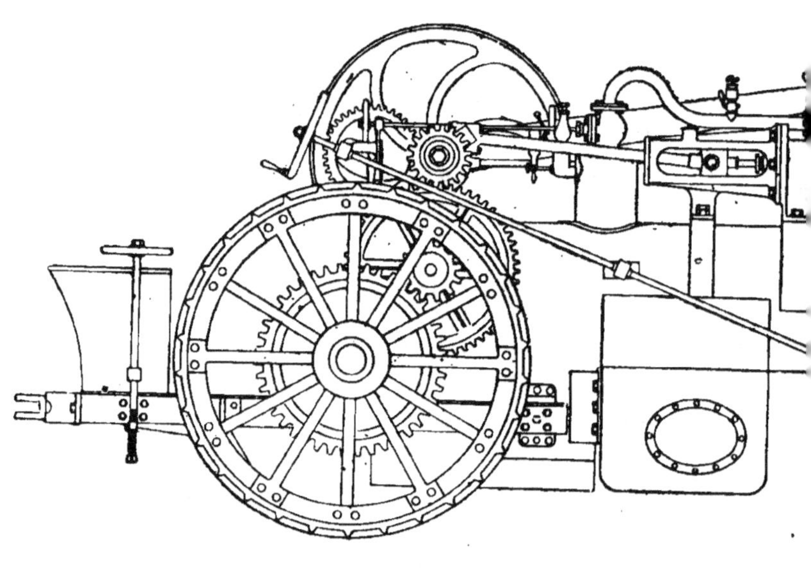

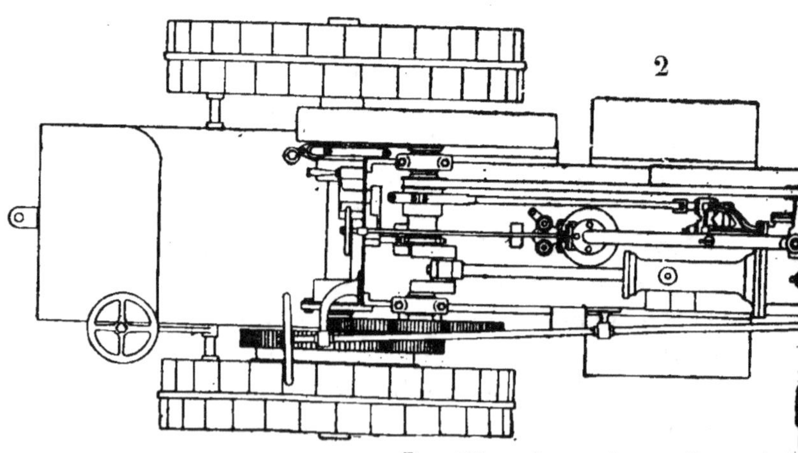

Fig. 190. — Locomotive-routière agricol[e]

1, élévation principale, en long ; 2, vue en plan ; 3, vue en bout par l'arrière ; 4,

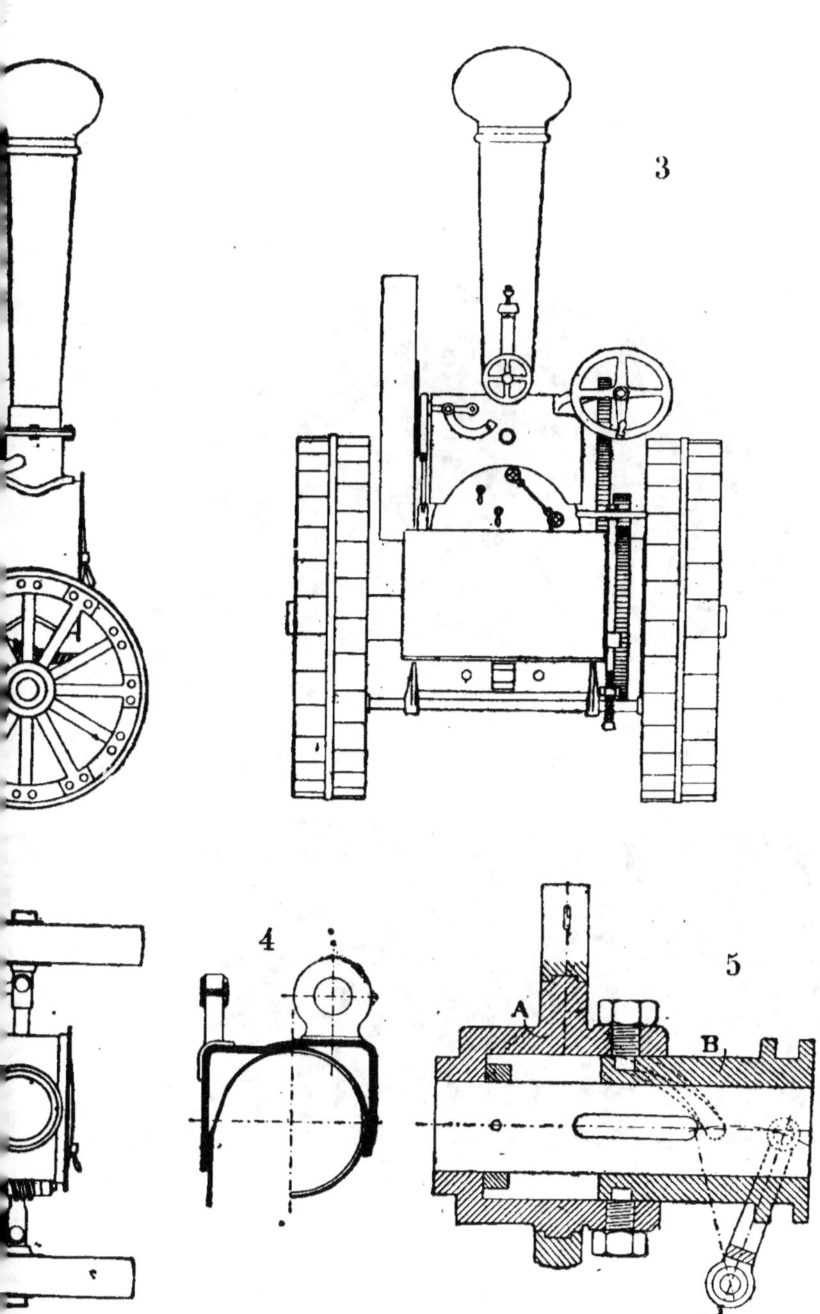

omotive (Lefebvre-Albaret et Laussedat).

montage des supports de paliers ; 5, coupe du dispositif de changement de marche.

solution satisfaisante du problème. Ceux qui ont donné les
meilleurs résultats sont les *moteurs à turbine*, dont le type le

Fig. 191. — Locomotive routière anglaise compound (Fowler-Pilter).

plus employé est représenté par la figure 193. La pièce prin-

Fig. 192. — Wagon-chariot pour traction par routières (Ransomes).

cipale est une turbine Fontaine à axe horizontal (voir aux
Moteurs hydrauliques) sur laquelle arrive, par des tuyères un
peu obliques, et après détente, la vapeur provenant d'un
générateur à haute pression ; la vapeur agit donc ici par sa

force vive, qui est considérable, étant donnée la très grande vitesse avec laquelle elle s'échappe (1). Aussi, comme ce moteur tourne très vite, il n'actionne l'arbre de transmission

Fig. 193. — Turbine à vapeur (de Laval).

que par l'intermédiaire d'engrenages réducteurs. Ces machines sont peu encombrantes et très simples ; mais elles consomment plus de vapeur que les moteurs ordinaires.

APPLICATIONS DES MOTEURS A VAPEUR A LA CULTURE MÉCANIQUE

Treuils actionnés par moteurs à vapeur.

1° Treuils indépendants. — Ces machines ne sont pas très différentes des treuils à manèges que nous avons déjà exa-

(1) La vitesse d'écoulement des gaz et des vapeurs à haute pression par les ajutages est beaucoup moins considérable qu'on le croit ordinairement ; elle n'augmente pas indéfiniment avec la pression et, d'après les recherches exécutées dans les locaux de la Station d'essais de Machines par M. H. Parenty, sa valeur maxima est égale à celle du son dans le gaz ou la vapeur à la température de l'échappement. *Cf. Annales de Physique et Chimie*, 7ᵉ série, t. VII (1896) et M. RINGELMA N, *Traité de mécanique expérimentale*, leçons rédigées par Jacques Danguy, 1898.

minés. Certains types, appelés treuils mixtes, peuvent être indifféremment actionnés par un manège ou par un moteur; les flèches du manège attaquent directement l'arbre principal

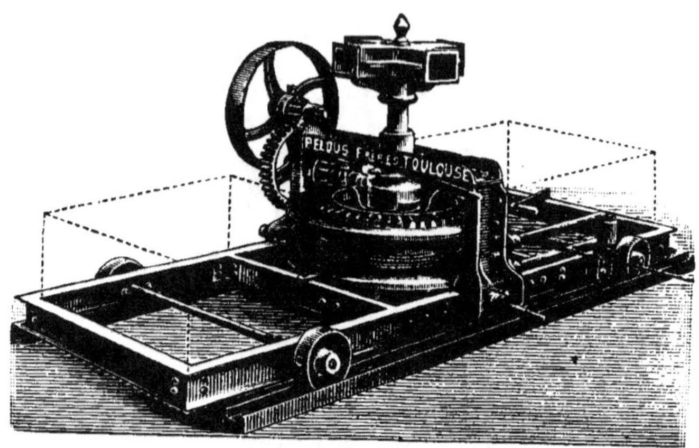

Fig. 194. — Treuil mixte à manège et moteur (Pelous aîné).

du treuil, tandis que le moteur agit, au moyen d'une poulie recevant la courroie de commande, sur un arbre intermédiaire qui entraîne le tambour par une série d'engrenages réducteurs de vitesse ; dans le treuil représenté par la figure 194,

Fig. 195. — Treuil à moteur, position de transport
(E. Vernette).

on distingue un levier de débrayage, au moyen duquel on sépare du tambour le système d'engrenage, lorsqu'on travaille au manège.

Les treuils à axe vertical, du genre cabestan (fig. 195), sont d'un emploi commode, parce que le câble de traction peut s'enrouler directement sur le tambour quelle que soit sa direction par rapport au treuil ; lorsque l'axe est horizontal, il faut guider le câble par des poulies de renvoi si sa direction n'est pas rigoureusement perpendiculaire à l'axe du tambour. Mais, comme la commande d'un arbre vertical au moyen d'une machine à vapeur dont l'arbre est horizontal ne peut avoir lieu que par l'intermédiaire d'engrenages d'angle, on préfère souvent, pour simplifier le mécanisme, disposer l'axe du treuil horizontalement, et faire passer le câble sur une poulie guide.

Les treuils indépendants du moteur sont destinés à être actionnés par la locomobile dont l'exploitation est déjà pourvue ; on ne les assemble à la locomobile que pour l'exécution des travaux de culture, la machine à vapeur pouvant être utilisée pour les autres travaux, comme toutes les machines similaires. La disposition du treuil et son mode de liaison au moteur dépendent de la façon dont le travail doit être exécuté.

S'il s'agit d'un treuil fixe, celui-ci ne diffère des treuils à manège que par la transmission à engrenages ; il est, comme eux, à simple effet, avec ou sans tambour de retour (fig. 196), ou encore à double effet. On amarre le treuil dans les conditions habituelles, et on cale soigneusement la locomobile. Un des types les plus connus de treuils à double effet est celui de la figure 197 ; les

Fig. 196. — Treuil à moteur avec tambour de retour
(Pelous aîné).

deux tambours sont à axe horizontal ; ils sont actionnés par un arbre horizontal, commandé par le moteur, et sur lequel sont calés deux pignons, qui peuvent engrener avec les couronnes dentées de grand diamètre qui sont fixées sur chacun des tambours. L'ensemble est supporté par un

Fig. 197. — Treuil à double effet, à axe horizontal (Howard).

bâti de charrette, à deux roues, dont les brancards peuvent

Fig. 198. — Le même treuil, accouplé à une locomobile à vapeur (Howard).

se raccorder à la locomobile et solidariser ainsi le treuil
avec le moteur. Les treuils sont fous sur leurs axes, et ceux-

ci sont montés sur excentriques, de sorte qu'en faisant tourner ces excentriques, on éloigne ou on approche les couronnes dentées des pignons moteurs ; en travail, on embraye l'un des tambours et on débraye l'autre ; celui qui est débrayé frotte contre un sabot de frein, dont on règle la pression au moyen d'un contrepoids, et qui empêche le câble de se dérouler brusquement. Les roues supportant le treuil doivent être enterrées pour que les câbles ne soient pas trop au-dessus du sol ; ceux-ci passent sous un *pont-plancher* qui permet de les franchir pour le service de la locomobile ; ils passent ensuite sous la locomobile elle-même, et enfin sur des poulies de renvoi (fig. 198).

Lorsqu'on veut que le treuil soit à traction directe, on le monte sur un châssis très robuste, qui est muni de galets

Fig. 199. — Treuil à vapeur actionné par une locomobile (Boulet-Bajac).

roulant sur des rails en fer à double T, lesquels portent la locomobile elle-même (fig. 199) ; la commande du mécanisme s'effectue par courroie ou par chaîne.

Ces treuils sont souvent pourvus d'engrenages pouvant donner deux ou trois vitesses différentes, en rapport avec la résistance qu'offre le terrain. Les tambours de retour ont une vitesse trois ou quatre fois supérieure à celle des tambours de traction.

La figure 200 représente un treuil établi de façon à pouvoir être substitué à l'avant-train de la locomobile, ce qui en rend le montage assez simple. Le châssis est supporté par trois roues ; le treuil de traction est à axe vertical et le treuil de rappel à axe horizontal ; cet appareil roule également sur rails.

Ces différents systèmes de treuils doivent toujours être

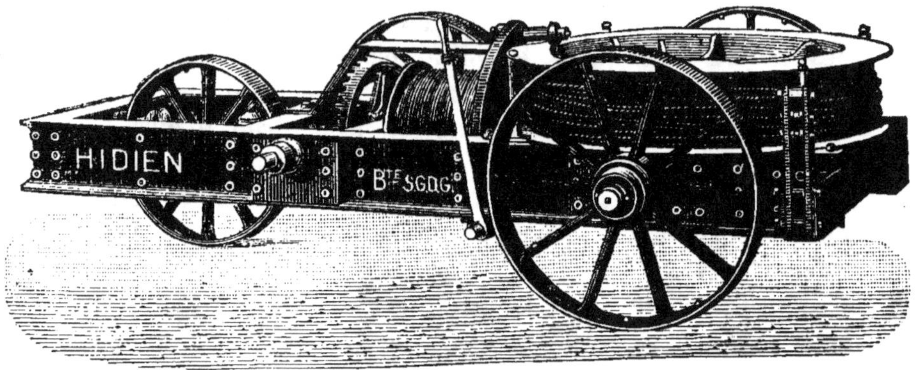

Fig. 200. — Treuil à moteur, se substituant à l'avant-train d'une locomobile (Hidien).

pourvus de freins. Certains modèles comportent, en outre, un enrouleur de câble, qui peut être utile si la vitesse du câble est assez grande.

2° Locomotives-treuils. — Dans ces machines, les treuils, ainsi que le mécanisme de transmission, sont fixés à demeure sur la locomotive ; un embrayage permet au mécanicien d'actionner séparément les roues porteuses et le treuil.

Le tambour du treuil était autrefois placé à l'arrière du tender, mais cette disposition a été abandonnée à cause du porte-à-faux considérable qui obligeait à renforcer beaucoup les membrures du tender.

On construit des locomotives-treuils à double effet, dans lesquelles les treuils sont montés sur l'axe même des roues motrices, qu'on embraye ou débraye à volonté. Mais, dans la plupart des cas, le treuil est à axe vertical et placé en dessous du corps cylindrique de la locomotive (fig. 201); le mouvement de l'arbre moteur est transmis au treuil par un arbre vertical que des engrenages d'angle relient au premier. Lorsque le treuil est à double effet ou à tambour de retour, les deux tambours sont généralement superposés. Là encore, il faut empêcher le déroulement du câble au moyen de freins ou d'appareils

Fig. 201. — Locomotive routière avec treuil à tambour unique (Pécard).

analogues ; le treuil est, en outre, toujours pourvu d'un enrouleur de câble.

Organisation des chantiers de culture au moyen de treuils à vapeur.

Dans tout chantier de ce genre, il faut approvisionner la machine en charbon et en eau. Les tonneaux à purin peuvent servir pour le transport de l'eau. Dans certaines circonstances, ce service d'approvisionnement n'est pas assuré sans de réelles difficultés.

1° Treuils mobiles ou à traction directe. — Lorsqu'on utilise comme moteur la locomobile de la ferme, on réunit le treuil et la locomobile de façon à obtenir un ensemble aussi rigide que possible et, par conséquent, très ramassé. Pour pouvoir déplacer l'appareil au fur et à mesure de l'avancement du travail, on supporte le treuil et son moteur par des rails, formés de fers à double T dont les patins sont encastrés dans le sol ; on pousse le matériel dans le sens voulu à l'aide

d'anspects, ou, mieux, on le hale sur un ancrage fixe en enroulant un câble sur une poupée adaptée à l'un des axes du
treuil. L'organisation générale du chantier ne présente rien de
particulier et est à peu près identique à celle dont il a été
question pour les treuils mobiles actionnés par manège; on
emploie des treuils à simple effet ou à double effet; dans ce
dernier cas, le second treuil peut n'avoir pour rôle que de

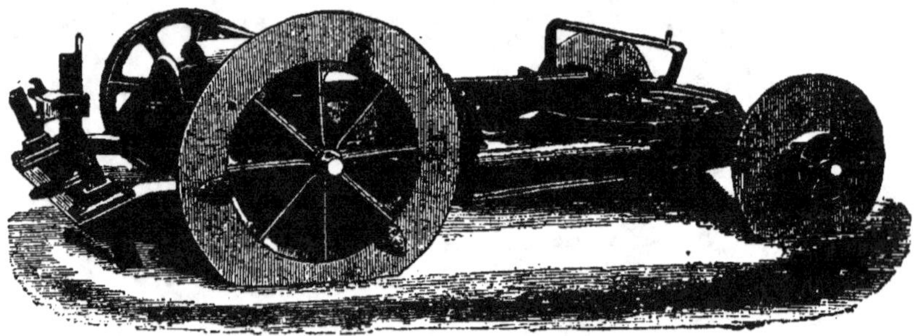

Fig. 202. — Chariot-ancre (Fowler-Pilter).

ramener la charrue à vide, au moyen d'un câble fin, ou servir,
au contraire, à l'exécution du labour, si la charrue est du type
balance. La longueur du câble de traction varie ordinairement
de 250 à 350 mètres, 400 mètres au plus. Si le treuil est à double
effet, le matériel comporte obligatoirement une poulie de
renvoi reliée à un ancrage ou supportée par un chariot dont
les roues sont pourvues de jantes tranchantes pénétrant dans
le sol (chariot-ancre) (fig. 202).

Lorsqu'on fait usage de locomotives-treuils, on peut se contenter d'une seule machine ou bien en employer deux (fig. 203).
Dans la première hypothèse, la locomotive comporte généralement un treuil à double effet, et la charrue est ramenée en
arrière, en travail ou à vide, par le câble qui passe sur une poulie
de renvoi à déplacement automatique. Dans la seconde, les deux
locomotives ne possèdent chacune qu'un treuil à simple effet;
elles actionnent alternativement la même charrue-balance.
Comme les locomotives-treuils sont en même temps routières,
elles se déplacent d'elles-mêmes sur les fourrières; le mécanicien débraye le treuil, dont le déroulement spontané est
empêché par un frein, puis il embraye la commande des

roues; on ne fait pas usage de rails pour supporter ces machines
dont le poids est considérable.

Bien qu'il comporte un matériel plus coûteux, le système à

Fig. 203. — Locomotive routière avec treuil à deux tambours (Fowler-Pilter).

deux locomotives-treuils est le plus employé; il permet d'utiliser des locomotives moins puissantes, parce que, les machines travaillant alternativement, la pression de la chaudière
de l'une peut monter pendant que l'autre fonctionne.
Sauf dans quelques grandes exploitations, ce procédé n'est
guère employé, en France, que par des entrepreneurs. Son
principal défaut réside dans l'obligation d'occuper deux mécaniciens, installés à une assez grande distance l'un de l'autre,
et qui ne peuvent correspondre entre eux que par signaux
optiques ou acoustiques, dont la perception peut être rendue
difficile par les ondulations du sol ou par l'état de l'atmosphère; leur fausse interprétation peut provoquer des dégâts
matériels ou même des accidents de personnes.

2° Treuils fixes. — Il n'y a aucun intérêt, lorsqu'on laisse
le treuil fixe en un point déterminé du champ, à employer une
locomotive-treuil automotrice; il vaut alors beaucoup mieux
utiliser la locomobile de la ferme, et lui faire actionner un treuil
distinct, à simple ou à double effet. L'ensemble restant fixe,
on n'est pas obligé d'en réduire les dimensions comme dans

le cas des treuils mobiles ; le montage est plus simple, et les transmissions souples sont dans de meilleures conditions pour bien fonctionner.

Par contre, il faut, de toute nécessité, employer des poulies de renvoi.

Certains systèmes de treuils fixes sont mixtes, c'est-à-dire peuvent être actionnés indifféremment par des animaux ou par un moteur à vapeur.

L'organisation d'un chantier de labourage ou de défoncement au moyen d'un treuil à vapeur fixe dépend du système du treuil. Si le treuil est simple, ou à tambour de rappel, elle est la même que pour les treuils à manèges, mais il ne faut plus songer à installer le treuil au centre de gravité du champ, car il faudrait déplacer le matériel un trop grand nombre de fois.

Lorsqu'il s'agit de treuils fixes à double effet, on emploie un dispositif particulier ; un câble sans fin, très long, entoure complètement le champ et s'enroule, par ses deux extrémités, sur les deux tambours du treuil ; des poulies de renvoi le dirigent parallèlement aux côtés du champ. Entre deux de ces poulies, qui sont montées sur chariots-ancres, se déplace une charrue-balance reliée au câble (fig. 204).

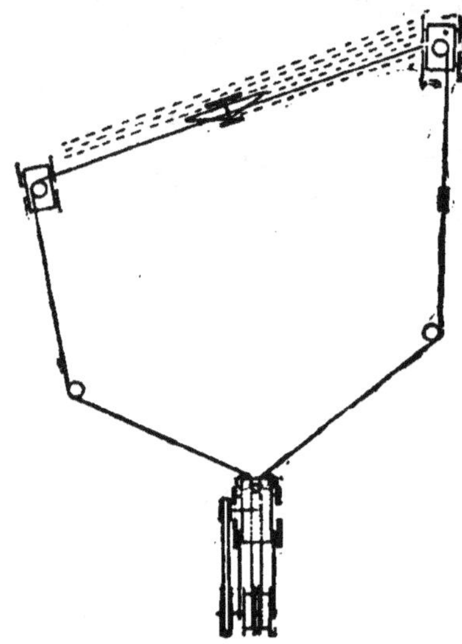

Fig. 204. — Chantier de défoncement par treuil à vapeur fixe à double effet (Type Howard).

Comparaison des différents systèmes de treuils à vapeur.

Sauf quelques rares exceptions, les travaux de culture par treuils à vapeur ne sont exécutés, en France, que par des entrepreneurs ; encore ne consistent-ils principalement qu'en

Tableau n° X. — *Prix de revient du défoncement d'un hectare par treuils à vapeur* (M. Ringelmann).

INDICATIONS.	TREUIL A SIMPLE EFFET.	TREUIL A DOUBLE EFFET.	2 LOCOMOTIVES-TREUILS.
Données générales.			
Valeur du matériel complet...	13 000 fr.	18 000 fr.	65 000 fr.
Puissance des machines	8 chevaux.	10 chevaux.	14-16 chevaux.
Charbon consommé par jour..	320 kil.	400 kil.	850 kil.
Temps employé pratiquement pour défoncer un hectare...	4 jours.	3 jours.	1 jour.
Dépenses annuelles.			
Amortissement en dix ans et entretien...............	2 600f (20 0/0 en bloc).	3 600f (20 0/0 en bloc).	9 100f (14 0/0 en bloc).
2 mécaniciens à l'année......	»	»	3 000 fr.
Total...............	2 600 fr.	3 600 fr.	12 100 fr.
Frais de travail par jour.			
Mécaniciens. (Nombre et indemnité totale.....	1 à 6 fr. = 6 fr.	1 à 6 fr. = 6 fr.	2 à 2 fr. = 4 fr.
Laboureur...............	»	»	6 fr.
Aides et ouvriers. (Nombre et indemnité totale......	2 à 3 fr. = 6 fr.	3 à 3 fr. = 9 fr.	2 à 3 fr. = 6 fr.
Service de l'eau et du charbon.	6 fr.	6 fr.	18 fr.
Charbon à 40 fr. la tonne....	12,80	16 fr.	34 fr.
Huile, graisse et chiffons.....	2 fr.	2,50	7 fr.
Usure du câble............	»	»	5 fr.
2 bœufs pour ramener la charrue...............	6 fr.	»	»
Frais par jour.............	38,80	39,50	80 fr.
Frais de travail par hectare..	156 fr.	120 fr.	80 fr.

SURFACE DÉFONCÉE PAR AN.	Nombre de jours de travail par an.	FRAIS par hectare. Amortissement et entretien.	FRAIS par hectare. Travail.	FRAIS par hectare. Totaux.	Nombre de jours de travail par an.	FRAIS par hectare. Amortissement et entretien.	FRAIS par hectare. Travail.	FRAIS par hectare. Totaux.	Nombre de jours de travail par an.	FRAIS par hectare. Amortissement et entretien.	FRAIS par hectare. Travail.	FRAIS par hectare. Totaux.
		fr.	fr.	fr.		fr.	fr.	fr.		fr.	fr.	fr.
10 hectares.........	40	260		416	30	360		480	»	»	»	»
20 —	80	130		286	60	180		300	»	»	»	»
30 —	120	86	156	242	90	120		240	»	»	»	»
40 —	160	65		221	120	90	120	210	»	»	»	»
50 —	200	52		208	150	72		192	50	242		322
60 —	....	....	....	....	180	60		180	60	201		281
70 —	....	....	....	....	210	51		171	70	172		252
80 —	....	....	....	....	....	....	....	....	80	151		231
100 —	....	....	....	....	....	....	....	....	100	121		201
120 —	....	....	....	....	....	....	....	....	120	100	80	180
140 —	....	....	....	....	....	....	....	....	140	86		166
160 —	....	....	....	....	....	....	....	....	160	75		155
180 —	....	....	....	....	....	....	....	....	180	67		147
200 —	....	....	....	....	....	....	....	....	200	60		140

travaux énergiques, du genre des défoncements; les façons culturales ordinaires sont effectuées presque uniquement à l'aide d'animaux; la faible étendue des domaines et surtout des parcelles, la cherté de la houille, etc., s'opposent à l'emploi des treuils à vapeur pour l'exécution des travaux courants.

Les systèmes de treuils à vapeur qui présentent le plus d'intérêt pour nous sont évidemment ceux dans lesquels on peut appliquer une locomobile distincte, utilisable pour d'autres travaux, comme le battage des grains; l'amortissement et l'entretien se répartissent sur un plus grand nombre de jours et sur plusieurs chapitres. C'est seulement dans des cas exceptionnels que le gros matériel pourra devenir avantageux.

Pour comparer entre eux les différents systèmes de treuils à vapeur, nous emprunterons à M. Ringelmann les chiffres précédents (1), obtenus en supposant que le défoncement atteigne $0^m,50$ de profondeur et que le matériel soit amorti en dix ans. Ces chiffres sont consignés dans le tableau n° X, p. 355.

En rapprochant ces résultats de ceux déjà indiqués pour les treuils à manège, on voit que, suivant le nombre d'hectares à défoncer annuellement, il faut employer l'un des systèmes suivants (2) :

Jusqu'à 10-20 hect....   Treuil à manège à 4 chevaux.
De 20-30 à 30-40 hect..   Treuil à vapeur à simple effet (8 *HP*).
De 30-40 à 70 hect....   Treuil à vapeur à double effet (10 *HP*).
De 70 à 200 hect......   2 locomotives-treuils de 14-16 *HP*.

Il est à remarquer, cependant, que les chiffres donnés dans le tableau n° X, concernant les treuils à simple et à double effet, ont été calculés en supposant la locomobile spécialement affectée au travail de défoncement, qui en supporte seul l'achat, l'amortissement et l'entretien ; ces chiffres peuvent donc être assez notablement réduits, si la locomobile a d'autres emplois dans l'exploitation. On voit en outre que les treuils à double effet deviennent rapidement plus économiques que ceux à simple effet.

Culture mécanique par remorque directe. — Il existe

(1) M. Ringelmann, *Mise en culture des terres.*
(2) M. Ringelmann, *Op. cit.*

plusieurs systèmes de culture mécanique par remorque directe ; ils sont employés surtout dans l'Amérique du Nord. Le principe en est des plus simples : il suffit, en effet, d'imaginer une locomotive routière se déplaçant sur le champ à travailler, et remorquant une charrue multiple d'un type quelconque. Ces systèmes ne sont d'un emploi commode que si les champs ont une très grande longueur ; les tournées font perdre, en effet, beaucoup de temps.

On s'est proposé, à plusieurs reprises, de monter les pièces destinées à travailler le sol sur le châssis même de la routière ; c'est ainsi qu'étaient constituées les *piocheuses*, formées de houes articulées, animées d'un mouvement alternatif ou circulaire continu en même temps que d'un mouvement rectiligne de translation. Il a été construit également des machines à labourer dans lesquelles les pièces travaillantes étaient formées de trois corps de charrue à sep courbe, montés sur un axe horizontal qui leur imprimait un mouvement de rotation ; ces trois corps étaient installés à l'arrière d'une routière à vapeur, qui se déplaçait tout en les faisant tourner. Une laboureuse à pétrole, dont l'apparition a fait quelque bruit, il y a quatre ou cinq ans, ne différait de ces anciennes machines que par la substitution d'un moteur à pétrole au moteur à vapeur.

Plus récemment, M. Boghos Nubar, ingénieur des Arts et Manufactures, a imaginé une machine qui ameublit très énergiquement le sol ; les pièces travaillantes sont formées de disques armés de coutres un peu inclinés par rapport aux rayons, qui tournent autour d'axes parallèles à la direction du déplacement. On conçoit que, suivant la vitesse de rotation des disques et celle de déplacement de la machine, les coutres découpent en terre des lamelles plus ou moins épaisses ; on modifie donc sans difficulté l'énergie du travail produit, qui consiste en une véritable pulvérisation. La laboureuse rotative de M. Boghos Nubar est automotrice ; les disques étaient primitivement montés à l'arrière d'une locomotive et étaient mis en mouvement par un moteur spécial qu'alimentait la chaudière de la routière. L'inventeur a récemment (1902) modifié sa machine, et, pour en diminuer le poids, il a

Fig. 205. — Laboureuse rotative automotrice à vapeur de M. Boghos Pacha Nubar.

adopté la disposition représentée par la figure 205. Tout l'ensemble est supporté par un châssis métallique à deux essieux, dont l'un, à roues de grand diamètre garnies d'aspérités, est moteur et sert à la propulsion de la laboureuse ; l'autre est directeur et a des roues plus petites. A l'avant se trouve un générateur multitubulaire à tubes d'eau et à circulation, du système Niclausse, contenant 240 litres d'eau, avec une surface de chauffe de 16,59 mètres carrés, et timbrée à 15 kilogrammes. Un moteur unique, à grande vitesse, alimenté par ce générateur, actionné à la fois les roues motrices et les disques laboureurs ; ceux-ci sont au nombre de trois, dont deux de grand diamètre ; le troisième, plus petit, est situé entre les deux précédents, son axe étant, en outre, plus bas que ceux des grands disques. Ce dispositif particulier permet d'obtenir un travail plus régulier en profondeur. Les disques tournent avec une vitesse de 22 tours par minute ; la profondeur de la culture est de 0^m,21 à 0^m,30, et sa largeur de 3^m,55, dont 2^m,90 de largeur utile ; la vitesse d'avancement est de 0^m,25 à 0^m,30 en travail, et de 1 mètre en transport. Deux fortes vis, actionnées par le moteur au moyen d'un embrayage à friction et s'appuyant sur l'essieu directeur, permettent de déterrer la machine.

Les essais comparatifs effectués par M. Boghos Nubar sur des champs cultivés en cotonnier ont prouvé qu'avec un seul passage de la laboureuse on obtenait un rendement un peu plus élevé qu'avec trois labours ordinaires ; l'augmentation de récolte représente 48 francs environ par hectare. Or la préparation du champ à la charrue exige, en Égypte, 17 journées d'hommes, et 34 journées de bœuf, tandis qu'une demi-journée suffit à la laboureuse à vapeur.

MOTEURS A EXPLOSIONS

Généralités.

Les moteurs à explosions diffèrent sensiblement, comme principe, des machines à vapeur. Dans ces dernières, l'énergie nécessaire à la mise en mouvement du mécanisme proprement dit (piston, bielle, volant, etc.) est produite et accumulée, sous forme de vapeur à une certaine pression, dans un organe spécial, ou générateur, relié au mécanisme par une tuyauterie ; ce générateur, auquel incombe le double rôle de produire la vapeur et de la mettre en réserve, est ordinairement monté, pour les locomobiles et machines mi-fixes de moyenne puissance, sur un bâti qui supporte en même temps le mécanisme moteur ; mais pour les grandes puissances, on préfère le plus souvent l'installer dans un local particulier, d'où une canalisation plus ou moins longue conduit la vapeur à la machine motrice. Le générateur est donc un appareil bien distinct de la machine, et qui, par la vapeur qu'il contient, sert d'intermédiaire entre le combustible et le mécanisme moteur. On peut, en diminuant ou en activant le feu, modifier la pression de la vapeur dans la chaudière et la régler d'après le travail à produire ; on peut aussi, dans certains cas, à l'aide de mécanismes appropriés et bien connus, prolonger la période pendant laquelle la vapeur est admise à pleine pression dans le cylindre et obtenir, au moins durant quelques instants, une puissance notablement supérieure à celle pour laquelle la machine a été construite ; la marche, dans ces cas extrêmes, est évidemment moins

économique qu'en régime normal, mais ne cesse pas d'être
régulière. En un mot, grâce à l'importante réserve d'énergie, pour ainsi dire toute préparée, que renferme la chaudière, la machine à vapeur est un moteur éminemment
élastique.

Dans le moteur à explosions, au contraire, le combustible
est utilisé directement ; on l'introduit dans le cylindre, en
arrière du piston, sous la forme d'une *substance explosive*
dont on provoque l'inflammation au moment voulu ; le piston
est chassé et, lorsque l'effet utile est obtenu, les gaz
brûlés s'échappent dans l'atmosphère. Nous verrons plus loin
ce qu'il faut entendre par substance explosive ; quelle que
soit cette substance, le dégagement de chaleur qui accom-
pagne l'explosion a pour effet de porter les gaz contenus dans
le cylindre, et qui constituent l'explosif ou résultent de sa
déflagration, à une température très élevée qui en augmente
beaucoup la pression. Nous n'avons donc plus ici, comme
dans la machine à vapeur, aucune réserve d'énergie immédiatement utilisable où le moteur puisse s'alimenter suivant
ses besoins. A des intervalles déterminés, une nouvelle dose
convenable d'explosif est introduite dans le cylindre par un
mécanisme distributeur, et il faut en provoquer l'explosion
pour que le moteur continue de fonctionner ; c'est donc par
une succession d'à-coups que le moteur prend et conserve sa
vitesse de marche. Bien que les organes accessoires, dont
nous aurons l'occasion de faire l'examen par la suite, suppriment presque totalement les mauvais effets d'un pareil mode
d'alimentation, on voit clairement, par ces simples indications,
qu'il est impossible d'obtenir, avec des moteurs à explosions,
autant de régularité et surtout d'élasticité qu'avec les machines
à vapeur ; dès que ces moteurs fonctionnent à la limite de
puissance pour laquelle ils sont réglés, la moindre résistance
additionnelle, le moindre raté dans l'accomplissement de
l'explosion peuvent les arrêter complètement ; il faut alors,
pour continuer le travail, supprimer la résistance et procéder à une nouvelle mise en marche. Hâtons-nous toutefois
d'ajouter qu'il suffit, pour conjurer le danger de *bloquage*
intempestif, de proportionner le moteur à la résistance qu'il

G. COUPAN. — *Les Moteurs agricoles.*   21

doit vaincre, et de lui donner une puissance légèrement supérieure à celle qui serait strictement nécessaire.

Si les moteurs à explosions ne peuvent rivaliser, comme régularité d'allure et comme élasticité, avec les machines à vapeur, ils présentent du moins sur ces dernières des avantages incontestables, qui les font rechercher toutes les fois qu'on n'a pas besoin d'une marche absolument régulière ou d'une puissance variable pouvant atteindre une valeur élevée ; on les préfère surtout pour la mise en mouvement des mécanismes qui ne doivent fonctionner que d'une manière intermittente. L'infériorité de la machine à vapeur, dans ce dernier cas, est la conséquence de son mode particulier de fonctionnement. Sa chaudière doit être chauffée assez longtemps à l'avance : il faut compter, en effet, de une heure à une heure et demie, suivant la saison, pour la mise en pression d'une chaudière à vapeur de six à huit chevaux, d'un bon type courant ; tandis qu'un moteur à pétrole est en plein fonctionnement au bout de dix minutes environ et qu'un moteur à alcool ou à essence part presque instantanément. Pour mettre une chaudière en pression, il faut dépenser une quantité assez importante de combustible, même lorsque le travail à demander à la machine doit être de très courte durée ; une fois ce travail exécuté, il faut jeter le feu et laisser la chaudière se refroidir, ce qui entraîne la perte de tout le combustible qui a servi à élever l'eau de sa température initiale à la température où elle se trouve encore au moment de la cessation du travail. Pour arrêter un moteur à explosions, il suffit, au contraire, de supprimer l'arrivée du combustible, et dès que cette manœuvre est accomplie, la dépense cesse.

Si nous ajoutons à ces considérations que, par suite d'une construction plus simple, et de la possibilité d'employer des matériaux de qualité plus ordinaire, les moteurs à explosions sont moins coûteux et d'une conduite plus facile que les machines à vapeur, qu'ils peuvent rendre dans la plupart des cas les mêmes services que ces dernières, soit comme moteurs fixes, soit comme locomobiles, qu'ils s'appliquent beaucoup mieux aux faibles puissances et qu'enfin ils ne sont pas susceptibles d'éclater comme les chaudières à vapeur, nous aurons démontré que, tout au moins ceux d'entre eux pour l'alimentation desquels on peut se procurer facilement dans les campagnes les produits nécessaires, constituent le genre de moteurs le plus propre à être employé dans les exploitations rurales.

Nous allons maintenant définir ce que nous avons appelé précédemment « substance explosive ».

Comme nous l'avons indiqué, pour faire fonctionner un moteur à explosions, il faut introduire périodiquement, dans le cylindre, de petites quantités d'une matière dont on détermine l'explosion. On pourrait par exemple faire usage de l'un des explosifs employés dans les travaux publics ou dans les armes à feu de chasse et de guerre. Il est même probable que l'adoption des poudres ordinaires, des fulmicotons et autres explosifs très violents, permettrait de simplifier au suprême degré les moteurs, car la combustion de ces produits n'exige pas, pour s'accomplir, l'apport d'oxygène provenant de l'extérieur ; on pourrait par suite supprimer les soupapes d'admission d'air. En fait, l'abbé Jean Hautefeuille a imaginé, en 1678, un moteur actionné dans ces conditions, dont il énonce le principe dans son mémoire sur le *pendule perpétuel avec manière d'élever l'eau par le moyen de la poudre à canon.* Certains brevets d'invention plus récents ont également signalé la possibilité d'alimenter les moteurs au moyen d'explosifs qui permettraient de disposer, sous un très faible volume, d'une quantité d'énergie considérable. Ce point de vue peut être d'un réel intérêt pour des cas très spéciaux, comme la navigation sous-marine ; mais nous ne saurions nous y arrêter davantage.

En pratique, la substance explosive applicable aux moteurs dont nous avons à nous occuper est constituée par un *mélange tonnant*, formé d'une vapeur ou d'un gaz combustible, uni au volume d'air nécessaire pour en assurer la combustion à peu près complète. Nous disons « à peu près », car la combustion ne peut jamais être parfaite, soit parce que le dosage du comburant par rapport au combustible est défectueux, soit parce que les gaz et matières inertes contenus dans le combustible ou dans l'air (azote, acide carbonique, etc.), s'opposent à leur mélange intime. Les combustibles liquides et gazeux sont les plus employés. Il existe cependant un moteur utilisant un mélange tonnant formé de charbon pulvérisé et d'air (moteur Diesel). On sait, en effet, depuis un certain nombre d'années, que les mélanges d'air et de poussières solides combustibles assez ténues pour rester en suspension dans l'atmosphère sont éminemment explosifs; c'est par cette propriété qu'ont été expliquées les explosions très graves survenues dans plusieurs grandes minoteries américaines et dont la cause avait été longtemps ignorée; c'est au même fait que M. Ringelmann attribue les explosions moins violentes, mais encore dangereuses, qui ont lieu parfois dans les chantiers de battage des céréales, lorsque le vent ramène vers la locomobile les poussières très légères sortant de la batteuse.

Les moteurs sont, en général, classés en un certain nombre de groupes correspondant à la nature du gaz ou de la vapeur qui, par sa réunion à l'air, constitue le mélange tonnant. Les principaux mélanges sont :

Air mélangé de :

Gaz combustible.
- Gaz d'éclairage.
- — de bois.
- — d'huile.
- Acétylène.
- Gaz pauvre ou gaz à l'eau.

Vapeur combustible produite par :
- Gazoline.
- Benzine.
- Essence minérale.
- Alcool dénaturé ordinaire.
- — — enrichi (ou carburé).
- Pétrole lampant.
- Huile de schiste.

Quel que soit le combustible employé, il importe au plus haut point de déterminer avec soin la composition du mélange ; il faut en effet que le combustible soit additionné de la quantité d'air nécessaire pour que la combustion ait lieu aussi parfaitement que possible : s'il y a trop d'air, le mélange s'allume mal et l'effet utile est plus faible; s'il n'y en a pas assez, une fraction seulement du combustible est utilisée dans le cylindre, le reste étant entraîné et dépensé à l'extérieur, sans concourir à la marche du moteur.

Ces considérations permettent déjà de remarquer que les moteurs dans lesquels la régulation du mouvement s'effectue par *tout ou rien*, c'est-à-dire par l'admission, quand le moteur se ralentit, d'un mélange fixe, reconnu le meilleur, et par la suppression de l'admission, ou autrement dit des explosions, quand le moteur tend à exagérer sa vitesse de marche, sont plus économiques que ceux dans lesquels la régulation a lieu par modification de la composition du mélange tonnant. C'est pour des raisons de même ordre qu'il importe d'interdire aux ouvriers, conducteurs de moteurs à explosions, de toucher aux vis qui règlent la tension des ressorts des soupapes d'admission automatiques, car cette tension a dû être déterminée expérimentalement par le constructeur et correspond au mélange normal, c'est-à-dire à la moindre dépense de combustible.

Il va sans dire que les proportions d'air et de combustible sont variables suivant la composition de ce dernier. Il est d'ailleurs facile de les déterminer dans chaque cas, en partant de la composition chimique du combustible; on obtient ainsi, pour l'air, un volume qui, en pratique, doit être légèrement augmenté, probablement à cause de la quantité notable de gaz inertes qu'il contient, gaz qui, comme nous l'avons indiqué plus haut, nuisent au contact intime de l'oxygène, seul corps actif de l'air, avec les molécules combustibles.

En général, les moteurs à explosions sont à *simple effet*, c'est-à-dire que, contrairement à ce qui a lieu pour les machines à vapeur, le piston ne supporte que par une de ses faces l'effort d'expansion des gaz provenant de l'explosion; le cylindre est, par conséquent, ouvert à l'une de ses extrémités. L'introduction du mélange tonnant a lieu, le plus souvent, par *aspiration*; le piston étant supposé appliqué contre le fond du cylindre, il suffit de l'éloigner de ce fond pour produire dans le cylindre une dépression, un vide, que le mélange tonnant vient aussitôt combler; ce déplacement du piston est obtenu *à la main*, lors de la mise en train (en agissant directement sur la périphérie du volant ou en manœuvrant une manivelle à débrayage automatique, qui actionne l'arbre de ce volant); mais lorsque la machine est en marche, la vitesse acquise par l'ensemble des pièces massives qui constituent le mécanisme moteur dispense de toute nouvelle manipulation.

Il est donc possible, en principe, de construire un moteur à explosions fonctionnant comme suit : le piston aspire, pendant une fraction de sa course *avant*, le volume nécessaire de mélange tonnant ; à un instant déterminé, l'admission cesse et l'explosion a lieu ; la pression intérieure s'élève considérablement, et le piston est violemment chassé, en même temps que la détente des gaz s'effectue jusqu'à la fin de la course avant. Entraîné par le volant, le piston revient en arrière et expulse les gaz brûlés, puis, au début d'une nouvelle course avant, aspire le mélange tonnant, qui est enflammé au moment voulu, et ainsi de suite. Actuellement on ne construit de moteurs sur ce principe que pour les très faibles puissances ; mais plusieurs anciens moteurs, antérieurs à l'adoption du cycle Otto, dont nous parlerons ci-après, fonctionnaient de cette manière.

L'expérience a, d'ailleurs, prouvé que le mélange s'enflamme plus facilement quand on l'a soumis à une compression préalable. M. A. Witz attribue ce fait au rapprochement des molécules gazeuses, ainsi qu'au moindre refroidissement du mélange qui, une fois comprimé, n'est en contact qu'avec une plus faible portion de la paroi métallique. En outre, la température à laquelle sont portés les gaz, après l'explosion, est plus élevée lorsque le mélange a subi la compression avant de s'enflammer. Les avantages qui en résultent sont tels que l'immense majorité dés moteurs à explosions aujourd'hui en usage sont à compression préalable. Quelquefois, afin d'obtenir une explosion par tour de volant, on opère cette compression dans un cylindre spécial, avec un piston additionnel, ou, ce qui revient au même, on la produit dans le cylindre même du moteur, dont on ferme les deux extrémités, l'une des faces du piston jouant alors le rôle de piston additionnel. Mais, comme ces dispositifs entraînent toujours une certaine complication et diminuent un peu le rendement, on préfère, le plus souvent, réduire le nombre des *courses motrices* ; c'est en faisant travailler une seule des faces du piston qu'on obtient successivement l'aspiration et la compression du mélange, l'utilisation de sa puissance expansive après explosion et l'expulsion des gaz brûlés. Dans ces conditions, le piston ne s'applique pas exactement contre le fond du cylindre et laisse libre, à la fin de la course *arrière*, un espace suffisant pour que le mélange puisse s'y loger à une pression variant, ordinairement, de 2 à 5 kilogrammes par centimètre carré.

On a ainsi ce qu'on appelle les *moteurs à quatre temps*, dont le fonctionnement est le suivant. Supposons tout d'abord que le piston soit à fin de course arrière, c'est-à-dire qu'il ait atteint la position la plus voisine de l'unique fond du cylindre ; la marche du moteur comprendra quatre périodes distinctes, qui se reproduiront indéfiniment dans le même ordre.

Première période ou première course avant : **Aspiration**. — Le piston s'éloigne du fond du cylindre et aspire le mélange tonnant ; la pression qui règne dans le cylindre, pendant cette période, est théoriquement égale à la pression atmosphérique, puisque l'air entrant dans la composition de ce mélange est puisé directement à l'extérieur ; en réalité, comme l'écoulement des gaz par les soupapes ne se produit pas sans une certaine perte de charge, cette pression est un peu plus faible que la pression atmosphérique, notamment vers le milieu de la période.

Deuxième période ou première course arrière : **Compression**. — Le piston, ramené par le volant, se rapproche du fond du cylindre et la compression augmente progressivement jusqu'à ce que le piston soit à fond de course ; sa valeur maxima varie, comme nous l'avons indiqué plus haut, de 2 à 5 kilogrammes environ par centimètre carré, suivant les types de moteurs et suivant la nature du combustible qu'ils utilisent.

Troisième période ou deuxième course avant : **Explosion et détente**. — Le mélange est allumé à la fin de la deuxième période, par un des procédés que nous indiquerons plus loin, et l'explosion a lieu. La pression s'élève brusquement dans le cylindre et atteint rapidement sa valeur maxima. Le piston est chassé à l'avant et, le volume disponible augmentant au fur et à mesure de son mouvement, la pression diminue de plus en plus ; elle devrait même, théoriquement, devenir égale à la pression atmosphérique si le moteur était parfait.

Quatrième période ou deuxième course arrière : **Échappement.** — Le piston, étant ramené en arrière par le volant, chasse les gaz brûlés, qui s'échappent par les soupapes, ouvertes dès le début de cette période et même un peu avant la fin de la précédente.

Aussitôt après cette quatrième période, se produit une nouvelle période d'admission, puis une autre de compression, etc., et les phénomènes se succèdent régulièrement dans le même ordre, lorsque le moteur fonctionne *à pleine charge*, c'est-à-dire quand il développe toute la puissance qu'il est capable de fournir.

Remarquons que chacune des périodes, ou, suivant l'expression consacrée, chacun des *temps*, correspond à un demi-tour du volant. Les phases d'admission, de compression, etc., se reproduisent donc tous les deux tours de volant. Aussi, pour en provoquer l'accomplissement dans le cylindre, suffit-il d'actionner les soupapes ou autres organes destinés à produire ces divers phénomènes, par des cames calées sur un arbre tournant deux fois moins vite que celui du volant. On réalise facilement cette condition en reliant l'arbre dit *de distribution* à l'arbre du volant au moyen d'engrenages qui réduisent la vitesse dans le rapport de 2 à 1.

On déduit aisément des considérations énoncées au sujet des quatre périodes caractéristiques du fonctionnement de ces moteurs que l'atmosphère intérieure du cylindre se trouve dans les mêmes conditions de température, de pression, etc., aux phases correspondantes de deux séries quelconques de quatre temps. Autrement dit, si cette atmosphère, au lieu d'être renouvelée périodiquement, était toujours la même, elle passerait incessamment par les mêmes états, dont chacun se reproduirait invariablement tous les quatre temps ; elle accomplit donc un *cycle fermé*, soit qu'on l'étudie au point de vue de la température, ou de la pression, soit qu'on l'envisage aux deux points de vue à la fois. Le cycle de ces moteurs porte, depuis 1878, le nom de *cycle à quatre temps*, ou de *cycle Otto*, bien qu'il ait été imaginé par Beau de Rochas en 1862.

Si l'on place un indicateur de Watt sur le cylindre d'un

moteur à explosions, on obtient, comme pour la machine à vapeur, le diagramme du travail dans le cylindre, ce que nous savons être le *travail indiqué*. L'aspect du diagramme de ces moteurs diffère de celui des diagrammes de machines à vapeur ; nous n'y trouvons plus, en effet, de période de pleine pression puisque les gaz se dégagent intégralement au moment de l'explosion, et qu'aussitôt la pression maxima atteinte, aucune quantité de gaz ne vient compenser l'abaissement de pression qui résulte de la détente. En tenant compte des différents phénomènes qui ont lieu pendant les quatre périodes, on conçoit que le diagramme ait réellement l'aspect que représente la figure 206. Pendant le premier temps, le moteur

aspire, et, la pression étant un peu inférieure à la pression atmosphérique, la ligne 1 correspondante est en-dessous de la ligne atmosphérique Ox; au deuxième temps, ou compression, est relative la ligne 2, qui part de la ligne atmosphérique pour atteindre le niveau correspondant à la valeur maxima de la pression avant l'allumage.

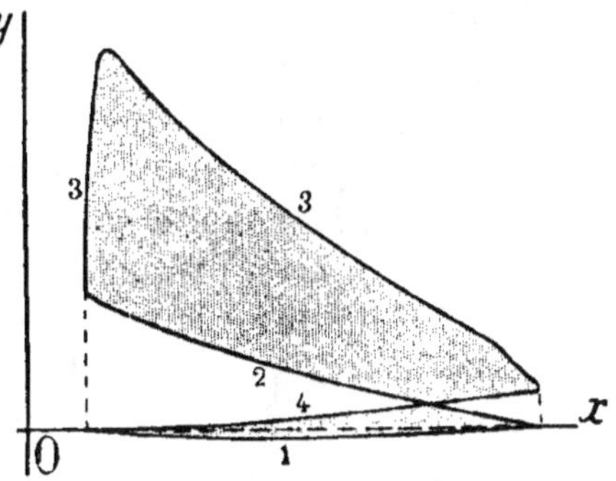

Fig. 206. — Diagramme d'un moteur
à quatre temps.

Le troisième temps est caractérisé par la ligne 3-3, c'est-à-dire par l'augmentation brusque de pression, sous l'influence de l'explosion, et par la détente qui lui succède immédiatement. Enfin, au quatrième temps se produit l'échappement, et la pression redevient progressivement égale à la pression atmosphérique, mais lui est d'abord supérieure ; la ligne correspondante est 4. Les portions 2 et 4 se coupent ; le travail moteur est représenté par la surface supérieure diminuée de la surface inférieure (1).

(1) Pour plus amples détails concernant la thermodynamique et l'étude mécanique des moteurs à explosions, consulter le *Traité des moteurs thermiques*, par M. RINGELMANN.

Préparation du mélange tonnant.

Nous savons déjà que le mélange tonnant est formé d'une substance combustible quelconque, gazeuse, liquide ou solide, qu'on incorpore à la quantité d'air nécessaire pour en assurer la meilleure combustion possible. Nous ne nous occuperons que des combustibles liquides, car il est extrêmement rare qu'on puisse employer, dans les exploitations et même dans les industries agricoles, des moteurs à combustibles gazeux; la préparation de ces combustibles ne rentre pas dans le cadre de cet ouvrage; il suffit d'ailleurs, pour préparer le mélange tonnant, de faire arriver le gaz et l'air dans le cylindre, par des orifices bien réglés.

La préparation du mélange est beaucoup plus difficile à réaliser lorsque le combustible liquide est très volatil, comme la gazoline, l'essence de pétrole, la benzine, l'alcool. Il suffirait, cependant, en principe, de placer le liquide dans un récipient quelconque, surmonté d'une sorte de cloche dans laquelle les vapeurs combustibles s'accumuleraient d'elles-mêmes, et de faire traverser cette cloche par tout ou partie de l'air aspiré, pour que ce dernier arrive au cylindre sous forme de mélange tonnant. En fait, on cherche toujours à charger l'air de vapeur combustibles, opération qui, dans le langage des mécaniciens, porte le nom de *carburation*, et qui s'effectue dans des appareils appelés *carburateurs*. Mais le phénomène n'est pas aussi simple qu'il le paraît au premier abord; pour tous ces liquides très volatils, la tension de vapeur varie beaucoup avec la température, et la carburation se trouve influencée non seulement par la température ambiante, mais encore par le rayonnement des pièces chaudes placées à proximité du carburateur; la température influe aussi sur la viscosité de certains combustibles, au point de modifier sensiblement le débit des ajutages distributeurs. Si l'on ajoute à cela que la composition chimique des combustibles commerciaux, à l'exception pourtant de l'alcool, varie de marque à marque, et même, pour une marque donnée, suivant l'époque de fabrication, on comprendra que la carburation soit une opération très délicate, et qu'il soit difficile de la réaliser avec la précision rigoureuse qui serait nécessaire pour la bonne utilisation du mélange tonnant.

La *gazoline* est le plus léger et le plus volatil des combustibles ordinairement employés ; mais comme elle est assez dangereuse à manier, on lui substitue maintenant l'*essence minérale* ou *essence de pétrole*, qu'il faut bien se garder de confondre avec le *pétrole* ordinaire ou *pétrole lampant*, dont la faible volatilité ne permet pas l'emploi comme carburant dans les mêmes conditions. L'essence minérale est un mélange de carbures d'hydrogène saturés, en proportions variables, contenant ordinairement les corps de cette série compris entre l'isopentane et les nonanes, inclusivement ; certaines marques contiennent du butane, d'autres plus de nonanes et même du pentadécane. La densité des divers produits commerciaux est voisine de 0,700 et, par combustion complète, 1 kilogramme d'essence dégage un peu plus de 11 000 calories.

L'*alcool dénaturé*, type Régie, est composé de 100 litres d'alcool éthylique ordinaire, à 90°, de 10 d'alcool méthylique à 90° contenant au moins 25 p. 100 d'acétone, et d'un demi-litre de benzine de houille. Le mélange donne 110,5 litres d'alcool dénaturé d'une densité de 0,832 à 0,835, à 15°. Le pouvoir calorifique est de 5906 calories par kilogramme.

L'*alcool carburé* est un mélange d'alcool dénaturé ordinaire et d'un carburant, en proportions variables. Ce carburant est généralement le *benzol*, produit industriel formé presque exclusivement de benzine cristallisable ; l'hiver, on emploie le *benzol à* 90, moins pur, mais qui cristallise moins facilement sous l'influence du froid. La densité des divers alcools carburés commerciaux est d'environ 0,83 et le pouvoir calorifique, par kilogramme, est un peu inférieur à 7900 calories.

La gazoline et l'alcool carburé s'enflamment à une température inférieure à 0°. Le point d'éclair de l'alcool dénaturé ordinaire est voisin de 0°.

L'alcool ordinaire est moins volatil que les autres produits ; il ne donne un mélange normal qu'après avoir été légèrement chauffé; comme il bout à 80°, le réchauffement nécessaire n'est pas bien considérable (1).

L'essence et l'alcool carburé se comportant de façon à peu près identique, les mêmes carburateurs peuvent généralement servir pour ces deux liquides.

Nous diviserons les carburateurs en quatre catégories : carburateurs à barboteur, à léchage, à gicleur et à distributeur mécanique.

Carburateurs à barboteur. — Le principe en est très simple : on force l'air, aspiré par le piston et sortant du carburateur par S (fig. 207), à traverser une certaine épaisseur de liquide;

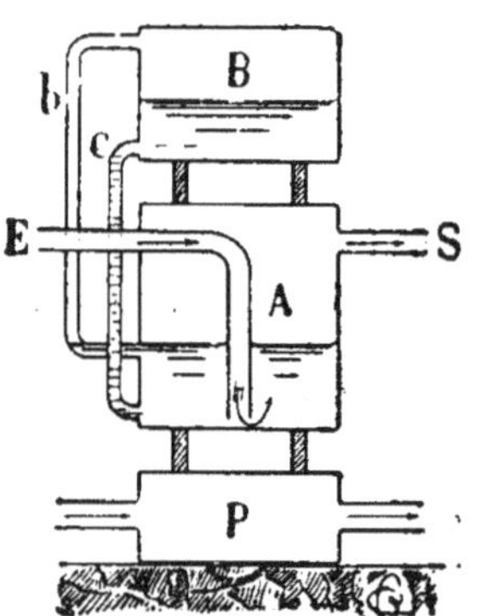

Fig. 207. — Carburateur
à barboteur (Tenting).

à cet effet, le tube d'amenée d'air, E, est recourbé et plonge dans le combustible; comme la proportion de carbure entraîné dépend, jusqu'à un certain point, du trajet que l'air parcourt à travers le combustible, la hauteur de ce dernier dans le carburateur A est maintenue constante par la réserve contenue en B, qui s'écoule dans A par le tube c, à condition que l'orifice inférieur du tube b soit démasqué.

Carburateurs à léchage. — L'air aspiré par le piston ne traverse pas le liquide, mais en lèche la surface sur une étendue aussi grande que possible; l'évaporation amenant un abaissement de température très notable, et diminuant, par suite, la volatilité du combustible, on réchauffe ce dernier au moyen d'un serpentin parcouru par une partie des gaz d'échappement.

Ces deux types de carburateurs, d'ailleurs beaucoup moins employés aujourd'hui qu'autrefois, présentent un inconvénient assez grave : l'air entraîne tout d'abord les parties les plus

---

(1) Pour l'étude complète des phénomènes de carburation, cf. les différentes notes publiées par M. E. SOREL, dans le rapport du jury (Concours de moteurs et appareils utilisant l'alcool dénaturé, 1901) et dans le *Bulletin de l'Office de renseignements agricoles* (Ministère de l'Agriculture). Ces notes contiennent le résultat des recherches effectuées par M. Sorel à l'Institut Pasteur (1901) et à la Station d'Essais de Machines 1901, 1902 et 1903).

volatiles, et la tension de vapeur du liquide résiduel diminuant progressivement, la carburation est irrégulière.

Carburateurs à gicleur. — Ce sont les plus en faveur; aussi en trouve-t-on actuellement un grand nombre de types, mais ils ne diffèrent que par des détails de construction. Nous distinguerons les carburateurs dépourvus de niveau constant de ceux qui comportent un niveau constant.

a) *Sans niveau constant.* — Le combustible arrive en charge par un orifice de petite dimension, obturé par un pointeau figuré en A dans notre croquis (fig. 208). Lors de l'aspiration, le courant d'air soulève ce pointeau, et le liquide jaillit dans l'intérieur du carburateur. L'entraînement est facilité par un disque, un cône, fixé sur la tige de guidage du pointeau, ou, comme dans la figure 208, par des roues à ailettes inversées, R et R', qui tournent très vite, sous l'influence de l'air arrivant par E et s'échappant par S; ces ailettes brassent en outre le mélange. Pour l'alcool dénaturé ordinaire, on réchauffe ce combustible en lui faisant

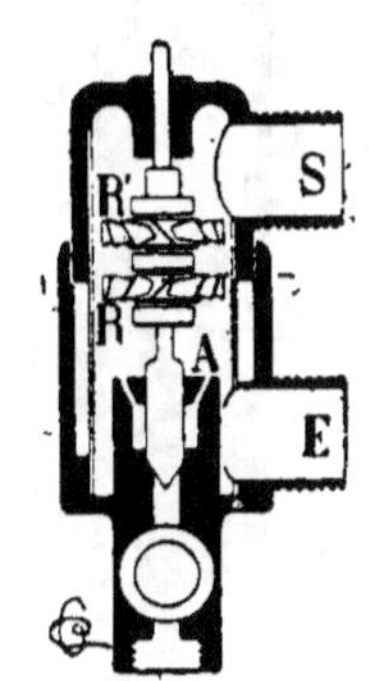

Fig. 208. — Carburateur à gicleur sans niveau constant (De Retz).

traverser, avant son arrivée au gicleur, des tubes métalliques chauffés par l'échappement.

b) *Avec niveau constant.* — Le giclage se produit par aspiration, le courant d'air créant une dépression au voisinage de l'orifice gicleur; aussi, comme le combustible arrive obligatoirement en charge au carburateur, il débouche dans un réservoir annexe où le niveau est maintenu constant soit par un dispositif hydrostatique, soit, presque toujours, au moyen d'un flotteur agissant sur un pointeau qui obstrue l'orifice par lequel le liquide pénètre dans le carburateur. Les figures 209 et 210 donnent en coupe l'aspect de plusieurs dispositifs employés tant pour l'essence que pour l'alcool. Ainsi, dans la figure 209, le niveau constant est formé d'un réservoir A contenant le flotteur B qui, en s'élevant, cesse d'appuyer sur les crosses des leviers G, et laisse retomber le pointeau F sur l'orifice H, qui est dès lors fermé; la communication entre le

niveau constant et le carburateur proprement dit est assurée
par le canal *c*, et le débit du gicleur *o* est déterminé par la vis

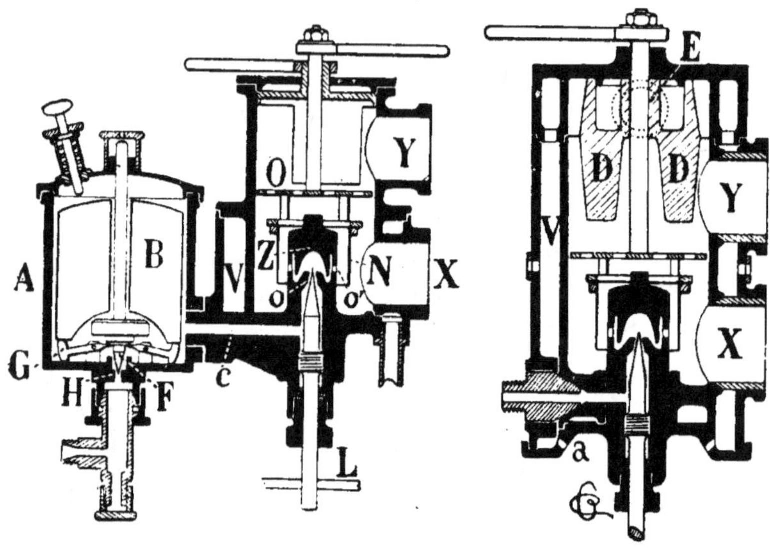

Fig. 209. — Carburateur à gicleur, avec niveau constant (Vve L. Longuemare).
A gauche, type pour essence ; à droite, type pour alcool.

à pointeau L. Ce gicleur est surmonté d'un chapeau Z, qui
renvoie latéralement le jet de liquide dans une petite chambre
cylindrique dont la périphérie est garnie de trous *o'*, et entourée elle-même d'un manchon N. L'air aspiré par X, passe partiellement entre le manchon N et le gicleur, se mélange au
combustible et se rend, par Y, dans le cylindre ; enfin l'espace
V est parcouru par des gaz d'échappement, qui s'opposent au
refroidissement du carburateur.

Le liquide échappé du gicleur peut très bien ne pas se vaporiser immédiatement et être entraîné simplement à l'état de
gouttelettes : c'est pourquoi on dispose sur le trajet des gaz des
obstacles tels que le disque perforé O (fig. 209), une toile métallique, etc., qui arrêtent ces gouttelettes et les mettent en contact avec le courant d'air, ou plus exactement les divisent en
gouttelettes plus fines. Lorsqu'il s'agit d'alcool pur, dont les
gouttelettes sont particulièrement difficiles à volatiliser, et
qu'il faut à tout prix empêcher d'arriver au contact des sou-

papes du moteur, sous peine d'encrasser ces soupapes, on met le mélange en présence de parois métalliques fortement chauffées par l'échappement. Ainsi, dans la partie droite de la figure 209, les gaz d'échappement, arrivant par E, chauffent les ailettes D, et l'enveloppe V règne sur toute la hauteur du carburateur. Dans la figure 210 (nous avons supprimé le niveau constant, qui ne présente rien de particulier), l'alcool, giclant

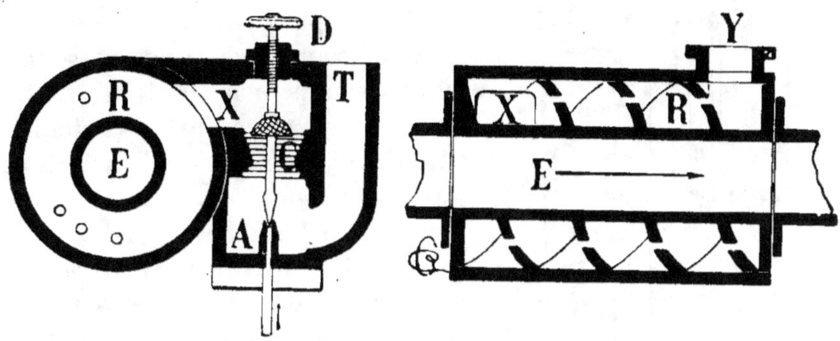

Fig. 210. — Carburateur à gicleur, avec spirale réchauffante (Martha).

par A, et se mélangeant avec l'air qui pénètre par T au contact des gradins C et de la toile métallique portée par la vis de réglage D, arrive par X dans un conduit hélicoïdal R, réchauffé par les gaz d'échappement circulant dans le tube central E, avant de gagner le cylindre par Y ; l'hélice métallique est perforée de trous pour faciliter la division des gouttelettes et l'assèchement du mélange.

Les niveaux constants fonctionnent convenablement sur les moteurs fixes, qui ne sont soumis qu'à des vibrations à peine perceptibles ; il n'en n'est pas de même pour les moteurs légers, tels que ceux montés sur brouette, et surtout pour les voitures automobiles ; les trépidations annulent l'effet du niveau constant, et le carburateur se transforme en un gicleur à peu près continu. Ce fait permet en grande partie d'expliquer l'énorme consommation des automobiles sur les routes pavées.

Carburateurs à distributeur mécanique. — Dans ce genre de carburateurs, on cherche à assurer la fixité de composition du mélange tonnant en injectant, dans l'air aspiré par le piston, une quantité constante de combustible; cette proportion de carburant est déterminée expérimentalement et ne peut être modifiée que par une manœuvre spéciale, fort simple, d'ailleurs, mais seulement à la volonté de la personne chargée de la conduite du moteur. La figure 211 montre schématiquement la disposition d'un carburateur de ce type. Le carburateur proprement dit et le distributeur forment deux organes distincts réunis par le tube *t*. Le distributeur est animé périodiquement, au moment où l'aspiration va se produire, d'un mouvement vertical de haut en bas, sous l'influence du mécanisme général de distribution du moteur, et par l'intermédiaire de la tige T. C'est une sorte de pompe foulante, formée d'un tube D, plongeant dans le combustible que contient un réservoir secondaire A, pourvu d'un flotteur C et d'un pointeau H pour

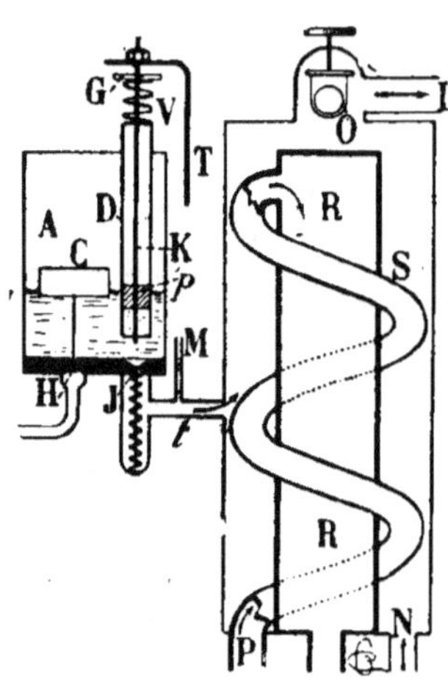

Fig. 211. — Schéma d'un carburateur à distributeur mécanique (Brouhot).

assurer la constance du niveau. A l'intérieur du tube D est une tige K portant un petit piston *p* qui détermine, au bas du tube, une cavité dont on peut augmenter ou diminuer la capacité en remontant ou en abaissant le piston *p*. La tige K traverse le piston, et son extrémité arrive au niveau du bord inférieur du tube D; enfin elle est reliée au tube par un ressort à boudin V, maintenu par un écrou G, solidaire de K, et par le bord supérieur du tube D. Lorsque T s'abaisse, elle entraîne d'abord l'ensemble du tube D et de la tige à piston, par l'intermédiaire de l'écrou G et du ressort V; la cavité inférieure est pleine de liquide. Le tube D s'appuie bientôt sur le bord d'une cuvette, ménagée dans le fond du réservoir A et fermée par la soupape à ressort J. A ce moment, le combustible enfermé dans la partie inférieure de D est complètement isolé du liquide qui environne ce tube. La tige T continuant son mouvement, K s'abaisse de plus en plus, en tendant le ressort V; son extrémité inférieure repousse la soupape J et le combustible contenu dans D s'échappe dans le conduit *t*. Quand T remonte, toutes ces pièces reprennent leurs positions premières. Le combustible ainsi dosé pénètre dans le carburateur, puis tombe sur les spires du serpentin S et sur les parois du cylindre L, parcourues intérieurement par les gaz d'échappement. Il se mélange d'air aspiré en petite quantité, par M, ce qui facilite sa vaporisation, puis avec de l'air qui pénètre par N, et se réchauffe au contact de S et de R, enfin avec de l'air froid arrivant par O. Le mélange se rend par L dans le cylindre.

Carburateurs à écoulement. — Dans certains moteurs français, et dans la plupart des moteurs étrangers, la carburation est assurée par un simple orifice qu'un pointeau, actionné par le mécanisme de distribution, ouvre ou obture aux moments voulus; le combustible arrive à cet orifice soit par charge hydrostatique, soit sous l'influence d'une pompe. Le mélange avec l'air s'effectue dans les conduits d'aspiration, qui sont réchauffés par conductibilité ou par circulation des gaz d'échappement. Ces appareils ne peuvent pas être considérés comme des carburateurs à distributeur mécanique, puisque la quantité de combustible n'est pas dosée d'une façon rigoureuse.

Remarques générales sur la carburation au moyen de liquides très volatils. — Quel que soit le système du carburateur appliqué à un moteur, il convient, pour en assurer le fonctionnement, d'éliminer les impuretés solides, sables, pailles, etc., contenues dans le liquide combustible; on y parvient en employant, pour remplir les réservoirs, des entonnoirs garnis d'une fine toile métallique filtrante, et en interposant, dans le raccord entre le tube d'amenée et le carburateur, un filtre en toile métallique; il est bon, en outre, de puiser l'air dans un endroit qui ne soit pas trop exposé aux poussières et de disposer également des toiles métalliques sur les orifices des tubes d'air.

Il conviendrait aussi de diviser les carburateurs en deux groupes: ceux où la totalité de l'air traverse le carburateur, et ceux où une fraction seulement de l'air aspiré y peut pénétrer. Dans ce dernier cas, c'est de l'air chaud qui arrive au contact du liquide dans le carburateur; on le puise au moyen d'un tube qui entoure partiellement le tuyau d'échappement; la proportion d'air chaud et d'air froid, la vitesse d'écoulement des gaz dans le carburateur, se règlent au moyen de registres, opération simple en apparence, mais très délicate à exécuter, surtout avec les petits moteurs à grande vitesse.

Les recherches toutes récentes de M. E. Sorel (1) montrent que l'écoulement des essences de pétrole et de l'alcool par les orifices capillaires est très nettement influencé par la température du combustible et par celle de l'orifice. D'autre part, lorsque le liquide est *en contact* avec l'air à carburer, comme cela se produit dans les carburateurs à barboteur et à lécheur, dans certains types à écoulement, et dans les carburateurs à gicleur pourvus de chicanes, toiles métalliques ou dispositifs analogues, sa vaporisation n'est complète que si la durée du contact et si la température du mélange sont suffisantes. Quand le liquide, comme l'essence et l'alcool carburé, n'est pas homogène, il y a, en outre, *vaporisation élective*, c'est-à-dire qu'à moins d'un réchauffement intense, ce sont les parties les plus volatiles (essences légères ou benzine) qui sont vaporisées tout d'abord, les autres pouvant rester intactes et former dans le carburateur une masse de combustible de moins en moins volatil.

Le débit des gicleurs est, de plus, influencé par l'intensité de la dépression, c'est-à-dire par l'allure du moteur; si on les complète par des dispositifs propres à augmenter le contact entre le combustible et l'air, les gouttelettes peuvent subir la vaporisation élective et être entraînées ultérieurement à l'état liquide, au grand détriment des soupapes et du cylindre lorsqu'il s'agit d'alcool.

Toutes ces considérations prouvent que, tout au moins pour les moteurs destinés à être employés dans les exploitations agricoles, il faut préférer les carburateurs à distributeur mécanique qui, seuls, fonctionnent sans être influencés par

____
(1) E. SOREL, *Op. cit.*

les variations de température ; ainsi montés, les moteurs à explosions n'exigent pas la présence constante d'un mécanicien conducteur, ce qui constitue, peut-être, au point de vue agricole, leur principale supériorité sur les machines à vapeur.

Préparation du mélange tonnant au moyen du pétrole lampant. — Le *pétrole lampant* est un liquide huileux extrait des kérosènes bruts, dont la densité varie de 0,790 à 0,810 pour les pétroles américains, et de 0,805 à 0,850 pour les pétroles russes. Les points d'ébullition sont compris entre 170° et 245°, pour les premiers, et entre 245° et 310° pour les seconds; l'inflammation a lieu entre 43 et 65 degrés. Le pouvoir calorifique est d'un peu plus de 11 000 calories par kilogramme.

Les pétroles lourds et les huiles de schiste sont un peu inférieurs comme pouvoir calorifique. Ils sont d'ailleurs beaucoup moins employés, et nous nous bornons à les mentionner.

Le mélange tonnant constitué avec le pétrole lampant ne peut être obtenu que par vaporisation. Il est parfois entièrement préparé en dehors du cylindre, comme pour les moteurs à essence et à alcool; on peut utiliser un appareil tout à fait analogue au carburateur à distributeur mécanique de la figure 211, à condition d'augmenter le réchauffement dans le carburateur ; on met en marche avec de l'essence, et, au bout de quelques minutes, on substitue le pétrole à l'essence.

Il existe d'autres vaporiseurs à pétrole. Le vaporiseur peut être traversé par la totalité de l'air aspiré; le combustible, provenant d'un réservoir surélevé, ou poussé par une pompe, tombe, en quantité et au moment voulus, sur des ailettes métalliques chauffées par la cha-leur perdue de la lampe qui sert à l'allumage ; il est vaporisé et entraîné par l'air qui arrive en même temps. Le mélange

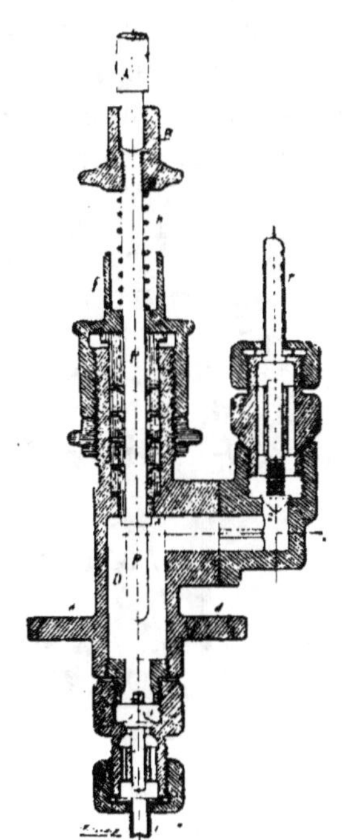

Fig. 212.
Pompe à pétrole (Merlin).

s'achève, comme pour les appareils précédents, à l'intérieur du cylindre.

Mais c'est surtout dans le cylindre même que s'effectue le mélange de l'air et du pétrole, les deux corps constituants y arrivant séparément. L'air pénètre généralement par une soupape automatique, et le liquide est envoyé au vaporiseur par une pompe à pétrole, ou par une pompe à air comprimant ce gaz dans un réservoir étanche où est contenu le pétrole. La coupe verticale d'une pompe à pétrole est donnée par la figure 212; on y voit le piston P, poussé périodiquement par la tige A, commandée elle-même par l'arbre de distribution et le régulateur; le bouton B permet de l'actionner à la main au moment de la mise en route, et le ressort R la ramène à la position première quand A cesse d'agir. Le corps de pompe D communique avec l'aspiration *t* par la soupape *1*, et avec le refoulement *r* par la soupape *2*, qu'un ressort ferme rapidement. Le pétrole chassé par cette pompe se rend au vaporiseur (fig. 213), dans lequel il pénètre en forçant une soupape *c*, à ressort *r*, qui ferme une petite chambre où débouchent également d'étroits canaux, *d*, d'arrivée d'air. Le vaporiseur est une pièce métallique C, garnie d'ailettes, chauffée par un brûleur à pétrole D, placé en dessous, et entourée, ainsi que ce dernier, par une enveloppe protectrice. Le pétrole est vaporisé au contact de cette pièce extrêmement chaude, puis est entraîné dans le cylindre G, où il se mélange à l'air; le vaporiseur sert en même temps de tube d'allumage. Comme le moteur

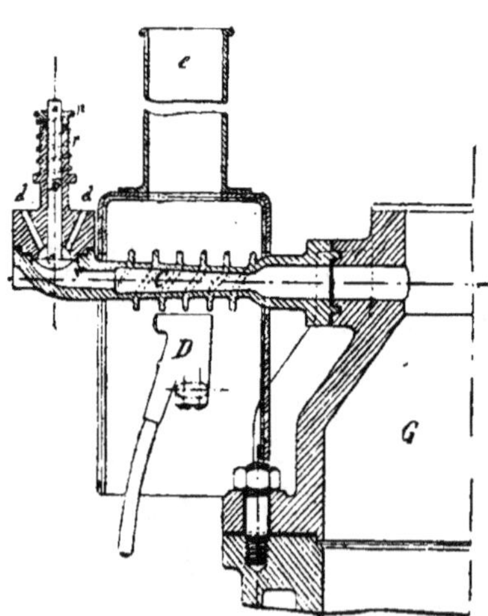

Fig. 213. — Coupe d'un vaporiseur à pétrole (Merlin).

auquel cette pompe est appliquée est régularisé par tout ou rien, la pompe ne fonctionne plus quand la vitesse du moteur dépasse la limite prévue.

Lorsque le moteur est chaud, c'est-à-dire au bout de quelques minutes de fonctionnement, le pétrole peut se vaporiser dans le cylindre, sans qu'il soit nécessaire de lui faire traverser un vaporiseur spécial. Ainsi M. Ringelmann a réussi à faire fonctionner au pétrole lampant une voiture automobile construite pour marcher à l'essence ; quelques centimètres cubes d'essence ont suffi pour amener le moteur à la température nécessaire. Le moteur ne s'est pas encrassé ; le cylindre était même légèrement lubrifié, tandis qu'avec l'essence il était absolument sec, ce qui est une condition défavorable.

Allumage du mélange tonnant dans le cylindre.

Quel que soit le combustible employé pour la préparation du mélange tonnant, il faut avoir recours, lorsque ce mélange a été aspiré et comprimé dans le cylindre, à un procédé particulier pour en provoquer l'explosion. Si on s'en tient aux considérations purement théoriques exposées plus haut, c'est au début du troisième temps du cycle Otto que doit se produire l'allumage ; mais l'expérience démontre qu'il y a avantage à provoquer l'explosion un peu avant le commencement de la troisième phase, de même que, dans la machine à vapeur, il y a intérêt à admettre la vapeur sur une face du piston avant que ce dernier soit arrivé à fond de course. Si l'explosion était instantanée, on n'aurait pas besoin de procéder à cet allumage par anticipation, puisque la pression atteignant immédiatement sa valeur maxima, le piston serait bien placé, au début du troisième temps, pour l'utiliser intégralement. Mais, en réalité, si cette explosion est toujours très rapide, elle n'est pas absolument instantanée, et la pression n'atteint par suite pas sa plus grande valeur aussitôt que l'allumage se produit ; aussi s'efforce-t-on de déterminer judicieusement l'*avance à l'allumage* de telle sorte que le commencement de la deuxième course du piston, c'est-à-dire de la course motrice, coïncide avec la plus forte pression que le mélange peut provoquer à l'intérieur du cylindre. Dans les moteurs fixes, industriels ou agricoles, l'avance à l'allumage est réglée une fois pour toutes par le constructeur, de façon à réaliser le maximum de puissance avec une consommation aussi réduite que possible ; on n'a donc pas à s'en occuper. Mais, dans les moteurs automobiles ou autres moteurs à vitesse variable, on modifie à volonté l'avance à l'allumage pour obtenir l'effet désiré. La figure 214 donne l'aspect des diagrammes fournis par un

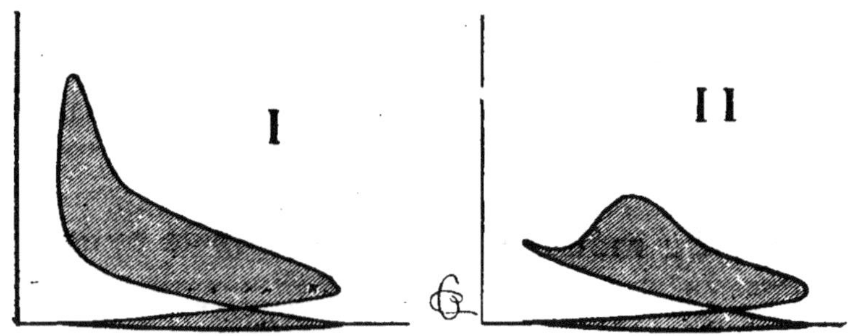

Fig. 214. — Diagrammes avec avance (I) et retard (II) à l'allumage.

même moteur, suivant qu'on avance ou qu'on retarde l'allumage ; la superficie intérieure de la courbe, ombrée en hachures, qui représente le travail fourni par le piston, est, on le voit, sensiblement plus grande dans le cas de l'avance normale à l'allumage que dans le cas d'un allumage retardé ; entre ces deux extrèmes viendraient se placer, selon la valeur de l'avance ou du retard à l'allumage, toute une série de diagrammes intermédiaires, dans lesquels l'utilisation de l'explosion décroîtrait régulièrement depuis celle du diagramme I jusqu'à celle du diagramme II.

Les dispositifs permettant de modifier l'avance à l'allumage varient avec le mode même d'allumage ; ils sont, le plus souvent, reliés au mécanisme de distribution.

Dans quelques moteurs à gaz, l'explosion est provoquée par un transport de flammes ; très généralement employé autrefois, ce mode d'allumage n'est plus que rarement adopté : actuellement l'allumage par incandescence et l'allumage électrique sont seuls en faveur. Nous donnons ci-après quelques indications sur les principaux types d'allumeurs de ces deux catégories.

I. *Allumage par incandescence.* — L'allumage par *tube*, adopté surtout pour les moteurs fixes, comporte l'emploi d'un petit cylindre que porte au rouge la flamme d'un chalumeau alimenté ordinairement avec le même combustible que le moteur lui-même. La figure 215 permet d'en comprendre le fonctionnement. Le tube T est en communication avec la *chambre de compression* C, c'est-à-dire avec l'espace ménagé, dans le cylindre, entre le fond et la face travaillante du piston, pour permettre de comprimer le mélange. Lorsque le piston, pendant le deuxième temps, opère la compression des gaz explosibles,

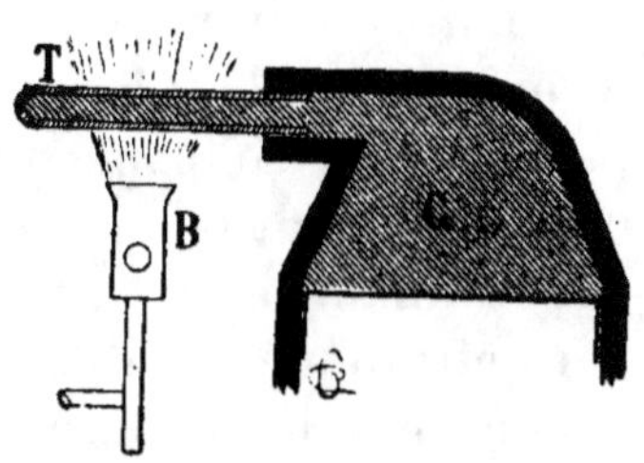

Fig. 215. — Schéma de l'allumage par tube incandescent.

une petite portion de ceux-ci pénètre dans le tube, s'enflamme au contact des parois rougies par le brûleur B, et communique l'inflammation au reste du mélange tonnant. Il est assez important que le volume du tube d'allumage soit bien proportionné au volume du mélange aspiré par le moteur, sinon l'inflammation pourrait se mal faire, ou même ne pas se produire. Les constructeurs déterminent expérimentalement les dimensions convenables ; plusieurs font usage de tubes dont la capacité intérieure est modifiable au moyen d'une vis.

Le choix de la matière qui doit constituer le tube d'allumage n'est pas indifférent. Ainsi le fer donne de mauvais résultats, car il se détériore et se déforme rapidement ; d'après M. Ringelmann, les tubes en fer employés comme allumeurs de moteurs à gaz ne résistent pas plus de cinquante heures. Ceux de platine sont d'un bon fonctionnement, mais leur prix est très élevé. On a proposé un grand nombre d'alliages divers, ferro-nickel, bronze d'aluminium, etc., qui donnent d'assez bons résultats. Les tubes en porcelaine peuvent être employés avec succès, si on prend soin de les mettre à l'abri des courants d'air ; ils présentent, en outre, grâce à la mauvaise conductibilité de la porcelaine, l'avantage de faciliter le réglage par simple déplacement du point d'incandescence.

Qu'ils soient en métal ou en porcelaine, les tubes sont généralement fermés à l'une de leurs extrémités ; néanmoins, dans certains moteurs à pétrole où l'on utilise la chaleur du tube d'allumage pour vaporiser le combustible avant la préparation du mélange tonnant, le tube est ouvert à ses deux extrémités, mais une soupape d'admission de pétrole vient l'obturer au moment voulu et jouer le même rôle que le fond des tubes fermés. Entre le tube et la chambre de combustion, on place parfois une soupape dite « d'allumage », qui ne s'ouvre qu'au moment précis où l'explosion doit se produire, et qui est commandée par la distribution ; ce dispositif, qui, au besoin, permettrait de modifier l'avance à l'allumage, a pour but d'empêcher les explosions anticipées qui peuvent arrêter le moteur ; il n'est cependant pas indispensable, car, en déplaçant le chalumeau, de façon à éloigner un peu de la chambre de combustion la partie du tube portée à l'incandescence, on parvient ordinairement à supprimer ces *coups de pilon* intempestifs.

Quelle que soit la nature du tube, il est indispensable de porter et de maintenir ce tube à la température du rouge vif ; on y parvient, ainsi que nous l'avons dit, au moyen de chalumeaux ou *brûleurs*, qui ne sont autre chose que des *becs Bunsen* appropriés au genre de combustible employé. Autant que possible, on se sert, pour l'alimentation des brûleurs, du même combustible que pour celle des moteurs ; cependant, lors du concours institué par le Ministre de l'agriculture en octobre et en novembre 1901, l'alcool n'a pas donné de résultats très satisfaisants, la chaleur dégagée par sa flamme étant insuffisante pour maintenir le tube à la température nécessaire. Il est vrai que les brûleurs employés étaient construits pour fonctionner avec de l'essence minérale et que le débit des orifices était insuffisant pour la marche à alcool ; il faudrait donc augmenter ce débit si on voulait adopter l'alcool comme combustible pour l'alimentation du brûleur.

Tous les appareils de ce genre sont construits sur le type suivant : un tube métallique T (fig. 216) est terminé par un ajutage *a*, de faible diamètre, d'où s'échappe le combustible ; au-dessous de l'orifice *a*, et entourant le tube T, se trouve une cuvette C, dans laquelle on enflamme, pour amorcer l'appareil, quelques centimètres cubes d'essence ou d'alcool, afin de porter le tube à une température suffisante pour volatiliser le combustible. Pendant le fonctionnement, cette température se maintient par conductibilité. L'orifice *a* est surmonté d'un tube large, T', aplati à son extrémité supérieure, et percé, en son milieu et à sa base, de plusieurs trous, O, par lesquels arrive de l'air qui se mélange intimement au jet de combustible volatilisé sortant de *a* ; le mélange brûle avec une flamme très chaude, en forme de papillon, à l'extrémité aplatie du tube T'. Le brûleur est placé à une faible distance en dessous du tube d'allumage, et le tout est entouré d'une enveloppe cheminée, qui réduit les pertes de chaleur par rayonnement, et qui, surtout, protège l'appareil contre les courants d'air.

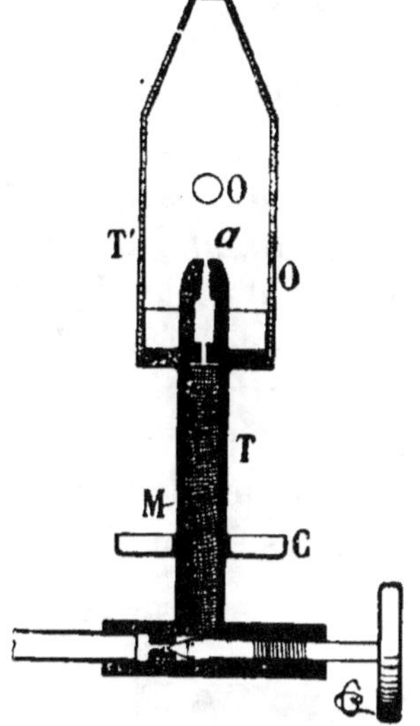

Fig. 216. — Principe d'un brûleur (Vvᵉ L. Longuemare).

L'arrivée du combustible à l'orifice *a* peut avoir lieu de deux façons :

Lorsque le réservoir d'alimentation est placé immédiatement au-dessus du brûleur, afin que le liquide combustible n'atteigne l'orifice qu'avec une faible pression, on dispose dans le tube T une mèche, M, en toile métallique. Il est d'ailleurs facile d'augmenter sensiblement la puissance du brûleur en comprimant de l'air dans le réservoir à combustible, au moyen d'une simple poire en caoutchouc qui suffit pour obtenir une pression d'environ un cinquième d'atmosphère.

Lorsque le combustible est débité sous une pression plus considérable, la mèche métallique est inutile ; on raccourcit le tube T, et le liquide, dont le débit est d'ailleurs réglable, comme dans le cas précédent, à l'aide d'une vis à pointeau, se réchauffe dans une chambre située près de l'orifice *a*. C'est le même principe qui est appliqué dans les brûleurs à pétrole lampant, dont on voit un modèle dans la figure 213. On chauffe fréquemment ces brûleurs, au début de leur fonctionnement, avec des lampes à essence portatives, analogues aux lampes à souder.

On a souvent reproché aux brûleurs d'être sensibles aux courants d'air, et surtout de constituer un danger permanent d'incendie ; ce dernier reproche ne paraît justifié que quand il s'agit de brûleurs appliqués à des véhicules automobiles. Pour conserver les avantages de l'allumage par tube sans laisser subsister ce danger, on a d'ailleurs proposé d'utiliser la propriété que possède le platine, lorsqu'il vient d'être préalablement chauffé au rouge, de se maintenir incandescent sous l'action d'un jet d'air carburé. Tel est le principe de l'*allumeur auto-incandescent*, et de tous les allumeurs *catalytiques*.

II. *Allumage spontané.* — Les allumeurs destinés à le produire dérivent des tubes incandescents, mais le brûleur ne fonctionne que pendant la période de mise en route. L'allumeur est alors formé d'une culasse assez volumineuse, C (fig. 217),

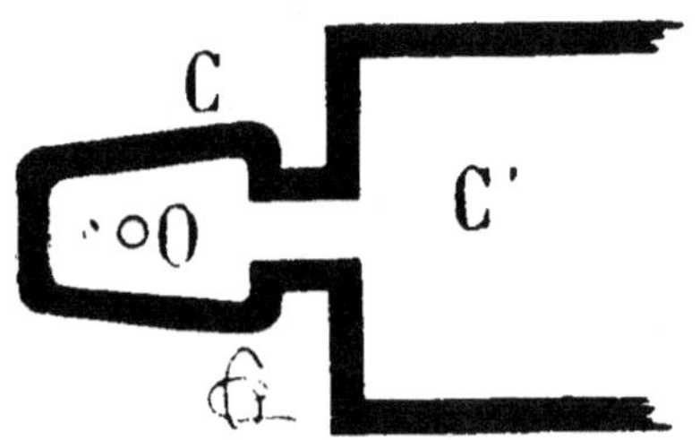

Fig. 217. — Culasse pour allumage spontané.

venue de fonte avec le cylindre C' et raccordée au fond de ce dernier par un tube à étranglement ; elle sert aussi à vaporiser le combustible qui arrive par O. Pour la mise en marche, on chauffe la culasse avec une lampe à chalumeau quelconque ; puis, lorsqu'elle est portée au rouge, on met le moteur en action ; une partie du mélange tonnant pénètre dans la culasse pendant la compression et s'y enflamme ; la chaleur dégagée par l'explosion suffit pour maintenir la culasse à la température du rouge. On conçoit que ce système d'allumage ne puisse fonctionner que si les explosions se succèdent assez régulièrement ; quand la régulation a lieu par tout ou rien, il faut que le moteur fonctionne constamment à une puissance voisine de la puissance maxima qu'il peut fournir, sans quoi la culasse se refroidirait lors de l'interruption des explosions, et risquerait de n'être plus assez chaude pour déterminer l'inflammation quand l'admission du mélange tonnant recommencerait. Aussi a-t-on surtout appliqué l'allumage spontané aux moteurs dont la régulation s'opère par modification de ce mélange, parce que les explosions s'y renouvellent invariablement tous les quatre temps ; mais comme ces moteurs sont moins économiques que ceux dont la régulation a lieu par tout ou rien, les allumeurs spontanés sont, en somme, peu employés, du moins dans la construction française.

III. *Allumage électrique*. — Les principaux avantages de ce mode d'allumage sont : la suppression du brûleur, qui ne laisse subsister aucun danger d'incendie, et la faculté de modifier instantanément l'avance à l'allumage. Néanmoins l'inflammation ne s'obtient pas aussi sûrement avec l'allumage électrique qu'avec les tubes à incandescence ; on le trouve pourtant appliqué à presque tous les moteurs d'automobiles et même à un assez grand nombre de moteurs fixes.

Pour provoquer l'allumage du mélange, il n'est pas indispensable que l'étincelle électrique soit longue ; il est même préférable qu'elle soit courte (un à deux milimètres de longueur) pourvu qu'elle soit très chaude, ce qui se reconnaît aisément à sa couleur rougeâtre ou violacée; la couleur blanche est l'indice d'une étincelle peu chaude.

On fait jaillir l'étincelle, à l'intérieur du cylindre, entre les extrémités de deux fils métalliques isolés l'un de l'autre et mis en communication avec la source d'électricité : c'est ce dispositif qui constitue la *bougie d'allumage* (fig. 218). Une masse cylindrique, M, en matière isolante, telle que la porcelaine par exemple, traverse la paroi du cylindre C au niveau de la chambre de compression et est percée, parallèlement à son axe, de deux trous dans lesquels sont engagés les fils F et F' provenant de

Fig. 218. — Schéma d'une bougie d'allumage.

la source d'électricité ; les extrémités libres de ces fils dépassent légèrement, à l'intérieur du cylindre, la masse isolante et s'arrêtent à un ou deux millimètres l'une de l'autre. Pratiquement, il est inutile de loger les deux fils à l'intérieur de la bougie; on se borne à n'y en faire passer qu'un seul, F, et à fixer l'autre, F', extérieurement au cylindre de porcelaine, sur la douille métallique qui sert à visser la bougie à la paroi C de la chambre d'explosion (fig. 219). Dans ces conditions, c'est la masse de fonte du moteur qui joue le

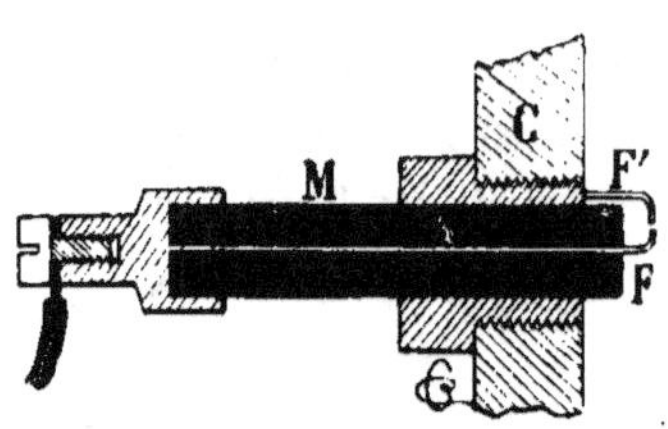

Fig. 219. — Bougie d'allumage.

rôle de deuxième fil conducteur; elle est en relation avec la source d'électricité, soit directement par une bague, soit par une borne et un fil; on dit parfois, pour exprimer ce mode d'établissement du circuit, que le *courant est mis à la masse.*

Lorsqu'on emploie simplement des piles comme source d'électricité, il est nécessaire, comme on sait, de grouper un très grand nombre d'éléments pour obtenir la production d'une étincelle; un pareil dispositif serait donc aussi coûteux qu'encombrant. On préfère en conséquence n'employer qu'un très petit nombre d'éléments de piles, ou d'éléments d'accumulateurs, et faire usage d'un *transformateur,* qui donne naissance à des *courants d'induction* dont la tension élevée assure le jaillissement de l'étincelle. Le transformateur adopté généralement est une bobine de Ruhmkorff, comportant une première bobine à spires de fils d'un assez gros calibre, au centre de laquelle se trouve un faisceau de fer doux, et qui est entourée elle-même d'une deuxième bobine sur laquelle est enroulé un fil fin très long. Les deux extrémités du fil de gros diamètre sont en relation avec les deux pôles de la pile; l'ensemble de la pile et de ce fil constitue le *circuit primaire.* Les deux extrémités du fil fin communiquent, l'une avec le fil central de la bougie d'allumage, l'autre avec la masse métallique du moteur; le fil fin et la bougie constituent le *circuit secondaire,* interrompu d'ailleurs au niveau de la bougie. Quand on lance un courant dans le circuit primaire, un courant d'induction prend aussitôt naissance dans le circuit secondaire; de même, dès que le courant primaire est interrompu, un courant d'induction, plus intense encore que le précédent, parcourt le circuit secondaire et, chaque fois, une étincelle jaillit entre les deux fils de la bougie. Un phénomène analogue se produirait si, au lieu d'établir ou de rompre le courant primaire, on se bornait à en faire varier l'intensité;

mais, dans tous les cas, la valeur de la force électro-motrice induite est fonction de la grandeur de la variation du courant primaire et de la rapidité de cette variation. On a donc intérêt, avec les bobines ordinaires, à provoquer la fermeture, puis la rupture du circuit primaire, plutôt qu'à faire varier l'intensité du courant, car on peut, sans difficulté, rendre ces fermetures et ruptures de circuit aussi rapides qu'on le désire ; les étincelles obtenues sont ainsi plus nourries et plus chaudes.

Pour cela, on fait usage de *trembleurs* (fig. 220) ; ce sont dse instruments formés d'une lame mince et flexible, L, en acier ou en clinquant, dont une des extrémités est encastrée dans une mâchoire, M, et qui s'applique normalement sur une pointe, P. On voit aisément par la figure que si la mâchoire M est reliée à l'un

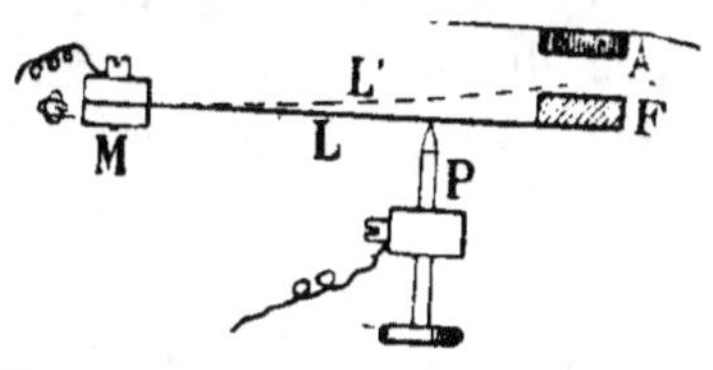

Fig. 220. — Principe d'un trembleur magnétique.

des pôles de la pile et la pointe P au gros fil de la bobine, qui communique lui-même avec l'autre pôle de la pile, la lame L, dans sa position normale, laisse passer le courant primaire dans la bobine. Mais si on écarte cette lame de la pointe P pour l'amener en L', au moment de la cessation du contact de P, il y a rupture du courant primaire et par conséquent production d'un courant induit dans le circuit secondaire. Si, enfin, on abandonne la lame L, elle reprend d'elle-même, par élasticité, sa position première, et, revenant au contact de P, elle rétablit le circuit en provoquant la formation d'un deuxième courant induit. Il suffit donc, pour obtenir des courants induits fréquents et violents, de provoquer la vibration rapide de la lame L.

A cet effet, beaucoup de constructeurs utilisent l'aimantation que produit le passage du courant primaire dans le faisceau de fils de fer logé au centre de la bobine. Si on place, en effet, à l'extrémité de L, une petite masse F de fer doux, cette masse sera attirée par les fils aimantés, A, entraînera la lame et rompra le circuit ; mais l'aimantation cessant aussitôt dans le faisceau de fils, la masse ne sera plus attirée, et, la lame reprenant la position précédente, le courant circulera à nouveau dans la bobine : d'où aimantation nouvelle, rupture du courant, etc. On peut augmenter ou diminuer la fréquence des étincelles en modifiant l'amplitude des oscillations de la lame L. Si on agit sur la pointe P pour la presser sur la lame en la tendant à la façon d'un ressort, les vibrations seront plus rapides. Il ne faut d'ailleurs pas exagérer cette tension, sous peine de rendre le départ difficile, ou même de provoquer l'arrêt par collage de la masse F sur le noyau de fer doux de la bobine.

D'autres constructeurs, reprochant au trembleur magnétique de ne pas présenter toute la sûreté de fonctionnement désirable, actionnent mécaniquement la lame élastique L ; cette lame peut, par exemple, porter une touche que soulève

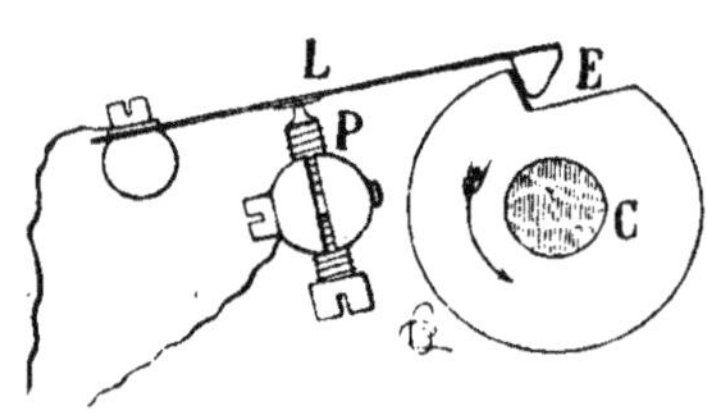

Fig. 221. — Principe d'un trembleur mécanique (de Dion-Bouton).

la came C (fig. 221), mue par l'arbre de distribution ; la lame ne peut ainsi appuyer sur la pointe P qu'au moment où la touche tombe dans l'encoche E de la came, chute qui est nécessairement accompagnée de quelques oscillations de la lame L ; d'où, production d'étincelles dans le cylindre.

Quel que soit le système de trembleur employé, il faut que le courant primaire puisse circuler dans la bobine, et, par conséquent, que le contact entre la pointe P et la lame L soit aussi parfait que possible ; aussi, comme l'oxydation du métal serait une cause fréquente de non fonctionnement, fait-on la pointe P en platine, et rive-t-on sur la lame L, en face de la pointe, une petite touche du même métal ; malgré l'inoxydabilité du platine, il est prudent de nettoyer fréquemment ces pièces de contact, à l'aide de papier émeri très fin, et de s'assurer que les pointes et les touches de platine ne se sont pas détachées par suite des vibrations, car il faudrait alors remplacer la pointe ou le trembleur défectueux.

Le courant électrique primaire est fourni soit par des piles, soit par des accumulateurs, soit enfin par de petites machines magnéto-électriques. Les *piles* peuvent être d'un système quelconque, Daniell, Leclanché, etc. Pour les installations fixes, on peut se contenter des types courants, usités pour les sonneries électriques, les téléphones, etc., c'est-à-dire de piles à liquides non immobilisés, dont l'entretien est toujours facile. Pour les automobiles, l'emploi de piles à liquides immobilisés s'impose ; les éléments les plus usuels se rapportent au type Leclanché et comportent par conséquent : comme électrodes, le charbon et le zinc, comme dépolarisant, le bioxyde de manganèse, et comme excitateur, le chlorhydrate d'ammoniaque (sel ammoniac) en solution concentrée.

L'immobilisation de la solution de sel ammoniac s'obtient, soit en en imbibant une substance très spongieuse comme la tourbe, la sciure de bois, le cofferdam (pile bloc), soit en y incorporant, à chaud, une substance capable de se prendre en gelée par refroidissement, comme la gélatine.

On doit adopter de préférence les éléments à grande surface de zinc, et les accoupler *en tension*, c'est-à-dire en réunissant le zinc d'un élément au charbon de l'élément suivant ; le premier charbon et le dernier zinc restés libres constituent les deux pôles de la batterie. Souvent même, les différents éléments, dont le nombre varie avec la puissance extérieure qu'on veut obtenir, sont enfermés dans une caisse sur la paroi de laquelle apparaissent seules deux bornes, correspondant au premier charbon et au dernier zinc ; les connexions d'éléments à l'intérieur de la caisse sont d'ailleurs établies comme nous l'avons dit plus haut ; ordinairement les bornes extérieures portent des marques distinctives : + ou P (pôle positif) pour celle qui correspond au premier charbon, — ou N (pôle négatif) pour celle qui est reliée au dernier zinc, ou bien encore ces bornes sont peintes en couleurs différentes. Les bornes du circuit primaire de la bobine portent les mêmes marques, de sorte que, pour monter convenablement l'appareil, il suffit de relier par des fils conducteurs la borne P (ou +) de la pile à la borne P (ou +) de la bobine, ou les bornes de même couleur, etc. Il n'y aurait d'ailleurs aucun inconvénient à relier la borne P de la pile à la borne N de la bobine et *vice versa*, car le sens seul des courants induits serait changé, et il n'en résulterait pas de modifications de l'étincelle ; il vaut néanmoins mieux adopter le procédé méthodique de montage indiqué en premier lieu, car il met à l'abri de toute erreur.

Pour produire un bon allumage avec les types courants de bobines, les piles doivent fournir un courant d'une intensité de 2 à 2,5 ampères au minimum ; on vérifie cette intensité au moyen de galvanomètres spéciaux, dits *ampèremètres*, dont on trouve dans le commerce des modèles peu coûteux et très suffisamment précis pour ce genre de vérification. Dès que l'intensité de la batterie de piles est descendue à 2,5 ampères, il est prudent de recharger les éléments, lorsqu'ils sont à liquides non immobilisés, et de les remplacer quand on a affaire à des piles *sèches* (1). Dans le premier cas, il n'y a qu'à changer les zincs, s'ils sont trop usés, et les liquides dépolarisant et excitateur, formés par des dissolutions, généralement saturées, de produits dont il faut toujours posséder un approvisionnement de réserve.

On emploie assez fréquemment, pour remplacer les piles, les *accumulateurs* ou piles secondaires, qui, en régime de décharge convenable, ont l'avantage de fournir un courant très uniforme. Il existe de très bons modèles industriels d'accumulateurs, mais ce sont des appareils lourds et encombrants que l'on ne pourrait songer à adopter que pour des moteurs fixes, à l'égard desquels il serait d'ailleurs préférable d'utiliser des piles à liquides libres. Quant aux modèles d'accumulateurs qu'on s'est efforcé d'approprier aux moteurs portatifs ou aux automobiles, ils sont encore, malgré de notables améliorations, assez loin de la perfection ; leurs plus grands défauts sont la fragilité, la déformabilité des plaques (cause de courts circuits) et le poids élevé, qu'on ne peut réduire sans diminuer en même temps, et parallèlement, la capacité de l'accumulateur.

---

(1) Dans les piles Leclanché et analogues, le bioxyde de manganèse, qui sert de dépolarisant, est une substance solide insoluble dans l'eau ; on le mélange de charbon de cornue, pour diminuer la résistance intérieure de la pile, et on enferme le tout dans un vase de terre poreuse ou dans un sac en grosse toile où plonge le charbon constituant le pôle positif. Généralement, la charge de dépolarisant dure beaucoup plus longtemps que le zinc et que la charge d'excitateur. Pour des cas très pressants, et quand il est impossible de remplacer les piles sèches immédiatement, on peut démonter les éléments épuisés et remplacer le zinc usé par une feuille de zinc ordinaire découpée aux dimensions voulues. En incorporant 3 ou 4 p. 100 de gélatine ordinaire à la dissolution chaude de chlorhydrate d'ammoniaque, on obtient, après refroidissement, un élément sec qui peut fonctionner pendant un ou deux jours.

Enfin, la recharge de ces accumulateurs peut, lorsqu'on n'est pas à proximité d'une station d'électricité, présenter d'assez grosses difficultés ; recharger soi-même les accumulateurs, au moyen d'une batterie de piles ou d'une dynamo actionnée par un petit moteur à explosions, est une opération très assujettissante et surtout fort coûteuse.

Par les indications qui précèdent, on voit qu'on peut considérer le montage de l'appareil d'allumage comme bien fait lorsque :

1°) les deux bornes du circuit primaire de la bobine (ce sont en général celles qui sont fixées sur son socle) sont reliées aux deux bornes de même marque de la pile ou de l'accumulateur ;

2°) les deux bornes du circuit secondaire (ordinairement celles qui sont fixées à la partie supérieure, aux deux extrémités de la bobine proprement dite) sont en relation l'une avec la bougie d'allumage, l'autre avec la masse du moteur.

La figure 222 donne un schéma de ce montage.

Certains constructeurs, pour obtenir une sûreté de fonctionnement absolue, font passer constamment le courant primaire dans la bobine ; il en résulte un jaillissement continu d'étincelles dans le cylindre du moteur. Aussi, afin d'éviter un allumage anticipé, convient-il de faire éclater ces étincelles dans une petite cavité munie d'une soupape, que le mécanisme de distribution démasque au moment précis où l'allumage doit se produire. Cela entraîne une certaine complication de construction ; mais le principal inconvénient de ce mode d'allumage réside dans l'usure rapide de la source d'électricité et, par conséquent, dans l'élévation du prix de revient de l'allumage.

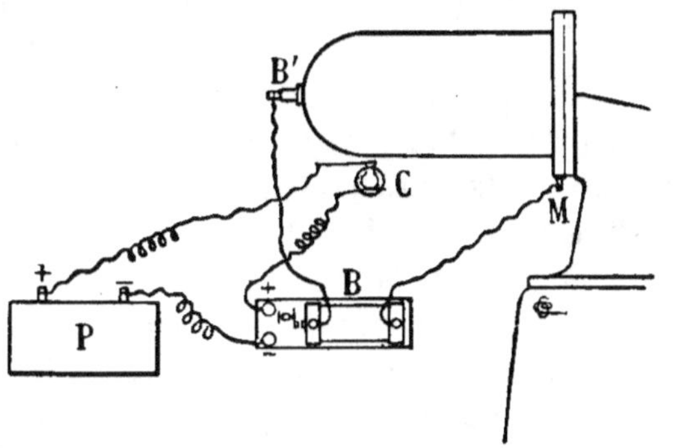

Fig. 222. — Schéma de la disposition des fils dans l'allumage par bobine : P, pile ; B, bobine ; B', bougie ; M, borne de masse ; C, contact intermittent.

La plupart des constructeurs préfèrent, pour ce motif, ne

fermer le circuit primaire qu'au moment où l'allumage doit avoir lieu et ne le maintenir fermé que pendant le temps strictement nécessaire. On y parvient au moyen d'un contact périodique qui n'agit que sous l'influence du mécanisme de distribution; tel est en particulier le trembleur que nous avons décrit plus haut. Mais, en général, les bobines sont à trembleur magnétique, et le circuit primaire se ferme, au moment voulu, par un dispositif spécial dont la figure 223

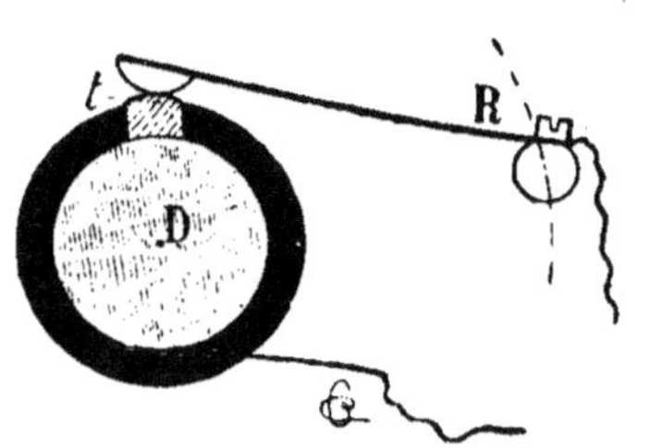

Fig. 232. — Principe du contact intermittent, permettant de régler l'avance à l'allumage.

indique le principe. L'arbre de distribution, D, porte une petite touche *t* qui, à chaque tour de l'arbre, vient appuyer sur un ressort, R; si on suppose que l'un des fils reliant la pile à la bobine soit coupé en deux brins, dont l'un aille de la pile au ressort, l'autre de l'arbre à la bobine, le courant ne circulera dans cette dernière que lorsque la touche et le ressort seront en contact. Pour éviter des étincelles intempestives provenant de contacts inattendus entre le ressort R et l'arbre D, on entoure ce dernier d'un manchon en ébonite, percé d'une ouverture par laquelle passe la touche *t*, qui fait légèrement saillie à l'extérieur du manchon. On conçoit, en outre, qu'en déplaçant l'extrémité du ressort R sur un cercle dont le centre soit sur l'axe de l'arbre de distribution D, le contact puisse être établi en un point quelconque du cycle du moteur; on obtient ainsi très facilement, par simple déplacement du ressort R, l'avance ou le retard à l'allumage.

Comme on s'en rend compte aisément, l'alimentation des bobines peut avoir lieu à l'aide d'une petite *machine dynamo* ou *magnéto-électrique* actionnée par le moteur lui-même; cette combinaison supprime les ennuis de vérification, de rechargement ou de remplacement des accumulateurs ou des piles. Les machines magnéto-électriques sont du reste préférées aux dynamos, parce qu'elles permettent une mise en route plus facile.

On sait qu'une machine magnéto-électrique se compose

d'un puissant aimant permanent, ayant ordinairement la forme d'un fer à cheval, entre les deux pôles] duquel tourne un enroulement formé d'un fil métallique soigneusement isolé et entourant un anneau en fer doux. La rotation de cette bobine fait naître dans le fil un courant, qu'un dispositif convenable permet de recueillir et qu'on utilise en le prenant aux bornes de la machine par un conducteur métallique. On pourrait évidemment alimenter, par une machine magnéto-électrique disposée de cette façon, les bobines de Ruhmkorff dont il a été question plus haut; mais, en pratique, on n'a pas besoin, avec les magnétos, d'un transformateur de courant, car si on interrompt le courant qui circule dans un fil enroulé en bobine autour d'un noyau de fer doux, on obtient dans ce même fil un courant, dit de *self induction*, ou, ce qui revient au même, un *extra-courant*, très violent et accompagné d'une étincelle au point de rupture. Si donc, dans le cas de la magnéto, on coupe brusquement le circuit, l'enroulement joue le même rôle que la bobine, et une étincelle se produit au point de rupture. Les bougies d'allumage doivent donc être modifiées en conséquence, de telle sorte que les deux fils, au lieu d'être séparés, soient normalement en contact, et ne s'écartent que juste au moment où l'allumage doit avoir lieu ; l'étincelle sera d'autant plus intense que la rupture sera plus brusque.

Les magnétos dont on se sert actuellement pour l'allumage des moteurs sont de trois types différents.

L'un d'eux est celui de la magnéto ordinaire, prenant le plus souvent son mouvement sur le volant du moteur au moyen d'une petite roue dont la jante est garnie de cuir ; un petit régulateur à boules écarte la magnéto lorsqu'elle tend à prendre une vitesse trop considérable, et un ressort l'applique à nouveau contre le volant dès qu'elle a repris son régime normal. — D'autres magnétos, à plus faible vitesse, sont actionnées par des trains d'engrenages qui prennent leur mouvement sur l'arbre moteur.

Dans un second type, dérivé du *coup de poing magnétique*, l'enroulement placé entre les pôles, ou *induit*, décrit lentement, sous l'action d'une came et d'un levier, un angle d'environ

60 degrés, puis est ramené brusquement à sa position initiale par un puissant ressort ; le circuit se trouve rompu en même temps au niveau de la bougie d'allumage. Dans quelques modèles analogues, l'induit est animé de mouvements alternatifs de grande amplitude, mais sans variation brusque de vitesse, au moyen d'une manivelle commandée par bielle et excentrique.

Le troisième type est à induit fixe ; mais, entre l'aimant et l'induit se trouve une pièce en fer doux dont le déplacement est accompagné d'une variation de l'intensité du champ magnétique ; cette variation fait naître un courant dans l'induit, absolument comme la variation d'intensité du courant primaire fait naître un courant secondaire dans la bobine de Ruhmkorff.

Les trois genres de magnétos fonctionnent ordinairement d'une façon satisfaisante, mais, comme toutes les machines analogues, elles sont sensibles à l'humidité ; c'est surtout au point de vue de leur application aux automobiles que ce défaut est important. Aussi les constructeurs s'ingénient-ils à trouver des vernis hydrofuges capables d'assurer le fonctionnement de la magnéto par les temps les plus défavorables. En tout cas, sans constituer encore l'allumeur idéal, les magnétos peuvent être adoptées dès maintenant sans donner lieu à trop de mécomptes, et si on arrive à les rendre suffisamment insensibles à l'humidité, il est probable qu'elles remplaceront tous les autres modes d'allumage électrique.

Utilisation du mélange tonnant.

Ainsi que nous l'avons déjà sommairement indiqué, un moteur à explosions se compose essentiellement d'un *cylindre*, dans lequel se meut un *piston* qu'une articulation relie à la *bielle* commandant l'*arbre à vilebrequin*, qui porte le *volant* et la *poulie* (fig. 224 et 225).

Le cylindre est en fonte ; il est complètement ouvert à l'une de ses extrémités (la plus rapprochée de l'arbre moteur) et est fermé à l'autre par un dôme également en fonte, formant la chambre de combustion G ; suivant les types, le dôme et le cylindre sont fondus d'une seule pièce ou, au contraire, fondus séparément et assemblés à l'aide de boulons. C'est au dôme que se raccordent les différentes tuyauteries d'aspiration et d'échappement, ainsi que les appareils d'allumage. Le cylindre et la chambre de combustion doivent être refroidis pendant le fonctionnement du moteur, et sont pourvus, à cet effet, soit d'une enveloppe, *j*, à circulation d'eau, soit d'ailettes augmentant la surface en contact avec l'air; enveloppe et ailettes sont fondues en même temps que le cylindre et le dôme.

Le piston, **A**, diffère totalement de celui des machines à vapeur; comme

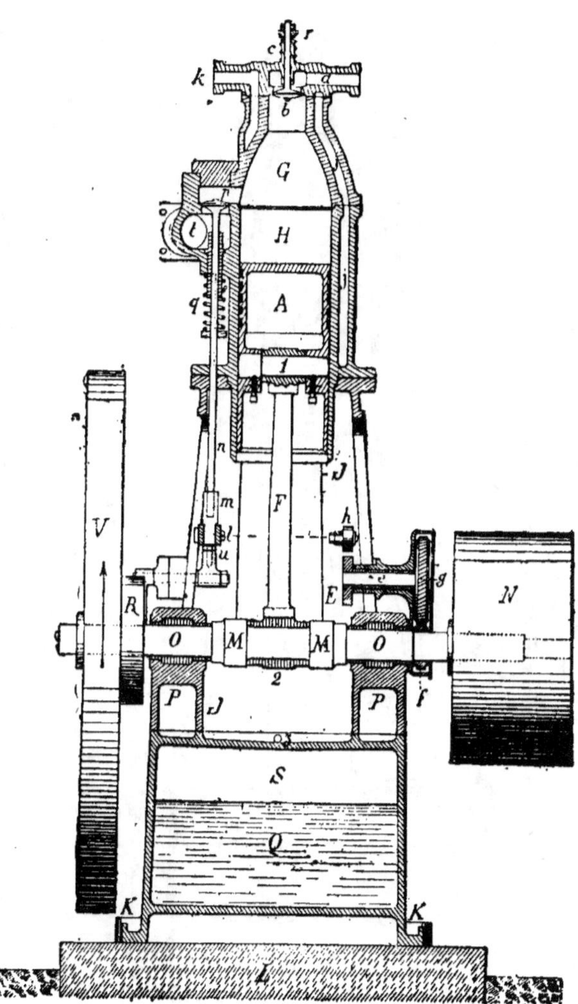

Fig. 224. — Coupe générale, vue de face, d'un moteur à explosions (Merlin).

il ne possède pas de tige qui, guidée pendant sa course, puisse le maintenir en position, on le prolonge par un long fourreau; c'est ce dernier qui, coulissant dans le cylindre, sert de guide au piston. L'étanchéité du piston est assurée par des *segments* (ou bagues élastiques) logés dans des rainures circulaires tracées sur sa surface cylindrique; ces segments sont ordinairement au nombre de quatre ou de cinq; ils sont en acier ou, de préférence, en fonte.

A l'intérieur du fourreau se trouve un axe transversal I, sur lequel s'articule la bielle F : celle-ci n'offre rien de particulier, non plus que le vilebrequin M, le volant V et la poulie motrice N, qui ne diffèrent en rien des organes similaires des machines à vapeur (fig. 224).

Dans les premiers moteurs à gaz, la *distribution*, c'est-à-dire l'admission du mélange tonnant et l'expulsion des gaz brûlés, s'effectuaient au moyen d'un tiroir plan; on a vite renoncé à ce dispositif, en raison de la grande difficulté qu'on éprouve à maintenir rigoureusement planes les surfaces de frottement, et on a adopté, pour tous les moteurs à explosions, des soupapes tronconiques, telles que b et p, appuyées sur leurs sièges par des ressorts à boudin,

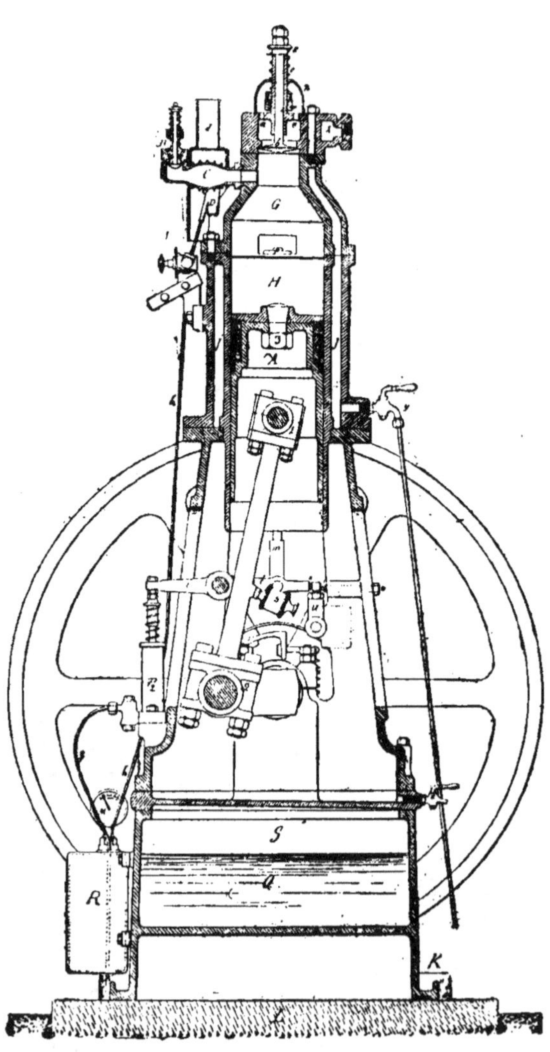

Fig. 225. — Coupe générale, vue de profil du même moteur.

et qui sont ouvertes, soit par dépression, soit par des leviers l, qui, par l'intermédiaire d'un arbre, lh, sont actionnés eux-mêmes par des cames E fixées sur un arbre e, dit de *distribution*. Chacune des soupapes ayant un rôle particulier, et ne devant entrer en jeu que tous les quatre temps, c'est-à-dire tous les deux tours de volant, on voit qu'il suffit, pour obtenir l'ouverture des soupapes au moment voulu, de faire tourner l'arbre de distribution avec une vitesse exactement deux fois plus faible que celle de l'arbre moteur. On y réussit sans peine en le commandant par l'arbre moteur lui-même, au moyen d'engrenages f et g, réduisant la vitesse dans le rapport de 2 à 1 (fig. 224).

Un moteur comporte ordinairement trois soupapes : une pour l'entrée de l'air, b, une pour l'entrée des vapeurs combustibles et une pour l'échappement des gaz de combustion, p; on emploie quelquefois une quatrième soupape, dite d'allumage, lorsque l'inflammation a lieu par tube incandescent.

Le plus souvent, la soupape d'échappement est seule commandée par l'arbre de distribution ; elle s'ouvre au début du quatrième temps et s'applique ensuite sur son siège sous l'action de son ressort ; les autres soupapes sont alors *automatiques*, c'est-à-dire qu'elles s'ouvrent lorsque le piston, pendant le premier temps, crée une dépression à l'intérieur du cylindre. Cette disposition est très recommandable ; mais il faut que les ressorts des soupapes soient en acier d'excellente qualité, et il importe de les éloigner suffisamment des pièces chaudes du moteur pour qu'ils ne risquent pas de se détremper. Enfin, le serrage de ces ressorts doit être minutieusement réglé pour que le mélange explosif ait une composition convenable ; lorsqu'il a été exactement déterminé par tâtonnements, en se basant sur l'aspect des gaz d'échappement et sur l'allure du moteur, on ne doit plus toucher, sans de sérieuses raisons, aux écrous de serrage des ressorts de soupape.

Quand on emploie de l'alcool, la composition du mélange tonnant a plus d'importance encore sur le fonctionnement du moteur qu'avec les autres combustibles. En dehors même de toute question d'économie, la combustion d'un mélange mal dosé provoque la production de matières acides qui corrodent les soupapes et les mettent bientôt hors d'usage ; on a proposé, pour remédier à ce grave défaut, de construire les soupapes avec des métaux spéciaux qui, comme l'acier au nickel par exemple, soient moins oxydables que l'acier ordinaire. C'est évidemment un palliatif ; mais nous avons pu constater personnellement, au cours des nombreux essais de moteurs à alcool auxquels nous avons pris part comme collaborateur de M. Ringelmann, que si le mélange tonnant est normal, les soupapes en acier ordinaire restent intactes. C'est donc la question de carburation qui importe avant tout ; et, à cet égard, les carburateurs à distribution mécanique, avec lesquels la quantité d'alcool injectée peut être déterminée exactement et maintenue constante, sont, en général, supérieurs aux autres.

Le *refroidissement* du cylindre est encore une condition essentielle de bon fonctionnement du moteur ; lorsqu'il est insuffisant, la lubrification du piston devient impossible et le moteur ne tarde pas à *gripper*. Nous avons vu qu'on peut combattre l'échauffement soit au moyen d'ailettes, soit à l'aide d'une enveloppe à circulation d'eau. Les ailettes ne sont usitées que pour les moteurs à très faible puissance, et, dans ce cas même, elles ne sont d'une efficatité réelle que si un courant d'air intense vient les balayer ; c'est ce qui a lieu, par exemple, dans les motocycles et c'est pour cette raison que, suivant la disposition du moteur sur le véhicule, on place les ailettes soit perpendiculairement à l'axe du cylindre, soit, parallèlement à cet axe, sur les génératrices. Les autres moteurs sont refroidis par circulation d'eau, et ce procédé est même employé maintenant dans certains moteurs de faible puissance du type automobile, montés sur tricycles ou sur quadricycles, ou encore, installés sur socles, en vue de leur utilisation comme moteurs fixes. Mais, d'une façon générale, s'il est indispensable d'empêcher l'échauffement du cylindre, il est également mauvais de le laisser se refroidir trop énergiquement, car les parois enlèvent alors aux gaz en combustion une trop grande quantité de chaleur, qui n'est plus transformée en travail ; la marche du moteur est par suite moins économique. Les meilleures conditions sont réalisées quand l'eau sort de l'enveloppe à une température aussi voisine que possible de son point d'ébullition, c'est-à-dire, en pratique, comprise entre 90 et 98 degrés centigrades.

Comme l'eau chaude est moins dense que l'eau froide, on rend la circulation plus facile en faisant arriver l'eau froide au bas de l'enveloppe, l'eau chaude sortant à la partie supérieure. Si on dispose d'eau courante, il est avantageux de s'en servir pour le refroidissement des moteurs fixes; mais il est indispensable que le tuyau d'amenée soit pourvu d'un robinet permettant de régler le volume du liquide à faire passer dans l'enveloppe. Dans le cas contraire, qui est le plus fréquent en agriculture, le refroidissement a lieu par eau dormante, la même quantité déterminée d'eau, contenue dans un réservoir, circulant constamment et indéfiniment dans l'enveloppe. Il suffit, en général, de deux mètres cubes d'eau pour un moteur de cinq à six chevaux.

Si on place le réservoir au-dessus du moteur, il n'est besoin d'aucun mécanisme pour assurer cette circulation dans l'enveloppe; la diminution de densité produite par l'échauffement suffit pour provoquer dans la masse un mouvement ascendant (thermo-siphon). Le niveau de l'eau dans le réservoir doit être tel que sa hauteur, h, au-dessus du point le plus élevé du cylindre soit comprise entre 1 mètre et 1^m,50; il est complètement inutile que le fond du réservoir soit au-dessous de ce dernier point, car la masse d'eau comprise entre ce niveau et le fond du réservoir ne serait pas utilisée pour le refroidissement (fig. 226).

On relie le réservoir au cylindre par deux tuyauteries : l'une part du fond du réservoir et se rend au bas du cylindre, l'autre part du sommet du cylindre et débouche dans le cylindre à dix centimètres environ au-dessous de la surface libre de l'eau. Le tuyau d'arrivée est muni d'un robinet de réglage; on le ferme presque complètement, au

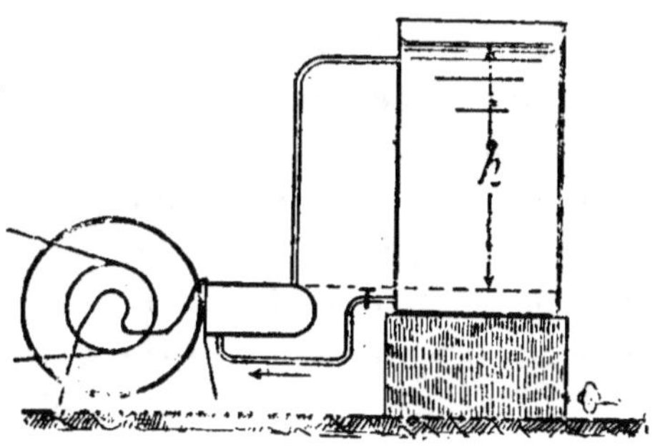

Fig. 226. — Principe du refroidissement par thermo-siphon.

moment de la mise en route, pour que le moteur prenne plus vite sa température normale. Pendant le fonctionnement, l'eau circule, en descendant, par la tuyauterie inférieure du réservoir, puis, en remontant, dans l'enveloppe et dans la tuyauterie supérieure. Le refroidissement de l'eau s'opère, dans le réservoir, par évaporation ; il faut avoir soin d'ajouter, de temps en temps, quelques seaux d'eau à la provision qui reste dans ce réservoir, afin de remplacer les pertes dues à l'évaporation et de rétablir le niveau primitif.

Lorsqu'on ne peut surélever le réservoir, on fait circuler l'eau au moyen d'une petite pompe centrifuge ou d'une petite pompe à piston, qui prend son mouvement sur l'arbre moteur par l'intermédiaire d'une courroie ou de tout autre organe de transmission. On n'est guère obligé, d'ailleurs, de recourir à ce dispositif que pour les voitures automobiles et pour les locomobiles. Dans les automobiles, où la provision d'eau est toujours faible, on fait circuler l'eau, à sa sortie du cylindre, dans un tube garni d'ailettes et plusieurs fois recourbé, auquel on donne le nom de *radiateur* ; en raison même de la grande vitesse de déplacement du véhicule, un courant d'air très intense pénètre dans les replis du radiateur et assure le refroidissement de l'eau.

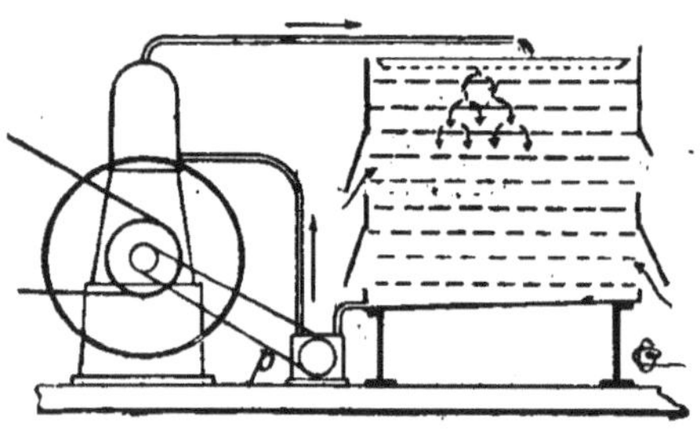

Fig. 227. — Principe du refroidissement par circulation et cascade.

Dans les locomobiles, dont le poids est déjà assez considérable, on cherche également à éviter, autant que possible, de surcharger la machine d'une trop grande quantité d'eau ; car il faudrait en même temps surélever le réservoir et l'équilibre de l'ensemble serait difficile à obtenir ; l'eau chaude, avant de rentrer au réservoir, est alors envoyée, au point le plus haut de la machine, dans un tube percé latéralement de petits trous, d'où elle tombe sur des fascines ou sur des claies en bois (fig. 227) ; elle se trouve ainsi très divisée et en contact avec un volume d'air considérable, ce qui abaisse sa température et lui permet de retourner froide au réservoir. Parfois même un petit ventilateur, actionné par le moteur, envoie un courant d'air dans les fascines ou les claies, pour rendre le refroidissement plus actif. D'après M. Ringelmann, la perte d'eau par évaporation est, par heure, de 5 à 8 litres pour 1000 litres circulant dans l'enveloppe du cylindre.

Pendant les périodes de chômage, il est prudent d'isoler le moteur du réservoir et de faire écouler, à l'aide du robinet de vidange disposé à cet effet, l'eau contenue dans l'enveloppe. On évite ainsi les fuites aux joints et, pendant l'hiver, la congélation qui pourrait déterminer la rupture du cylindre.

Organes de régulation.

Il est pratiquement fort rare que la résistance opposée par une machine au moteur chargé de l'actionner soit constante ; par conséquent, si le moteur a une puissance suffisante pour vaincre la résistance maxima de cette machine, il arrivera fréquemment que, la résistance n'atteignant pas sa plus grande valeur, la puissance du moteur dépasse dans une plus ou moins large mesure l'effort à produire. La puissance motrice en excès est alors généralement employée par le moteur à accroître sa propre vitesse, et, par suite, celle de la machine. Mais, outre que l'augmentation de vitesse d'une machine au delà d'une certaine limite est souvent inutile, elle peut avoir pour résultat d'en provoquer la prompte détérioration, ainsi que celle du moteur lui-même, à cause de la fatigue exagérée qu'ont à subir les organes mobiles du mécanisme et de la violence des réactions qu'ils exercent sur leurs supports. Il importe donc que, quand une machine ne doit pas constamment fonctionner dans les conditions de résistance maxima, autrement dit *à pleine charge*, et c'est le cas le plus ordinaire, le moteur ne lui fournisse qu'une part de la puissance dont il est capable, proportionnée à la valeur réelle de la résistance à vaincre ; sans quoi, le moteur ne tarderait pas à *s'emballer*, et avec lui la machine, ce qui pourrait occasionner des dégâts matériels et même des accidents de personnes.

Une comparaison familière fera mieux ressortir l'importance

de cette considération. Si on possède un cheval vigoureux et ardent, et qu'on l'attelle à un camion lourdement chargé, la puissance musculaire de l'animal étant égale ou peu supérieure à l'effort de traction qu'on exige de lui, il remorquera sans vitesse excessive ce pesant véhicule, et on n'aura pas à craindre qu'il s'emballe. Mais si on attelle le même cheval à une petite voiturette d'enfant, l'effort à vaincre étant insignifiant par rapport à la puissance de l'animal moteur, celui-ci prendra bien vite une allure désordonnée, au plus grand risque de la voiturette et des passants que ce dangereux attelage pourra rencontrer sur sa route. La sécurité de tous ne pourra être assurée que si un conducteur attentif modère, au moyen du mors, l'ardeur superflue du cheval, en l'obligeant, à chaque instant, de ne dépenser que la quantité de sa puissance juste nécessaire pour maintenir la vitesse de marche de la voiturette dans les limites que la prudence commande de ne pas excéder. La conduite des machines au moyen des moteurs inanimés impose les mêmes obligations, et il faut qu'à tout moment, si la résistance maxima n'est pas atteinte, des dispositions soient prises pour *régler* l'emploi de la puissance, en la proportionnant à la valeur actuelle de la résistance. Lorsqu'il s'agit de moteurs toujours surveillés par un conducteur, c'est parfois à ce dernier qu'est confié le soin d'effectuer cette régulation ; il en est ainsi pour certains moteurs d'automobiles. Mais, dans la plupart des cas, il y a tout intérêt à s'affranchir de la sujétion d'une surveillance incessante, et à opérer automatiquement le dosage régulier et continu de la quantité de puissance fournie par le moteur à la machine. Tel est le but des *régulateurs*.

Considérons un moteur dans lequel les explosions se produiraient invariablement tous les quatre temps et auquel on ne donnerait à vaincre aucune résistance. Sa vitesse, d'abord nulle, augmentera progressivement et deviendra bientôt très grande ; elle ne sera d'ailleurs limitée dans son accroissement que par la résistance propre qu'opposent à leur mise en mouvement tous les organes mobiles (résistance propre qui augmente elle-même très rapidement avec la vitesse), — ou par le frottement des tourillons d'axes sur leurs supports, qui échauffe ces pièces et peut aller jusqu'à les souder, — ou encore par l'insuffisance de résistance élastique de certains organes qui, soumis à des efforts excessifs, se rompent en déterminant une solution de continuité entre le moteur et une partie de la machine. Toutes proportions gardées, les choses se passeront à peu près de même si la machine n'exige, pour fonctionner, qu'un effort notablement inférieur à celui développé par le moteur. Le régulateur doit donc empêcher le moteur de dépasser une vitesse déterminée, et le laisser cependant capable de donner, à un instant quelconque, toute sa puissance. Dans les machines à vapeur, le régulateur agit en diminuant la période d'admission de la vapeur à pleine pression. Dans les moteurs à explosions, on opère la régulation en modifiant de diverses façons le régime des explosions. Ainsi, lorsque le moteur tend à prendre une vitesse exagérée, on peut :

1° Modifier la composition du mélange tonnant, en diminuant la quantité de combustible ajoutée à l'air aspiré par le mouvement du piston ; les explosions continuent de se produire régulièrement tous les quatre temps, mais elles ont une intensité variable ; on peut donc, à chaque instant, proportionner la puissance développée par le moteur à la résistance que lui oppose, au même instant, la machine. Ce procédé est parfois appliqué aux moteurs à pétrole ;

2° Conserver au mélange tonnant sa composition normale, mais en régler le volume admis dans le cylindre suivant le travail à produire ;

3° Admettre toujours dans le cylindre le même volume de mélange à composition normale, mais supprimer complètement l'admission dès que la vitesse dépasse la limite fixée, et ne la permettre à nouveau que quand le moteur a repris le régime convenable. Ce dernier mode de régulation est connu sous le nom de *régulation par tout ou rien*.

Si on se rapporte aux considérations que nous avons exposées plus haut relativement aux mélanges tonnants, on se convaincra aisément que le premier mode de régulation est tout à fait désavantageux, car l'utilisation du combustible n'est complète que quand le moteur fournit toute la puissance qu'il peut développer ; or, nous avons déjà fait remarquer que c'est là un cas exceptionnel. Il est donc préférable d'avoir recours aux deux autres procédés de régulation, en maintenant constante la composition du mélange. Les deux systèmes de régulateurs basés sur ce principe présentent chacun des avantages et des inconvénients, qui les font adopter ou rejeter suivant les conditions auxquelles le moteur doit se plier.

Les régulateurs qui se bornent à modifier la quantité de mélange explosif admise dans le cylindre au début des cycles dérivent, en somme, des régulateurs de machines à vapeur. Ils agissent sur un robinet, ou sur un obturateur quelconque, placé sur la conduite d'admission, et qui ne livre aux gaz aspirés qu'un passage plus ou moins facile, suivant sa position ; on les désigne souvent, pour cette raison, sous le nom de régulateurs *par étranglement*. La composition du mélange explosif restant constante, il semblerait que la combustion et l'utilisation dussent être également constantes, surtout si le réglage préalable de la carburation a été bien fait. Il n'en est rien pourtant, car le degré de compression qui précède l'explosion est très variable, puisque le volume admis dans le cylindre de capacité fixe n'est pas toujours le même, et la combustion se trouve, de ce fait, assez notablement modifiée ; d'autre part, les causes de pertes de chaleur restent identiques, quelle que soit la quantité de combustible introduite, et leur influence est proportionnellement d'autant plus énergique que cette quantité est plus petite. Aussi ce procédé de régulation entraîne-t-il une dépense de combustible un peu plus élevée que le procédé par tout ou rien.

Avec le *tout ou rien*, en effet, le volume et la composition du mélange étant les mêmes chaque fois qu'il y a explosion, il n'y a aucun motif pour que, si la carburation a été convenablement faite, l'utilisation du combustible varie pendant la durée du fonctionnement normal ; les explosions, quand elles ont lieu, se produisent donc dans les conditions qu'on a reconnues être les meilleures ; elles sont complètement supprimées dès que le moteur prend une vitesse exagérée. Mais il importe de régler avec soin l'appareil de refroidissement, surtout lorsque le moteur fonctionne à faible charge ; sans quoi le cylindre, se refroidissant beaucoup dans l'intervalle des explosions, emprunterait ensuite aux gaz explosés une quantité importante de chaleur, qui ne serait pas utilisée à vaincre la résistance de la machine ; il y aurait donc augmentation de consommation. On pourrait d'ailleurs, sans grande complication de mécanisme, suspendre la circulation d'eau autour du cylindre, en même temps que l'admission du mélange tonnant ; bien peu de constructeurs, néanmoins, recourent à ce dernier procédé.

Si les moteurs pourvus de régulateurs agissant par tout ou rien sont plus économiques que les autres, en revanche, ils ont une allure moins régulière. On ne saurait mieux la comparer qu'à celle d'un cycliste qui, sur une route parfaitement horizontale, lancerait sa machine par quelques vigoureux coups de pédale, puis, supprimant toute action des jambes, se laisserait tranquillement porter jusqu'à ce que, la vitesse ayant progressivement diminué, il éprouve le besoin de redonner à sa bicyclette une nouvelle et passagère impulsion. Le moteur fonctionnant par tout ou rien se lance, en effet, par quelques explosions successives qui accélèrent sa marche ; puis un certain nombre de *passes à vide* se produisent sous l'influence du régulateur, jusqu'à ce que la vitesse ait assez diminué pour que ce dernier laisse pénétrer, au début d'un cycle, le mélange explosif dans le cylindre. Le nombre de ces passes à vide varie, évidemment, avec le travail demandé au moteur ; il est d'autant plus élevé que la résistance opposée par la machine au moteur est plus faible. A pleine charge, au contraire, les passes à vide sont très rares, et les explosions se succèdent presque sans interruption.

Lorsque le régulateur agit par étranglement, l'allure du moteur est beaucoup moins capricieuse, puisque les explosions se produisent exactement tous les quatre temps. Aussi est-ce à ce procédé qu'on a recours toutes les fois que la machine à actionner doit être animée d'une vitesse très uniforme : tel est le cas, par exemple, des machines électriques. On n'hésite pas alors à dépenser un peu plus de combustible, en vue d'assurer à la machine un régime constant ou, du moins, aussi peu variable que possible ; dans tous les autres cas, il y a avantage à employer la régulation par tout ou rien.

Certains moteurs du type automobile, c'est-à-dire d'un

faible poids et tournant à une très grande vitesse, sont dépourvus de régulateurs. Pour parler plus exactement, il faudrait dire qu'ils n'ont pas de régulateurs automatiques ; mais, en réalité, le mécanicien qui conduit une pareille machine opère lui-même la régulation, en disposant les registres de prise d'air chaud ou d'air froid, les orifices de sortie du carburateur et la boîte d'allumage de façon à proportionner l'effort développé par le moteur à la résistance à vaincre. Beaucoup de moteurs du type automobile sont d'ailleurs, comme tous les moteurs fixes, munis de régulateurs automatiques.

Nous allons examiner un peu plus en détail les procédés de régulation par étranglement et par tout ou rien.

1° **Régulation par étranglement.** — La régulation par étranglement ne peut s'appliquer qu'aux moteurs dans lesquels le mélange tonnant est préparé en dehors du cylindre et y pénètre entièrement constitué ; on ne le rencontre donc qu'assez rarement dans les moteurs qui n'utilisent qu'un liquide peu volatil, comme le pétrole lampant ou le schiste, dont il faut effectuer la vaporisation préalable et dont on emmagasine le mélange avec l'air dans une chaudière-réservoir. On la trouve, au contraire, assez fréquemment appliquée aux moteurs à essence ou à alcool, principalement à ceux du type léger à grande vitesse, parce qu'elle permet de compenser par une grande simplicité de mécanisme la petite augmentation de consommation qui résulte de son emploi.

La figure 228 donne le principe d'un régulateur de ce genre. Deux masses, m, sont fixées sur

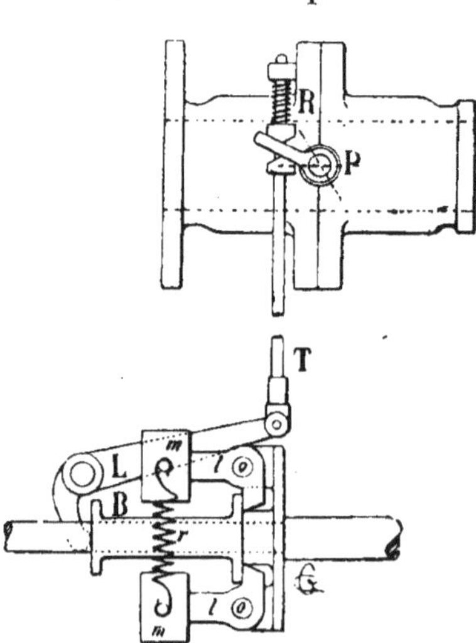

Fig. 228. — Régulateur par papillon
(Société anonyme Aster).

des leviers coudés, l, articulés en o, et sont entraînées par le mouvement de rotation de l'arbre moteur ; elles s'écartent sous l'influence de la force centrifuge et sont rappelées par le ressort *r*. Les déplacements des petits bras des leviers *l* sont transmis à une bague, B, sur laquelle vient butter un levier coudé, L. Lorsque la vitesse du moteur augmente, les masses *m* s'éloignent ; le levier L, poussé par la bague B, se déplace et agit, par l'intermédiaire de la tige T, sur le papillon P, qui diminue l'orifice d'admission. Un ressort antagoniste, figuré schématiquement en R, ramène tous les organes à la position convenable quand le moteur se ralentit.

2° **Régulation par tout ou rien.** — Nous avons vu que, le plus souvent, la soupape d'admission du mélange tonnant fonctionne automatiquement, c'est-à-dire que le ressort, destiné à la maintenir appliquée sur son siège, cède lorsque le piston, dans la première demi-course avant, a créé une dépression suffisante dans le cylindre. Pour supprimer l'admission, quand le moteur s'emballe, on peut :

1° Faire en sorte que la soupape d'échappement reste ouverte ; le piston aspire et refoule alternativement les gaz contenus dans le tuyau d'échappement ; il ne peut plus créer la dépression nécessaire pour l'ouverture de la soupape d'admission ;

2° Bloquer la soupape d'admission, celle d'échappement restant fermée ; le piston fait alors le vide dans le cylindre pendant la course avant.

Lorsque la soupape d'admission est commandée par le mécanisme de distribution, elle ne doit plus être actionnée dès que le régulateur entre en jeu, quel que soit d'ailleurs le mode d'action de ce dernier sur la surface d'échappement.

Enfin, lorsque le moteur comporte un carburateur à distribution mécanique, ce carburateur doit cesser d'injecter le combustible quand la vitesse devient exagérée.

La figure 229 permet de se rendre compte du fonctionnement d'un régulateur maintenant ouverte la soupape d'échappement. Une masse, M, articulée en O, est entraînée par le volant V dans son mouvement de rotation ; un ressort R, à tension réglable, rappelle la masse M contre le moyeu du volant. Si la vitesse du moteur augmente, la masse M s'écarte du moyeu, et finit par venir agir contre un galet, *g*, solidaire d'un levier, L qui est lui-même articulé en O'; l'extrémité *a* de ce levier vient se placer en dessous de l'extrémité *b* du levier L', qui commande la soupape d'échappement. Le levier L' est animé d'un mouvement alternatif par une came non représentée sur le dessin ; lorsque, au moment où il vient d'être soulevé, l'extrémité *a* du levier L se place au-dessous de *b*, le levier L' ne peut plus retomber, et la soupape d'échappement reste ouverte. Dans les moteurs qui fonctionnent au pétrole, la pompe à pétrole et la pompe à air sont en même temps débrayées.

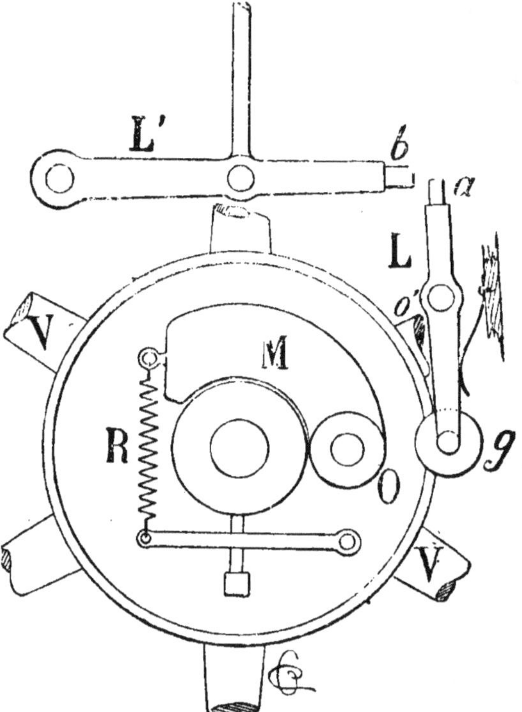

Fig. 229. — Régulateur par tout ou rien, à masse (Merlin). (Le sens de rotation est celui des aiguilles d'une montre.)

Quant à la régulation par cessation d'admission, la figure 230 en représente schématiquement un dispositif, qui comporte, en réalité, deux soupapes d'admission, dont l'une, S, est commandée, tandis que l'autre, S' est automatique et empêche, par sa fermeture, que le mélange aspiré soit refoulé en arrière au début du deuxième temps. Mais S' ne peut laisser le mélange s'introduire dans le cylindre qu'après que S a fonctionné ; si donc la soupape S est bloquée, l'admission n'a pas lieu. L'ouverture de S est obtenue à l'aide d'une came C, fixée sur l'arbre vertical du régulateur à boules, R ; la came C agit sur la tige, T, de la soupape S par l'intermédiaire du taquet *t*, suspendu au coulisseau *c* du régulateur, et qui suit, par conséquent, tous ses mouvements. Le taquet *t* n'a pas une épaisseur uniforme ; il est fortement échancré à sa partie supérieure. Lorsque le moteur s'emballe, les boules du régulateur s'écartent et le coulisseau c s'abaisse ; le taquet t vient alors présenter en face de la tige T sa partie échancrée ; la came C agit sur le taquet, mais l'épaisseur de ce dernier, au

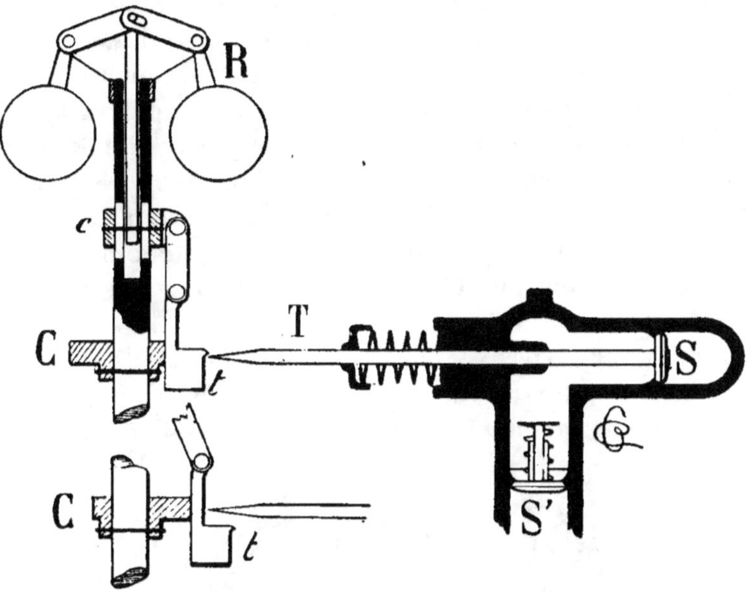

Fig. 230. — Régulateur agissant sur l'admission (Fritscher et Houdry).

niveau de l'échancrure, est insuffisante pour que le déplacement provoqué par la came le fasse entrer en contact avec la tige T. La soupape S reste donc fermée et l'admission est supprimée. Le fonctionnement de la soupape d'échappement n'est pas modifié, de sorte que, pendant le premier temps, le piston fait le vide dans le cylindre.

Les moteurs à alcool et essence munis d'un carburateur à distributeur mécanique comportent généralement la régulation par l'échappement et par l'admission ; le régulateur maintient ouverte la soupape d'échappement, en même temps que le distributeur cesse de fonctionner.

Principaux types de moteurs.

Nous allons donner quelques indications succinctes sur les différents systèmes de moteurs à explosions, en nous bornant à renvoyer le lecteur, pour renseignements plus détaillés, aux traités très complets qui ont été publiés sur ce vaste sujet. Tous les moteurs à explosions peuvent être classés en deux catégories, suivant qu'ils sont du type fixe ou du type automobile, étant entendu toutefois que les premiers ne sont pas toujours montés sur fondations et inamovibles, et que les derniers ne sont pas non plus réservés uniquement à la propulsion des véhicules et des bateaux. Les moteurs type fixe sont des moteurs lourds, à vitesse relativement faible (200 à 400 tours par minute); leur poids dépasse ordinairement 30 kilogrammes par cheval. Les moteurs type automobile sont, au contraire, des moteurs légers, pesant moins de 30 kilogrammes par cheval, et tournant à très grande vitesse (jusqu'à 2 200 tours par minute).

Les moteurs type fixe n'ont, en général, qu'un seul cylindre, qui est boulonné sur un robuste bâti en fonte supportant les paliers de l'arbre moteur. On rencontre trois dispositions principales de ce type.

a) **Le cylindre est horizontal.** — Cette disposition rend facile l'accès des différentes pièces, ce qui est important pour les moteurs; le cylindre est fixé en *porte-à-faux* sur un des côtés du bâti

Fig. 231. — Moteur demi-fixe horizontal (Brouhot).

(fig. 231). Dans les gros moteurs, ce mode de montage serait désavantageux, et il vaut mieux soutenir le cylindre, sur une partie de sa longueur, par un prolongement venu de fonte avec le bâti.

b) ***Le cylindre est vertical et placé à la partie inférieure du moteur.*** — On ménage à la base de ce cylindre un empattement qui constitue le socle du moteur et sert à le fixer sur ses fondations. C'est la disposition la plus simple et qui permet de donner à l'ensemble de l'appareil le poids le plus faible ; mais elle relègue au bas du moteur les organes de distribution et rend l'accès des soupapes moins facile ; d'autre part, l'arbre moteur étant à la partie supérieure, la machine risque d'être soumise à des oscillations assez intenses, qu'on ne peut éviter que par des scellements très soignés (fig. 232).

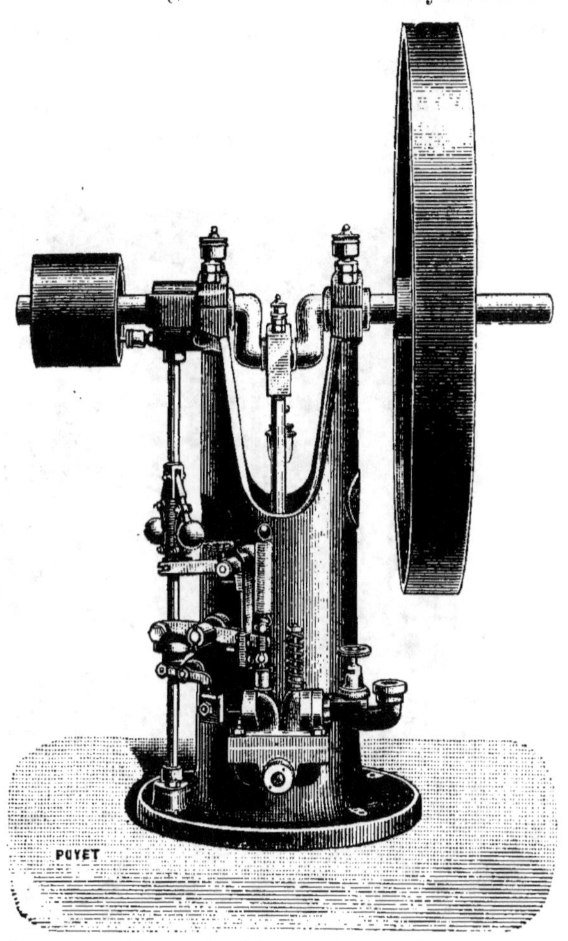

Fig. 232. — Moteur demi-fixe vertical à cylindre inférieur (Brouhot).

c) ***Le cylindre est encore vertical, mais placé à la partie supérieure.*** — Le moteur est alors du type *pilon* (fig. 224 et 225). L'arbre moteur étant en dessous du piston, la stabilité est assurée, mais on est obligé de soulever le cylindre sur un socle en fonte qui augmente le poids. C'est, malgré cela, une disposition très recommandable, au moins pour les moteurs de faible et de moyenne puissance, car l'encombrement de la machine est très faible et l'accès des pièces du mécanisme ne présente aucune difficulté.

Ces trois genres de moteurs fixes, qu'il serait plus exact de qualifier de *mi-fixes*, si on voulait se conformer à la classification industrielle, se montent indifféremment sur des fondations en maçonnerie ou sur des châssis mobiles à une roue ou à plusieurs roues, pour constituer les *moteurs-brouettes* et les

Fig. 233. — Moteur vertical locomobile (Beaupré).

locomobiles. Afin de ne pas augmenter inutilement le poids de la machine, on ne pourvoit ordinairement, comme nous l'avons dit, les locomobiles que d'une faible provision d'eau de refroidissement; aussi comportent-elles souvent des appareils à cascade servant à abaisser la température de l'eau qui sort du cylindre, avant de la faire repasser dans l'enveloppe (fig. 233).

Certains modèles, d'ailleurs peu usités en agriculture, ont un moteur à deux cylindres, dont les deux pistons attaquent le même arbre moteur. Il y a, dans ce cas, avantage à ce que le régulateur agisse d'abord sur l'un des cylindres, puis sur le second. L'emploi de deux cylindres permet de réduire les dimensions du moteur et de mieux assurer l'équilibre des masses en mouvement.

Les moteurs du type *automobile* sont caractérisés par leur faible poids et par leurs dimensions très réduites (fig. 234). Leur prix d'achat est très sensiblement inférieur à celui des

Fig. 234. — Moteur monocylindrique, type automobile (Société anonyme Aster).

moteurs de la catégorie précédente ; ils sont, par contre, moins économiques et durent moins longtemps, tant à cause de la grande vitesse dont leurs organes sont animés que de la faible longueur de la bielle, qui entraîne l'usure rapide des segments et l'ovalisation du cylindre.

Ces moteurs s'établissent avec un ou plusieurs cylindres,

horizontaux ou verticaux. Mais l'emploi de moteurs à plusieurs cylindres est, à notre avis, rarement justifié dans les exploitations agricoles, car, à puissance égale, ils coûtent aussi cher et sont moins économiques que les moteurs fixes à un seul cylindre; ils ne sont à recommander que pour les *voitures-automobiles*, où la nécessité d'obtenir une forte puissance en réduisant au minimum les trépidations, sans pouvoir augmenter ni le poids, ni les dimensions des organes, ne permet pas d'éviter la complication qui caractérise ce genre de machines motrices. Lorsqu'on a pour but principal de diminuer la mise de fonds à engager dans une installation, on ne doit donc pas hésiter à préférer les moteurs à un seul cylindre.

Pour assurer le graissage de l'arbre moteur, et pour éviter en même temps les projections d'huile, on enferme très fréquemment la partie du moteur située en dessous du cylindre dans une enveloppe métallique, ou *carter*, qui peut contenir une provision importante d'huile. Mais il faut que ce carter soit bien étanche; autrement, l'air, qui se comprime pendant les courses avant du piston, s'échapperait, et le piston provoquerait ensuite une dépression dans l'enveloppe pendant les courses arrière; tandis que, si le carter est étanche, l'air restitue au piston, durant les courses arrière, une grande partie de l'énergie qu'il avait absorbée pendant la compression.

Ces moteurs sont, le plus ordinairement, dépourvus de régulateurs automatiques. Les carters portent généralement des nervures et des pattes qui servent à les assujettir sur des socles en maçonnerie, ou sur des supports quelconques adaptés eux-mêmes à des brouettes ou aux bâtis des machines que les moteurs doivent actionner.

On donne le nom de *groupes-moteurs* à des ensembles comportant, sur un même bâti, le moteur et la machine à actionner (pompe centrifuge, moulin à farine, dynamo, etc.). Les moteurs du type automobile se prêtent admirablement à la réalisation, sous un faible volume, de groupes relativement puissants.

On applique également les moteurs à explosions, fixes ou automobiles, aux machines à battre, qui prennent alors le nom de *moto-batteuses*. Quand le moteur est monté en locomobile, il n'y a rien de particulier à en dire ; mais lorsqu'il doit être du type fixe et placé sur le même châssis que la batteuse, dans un compartiment spécial, à l'une des extrémités de la machine, il faut exiger qu'il soit vertical, du genre pilon, et que son axe soit bien dans le même plan vertical que l'axe, de l'essieu porteur; sans cela, aux oscillations longitudinales, déjà très prononcées, de la batteuse, viendraient s'ajouter celles du moteur, et leur amplitude augmentant, elles risqueraient de disloquer à brève échéance toute la carcasse, au grand détriment du mécanisme.

Mise en route des moteurs à explosions. — Causes des pannes et des irrégularités de fonctionnement. — Arrêt et nettoyage des moteurs.

La mise en route d'un moteur à explosions exige un certain nombre de précautions, mais ne présente pas, en général, de bien grandes difficultés.

On commence par disposer le moteur pour le fonctionnement, c'est-à-dire qu'après avoir vérifié que toutes les pièces sont en bon état et bien en place, que les graisseurs sont garnis d'une quantité suffisante de matière lubrifiante, etc., on ouvre les robinets d'amenée du combustible.

S'il s'agit de moteurs à *pétrole*, on commence par allumer le brûleur du tube d'allumage et de vaporisation, ou par chauffer la culasse, suivant le système, opération qui demande une dizaine de minutes. Pour la marche à l'*essence* ou à l'*alcool carburé*, on s'assure que le carburateur contient du combustible, et on peut même utilement en envoyer une petite quantité dans la conduite d'admission, afin de faciliter le départ. Pour la marche à l'*alcool pur*, il faut chauffer préalablement le carburateur, ou, ce qui nous paraît plus simple, verser de l'essence dans le carburateur et n'y substituer l'alcool qu'après quelques minutes de fonctionnement, lorsque le moteur et le carburateur sont chauds. On peut avantageusement profiter de l'indication que nous avons donnée précédemment, à propos des procédés de refroidissement du cylindre, et n'envoyer l'eau dans l'enveloppe qu'au bout de quelques instants, de façon que le moteur prenne plus rapidement sa température de régime. Pour les moteurs à gaz, il suffit d'ouvrir le robinet d'arrivée du gaz.

Il faut ensuite lancer le moteur ; dans ce but, on agit sur son arbre, de façon à entraîner le piston ; le nombre de tours à faire décrire à l'arbre varie avec le temps du cycle auquel le moteur s'est précédemment arrêté ; il ne doit théoriquement jamais être supérieur à deux, puisque, le moteur étant à quatre temps, une course motrice doit se renouveler tous les quatre temps et par conséquent tous les deux tours de l'arbre.

Comme la phase qui précède l'explosion est une phase de compression, il pourrait arriver, surtout avec les gros moteurs, que la résistance opposée par le gaz qui se comprime fût supérieure à l'effort que la personne chargée de mettre le moteur en marche peut exercer sur le piston. Aussi ces moteurs sont-ils pourvus d'appareils qui permettent de diminuer la compression, au début du fonctionnement, en laissant échapper dans l'atmosphère une partie du mélange tonnant ; ils consistent soit en robinets placés sur le dôme du cylindre, soit, ce qui est plus élégant mais plus compliqué, en un mécanisme ouvrant, pendant une partie de la période de compression, la soupape d'échappement. Quand le moteur, après trois ou quatre explosions, a pris une vitesse suffisante, on ferme le robinet ou on débraye le mécanisme de départ, et le moteur fonctionne normalement.

Lorsqu'on met en marche un moteur à explosions, on doit toujours agir sans précipitation, et se placer de façon à ne pas être blessé si le départ a lieu en sens inverse du sens normal de rotation. Ce départ à contre-sens peut se produire, en effet, malgré la diminution de la compression, si l'allumage s'effectue avant que la manivelle ait atteint le point mort arrière. Aussi, toutes les fois que le moteur comporte un appareil permettant de régler l'avance à l'allumage, ne faut-il pas hésiter à disposer cet appareil de façon que l'allumage soit retardé autant que possible. Rien n'est plus facile à faire avec les moteurs du type automobile pourvus d'un système d'allumage électrique par bobine ; certains moteurs fixes, dans lesquels l'avance à l'allumage est déterminée une fois pour toutes, sont aussi munis d'un dispositif qui retarde le jaillissement de l'étincelle lors de la mise en route. Si, au contraire, l'allumage a lieu par tube incandescent, on peut reculer légèrement le brûleur, de façon à éloigner du cylindre le point le plus chaud du tube, mais il n'est alors utile de recourir à ce moyen que si le moteur a plusieurs fois refusé de se mettre en marche dans le sens normal. En général, les départs en arrière n'ont pas d'autre inconvénient que de retarder la mise en route, pourvu qu'on ait eu soin de ne pas engager maladroitement les mains entre les bras du volant ; il ne faut surtout jamais chercher à arrêter le volant à l'aide des mains quand le moteur part à contre-sens : c'est cette tentative qui serait dangereuse. Il n'y a qu'à fermer le robinet d'alimentation, ou à couper le circuit d'allumage électrique, et à laisser le moteur s'arrêter seul, avant d'essayer à nouveau de le mettre en marche.

Les moteurs fixes ordinaires sont mis en route en agissant sur le volant, qu'on cherche à entraîner avec les mains, en exerçant l'effort de préférence sur la couronne et non sur les bras. Les moteurs légers, à grande vitesse, sont lancés à l'aide d'une corde, enroulée, sans attache, sur la poulie motrice, ou avec une manivelle à rochet, qui se débraye d'elle-même lorsque le moteur a pris sa vitesse. Les moteurs de forte puissance sont mis en route au moyen d'un mécanisme spécial, dit *self-starter*.

Nous allons maintenant passer en revue quelques-unes des imperfections et irrégularités de fonctionnement qui peuvent se produire avec les moteurs à explosions et auxquelles il importe de savoir remédier.

1° ***Le moteur ne se met pas en route.*** — Cela peut tenir soit à un défaut d'allumage, soit à un vice de carburation.

S'il s'agit de moteurs à pétrole, il y a beaucoup de chances pour qu'on doive en incriminer la carburation. On aura tout d'abord à supposer que le vaporiseur est insuffisamment chaud, et on attendra quelques minutes en vérifiant si le brûleur à essence ou à pétrole a bien une flamme bleue, très peu éclairante, fixe, et non pas une flamme sautillante (ce qui indiquerait qu'il est encrassé ou que la proportion d'air est exagérée), ni une flamme jaune (qui serait l'indice d'une arrivée trop abondante de combustible). Si, dans ces conditions, le moteur ne part toujours pas, il est probable que le défaut d'allumage tient à ce que la partie chaude du tube est trop éloignée du cylindre ; il faut alors rapprocher la lampe-brûleur (ceci ne s'applique pas, bien entendu, aux moteurs à allumage spontané). Si cette manipulation ne produit pas encore l'effet attendu, on doit craindre que le vaporiseur soit encrassé ; il faut alors le laisser refroidir, le démonter et le nettoyer. En général, avec les moteurs à pétrole, il vaut mieux n'admettre, au départ, qu'une petite quantité de combustible dans le cylindre.

Avec les moteurs à essence ou à alcool, s'assurer avant tout que le carburateur fonctionne et que, s'il possède un niveau constant, le liquide monte à une hauteur suffisante dans le réservoir qui contient le flotteur ; pour cela, imprimer quelques oscillations à ce flotteur avec le poussoir ou la tige spécialement disposée à cet effet. Au besoin, dévisser le couvercle du réservoir, enlever le flotteur et le pointeau, afin de vérifier si le liquide jaillit par l'orifice d'arrivée; s'il en est autrement, il est vraisemblable que les toiles métalliques filtrantes sont obstruées. Lorsque le temps est très froid, il se peut que le liquide n'émette pas assez de vapeurs pour que l'air qui traverse le carbure forme un mélange explosif ; ce fait est surtout à craindre lors de la première mise en route ou à la suite d'arrêts assez prolongés. Il faut alors réchauffer le corps du carburateur et le tuyau d'admission, en faisant brûler quelques fragments de journal sous ces organes. Quand on fait usage d'alcool pur, sans mise en route à l'essence, on réchauffe à nouveau le carburateur. Si aucune de ces tentatives n'est couronnée de succès, il est probable que la non mise en marche provient de l'allumage ; nous verrons plus loin, comment il convient de vérifier les organes d'allumage électrique; quant aux allumeurs par tube incandescent, il faut procéder comme pour les moteurs à pétrole et augmenter en outre la pression du liquide qui arrive au brûleur, en comprimant l'air dans le réservoir à l'aide d'une poire en caoutchouc.

2° ***Pendant le fonctionnement, le moteur s'arrête***. — L'arrêt peut provenir de ce que la puissance demandée au moteur dépasse celle qu'il est normalement apte à fournir; on le reconnaît, si la régulation a lieu par tout ou rien, à ce que les explosions se succèdent régulièrement sans passes à vide, le moteur se maintient en vitesse pendant quelques minutes, puis *bloque* sous l'influence d'une résistance supplémentaire momentanée. Il n'y a évidemment d'autre remède à appliquer que de réduire la résistance.

Quand le moteur fonctionne dans des conditions normales, il faut vérifier tout d'abord si l'arrêt n'est pas dû à l'épuisement de la provision de combustible du réservoir d'alimentation; on examine ensuite les organes de carburation et enfin l'allumage.

Quand l'allumage est produit électriquement par bobine et trembleur, on doit examiner, en premier lieu, si les différentes touches sont bien en place, si les connexions sont régulièrement établies et si les contacts entre les fils et les autres pièces sont convenablement assurés; pour cela, on vérifie que les vis des bornes sont bien serrées et que fils et bornes sont propres. Des traces d'oxydation suffisent en effet pour empêcher le courant de passer; on les fait disparaître par friction avec du papier émeri. Lorsque, après ce premier examen, l'inflammation ne se produit pas, on démonte le fil de la bougie d'allumage et, après avoir placé le moteur dans la position d'allumage (en tournant le volant à la main ou à l'aide de la manivelle de mise en route), on approche ce fil d'une partie métallique du moteur, en faisant, au besoin, fonctionner le trembleur, si celui-ci est mécanique.

Quand l'étincelle jaillit bien entre le fil et le moteur, c'est que le défaut de mise en marche est dû à la bougie d'allumage: on doit alors démonter cette bougie, la nettoyer à fond pour débarrasser les fils de platine intérieurs de toute trace de suie ou d'humidité, et s'assurer que les extrémités des fils ne sont pas écartées de plus de un ou deux millimètres. Il convient d'ailleurs d'être toujours muni de bougies de rechange, de façon à pouvoir remplacer immédiatement celles qu'on ne pourrait remettre en état. Si l'étincelle ne jaillit pas entre le fil et le moteur, c'est que les accumulateurs ou les piles sont épuisés; il est rare que la bobine soit elle-même la cause de la panne, à moins qu'elle soit trop faible par rapport à la source d'électricité, auquel cas l'isolement du circuit secondaire devient insuffisant et la bobine brûle. On reconnaît que les piles ou les accumulateurs sont capables, ou non, de remplir leur office, à l'aide d'un ampèremètre, comme nous l'avons précédemment indiqué.

Lorsque l'allumage s'opère par magnétos ou dynamos, il est assez difficile de remédier aux pannes. Il y a surtout lieu de vérifier les contacts et la propreté des pièces de rupture; si la panne persiste, il se peut que, malgré le vernis qui recouvre les organes et l'enroulement, l'humidité ait pénétré dans le mécanisme, surtout lorsqu'il s'agit d'automobiles. Il faut essuyer le mieux possible les pièces visibles, et tenter, comme ultime remède, d'assécher la magnéto à l'aide d'un petit feu de charbon de bois, qu'on placera dans son voisinage ou en dessous, en évitant surtout de chauffer l'isolant; il importe qu'en plaçant la main sur les pièces on éprouve tout au plus une sensation de tiédeur. Si la panne se produit au départ et si la magnéto est à mouvement continu, il se peut que la pile (ou l'accumulateur) au moyen de laquelle on envoie un courant dans la magnéto pour provoquer l'allumage, jusqu'à ce que la vitesse soit suffisante pour qu'elle fonctionne seule, soit elle-même épuisée.

Quelquefois, par les temps très froids, l'extrémité de la conduite d'échappement peut s'obstruer par suite de la congélation de l'eau condensée; le moteur s'arrête alors, puisque les produits brûlés ne peuvent plus être évacuées; mais c'est là un accident très rare.

3° *Le moteur fonctionne irrégulièrement.*

a) *Les explosions se produisent, mais le moteur semble être à sa limite de puissance et à une allure haletante.* — On ne peut, d'après ce que nous avons vu, incriminer ni la carburation, ni l'allumage; cette irrégularité provient ordinairement d'une insuffisance de compression, qui peut avoir plusieurs causes.

La plus fréquente est le manque d'étanchéité de la soupape d'échappement, résultant de corrosions ou de dépôts de suie, etc. Il convient alors de sortir cette soupape de sa chambre, de la nettoyer, ainsi que son siège, avec du pétrole, de la remettre en place et de lui imprimer un mouvement de rotation autour de son axe, pour s'assurer qu'elle s'applique bien sur son siège ; si, après ce nettoyage, la soupape fuit encore, la *roder* sur son siège avec un mélange d'huile et d'émeri très fin, jusqu'à ce que les surfaces de contact soient bien polies. Les constructeurs livrent généralement avec les moteurs une clé spéciale qui facilite cette opération ; il faut néanmoins éviter de roder les soupapes sans nécessité démontrée.

La soupape d'échappement, bien qu'étanche, peut ne plus jouer, ou ne jouer qu'insuffisamment. Cet accident, qui est dû, le plus souvent, à une mauvaise carburation, a pour effet d'empêcher l'évacuation complète des gaz brûlés et l'admission d'un volume suffisant de mélange tonnant. On doit, pour y remédier, nettoyer la soupape, ainsi que sa tige et son siège, avec du pétrole, et la remettre en place comme précédemment.

La soupape d'admission peut aussi, quoique plus rarement, n'être pas étanche ; ce défaut est souvent la cause de détonations dans la conduite d'admission, et même dans le carburateur, s'il s'agit de moteurs à liquides très volatils. On le corrige en nettoyant cette soupape comme celle d'échappement.

Enfin le manque de compression peut résulter de fuites dans les garnitures du cylindre ou dans les segments du piston. Dans le premier cas, on recherche les fuites à l'aide d'une bougie ou d'une flamme quelconque, et on refait la garniture du joint. Dans le second cas, on procède au nettoyage du moteur.

b) *Des détonations violentes se produisent dans l'échappement.* — Si elles n'ont lieu que très rarement, elles sont dues à un raté d'allumage ; le mélange passant, au quatrième temps du cycle, dans la conduite d'échappement où il trouve une température très élevée, s'enflamme avec explosion dans cette conduite. Il faudrait, si les détonations devenaient plus fréquentes, rechercher les causes des ratés, en examinant spécialement la carburation. Si les détonations se produisent plusieurs fois de suite, c'est que, la soupape d'échappement s'appliquant mal sur son siège, l'explosion se propage dans la conduite de décharge; en même temps la compression devient insuffisante. Il faut alors nettoyer la soupape d'échappement et, au besoin, augmenter la tension de son ressort de rappel.

Ces explosions sont très désagréables, mais ne sont ordinairement pas dangereuses. Cependant, si la carburation est mal faite et qu'il y ait entraînement de combustible dans la conduite de décharge, il pourra se former dans le pot d'échappement un mélange détonant qui s'enflammera dans l'échappement, au moment d'une explosion, et qui pourra faire voler ce pot en éclats. Aussi, bien que ce cas soit extrêmement rare, vaut-il mieux empêcher ces explosions de se renouveler avec une trop grande fréquence.

c) Des détonations se produisent dans les conduits d'admission. — Cela tient à ce que la soupape d'admission est insuffisamment hermétique, et il faut la nettoyer ou même la roder. S'il s'agit de moteurs à pétrole, ces détonations peuvent être la conséquence d'une trop faible admission de combustible; le mélange est susceptible de s'enflammer avant d'être incorporé à tout le volume d'air aspiré dans le cylindre. On doit dès lors augmenter l'admission de pétrole, ou vérifier que les tuyaux d'amenée ne sont pas bouchés.

d) Il se produit des chocs sur le piston. — Ces chocs sont dus à des explosions anticipées, le mélange s'enflammant avant que le piston soit au point mort arrière. Comme on a donné trop d'avance à l'allumage, il faut la diminuer en conséquence.

Les chocs sur le piston peuvent aussi être causés par le desserrage des clavettes du volant; il y a alors un certain jeu entre ce volant et l'arbre moteur. S'il en est ainsi, on arrête la machine et on resserre les clavettes.

e) Le moteur grippe. — Cela tient généralement à une insuffisance de graissage, soit dans les axes, soit dans le cylindre. Quelquefois, le grippement provient de ce qu'on a oublié d'ouvrir le robinet de refroidissement du cylindre. Dans ces deux cas, il y a faute grave de la part du mécanicien.

Bien que nous n'ayons pas eu la prétention d'énumérer tous les genres de pannes, partielles ou complètes, qui peuvent se produire dans le fonctionnement des moteurs à explosions, celles que nous avons signalées sont les plus fréquentes ; leur fréquence étant d'ailleurs variable suivant la nature même du moteur, on peut être conduit à modifier, selon les circonstances, la marche que nous venons d'indiquer pour chaque cas. Ce qui importe, c'est de procéder méthodiquement et avec ordre aux investigations nécessaires pour trouver la cause du dérangement constaté.

Il est évidemment préférable à tous égards d'éviter, dans la mesure du possible, que ce dérangement puisse se produire ; il faut pour cela surveiller attentivement le moteur pendant la marche et lui donner tous les soins nécessaires. En particulier, on devra examiner de temps en temps l'aspect des gaz d'échappement, pour voir si aucune modification n'est survenue dans la composition du mélange tonnant ; on s'assurera que les appareils destinés à lubrifier le cylindre, les paliers, les articulations de la bielle, etc., fonctionnent bien et sont approvisionnés d'huile ; on serrera les écrous des boîtes à graisse consistante, on versera un peu d'huile, à l'aide d'une burette, dans les trous à huile de la distribution et du régulateur, sur les parties exposées au frottement, comme les cames, les galets, etc.; on surveillera également avec soin le refroidissement du cylindre, pour éviter le grippement ou la consommation exagérée de combustible.

Arrêt et nettoyage du moteur. — Pour arrêter un moteur, il suffit de supprimer l'allumage et l'alimentation. On éteint donc le brûleur, ou bien on coupe le circuit électrique, on ferme le robinet d'amenée du combustible ou les registres du carburateur, et on ouvre aussitôt le robinet de purge du cylindre, pour laisser écouler les produits de condensation. Avec les moteurs à alcool, il est prudent d'injecter dans le cylindre, immédiatement après l'arrêt, une certaine quantité de pétrole, et de faire faire, à la main, quelques tours au moteur; cette simple précaution préserve le cylindre contre les corrosions.

Le nettoyage doit être effectué d'autant plus fréquemment que le moteur a fonctionné plus souvent et plus longtemps. En général, les pièces de la distribution et toutes celles qui ne comportent aucun démontage doivent être nettoyées tous les jours; les soupapes, toutes les semaines; le cylindre et le piston, tous les quinze jours ou tous les mois. Ces délais sont calculés pour un fonctionnement de huit à dix heures par jour, et pour des moteurs du type fixe. Les joints d'amiante raccordant le cylindre à la chambre de compression peuvent supporter plusieurs démontages à la condition de les faire tremper, chaque fois, pendant une heure, dans de l'huile de lin et de les enduire ensuite de mine de plomb. Quand on démonte le cylindre, on retire le piston, on le nettoie et on s'assure que les segments sont bien libres dans leurs logements; s'il en était autrement, le piston n'aurait pas d'étanchéité; au besoin, on redonne de la liberté aux segments en frottant avec du pétrole les surfaces en contact.

Application des moteurs à explosions à la culture mécanique.

On a parfois tenté d'actionner des treuils à l'aide de moteurs à explosions; ces treuils étaient surtout destinés à la culture des vignobles et l'on pensait pouvoir substituer au bétail, d'un entretien coûteux dans certaines régions, de petits moteurs à pétrole ou à essence, actionnant un treuil qui pût entraîner la charrue ou la herse vigneronnes. Jusqu'à présent ces appareils ne se sont pas répandus.

Dans le même ordre d'idées, on a songé à employer, pour la remorque des machines de culture courantes, des voitures automobiles pouvant servir, en outre, aux transports de denrées, et même aux promenades d'agrément. Les tracteurs de ce genre, qui ont figuré aux concours agricoles de Paris et aux Expositions de moteurs et appareils utilisant l'alcool dénaturé, ont l'aspect d'une voiture automobile ordinaire, recouverte d'un dais; le moteur fonctionne avec de l'essence ou de

Fig. 235. — Culture au moyen d'un tracteur automobile (De Souza).

l'alcool carburé ; les roues sont à bandages métalliques, celles d'arrière étant moins écartées que celles d'avant, pour que dans les terres meubles, elles ne suivent pas les ornières déjà creusées par les roues d'avant. Afin d'éviter le patinage, on rapporte sur les roues d'arrière de fortes griffes en fonte qui pénètrent de plusieurs centimètres dans le sol. La figure 235 représente ce tracteur automobile fonctionnant, lors des essais du Plessis (1901), pour la remorque d'un cultivateur Osborne à dents flexibles. Sur routes, cette machine se déplace à une vitesse de 15 kilomètres à l'heure, environ.

Enfin, M. Boghos-Nubar vient de faire construire un nouveau type de laboureuse rotative automotrice, que les figures 236 et 237 représentent en long et en bout par l'ar-

Fig. 236. — Laboureuse rotative automotrice à pétrole de M. Boghos-Nubar, vue en long.

rière. Le principe en est le même que celui de l'appareil précédemment décrit, qui était actionné par une machine à vapeur ; mais ici la machine motrice est un moteur à pétrole lampant de 50 chevaux ; elle agit à la fois sur les disques porte-coutres et sur une dynamo génératrice qui fournit le courant à

quatre dynamos réceptrices ; ces dernières entraînent les roues
de la laboureuse, par l'intermédiaire de couronnes dentées nettement visibles sur la figure 236. Cette transmission électrique,
qui complique la machine, sera supprimée dans les modèles
ultérieurs ; elle n'a été adoptée que pour permettre de mesurer

Fig. 237. — La même laboureuse, vue par l'arrière.

approximativement, par les indications d'un voltmètre et d'un
ampèremètre, la puissance absorbée par le mécanisme propul-
seur. On peut remarquer aussi, sur les deux figures, que les
coutres sont recourbés à leurs extrémités, leur pointe étant
dirigée dans le sens de la marche avant ; cette modification
diminuerait, d'après l'inventeur, la puissance exigée par les
organes de labour, tout en améliorant le travail du sol.

***Consommations horaires de quelques moteurs à explo-
sions.*** — Les renseignements contenus dans le tableau n° XI
sont les résultats des essais effectués par M. Ringelmann
lors des concours de moteurs à pétrole (Meaux 1894 et Ter-
vueren 1897) et des moteurs à alcool (Paris 1901 et 1902).

Tableau n° XI. — *Essais de moteurs à explosions* (M. RINGELMANN) (1).

DÉSIGNATION DU MOTEUR.	PUISSANCE.	CONSOMMATIONS HORAIRES			
		par le brûleur.	à vide.	par cheval-heure	
				à demi-charge.	a pleine charge.
	chevaux.	kil.	kil.	kil.	kil.
Locomobile à pétrole (Merlin)...............	5	0,070	0,410	0,438	0,347
Locomobile à pétrole (Société française).......	8	0,220	2,180	»	0,402
Moteur mi-fixe à pétrole (Capitaine)...........	4	0,130	0,740	»	0,511
Moteur mi-fixe (Fritscher-Houdry). { Alcool ordinaire........ { — carburé, 50 p. 100..	1,27 Id.	» »	» 0,400	» 0,750	0,642 0,645
Moteur mi-fixe (Japy). { Alcool ordinaire........ { — carburé, 50 p. 100..	3,75 Id.	» »	» 0,300	» 0,433	0,396 0,409
Moteur fixe (Brouhot). { Alcool ordinaire........ { — carburé, 50 p. 100..	16,34 Id.	» »	» 2,598	» 0,308	0,340 0,233
Moteur fixe (Charon). { Alcool ordinaire........ { — carburé, 50 p. 100..	5,5 Id.	» »	» 0,327	» 0,339	0,479 0,326
Locomobile (Beaupré). { Alcool ordinaire........ { — carburé, 50 p. 100..	6,39 Id.	» »	1,892 »	1,011 »	0,709 0,459

(1) Les consommations réelles en alcool ordinaire ont été multipliées par 0,7 (rapport des pouvoirs calorifiques de l'alcool ordinaire et de l'alcool carburé à 50 p. 100); elles sont donc ramenées aux consommations en alcool *carburé*.

MOTEURS HYDRAULIQUES

Les moteurs hydrauliques utilisent directement l'énergie mécanique possédée par l'eau qui tombe sous l'action de la pesanteur, qu'il s'agisse d'une chute proprement dite, ou d'une rivière qui suit son cours. Dans ce dernier cas, en effet, le lit de la rivière peut être assimilé à un plan incliné ; mais il faut remarquer que le frottement des liquides étant indépendant de la pression, et croissant avec la vitesse ainsi qu'avec l'étendue des surfaces en contact, l'eau prend sur un plan incliné un mouvement uniforme.

Si en une seconde une rivière débite 5 mètres cubes d'eau à une vitesse moyenne de $0^m,10$, la $\frac{1}{2}$ force vive de cette eau est :

$$\frac{1}{2}mv^2 = \frac{1}{2}\frac{P}{g}v^2 = \frac{1}{2}\frac{5\,000}{9,8} \times (0,1)^2 = 2,55$$

et la rivière peut, par conséquent, développer un travail moteur de 2,55 kilogrammètres par seconde.

Si au contraire l'eau de cette rivière tombait de 3 mètres de hauteur, avec le même débit par seconde, elle pourrait fournir un travail moteur de

$$P \times h = 5\,000 \times 3 = 15\,000 \text{ kgm. par sec.}$$

La puissance est de 200 HP dans le cas de la chute et de $\frac{1}{30}$ de cheval seulement sans chute. On voit donc combien il est avantageux d'aménager une chute, quand c'est possible, sur le cours d'une rivière. C'est le but des barrages, dont nous n'avons d'ailleurs pas à nous occuper dans ce volume.

Nous nous bornerons seulement à indiquer qu'on distingue ordinairement quatre catégories de chutes d'eau, suivant leur hauteur :

1° Les *basses chutes*, comprises entre $0^m,50$ et 3 mètres ;

2° Les *moyennes chutes*, entre 3 mètres et 8 mètres ;

3° Les *hautes chutes*, entre 8 mètres et 12 mètres ;

4° Les *très hautes chutes*, au delà de 12 mètres.

Il y a lieu de remarquer que si les crues augmentent le débit, elles diminuent la différence entre le niveau d'amont et le niveau d'aval; les basses chutes peuvent être presque exactement nivelées. Les moteurs sont alors *noyés*.

Les moteurs hydrauliques peuvent être classés en deux groupes, qui se différencient d'après l'action de l'eau sur leurs organes. Lorsque l'eau agit par sa force vive seule, ou par sa force vive combinée à son poids, le moteur est une *roue*; si le moteur utilise la force vive et la réaction de l'eau, ou, encore, la force vive, la réaction et le poids de l'eau, on l'appelle une *turbine*. Nous expliquerons plus loin en quoi consiste la réaction. Le mouvement imprimé par l'eau aux roues et aux turbines est un mouvement circulaire continu, autour d'un axe qui peut être horizontal ou vertical, quoique presque toujours horizontal pour les roues, et très souvent vertical pour les turbines. On régularise les moteurs hydrauliques en modifiant la quantité d'eau motrice qu'ils reçoivent.

ROUES HYDRAULIQUES

Roues rustiques à cuillères et à palettes.

Ces moteurs, de construction très simple, utilisent des chutes de trois à quatre mètres, au minimum, et peuvent être employés quand on dispose d'une très grande quantité d'eau.

La *roue à cuillères* est à axe vertical. Elle est formée d'un disque en bois, épais, généralement cerclé de fer, sur l'une des faces duquel on sculpte des aubes concaves; l'eau arrive par une sorte de rigole, ou buse, et frappe les aubes dans leur partie médiane. La force vive de l'eau est seule mise à profit ; mais comme l'eau heurte violemment la roue, et rejaillit de tous côtés, le choc et les déperditions diminuent beaucoup le rendement, qui n'est guère supérieur à 30 p. 100. Dans les modèles un peu plus soignés, la construction est analogue à celle des roues de voiture, les aubes étant montées comme les rais. L'axe repose sur une crapaudine en bois, qui n'est lubrifiée que par l'eau.

La **roue à cuve** est dérivée de la roue à cuillères et n'en diffère que par un entourage formé de douelles cerclées qui évite les rejaillissements latéraux ; l'eau tourbillonne à l'intérieur de la cuve, avec des frottements considérables, et agit aussi par son poids. Le rendement est faible ; il oscille entre 20 et 25 p. 100.

Ces deux types de roues sont fréquemment employés, dans les pays de montagne, pour actionner les moulins. Comme elles tournent vite et ont l'axe vertical, elles peuvent entraîner directement la meule courante. Toutes les autres roues sont à axe horizontal.

La **roue à palettes** est formée de deux joues annulaires pleines, réunies par des palettes radiales planes ; l'eau, amenée par un canal ou par une buse, arrive, à peu près tangentiellement, aux environs du point le plus bas de la roue. Le rendement est voisin de 30 p. 100.

Roues en dessous.

Les roues en dessous se composent ordinairement de deux couronnes circulaires appelées *jantes*, reliées au moyeu par des *bras* ; les jantes supportent des chevilles sur lesquelles on fixe les *aubes*, dont la forme est variable. On soutient ordinairement les aubes, du côté de leur extrémité libre, par un cercle métallique, mais la roue est entièrement à jour, contrairement à ce qui a lieu dans les roues à palettes.

Le type le plus fréquemment employé est la *roue à aubes planes* (fig. 238). Le canal d'amenée est muni d'une vanne oblique, et son seuil est très rapproché de la partie inférieure de la roue ; il est prolongé par un coursier circulaire, qui doit avoir comme longueur minima l'écartement total de trois aubes consécutives. Le radier est prolongé ensuite par une partie un peu inclinée et est terminé par un ressaut brusque, qui relève le niveau d'aval. L'eau agit par sa force vive; elle frappe les aubes b et s'élève dans l'aubage à une hauteur p supérieure à la levée e de la vanne. Le diamètre varie ordinai-

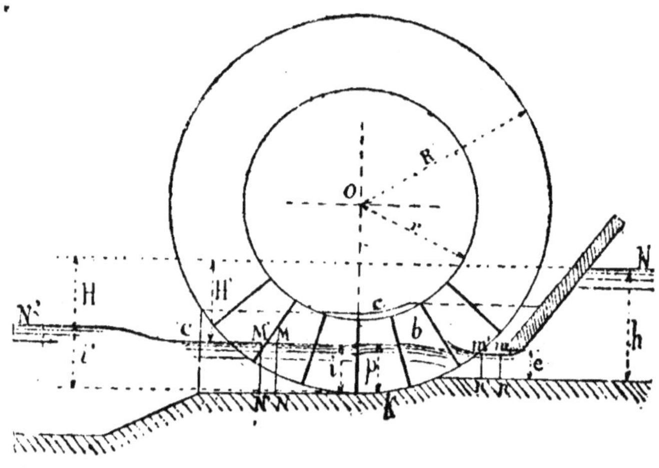

Fig. 238. — Roue en dessous, à aubes planes (fig. schématique).

rement de $3^m,50$ à 7 mètres suivant la hauteur de chute. On emploie la roue à aubes planes pour des chutes qui ne dépassent pas 3 mètres; le débit est considérable, et la vitesse est assez élevée; aussi peut-elle être d'une faible largeur. Installée comme le représente la figure 238, elle a un rendement de 35 p. 100, pour une vitesse égale aux quatre dixièmes de celle de l'eau à sa sortie de la vanne. Elle se prête enfin à de grandes variations de niveau dans le bief d'amont.

La **roue Poncelet** est un perfectionnement de la roue à aubes planes; les aubes ont, en coupe, une forme circulaire et sont normales à la couronne; le coursier est tracé suivant une développante de cercle, de façon que l'eau rencontre toutes les aubes sous le même angle (fig. 239). Cette roue, dont les aubes sont très souvent en tôle, est appliquée aux faibles chutes; le rendement est de 65 p. 100 pour les chutes inférieures à un mètre, de 60 p. 100 pour celles de $1^m,30$ à $1^m,50$ et de 55 p. 100 pour celles de $1^m,80$ à 2 mètres.

Les **roues pendantes** sont des roues à aubes planes installées sur les cours d'eau sans barrage et sans vannes. On

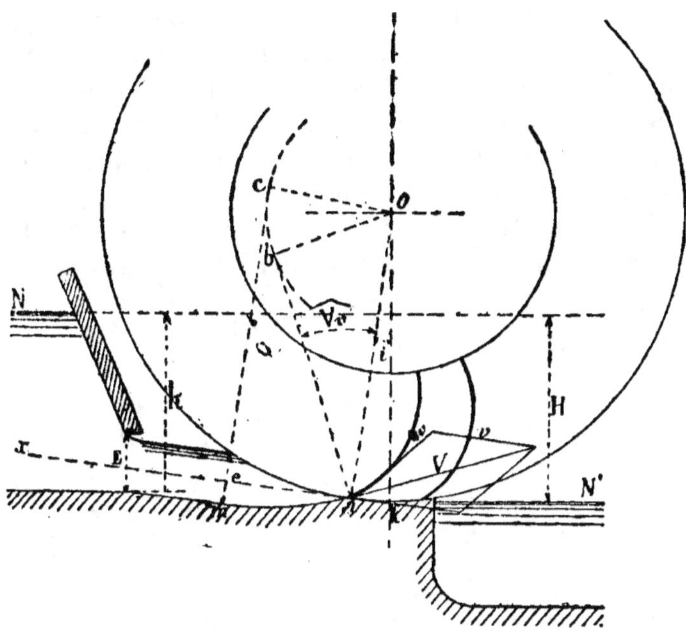

Fig. 239. — Principe de la roue Poncelet.

les monte à poste fixe si le niveau de l'eau est à peu près invariable, comme dans un canal ; sinon, on peut les monter sur un bateau amarré, qui supporte également les machines à actionner, ou les suspendre sur des balanciers articulés autour d'un axe fixe, et transmettre le mouvement par des roues dentées dont la dernière est centrée sur cet axe.

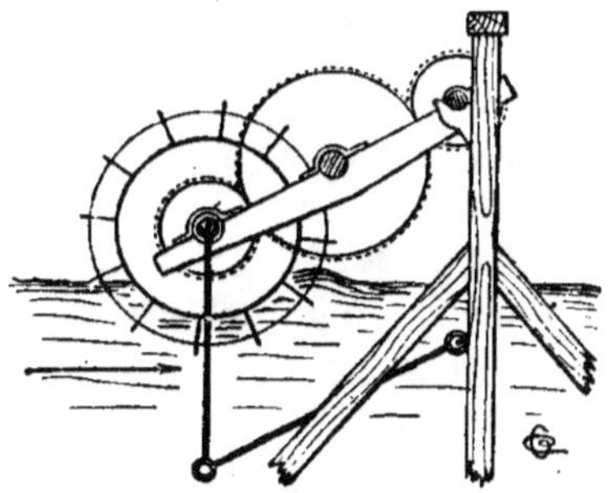

Fig. 240. — Roue Colladon.

La **roue flottante** de Colladon est de ce dernier type, mais les aubes sont montées sur un tambour étanche, qui flotte sur l'eau, de sorte que la roue suit automatiquement toutes les variations de niveau de la rivière (fig. 240).

Roues de côté.

Les roues de côté diffèrent surtout des roues en dessous par le mode d'alimentation ; en effet, l'eau attaque les aubes à un niveau plus élevé que dans les roues en dessous, mais néanmoins inférieur à celui de l'axe de la roue. Elles peuvent, en outre, recevoir l'eau soit de la même manière que les précédentes, soit par l'intermédiaire d'une tête d'eau.

Dans les types les plus courants de roues de côté (fig. 241) l'aubage est constitué par trois parties : les *aubes* proprement

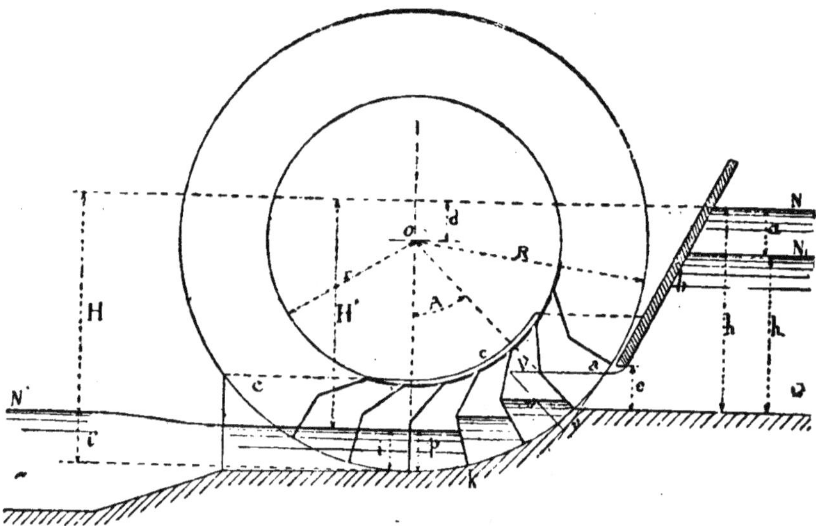

Fig. 241. — Principe d'une roue de côté.

dites, qui sont planes, dirigées suivant les rayons, et occupent à peu près les deux tiers extérieurs de l'aubage ; puis viennent les *contre-aubes* reliant obliquement les aubes à la couronne intérieure, et les *fonçailles*, placées à plat sur cette couronne, de façon à constituer une sorte de tambour, mais laissant toutefois, entre les différentes palettes ainsi constituées, un intervalle, ou *évent*, pour le passage de l'air. Les aubes et les contre-aubes sont soutenues par des montants radiaux, appelés *coyaux*, chevillés sur la jante. Le canal d'amenée est prolongé par un coursier, constitué lui-même par un radier circulaire *k* et par deux parois latérales (*bajoyers*) *c c*, continuant celles du canal d'amenée.

Les roues de côté s'emploient avec des chutes ne dépassant guère 3 mètres et des débits de 200 à 300 litres par mètre de largeur.

Lorsque le niveau d'amont est sensiblement constant, on emploie une *vanne plongeante*, par-dessus laquelle l'eau se déverse sur la roue, quand on baisse la vanne; le rendement est alors de 65 p. 100 environ. Mais lorsque ce niveau est sujet à de grandes variations, on a recours à une *vanne de fond*, *b* (fig. 241), placée obliquement pour la rapprocher le plus possible de la roue et diminuer la contraction de la veine liquide. La différence entre le niveau *h* de l'eau dans le canal d'amont et celui *e* de la partie inférieure de la vanne constitue la *tête d'eau*; le rendement est moins élevé que sans tête d'eau (55 p. 100), mais ce dispositif permet de mieux utiliser la roue en cas de crue.

La *roue siphon*, ou *roue Sagebien*, est une roue de côté à très grand rendement, mais qu'on peut considérer comme un type industriel plutôt qu'agricole, à cause de son prix élevé.

Il n'y a ni contre-aubes, ni fonçailles, mais les aubes sont très longues et très rapprochées; elles ne sont plus radiales, mais disposées obliquement, suivant les tangentes à un cercle dont le diamètre est à peu près le quart de celui de la roue (fig. 242). L'accès de l'eau est sous la dépendance d'une vanne plongeante, mais comme

Fig. 242. — Roue Sagebien (Teisset, Vve Brault, Chapron).

la lame d'eau est épaisse et que la roue tourne lentement, l'eau agit presque uniquement par son poids. Aussi le rendement est-il très élevé (80 à 90 p. 100). Mais, si l'on a besoin, dans l'installation, de vitesses de rotation assez grandes, il faut employer des engrenages multiplicateurs qui augmentent le prix et diminuent le rendement. Le diamètre varie de 6 à 12 mètres, et la roue s'applique à des chutes variant de $0^m,60$ à $2^m,60$. Comme elle peut être immergée de plus de 1 mètre, elle convient aux grands débits.

Roues à augets.

Les *augets* sont des récipients constitués par les *joues* annulaires de la roue, les *fonçailles* étanches fixées sur la jante, et les cloisons ou aubes formées de deux parties planes, en bois, dont la plus rapprochée du centre est radiale et la partie externe est inclinée à 30 degrés environ sur la périphérie de la roue. Dans la construction métallique, les aubes sont d'une seule pièce et ont une forme courbe. L'eau arrive toujours, dans les roues à augets, à un niveau supérieur à celui de l'axe.

Les augets se remplissent, entraînent la roue, se vident à la partie inférieure, et remontent pour se remplir à nouveau.

La *roue à persiennes*, est une roue à augets dans laquelle l'eau pénètre par une vanne oblique percée de lumières parallèles qui lui donnent une certaine ressemblance avec les persiennes de fenêtres ; les augets, qui sont souvent pourvus d'évents, reçoivent l'eau simultanément par tous ces orifices. Le coursier est disposé de façon que les augets ne se vident qu'après avoir franchi la verticale de l'axe. On donne aussi à cette roue le nom de *roue de poitrine*, parce que l'eau y accède à un niveau compris entre celui du point le plus haut de la roue et celui de l'axe. Elle peut tourner même quand elle est partiellement immergée, et s'applique bien, par conséquent, aux grandes variations de niveau. Son rendement est compris entre 60 et 70 p. 100 ; on l'emploie pour des chutes de $2^m,50$ à 5 mètres et surtout, en somme, pour celles qui ne permettent pas les roues en dessus, soit en raison de l'insuffisance de la chute, soit à cause de l'inconstance de débit et de niveau.

Les *roues en dessus* (fig. 243) sont des roues à augets alimentées par la partie supérieure ; leur diamètre est sensiblement égal à la chute. Elles sont en bois ou en fer, et l'eau est conduite à la roue par un canal en surplomb appelé *huche*, terminé par un *bec de huche* cylindrique de même rayon que la roue ; le bec s'arrête un peu avant la verticale passant par l'axe, mais les joues dont il est garni sont prolongées au delà de cette verticale. La huche peut être pourvue d'une vanne de fond, auquel cas la roue est *à tête d'eau*.

C'est surtout par son poids que l'eau agit dans ces roues ; la construction des augets est telle que l'eau y pénètre avec un choc aussi réduit que possible ; c'est dans ce but que l'aube est inclinée à 30 degrés sur la périphérie.

Fig. 243. — Roue à augets avec tête d'eau (Teisset, Vve Brault, Chapron).

Le rendement des roues à augets sans tête d'eau est d'autant plus élevé qu'elles tournent moins vite ; la vitesse maxima ne doit pas dépasser 1^m,50 par seconde, à la circonférence ; dans ces conditions, avec des augets qui ne sont pas remplis à plus du tiers de leur capacité, le rendement est de 70 à 80 p. 100. Elles conviennent aux chutes de 3 à 12 mètres avec débit sensiblement constant.

Dans les roues à tête d'eau, l'eau agit un peu par choc, et le rendement est plus faible ; on maintient le niveau dans la huche à une valeur variant de 1/5 à 1/8 de la chute, avec une levée de vanne de 5 à 15 centimètres. Avec la tête d'eau, une crue de 40 centimètres n'empêche pas d'utiliser

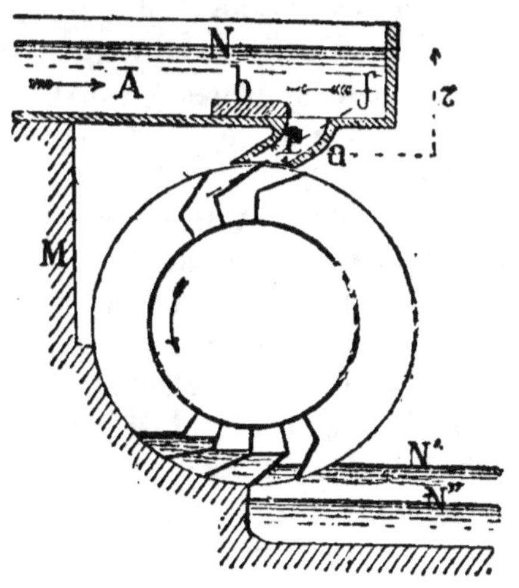

Fig. 244. — Roue à busc (en dessus, à augets).

la roue. En outre, celle-ci tourne environ deux fois plus vite, et reçoit deux fois plus d'eau, ce qui permet d'en diminuer de moitié la largeur ; elle peut être enfin de 1/5 moins haute que la roue sans tête d'eau. Aussi la roue en dessus à tête d'eau est-elle très employée. Son rendement varie de 40 à 60 p. 100 pour les roues de petit diamètre, tournant assez vite, et de 60 à 70 p. 100 pour les grandes roues, suivant la vitesse et le degré de remplissage des augets.

La **roue à busc** est une modification de la roue en dessus ; la huche d'amenée est renversée (fig. 244), de manière que le mouvement de la roue, à sa partie inférieure, soit de même sens que celui de fuite ; de cette façon les augets se déversent complètement sur la verticale et ne remontent pas d'eau, en cas de crue dans le bief d'aval.

Roues américaines.

Ces roues, dont la figure 245 donne le principe, n'utilisent que la force vive de l'eau ; elles ne conviennent pas aux chutes inférieures à 25 mètres, mais sont employées aux États-Unis pour des chutes de plus de 600 mètres. Ce sont de petites roues à axe horizontal ; les cuillères sont très soigneusement tracées et fixées sur la périphérie de la jante, dans le sens des rayons ; une bonne disposition consiste à munir la cuillère d'une arête tranchante médiane, qui répartit l'eau des deux côtés ; la vitesse de l'eau est ainsi presque annulée, sans qu'il y ait rejaillissement ; aussi le rendement atteint-il

Fig. 245. — Roue américaine à grande vitesse (coupe) (Teisset, Vve Brault, Chapron).

80 p. 100. L'eau est débitée avec une très grande vitesse par des tuyères qui la dirigent sur la partie médiane des cuillères ; il va sans dire qu'avec ce dispositif on peut multiplier le nombre des tuyères, pour augmenter le débit et attaquer la roue par plusieurs points à la fois de sa périphérie.

TURBINES HYDRAULIQUES

Une turbine est toujours composée de deux couronnes ayant même axe géométrique et garnies d'aubes courbes ; l'une des deux couronnes est mobile et est calée sur l'arbre moteur, l'autre est fixe et ses aubes n'ont d'autre but que de donner à l'eau la direction la plus favorable à son action sur les aubes de la couronne mobile. L'ensemble est entouré d'une bâche.

Nous diviserons ces moteurs en trois catégories : les turbines *radiales*, les turbines *parallèles*, et les turbines *mixtes*.

Turbines radiales.

Les deux couronnes sont placées au même niveau et concentriquement. Il existe deux types principaux de turbines radiales ; lorsque l'eau circule de l'axe vers la périphérie, la turbine est dite *centrifuge* ; elle est *centripète* dans le cas contraire.

Turbines centrifuges. — Dans ce type de turbines, imaginé par Fourneyron, la couronne extérieure est mobile et est reliée à l'axe par une arcature métallique ; la couronne intérieure est fixe. Comme le représente schématiquement la figure 246, cette turbine peut être assimilée à deux roues Poncelet concentriques, couchées horizontalement, et ayant leurs aubes courbées en sens contraire. Le nombre des aubes est le même dans les deux couronnes ; l'eau se déplace de l'intérieur vers la périphérie, et les aubes fixes, ou

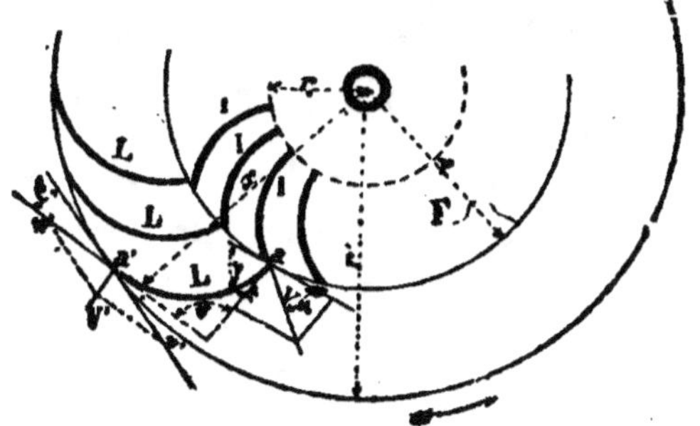

Fig. 246. — Turbine centrifuge, vue en plan.

directrices, l'envoient frapper les aubes mobiles, qui sont ainsi chassées et transmettent le mouvement à l'arbre moteur.

25.

Les turbines à *petite vitesse* sont celles dans lesquelles la vitesse de la couronne mobile est inférieure aux six dixièmes de celle de l'eau lorsqu'elle s'échappe des directrices ; dans les turbines à *grande vitesse*, le rapport de ces deux vitesses est compris entre 0,6 et 1. Ces deux catégories ne diffèrent que par la courbure des aubes, car on s'arrange de façon que le choc sur les aubes mobiles soit aussi réduit que possible ; chaque turbine est, en somme, construite pour fonctionner à une pression déterminée.

La turbine centrifuge peut être aussi à axe horizontal ; elle porte alors le nom de *turbine Girard* ; la couronne est réduite à un segment qui ne dépasse pas le cinquième de la circonférence totale et qui est placé en dessous de l'arbre ; l'eau y accède par un tuyau coudé. Cette disposition supprime les engrenages d'angles, et c'est ce qui la fait apprécier.

La turbine centrifuge à axe vertical doit être entièrement plongée dans l'eau d'aval, sans quoi la chute n'est pas entièrement utilisée.

Turbines centripètes (fig. 247). — La construction de ces turbines diffère peu de celle des turbines centrifuges ; la couronne extérieure est fixe, la couronne intérieure est, au contraire, mobile ; le nombre des directrices I de la couronne fixe est généralement double de celui des aubes L de la couronne mobile.

Les turbines centripètes peuvent être à axe horizontal ; l'eau est amenée par une enve-

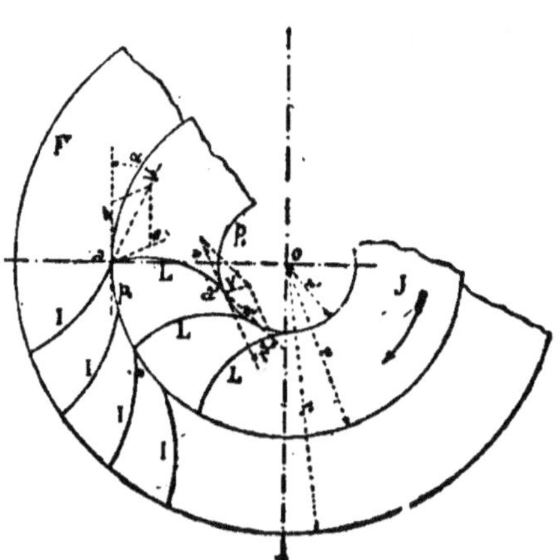

Fig. 247. — Turbine centripète.

loppe en spirale qui fait le tour de la turbine.

La plupart des turbines radiales modernes sont à *injection partielle*, c'est-à-dire que, comme dans la turbine Girard, la couronne fixe est toujours réduite à un segment peu étendu.

On régularise le mouvement au moyen d'un régulateur à boules, agissant sur un *servo-moteur*, qui actionne lui-même les vannes d'arrivée d'eau dans la turbine.

Les turbines centripètes et centrifuges sont influencées de façons très différentes par la vitesse de rotation. Dans les turbines centrifuges, le débit croît avec cette vitesse ; la réaction centrifuge croissant et augmentant la pression sur les aubes, ces turbines peuvent s'emballer si la résistance opposée par les machines actionnées diminue. Au contraire, dans les turbines centripètes, la force centrifuge tendant à éloigner du centre les particules liquides, le travail moteur diminue quand la vitesse augmente.

Les turbines centripètes sont très employées aux États-Unis ; elles sont construites d'une façon fort simple et disposées de façon à tourner avec une très grande vitesse ; les directrices sont généralement rectilignes. Ces turbines ont un rendement moins élevé que celui des machines européennes ; mais comme elles sont employées dans des régions où l'eau est surabondante, on s'inquiète peu de ce point particulier, et l'on recherche surtout la simplicité de construction.

Turbines parallèles.

Dans ces moteurs, qu'on appelle aussi turbines *axiales*, les deux couronnes sont superposées, et l'eau se déplace parallèlement à l'axe. Le type le plus connu des turbines parallèles est la **turbine Fontaine** (fig. 248). La couronne fixe portant les aubes directrices est au-dessus de la couronne mobile, et elle est soutenue par une charpente en bois ou en fer, ou par une voûte en maçonnerie ; le moyeu de cette couronne fixe forme boîtard et livre passage à l'arbre sur lequel est fixée la couronne mobile ; cet arbre est creux et tourne autour d'un arbre vertical plein, qui sert de guide et est fixé par un support scellé dans la maçonnerie inférieure. Les aubes de la couronne mobile sont inclinées en sens inverse de celles de la couronne fixe, et leur nombre est égal à celui des aubes de cette dernière, ou en est le double. Le mouvement est transmis par un train d'engrenages, dont le premier élément est calé sur l'arbre creux. Cet arbre peut traverser une boîte à étoupes solidaire de la couronne fixe, ou être entouré d'un manchon vertical ; ces deux dispositifs ont pour but d'empêcher l'eau d'amont de

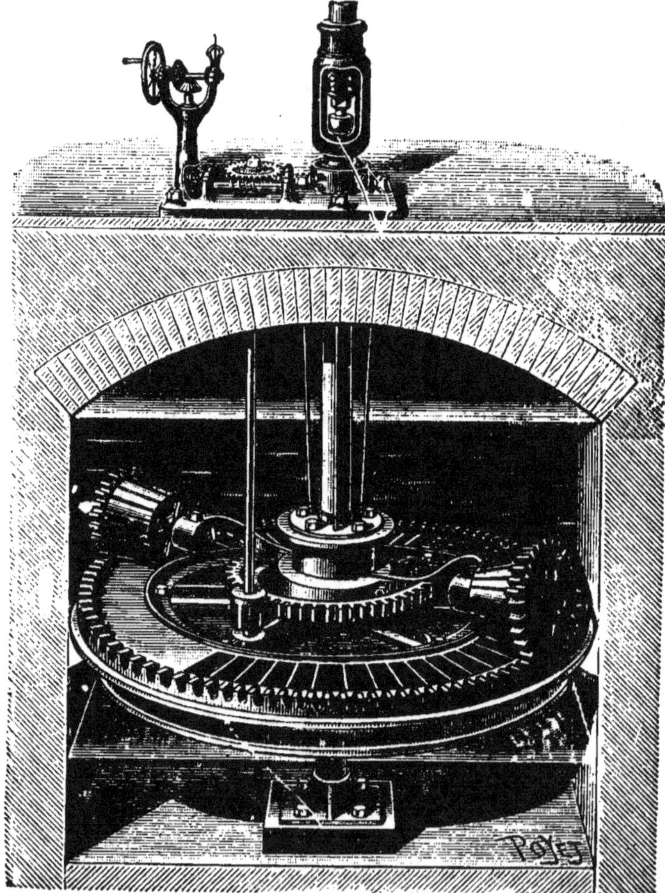

Fig. 248. — Turbine Fontaine (Teisset, Vve Brault, Chapron).

passer entre les deux couronnes sans agir sur les aubes.

Le réglage de la vitesse est obtenu au moyen de deux bandes de cuir imperméabilisé, attachées d'une part à deux aubes diamétralement opposées, et d'autre part à deux rouleaux coniques, dont les grandes bases sont munies de roues dentées engrenant avec une crémaillère calée sur le bord extérieur de la couronne fixe, et qui sont entraînés par deux bras reliés à un secteur denté, qu'on peut manœuvrer de l'extérieur au moyen d'un volant visible sur la figure 248, à gauche du manchon d'accouplement.

Ces turbines ont un rendement d'autant plus élevé que la vitesse est plus faible ; il n'est pas nécessaire, pour utiliser complètement la chute, que la couronne inférieure soit immergée ; il suffit que sa face inférieure soit exactement tangente à la surface libre de l'eau dans le canal de fuite. Il y a intérêt, dans le but d'accroître le rendement, à diminuer la hauteur de la couronne mobile.

La figure 249 montre comment on installe ordinairement les turbines Fontaine.

On peut placer aussi la turbine à un niveau intermédiaire entre celui d'amont et celui d'aval, à la condition d'installer, au fond de la chambre d'eau qui prolonge le canal d'amenée, un large

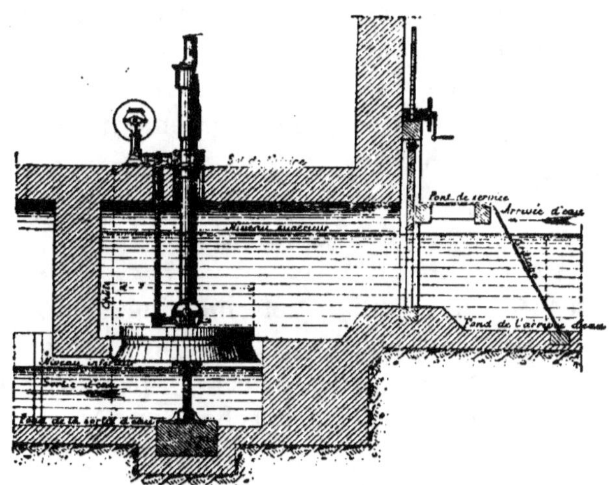

Fig. 249. — Turbine Fontaine, type d'installation
(Teisset, Vve Brault, Chapron).

tuyau vertical, à section circulaire, recourbé horizontalement à sa partie inférieure pour déboucher dans le canal de fuite au-dessous de la surface libre ; la couronne fixe est installée soit sur le fond de la chambre d'eau, soit dans le tuyau. On peut dès lors visiter la turbine au moyen d'un trou d'homme placé sur le tuyau, au-dessous de la couronne mobile. Il importe que le tuyau soit toujours immergé, sans quoi la colonne d'eau serait rompue, et l'on perdrait toute la hauteur de chute comprise entre la turbine et le niveau aval. La hauteur maxima théorique de ce tuyau est de $10^m,33$, c'est-à-dire la hauteur de la colonne d'eau faisant équilibre à la pression atmosphérique ; pratiquement, on ne dépasse pas 7 à 8 mètres pour les tuyaux de 0^m,50 de diamètre, et 4 mètres pour ceux de 2 ou 3 mètres de diamètre. Ces turbines sont connues sous le nom de *tur bines Jonval*; elles ne permettent pas le vannage partiel, et ne conviennent que pour les niveaux peu variables ; il faut rompre automatiquement la colonne d'eau, au niveau de la face inférieure de la couronne mobile, pour pouvoir les utiliser dans le cas contraire ; on peut alors employer le vannage partiel.

Ces différents types de turbines parallèles conviennent très bien pour les faibles et les moyennes chutes, et les forts débits. Pour les hautes chutes et les faibles débits, il y a avantage à employer l'injection partielle ; cette disposition a été appliquée principalement par Girard.

Les turbines parallèles peuvent être montées sur un axe horizontal ; elles sont alors également à injection totale ou à injection partielle.

Turbines mixtes.

Ces turbines, qui ont été imaginées aux États-Unis, mais qu'on construit maintenant en France, sont souvent appelées *turbines américaines* : l'eau y pénètre comme dans une turbine centripète, et s'en échappe comme d'une turbine parallèle.

La figure 250 représente en coupe une turbine américaine qui est dérivée d'un des types primitifs, dû à Leffel. On y voit la couronne fixe B D, avec ses aubes directrices O et le cuvelage A ; la couronne mobile, fixée sur l'axe a, comporte deux séries d'aubes placées à des niveaux différents, les aubes supérieures e g et les aubes inférieures i' g', séparées par une sorte d'entonnoir d d', qui, avec le chapeau c, forme l'armature de la couronne mobile ; cette couronne est d'ailleurs représentée isolée dans la figure 251, sur laquelle on peut se rendre compte des courbures des deux séries d'aubes. L'eau est débitée simultanément par la couronne fixe sur les deux parties de la couronne mobile ; les aubes e g fonctionnent comme celles d'une turbine centripète, les aubes i' g' comme celle d'une turbine

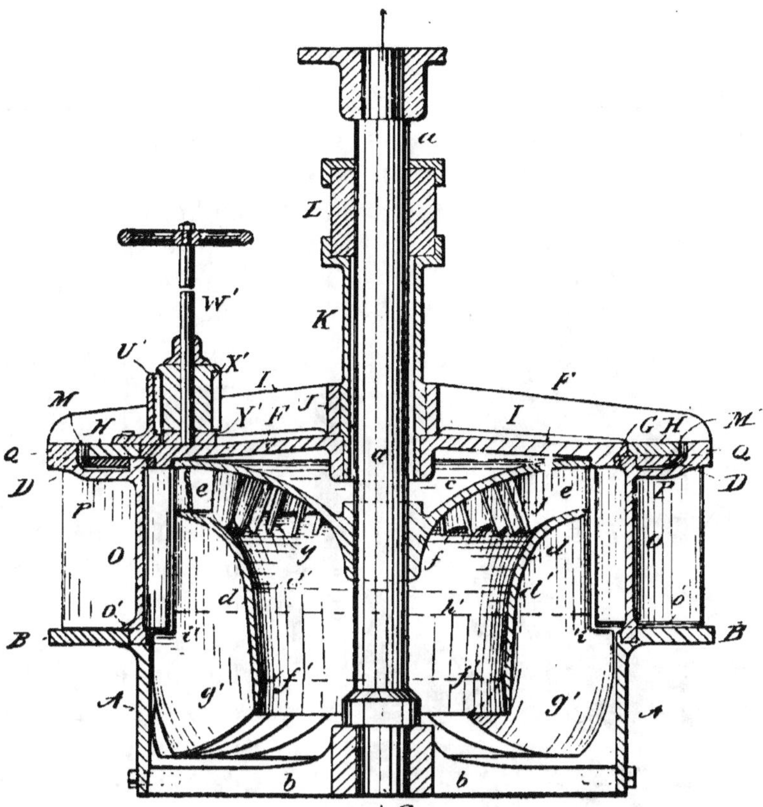

Fig. 250. — Turbine américaine (Bookwalter).

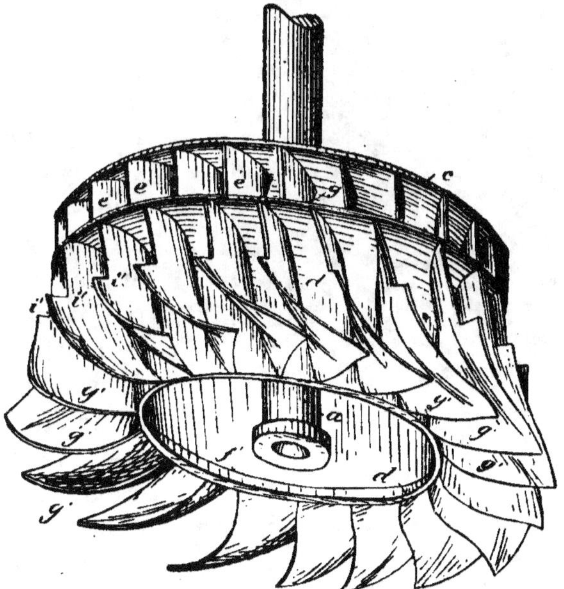

Fig. 251. — Couronne mobile de la même turbine (Mios).

parallèle. Le réglage s'obtient en faisant pivoter les aubes O autour d'axes verticaux de façon à modifier la section transversale des canaux d'admission.

Dans les types construits actuellement en France, et dont la figure 252 donne une vue en coupe, les deux séries d'aubes sont remplacées par une seule, mais ces aubes C sont munies d'ailettes transversales, de sorte qu'elles jouent le même rôle que les deux aubages de la turbine américaine précédente. Le liquide est d'abord dirigé vers l'axe, puis il change peu à peu de direction et finit par tomber parallèlement. La figure 253, qui montre en perspective l'ensemble de la couronne mobile, permet de bien voir la courbure des aubes et des ailettes. Le réglage s'effectue en soulevant plus ou moins la couronne cylindrique F (qui, dans la figure 252, est complètement abaissée), au moyen des crémaillères I, action-

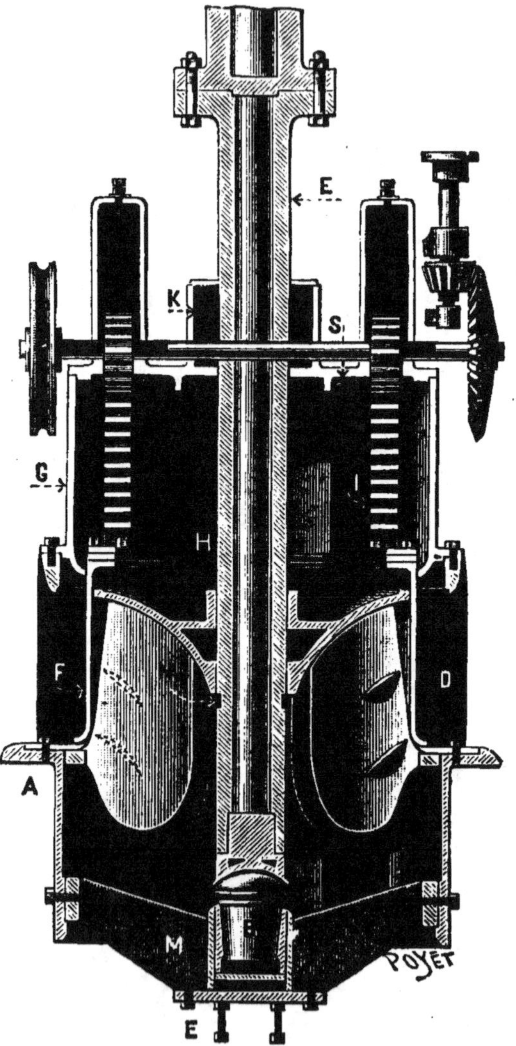

Fig. 252. — Turbine américaine à pivot inférieur (Teisset, Vve Brault, Chapron).

nées par des pignons calés sur le même arbre transversal ; l'eau, dirigée par les aubes fixes D, arrive donc en quantité variable.

La figure 255 représente un type d'installation de turbine américaine.

Les arbres des turbines américaines reposent ordinairement sur un pivot B en bois de gaïac ; ce bois est excellent pour cette fonction lorsqu'il est bien humecté, mais s'il est découvert, par exemple au moment des basses eaux, il peut brûler, et il est difficile, pour les fortes turbines, d'en effectuer le remplacement. Dans la turbine française de la figure 254, l'arbre est creux et repose, par un pivot P placé hors de l'eau, sur un arbre vertical plein qui le traverse et est solidement fixé sur le cuvelage de la turbine ; ce montage est analogue à celui des turbines Fontaine.

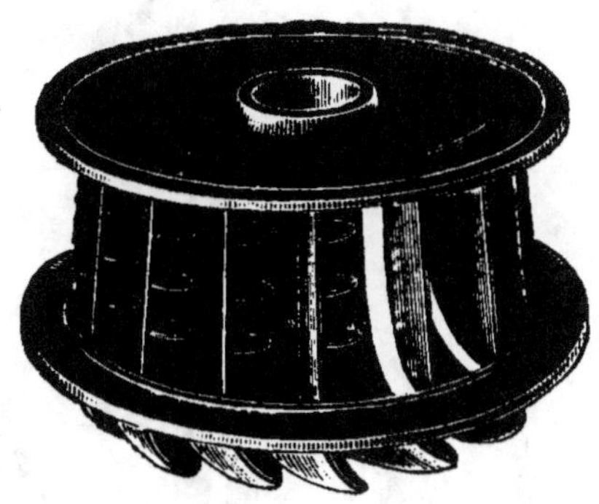

Fig. 253. — Couronne mobile de la même turbine américaine.

Les turbines mixtes peuvent être disposées comme les turbines Jonval, et être à axe vertical ou à axe horizontal.

Les différentes turbines que nous avons examinées pourraient être classées d'une autre manière, en prenant pour base non plus la direction du mouvement de l'eau, mais le mode d'action de l'eau sur les aubes.

Ainsi, une turbine peut être considérée comme fonctionnant par *réaction*, quel que soit son type, lorsque la vitesse de l'eau, à la sortie des aubages directeurs, est inférieure à celle qu'elle prendrait normalement par suite de la hauteur dont elle tombe $(v = \sqrt{2\,gh})$; l'eau ne peut pas s'écouler librement par la couronne mobile, dont tous les espaces compris entre les aubes sont toujours remplis d'eau. Il en résulte que la turbine peut fonctionner même si elle est noyée.

La turbine est simplement à *action*, si les vides de la couronne mobile permettent à l'eau de prendre sa vitesse normale au sortir des aubages fixes ; cette eau se dévie librement sur les aubes et agit simplement par sa force vive, ce qui fait dire aussi que la turbine est à *libre déviation*. Le débit peut varier sensiblement sans que le rendement change beaucoup, à condition qu'on ouvre le nombre de canaux suffisant, au moyen du vannage ; mais ces turbines ne fonctionnent pas lorsqu'elles sont noyées.

Enfin l'eau peut s'écouler librement et, néanmoins, remplir les canaux de la couronne mobile, dont les vides sont juste suffisants, au lieu d'être trop grands comme dans le cas précédent. La turbine est à *réaction nulle* ; on peut régler le débit, comme pour les turbines à action, en ouvrant ou en fermant complètement un certain nombre de canaux adducteurs ; mais ces turbines fonctionnent en outre quand elles sont noyées.

Rendement des turbines. — Le rendement varie peu suivant les types de turbines ; il oscille

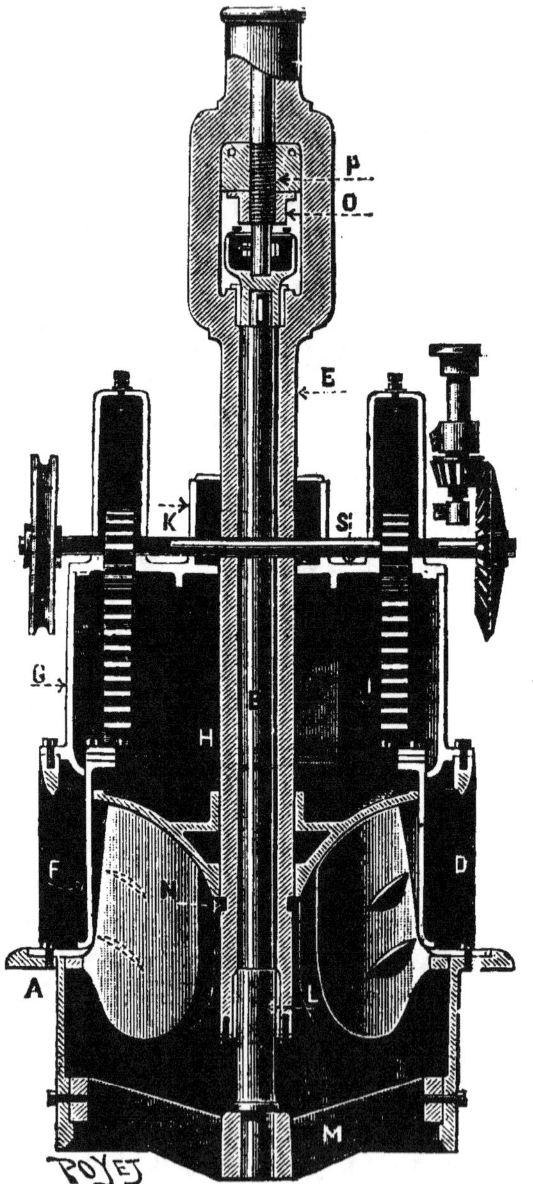

Fig. 254. — Turbine américaine à pied hors de l'eau (Teisset, Vve Brault, Chapron).

entre 70 et 75 p. 100 pour les turbines à faible vitesse, et entre

65 et 70 p. 100 pour celles à grande vitesse. Il est plus élevé pour les turbines mixtes, et atteint 80 et même 85 p. 100.

Les turbines présentent de nombreux avantages sur les autres moteurs hydrauliques ; elles permettent, en effet, d'utiliser des sources naturelles, car leur rendement est le même avec de forts débits et de faibles chutes qu'avec de faibles débits et de hautes chutes. Elles sont plus petites, et tournent plus vite que les roues ; elles se prêtent à de grandes variations de vitesse, sans que le rendement

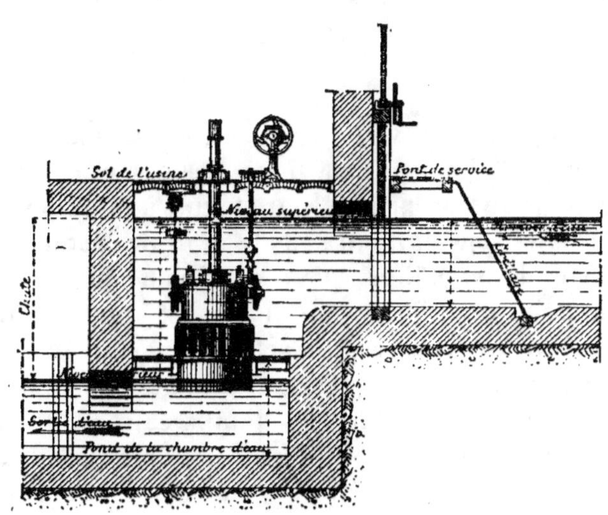

Fig. 255. — Type d'installation d'une turbine américaine (Teisset, Vve Brault, Chapron).

en soit affecté ; elles sont, en outre, beaucoup mieux équilibrées que les roues, ce qui permet de diminuer le diamètre de l'arbre. Enfin certaines turbines peuvent fonctionner noyées, et marcher, par conséquent, malgré la gelée.

Par contre, ce sont des moteurs plus compliqués, plus délicats et plus coûteux que les roues, et ils peuvent être obstrués par les matériaux charriés par l'eau.

MOTEURS ÉOLIENS

La puissance vive de l'air en mouvement peut être utilisée, comme celle de l'eau, dans des appareils spéciaux qui sont conçus sur un principe analogue à celui des turbines. On les désigne couramment sous le nom de *moulins à vent*, bien que les moteurs éoliens soient de plus en plus rarement appliqués aux moulins proprement dits et que ces moteurs servent surtout, maintenant, à actionner des pompes.

La vitesse du vent n'est jamais constante; tout le monde sait que même dans les temps calmes, le vent souffle par rafales, sa vitesse, d'abord faible, croissant jusqu'à un maximum, pour décroître ensuite; on ne peut donc chercher à estimer que sa vitesse moyenne; les variations en plus ou en moins sont à peu près égales au tiers de cette vitesse moyenne. On peut admettre sans trop d'erreur que la valeur de la pression P, supportée par une surface S placée perpendiculairement au vent, est donnée par la formule :

$$P = 0{,}12\, v^2 S,$$

v étant la vitesse du vent, exprimée en mètres par seconde.

Les dénominations usuelles appliquées au vent suivant sa vitesse correspondent à peu près aux vitesses moyennes ci-après :

Vent très faible................		$0^m,50$ par seconde.	
— sensible ou faible..... . .		1 mèt.	—
Petite brise................ ..		2	—	—
Bonne brise................ ..		4	—	—
Forte brise ou brise fraîche.... .,	6 à 7	—	—
Vent fort (ou bon frais)..... ..		10	—	—
Vent très fort............		15	—	—
Vent impétueux, tempête		20	—	—
Grande tempête................	25 à 27	—	—
Ouragan................		35	—	—
Cyclones................	40 à 45	—	—

La variabilité du régime des vents ne permet pas de compter qu'on puisse faire marcher à volonté les moteurs éoliens. Le nombre d'heures de travail que le moteur peut fournir dépend essentiellement du régime spécial à la localité où il est installé. D'une façon générale, ce nombre est maximum sur les côtes, où les brises régulières de terre et de mer assurent une durée quotidienne de marche d'environ dix heures ; dans le centre de la France et aux environs de Paris, cette durée ne dépasse pas six heures. Il faut d'ailleurs ne considérer ces chiffres que comme des moyennes, car il peut se produire des périodes de plusieurs jours pendant lesquelles les moulins sont immobiles.

Les moteurs éoliens peuvent être à axe vertical ou à axe horizontal.

Moteurs éoliens à axe vertical.

Ces moulins sont très peu employés, à cause de leur faible rendement. Les principaux types sont d'une part les *moteurs polonais*, à ailes rectangulaires verticales dont les plans passent par l'axe et qui tournent pour laisser passer le vent, d'autre part les *panémores*, sortes de grands anémomètres formés de bras horizontaux, terminés par des coupes creuses qui présentent alternativement au vent leur concavité et leur convexité.

Moteurs éoliens à axe horizontal.

Moteurs rustiques. — Ces moteurs sont employés dans les véritables moulins à vent. Ils sont formés par quatre grands bras fixés en croix à l'extrémité d'un arbre, auquel on donne une inclinaison de 10 degrés environ avec le sol, les bras étant à la partie la plus élevée de l'arbre. Cette inclinaison a pour but de placer le moteur perpendiculairement au vent, dont la direction fait un angle de 8 à 15 degrés avec le sol. L'utilité de cette disposition est cependant contestée, certaines expériences, entreprises pour déterminer la composante verticale du vent, ayant montré que sa direction est très fréquemment ascendante, de sorte qu'il faudrait alors donner à l'arbre une inclinaison en sens inverse de celle qu'on lui donne habituellement.

Chacun des bras du moteur est pourvu de chevilles équi-distantes, placées obliquement par rapport au plan des quatre bras, et qui soutiennent des bandes de toile à voile, qu'on déploie plus ou moins selon la force du vent. L'angle formé par les chevilles avec le plan des bras augmente à mesure que ces chevilles sont plus éloignées de l'axe ; l'aile est donc contournée en hélice.

On remplace souvent les bandes de toiles par des planchettes longitudinales qui se recouvrent partiellement, comme des lames de jalousies, et qui s'articulent sur un mécanisme, commandé de l'intérieur, agissant sur toutes les lamelles à la fois. On peut ainsi modifier la voilure sans arrêter le moulin, mais les ailes sont alors obligatoirement planes, ce qui diminue le rendement.

Ces moteurs devant être orientés dans la direction du vent, l'arbre est, à cet effet, solidaire de la toiture, et peut tourner sur la partie supérieure de la tour du moulin ; on agit sur la toiture au moyen d'un gouvernail, qu'on actionne à bras ou avec un petit cabestan. Pour les très petits moulins, la cage tout entière peut tourner autour d'un pivot vertical. Le vent ne fait plus mouvoir les ailes quand l'axe est perpendiculaire à sa direction, mais il importe de ne pas compter sur cette condition pour maintenir le moteur au repos ; il faut au contraire replier la voilure pendant les périodes d'arrêt, afin d'éviter un départ intempestif au cas où le vent changerait de direction ; l'arrêt du moteur pendant la marche s'obtient à l'aide d'un frein.

Le rendement maximum semble être réalisé par des ailes dont la largeur est égale au cinquième de la longueur, et dont la vitesse à l'extrémité de l'aile est deux fois et demie supérieure à celle du vent. D'après Coulomb, la puissance développée, en chevaux-vapeur, est exprimée par la formule :

$$N = \frac{Sv^3}{2500},$$

dans laquelle N est le nombre de chevaux, S la surface totale de voilure, et v la vitesse du vent en mètres par seconde.

Moteurs américains. — Les moulins de meunerie doivent

être surveillés d'une façon continue, tant au point de vue de l'orientation qu'à celui de la surface de voilure. Cette sujétion n'est pas gênante à l'excès dans ce cas particulier, où la surveillance est exercée par le meunier; mais dans les installations pour l'élévation des eaux, elle suffirait pour faire abandonner les moteurs éoliens. Aussi a-t-on construit aux États-Unis, puis en France, des moulins à orientation et à réglage automatiques. Pour l'orientation, l'axe, généralement horizontal, est mobile autour d'un pivot vertical; la roue motrice est placée en dehors de ce pivot; elle s'oriente d'elle-même en fuyant sous le vent, ou est maintenue contre le vent par un gouvernail placé de l'autre côté du pivot.

Les premiers types de moteurs éoliens américains avaient des ailes planes en bois; actuellement les ailes sont courbes et construites en acier; mais, dès l'origine, ces ailes étaient relativement petites et nombreuses, de façon que l'air pût agir à peu près sur toute la surface du cercle formé par la projection des ailettes. Les avantages de cette disposition sont une grande légèreté, une plus grande vitesse de rotation, et surtout la possibilité d'installer sans difficulté ces moteurs à une très grande hauteur au-dessus du sol; il faut, en effet, que le moteur domine d'une hauteur de 4 à 6 mètres les obstacles, tels que maisons et bouquets d'arbres. Comme le moteur est d'un faible poids, le pylône de soutien peut lui-même être léger; les Américains arrivent à combiner cette condition avec une grande rigidité en employant des montants en cornières, entretoisés par des cornières, des fers plats ou des fils ronds très fortement tendus.

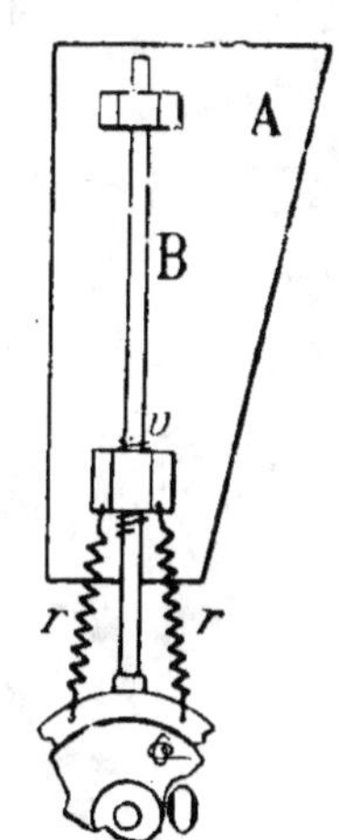

Fig. 256. — Principe de la régulation par effacement individuel des ailettes (Dellon-Ray).

La régulation s'effectue de trois façons différentes; ou bien les ailes s'obliquent individuellement, de façon à diminuer la surface exposée au vent; ou bien c'est la roue motrice qui s'efface progressivement sous l'influence du gouvernail ; ou enfin ce dernier actionne un frein modérateur.

Un type de régulation par effacement individuel des ailettes

Fig. 257. — Moulin à régulation par effacement des secteurs (Halladay).

est donné par la figure 256 ; l'aile A a une forme trapézique et est montée sur le bras B d'une façon dissymétrique ; l'un des colliers de fixation est taraudé et engagé sur les filets d'une vis *v*, à pas très allongé, tracée sur le bras B. Lorsque la force du vent augmente, la pression fait tourner l'ailette A autour de B ; mais la vis *v* l'éloigne de l'axe O du moteur, en tendant les ressorts de rappel *r* et *r*. Le poids et la force centrifuge agissent malheureusement aussi sur les ailes.

Dans un autre type, très répandu (fig. 257 et 258), la roue est formée par une série de secteurs rigides F', articulés autour d'axes figurant les côtés d'un polygone régulier inscrit dans le cercle moyen de la roue, et commandés par des leviers Y que des biellettes relient à un manchon D ; quand la vitesse du vent augmente, les masses W', placées à l'extrémité des bras B', chassent le manchon D vers la droite, et replient les secteurs F' ; le contrepoids W produit l'effet inverse quand le vent faiblit.

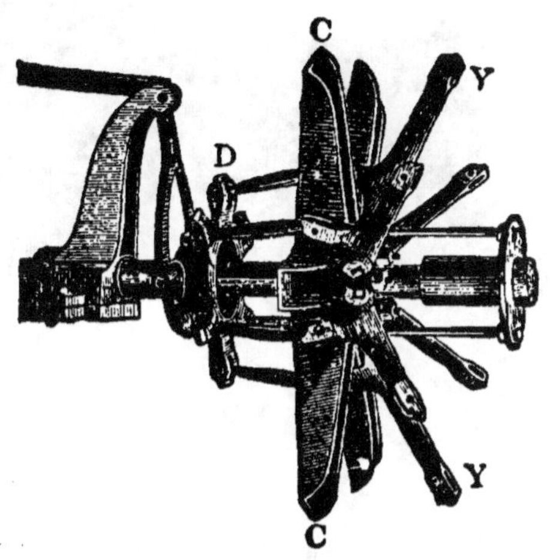

Fig. 258. — Détail du mécanisme du moulin Halladay.

Les moulins à ailes rigides sont en grande faveur, présentement, aux États-Unis ; on régularise leur mouvement en faisant obliquer la roue entière par rapport à la direction du vent. On peut les rapporter à deux types principaux.

Dans l'un, l'axe de la roue est légèrement en dehors de l'axe du pylône, par lequel passe celui du gouvernail. L'axe de la roue et celui du gouvernail sont terminés par deux chapes verticales, articulées l'une sur l'autre, et réunies par un puissant ressort à boudin qui tend à rendre les deux axes parallèles ; ce ressort est visible à la partie supérieure de la figure 259. L'axe de la roue ne passant pas par l'axe du pylône, autour duquel tout le mécanisme peut tourner, la roue tend à fuir sous le vent ; mais elle ne peut le faire qu'en bandant le ressort, puisque le gouvernail se maintient dans la direction du vent. C'est cet antagonisme de la roue et du gouvernail qu'on utilise pour la régulation. En outre, le gouvernail porte une

Fig. 259. — Moulin à ailes rigides (Stover-Pilter).

tringle qui serre un frein à ruban sur le moyeu de la roue, ,

Fig. 260. — Frein régulateur pour moulin (Stover-Pilter).

quand celle-ci se déplace par rapport au gouvernail (fig. 260).

Dans l'autre type (fig. 261), les axes de la roue et du gouvernail passent par celui du pylône ; une palette, N, placée

Fig. 261. — Moulin éclipse (Vidal-Beaume).

latéralement, et parallèle à la roue, entraîne peu à peu cette
roue lorsque la pression que le vent exerce sur elle augmente ;
de perpendiculaire au gouvernail par les temps calmes, la
roue lui devient parallèle pendant les tempêtes ; mais dans

ce mouvement de rotation, le bâti de la roue a entraîné un secteur articulé, qui a soulevé lui-même le contre-poids O ; lorsque le vent faiblit, ce contrepoids remet le moulin dans sa position primitive.

Pour arrêter les deux types de moulin, on agit sur un câble ou sur une chaîne qui rend la roue parallèle au gouvernail, en tendant la chaîne ou en soulevant le contrepoids.

Ces moteurs éoliens sont généralement destinés à actionner des pompes ; il faut donc transformer leur mouvement circulaire continu, autour d'un arbre horizontal, en un mouvement rectiligne alternatif de direction verticale. Cette transformation est accomplie au moyen d'un système de bielle et manivelle, la manivelle étant calée sur l'axe même de la roue, ou sur un arbre intermédiaire commandé par un [pignon, qui engrène sur une roue] dentée solidaire de l'axe du moteur (fig. 262). La tringle reliée à la tige du piston de la pompe a

Fig. 262. — Transmission par bielle et manivelle (Stover-Pilter).

ainsi une très grande longueur, et il est nécessaire de la guider par plusieurs paliers, par des galets, ou encore par des systèmes articulés, si on veut éviter qu'elle soit exposée à des flexions ou à des vibrations très intenses. De plus, quand la manivelle remonte, elle doit soulever non seulement le piston, mais aussi cette tringle, dont le poids est assez considérable; aussi le moteur démarre-t-il difficilement par les vents faibles. Les Américains obvient à cet inconvénient en ne transformant le mouvement circulaire en mouvement rectiligne qu'à une faible distance de la pompe ; la tringle verticale est alors animée d'un mouvement circulaire autour de son axe, et deux trains d'engrenages coniques, placés à ses deux

Fig. 263. — Transmission par engrenages coniques (Stover-Pilter).

extrémités, servent à la transmission du mouvement circulaire ; le train inférieur commande la manivelle et la bielle. Les engrenages supérieurs sont visibles sur la figure 263. Le moteur peut ainsi tourner trois ou quatre fois plus vite.

M. A. Hérisson, professeur à l'Institut agronomique, a considérablement amélioré le système ordinaire de transmission par bielle. Les pompes actionnées par les moteurs éoliens sont presque toujours des pompes aspirantes élévatoires, dans lesquelles l'effort maximum à produire correspond à la course ascensionnelle de la bielle, laquelle retombe ensuite sous l'influence de son poids. Le dispositif de M. Hérisson est figuré par le schéma 264. La roue motrice actionne, par manivelle et bielle, une tringle verticale T, à laquelle est articulée une grande bielle B, attachée à un coulisseau C, qui peut se déplacer sur le levier L, lequel met en mouvement la pompe P; des ressorts r, attachés au pylône et au levier L, se tendent lorsque la bielle redescend et restituent, pendant la période ascensionnelle, l'énergie qu'ils ont accumulée; la tension de ces ressorts, au point le plus bas de la course du levier L, doit être égale aux deux tiers du poids de la colonne d'eau augmenté de celui de la bielle; l'énergie demandée à la roue pendant le soulèvement du piston est ainsi très réduite, et le moteur démarre beaucoup plus facilement. En outre, le point d'application de l'effort transmis par la bielle B au levier L n'est pas fixe; une palette p, articulée en o à un support monté sur le pylône, bascule sous l'effort du vent, et entraîne par une chaîne, qui passe sur les poulies de renvoi m et n, le coulisseau C, rappelé d'autre part vers l'extrémité libre de L par un ressort logé dans le tambour t. On voit que plus le vent est violent, plus le coulisseau est rapproché de l'articulation du levier L, donc plus la course de ce levier, et par suite celle du piston de la pompe, est considérable; à un vent faible correspond au contraire une course faible. L'effort moteur exigé par la pompe est par conséquent ainsi proportionné à la vitesse du vent.

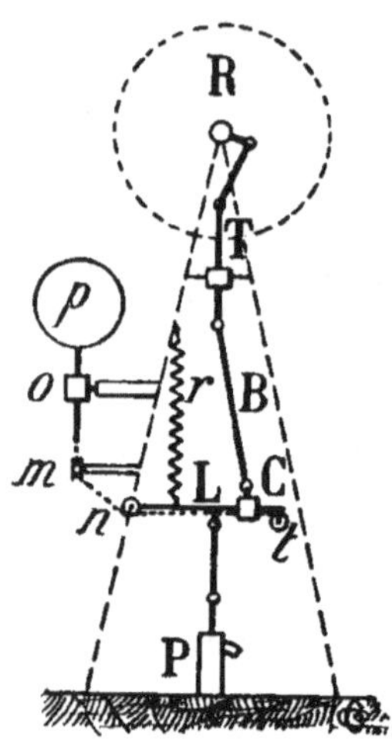

Fig. 264. — Commande de pompe par bielle à action variable automatique. Syst. A. Hérisson (Bompard et Grégoire).

Le graissage des organes du moteur doit être effectué tous les huit jours environ, ce qui est une sujétion assez grande, en raison des chutes auxquelles sont exposés les ouvriers obligés de monter sur des pylônes parfois très élevés. On a proposé de munir les paliers de coussinets, en métal antifriction, en leur donnant une grande longueur pour en diminuer l'usure; les paliers graisseurs ordinaires ont cependant prévalu. Mais, dans certains systèmes américains, le moteur est placé à la partie supérieure d'un mât articulé autour d'un axe horizontal supporté par un pylône de faible hauteur; le moteur est équilibré par un contrepoids placé à la partie inférieure du mât; quand on veut graisser le moteur, on démonte l'assemblage de la transmission et de la pompe, et, à l'aide d'une corde ou d'une chaînette, on fait basculer le mât jusqu'à ce que le moteur soit au niveau du sol.

Travail produit par les moteurs éoliens. — M. Ringelmann a poursuivi, pendant près de deux ans, des expériences sur un moteur éolien de $3^m,60$ de diamètre, qui comportait 72 ailes en bois, et qui actionnait directement la pompe. Il a obtenu les résultats pratiques consignés dans le tableau n° XII.

Tableau n° XII. — *Travail fourni par les moteurs éoliens.*

VITESSE DU VENT en kilomètres à l'heure.	NOMBRE MOYEN de tours du moulin par heure.	VOLUME D'EAU élevé pratiquement par heure à 10 mètres de hauteur (litres).
4,0	32	48
5,5	301	442
6,2	416	611
8,5	644	946
11,7	756	1 111
14,7	1 063	1 563
16,7	1 233	1 813
18,9	1 314	1 931
23,8	1 862	2 736
27,0	2 100	3 086
32,0	2 200	3 233
36,0	2 400	3 527

Quand la vitesse du vent dépassait 36 kilomètres à l'heure, le moulin s'arrêtait automatiquement, et le travail était nul.

Un moteur de $3^m,60$ de diamètre, sans réduction de vitesse pour la commande de la pompe, ne démarre que si le vent a une vitesse moyenne de 15 à 18 kilomètres à l'heure ; le maximum de travail correspond à un vent de 30 kilomètres ; au delà, la roue s'oblique et le travail diminue. Avec un mécanisme réduisant la vitesse dans la proportion de 3,3 à 1 le moteur démarre par un vent de 10 à 11 kilomètres à l'heure ; et le maximum de travail est atteint pour une vitesse de 24 à 25 kilomètres à l'heure (1).

Application des moteurs éoliens à la culture mécanique.

M. Lucet, propriétaire à Conques, près Carcassonne, a imaginé un treuil mobile, actionné par un moteur éolien de 8 mètres de diamètre, dont le pylône est fixé sur le châssis du treuil ; la commande est réalisée par poulies et engrenages d'angles (fig. 265). Le moteur s'oriente comme toutes les machines similaires. Le déplacement du treuil, le long des fourrières, ou d'un champ à l'autre, se fait automatiquement, le treuil se halant lui-même au moyen d'un câble attaché à un point fixe. Deux hommes suffisent pour le chantier, dont un au moteur et un à la charrue, qui est ramenée à vide par un cheval ; M. Lucet a pu défoncer en 5 mois (décembre-avril) une superficie de 38 hectares, résultat extrêmement intéressant.

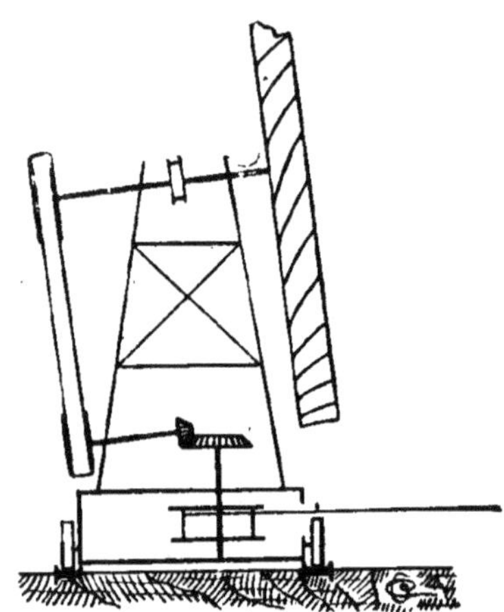

Fig. 265. — Treuil de défoncement actionné par moteur éolien.

(1) Cf. *Journal d'Agriculture pratique*, 1898, t. I, n° 21 (Ringelmann).

INSTALLATIONS ÉLECTRIQUES

Étant donné le cadre restreint de cet ouvrage, nous devons nous borner à énumérer simplement les principales applications dont l'électricité est susceptible dans les exploitations agricoles, et à renvoyer le lecteur, pour l'étude des machines et des accessoires divers dont sont composées les installations électriques, aux traités spéciaux d'électricité (1).

Toute installation électrique comporte une **usine génératrice**, dans laquelle un moteur actionne une machine dynamo-électrique chargée de fournir le courant. Le moteur peut être une machine à vapeur, comme dans les grandes usines, ou un moteur à explosions, pour les installations peu importantes; il existe d'ailleurs des locomobiles à vapeur, pourvues d'une dynamo installée sur une console s'appuyant sur une partie quelconque de la machine, qui est généralement la boîte à fumée, et quelquefois le corps vertical; mais cette dernière disposition est la moins avantageuse, à cause de la proximité du gueulard d'alimentation en charbon.

On construit actuellement beaucoup de **groupes électrogènes**, formés d'un moteur à grande vitesse, sur l'arbre duquel est calée directement la dynamo; le régulateur du moteur doit agir sur l'admission, et non par tout ou rien, de façon à conserver à la dynamo une vitesse suffisamment constante; parfois le papillon du régulateur est commandé par un mécanisme électrique, alimenté par une dérivation prise sur le

(1) Cf. notamment : *L'électricité dans la ferme* (M. RINGELMANN); *Principes d'électricité industrielle* (P. JANET).

circuit extérieur de la dynamo, qui se règle ainsi elle-même (fig. 266). Ces installations peuvent être fixes ou, au contraire, déplaçables à volonté.

Installations hydro-électriques. — Mais le principal intérêt de l'électricité est de se prêter à l'utilisation de chutes d'eau situées parfois à une assez grande distance, et qu'aucune transmission

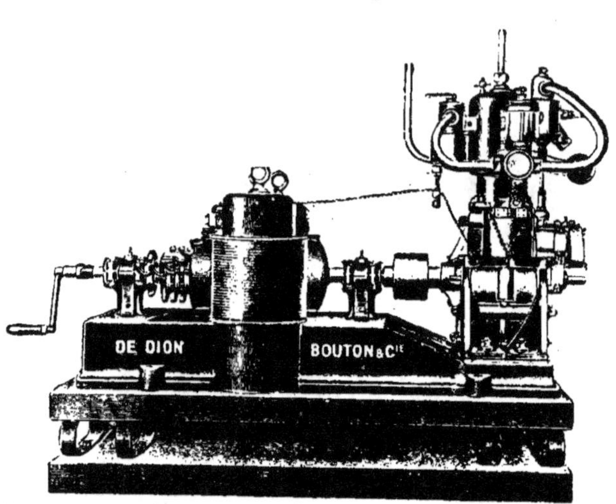

Fig. 266. — Groupe électrogène composé d'une dynamo accouplée directement à un moteur à essence type automobile (de Dion-Bouton).

mécanique ne permettrait de mettre en œuvre. Il existe, sur nos rivières, un grand nombre de moulins abandonnés, qu'on pourrait réparer sans grands frais et transformer en usines génératrices qui enverraient le courant dans l'exploitation agricole, dans les usines annexes, ou même en pleins champs.

Voici un exemple d'installation hydro-électrique qui fait bien voir avec quelle souplesse l'électricité se plie aux exigences les plus variées.

Une chute existait à la Rébutinière (Indre), sur une rivière assez capricieuse, la Petite Sauldre, dont le débit varie de 1 200 litres par seconde, à l'étiage, jusqu'à 6 000 litres, pendant les crues; la chute est de 1ᵐ,20 à l'étiage, mais est réduite à 0ᵐ,50 en temps de crue. On a pu utiliser cette chute pour actionner une scierie installée à très faible distance, mettre en mouvement les différentes machines d'une ferme située à 600 mètres, et éclairer la scierie, la ferme et un château situé à 1 100 mètres de la chute; pourtant la puissance nette disponible à la chute ne dépassait pas 13 chevaux, tandis que plusieurs des machines actionnées exigeaient une puissance égale ou supérieure à celle-ci. Le moteur employé a été

Fig. 267. — Installation électrique de la Rébutinière. Usine génératrice (H.-P. Martin, de Plazanet et Cie).

une turbine à axe vertical, actionnant deux dynamos identiques de 110 volts et 40 ampères, groupées en série (fig. 267); la force électro-motrice totale est donc de 220 volts. La distribution adoptée est du type à trois fils, dont un fil de compensation, de sorte que les lampes fonctionnent au voltage ordinaire de 110 volts.

L'installation comprend aussi une batterie d'accumulateurs de 130 éléments, dont le voltage varie de 230 à 290 volts, suivant la charge; celle-ci est assurée par des petites machines auxiliaires, dites *survolteurs*, qui augmentent suffisamment le voltage du courant de 220 volts, destiné aux accumulateurs, pour que la charge puisse se produire, sans que néanmoins la tension du courant dans la ligne varie.

Une dynamo réceptrice de 15 chevaux est installée à poste fixe dans la scierie. A la ferme, une dynamo de 8 chevaux, montée, ainsi que son appareil de démarrage, sur un chariot à quatre roues déplaçable par deux hommes, sert à actionner la machine à battre, le hache-paille, etc.; une petite dynamo d'un cheval et demi, fixée sur une civière, met en marche la laiterie, les tarares, etc. (fig. 268). En plein champ, la prise de courant s'effectue au moyen de deux perches qu'on suspend sur les fils conducteurs. Enfin, dans le château, le courant recharge les accumulateurs d'automobiles et sert également à l'éclairage; le nombre total des lampes est de 180. La scierie, qui est alimentée à la fois par les dynamos et par la batterie, fonctionne d'une façon presque continue; les accumulateurs permettent en outre l'éclairage pendant la nuit, quand la turbine est arrêtée.

Dans le domaine d'Enguibaud (Tarn), un ruisseau actionnait autrefois un moulin qui avait été abandonné; avec quelques travaux d'aménagement, ce moulin a été transformé en usine génératrice : une turbine actionne deux dynamos, l'une de 120 volts et de 30 ampères, pour l'éclairage, l'autre de 375 volts et 40 ampères, dont le courant est transporté à distance par une ligne aérienne de 1800 mètres. Le courant est utilisé notamment pour effectuer les défoncements, à l'aide d'un treuil mû par une réceptrice montée sur le châssis. La figure 269 donne la vue d'ensemble de ce treuil, avec le treuil proprement dit à deux tambours, la dynamo et le tableau de distribution. Le treuil est installé à poste fixe dans un coin du champ et le câble passe sur une poulie de renvoi. Le défoncement est revenu à 143 francs par hectare, alors que les entrepreneurs demandent, pour le même travail, de 330 à 360 francs (1).

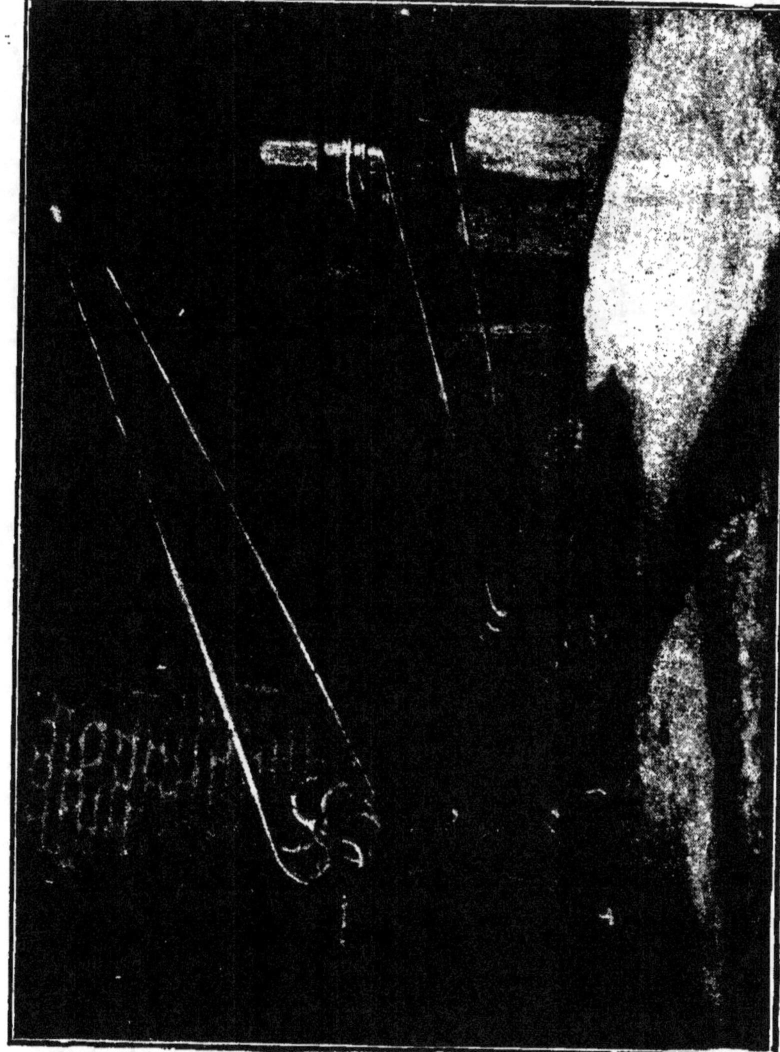

Fig. 268. — Installation électrique de la Rébutinière. Dynamo réceptrice, montée sur civière, actionnant une écrémeuse.

De nombreuses tentatives de labourage électrique ont eu

(1) Ce chiffre de 143 francs devrait probablement être augmenté pour d'autres régions que le Tarn, en raison du coût peu élevé de la main-d'œuvre dans ce pays. Consulter, d'ailleurs, pour plus amples détails, la *Mise en culture des terres*, de M. Ringelmann, et les articles du même auteur dans le *Journal d'Agriculture pratique*.

G. Coupan. — *Les Moteurs agricoles.* 27

lieu depuis 1879, époque à laquelle Chrétien et Félix, à Sermaize, voulurent utiliser les fortes machines à vapeur immobilisées dans l'intervalle des campagnes sucrières, pour actionner une dynamo génératrice et envoyer le courant à deux

Fig. 269. — Treuil électrique, système Prat (Pelous).

treuils électriques, placés en pleins champs et remorquant alternativement une charrue-balance. On a construit des treuils à simple ou double effet, ou des charrues pourvues d'un moteur électrique, qui se halent sur une chaîne calibrée, à la façon des toueurs; toutes ces machines sont actionnées à distance par un courant continu ou par un courant alternatif simple ou polyphasé. Tout dernièrement, M. Boghos-Nubar a utilisé les machines à vapeur servant à l'irrigation, dans la basse Égypte, pour transmettre un courant électrique à une laboureuse de son système, montée sur un chariot à quatre roues, et qui se hale sur un câble au moyen d'une poupée de treuil.

Prix de revient de l'énergie électrique. — Examinons à quel prix peut revenir l'énergie électrique. Supposons une usine centrale de 30 chevaux donnant au tableau de distribution 24 chevaux électriques (17 664 watts). En comptant les pertes de la ligne à 15 p. 100, on peut disposer de 15 000 watts aux appareils, ce qui, à raison de dix heures de fonctionnement par jour, représente 1 500 hectowatt-heures. La répartition et le total des dépenses d'installation ainsi que des frais annuels et journaliers sont indiqués dans le tableau n° XIII.

Tableau n° XIII. — *Prix de revient de l'énergie.*
électrique.

DÉTAIL DES FRAIS.	MOTEUR DE 30 HP	
	à vapeur.	hydraulique.
	fr. c.	fr. c.
Installation.		
Moteur tout installé......................	24.000 »	12.000 »
Dynamo......................................	2.800 »	2.800 »
Accessoires, montage, maçonnerie	2.500 »	5.500 »
Constructions diverses.............	3.000 »	3.000 »
Imprévu	700 »	700 »
	33.000 »	24.000 »
Frais annuels.		
Amortissement et entretien (15 p. 100)..	4.950 »	3.600 »
Mécanicien à l'année.....................	2 000 »	1.500 »
Aide............................	1.000 »	1.000 »
Main-d'œuvre diverse..........	800 »	200 »
	8.750 »	6.300 »
Dépenses journalières, sur 200 jours de marche.		
Frais fixe, amortissement, ouvriers.....	43 75	31 50
Charbon ($2^k,5$ par HP.H, ou 750 kil. par jour, à 40 fr. la tonne)...............	30 »	»
Huile, graisse, chiffons, à 0 fr. 25 par HP.H.	7 50	»
— à 0 fr. 10 —	»	3 »
Dépenses pour les 1 500 hectowatt-heures.	81 25	34 50
Prix de revient de l'hectowatt-heure....	0 054	0 023

Ces chiffres, empruntés à M. Ringelmann (1), sont calculés
dans des conditions très défavorables ; ils pourraient être abais-
sés, surtout si on travaillait plus de 200 jours par an et si on
profitait d'une installation déjà faite.

Le capital à consacrer à une pareille installation est évidemment assez élevé, mais ce que ne peut pas toujours faire
un individu isolé n'excède que rarement les moyens d'un
groupe d'individus ayant les mêmes intérêts, et, dans ce cas
encore, l'association pourrait rendre un grand service aux
agriculteurs d'une même localité.

(1) *Journal d'Agriculture pratique*, 1901, t. II, n° 18.

RÉSUMÉ GÉNÉRAL

Nous avons indiqué, dans les différents chapitres de ce volume, les prix auxquels est fournie l'énergie par les divers genres de moteurs utilisés en agriculture. Nous croyons utile de réunir en un seul tableau (n° XIV) ces prix de revient, rapportés à la même quantité de travail mécanique pour en faciliter la comparaison.

Tableau n° XIV. — *Prix de revient des 100 000 kilogrammètres d'après la nature du moteur* (M. Ringelmann).

NATURE DU MOTEUR.		PRIX des 100 000 kilogrammètres.	
Homme..... { A la journée (3 fr.).....		$1^{fr}{,}40$ à $1^{fr}{,}85$	
{ A la tâche ($4^{fr}{,}50$)......		$1^{fr}{,}30$ à $1^{fr}{,}66$	
Attelages directs. ⟨ 1 cheval.............		$0^{fr}{,}40$	
2 chevaux.............		$0^{fr}{,}322$	
3 —		$0^{fr}{,}294$	
2 bœufs.............		$0^{fr}{,}241$	
4 —		$0^{fr}{,}216$	
Manèges ... { 1 cheval.............		$0^{fr}{,}708$	
2 chevaux...		$0^{fr}{,}571$	
3 —		$0^{fr}{,}522$	
		D'après la puissance totale.	D'après la puissance pratiquement utilisable.
Moteur à vapeur de ⟨ 6 chevaux-vapeur.....		$0^{fr}{,}153$	$0^{fr}{,}208$
10 —		$0^{fr}{,}120$	$0^{fr}{,}163$
30 —		$0^{fr}{,}084$	$0^{fr}{,}114$
Moteur à pétrole de ⟨ 4 chevaux-vapeur.....		$0^{fr}{,}175$	$0^{fr}{,}237$
6 —		$0^{fr}{,}141$	$0^{fr}{,}197$
10 —		$0^{fr}{,}106$	$0^{fr}{,}143$
15 —		$0^{fr}{,}094$	$0^{fr}{,}128$
Moteur hydraulique de ⟨ 6 chevaux-vapeur.....		$0^{fr}{,}086$	$0^{fr}{,}117$
10 —		$0^{fr}{,}067$	$0^{fr}{,}091$
30 —		$0^{fr}{,}039$	$0^{fr}{,}053$

LISTE DES CONSTRUCTEURS

QUI ONT FOURNI DES GRAVURES POUR CET OUVRAGE

Aster. Ateliers de constructions. mécaniques « l'Aster », à Saint-Denis (Seine), 408.

Audemar. (Audemar-Guyon), à Dôle-du-Jura, 92.

Bajac (A.), à Liancourt (Oise), 153.

Beaume (Vidal-Beaume), à Boulogne-sur-Seine (Seine). 168, 459.

Beaupré (E.), à Montereau (Seine-et-Marne), 414.

Bompard et Grégoire, Nîmes (Gard), 461.

Brouhot et Cie, à Vierzon (Cher), 412.

Buron, à Paris. 305.

Caillet, Société du Monorail portatif (syst. Caillet), à Paris, 200.

Clavel (A.), Paris, 77.

Commergnat (A.), à Auxerre (Yonne).

Decauville (Société des établissements) à Évry-Petit-Bourg (Seine-et-Oise).

Champenois et Delacourt, à Chamouilley (Haute-Marne), 173.

Dion-Bouton (de), à Puteaux (Seine), 466.

Dulait et Le Roy, Reims (Marne), 213.

Desrumeaux. Société anonyme l'Épuration des eaux, Paris, 307.

Edeline (Henri), ingénieur, Paris (XXe), 179.

Fontaine (H. E. et L.), 78.

Fortin frères, à Montereau (S.-et-M.), 224.

Garrett. Leiston (Angleterre), 280. [Pilter, à Paris].

Getting et Jonas, La Briche, Saint-Denis (Seine), 197.

Halladay. Etats-Unis, 455.

Hidien, à Châteauroux (Indre), 277.

Howard. Bedford (Angleterre). [Pilter, à Paris], 354.

Labbé et Cie L., à Bourges (Cher), 175.

Langbaën. Allemagne, 211.

Lefebvre-Albaret. Rantigny (Oise), 81.

Letroteur (M.), à Viry-Noureuil (Aisne), 236.

Marcou. Paris, 177.

Marshall sons, à Gainsborough (Angleterre). [Pilter, Paris].

Martin (H. P.), de Plazanet et Cie, Paris, 467.

Merlin et Cie, à Vierzon (Cher), 90.

Orenstein et Koppel, Paris, 204.

Millot (anciens établissements), à Gray (Haute-Saone), 220.

Péca d frères, à Nevers (Nièvre).

Pelous (aîné). à Toulouse, 470.

Piat et ses fils, Paris.

Pilter (Th.), Paris.

Plano M. G. Co Chicago. [Emile Gaboriau, H. Bourguignon et Cie], Paris. 110.

Popineau, Vizet fils et Cie, Plaine Saint-Denis (Seine), 203.

Ray, à Montpellier ou à Nîmes, 455.

Ruston-Proctor Lincoln (Angleterre). [Perrier et Haft, Paris]. 337.

Sack (R.). Leipzig. [Charles Faul et fils, à Paris], 126.

Schaeffer et Budenberg, Paris, 78.

Senet (Adrien). Paris, 168.

Société française de matériel agricole et industriel, à Vierzon (Cher), 220.

Stover. Freeport (Etats-Unis). [Pilter, à Paris], 458.

Teisset, Vve Brault, Chapron, à Chartres (Eure-et-Loir) et Paris, 437.

Vermorel, à Villefranche-sur-Saône (Rhône). 155.

Vernette (Etienne), à Béziers (Hérault), 230.

Vidal-Beaume. à Boulogne-sur-Seine (Seine), 168, 459.

Wood. Hoosick Falls (Etats-Unis). [Pilter, à Paris].

TABLE ALPHABÉTIQUE DES MATIÈRES

D

E

FIN DE LA TABLE ALPHABÉTIQUE DES MATIÈRES.

TABLE DES MATIÈRES

10.143-03. — CORBEIL. Imprimerie Éd. CRÉTÉ.